清华大学化学类教材

基础物理化学

（下册）

朱文涛　编著

清华大学出版社

北　京

内 容 简 介

本书为清华大学教材。全书侧重于物理化学基本理论和基础知识的介绍。分为上下两册，共 12 章。上册包括第 1 章至第 7 章，内容有：绪论，气体，热力学第一定律，热力学第二定律，统计热力学基础及熵的统计意义，溶液热力学，相平衡，化学平衡。下册包括第 8 章至第 12 章，内容有：电解质溶液，电化学平衡，应用电化学，表面化学与胶体的基本知识，化学动力学基础。

每册末均有附录，各章安排了丰富的例题和习题，并附有参考答案。

本书可用做高等学校化学、化工、生物、材料等专业的教材，以及研究生入学考试参考书，并供相关科技人员参考。

版权所有，侵权必究。举报：010-62782989，beiqinquan@tup.tsinghua.edu.cn。

图书在版编目(CIP)数据

基础物理化学. 下册/朱文涛编著. —北京：清华大学出版社，2011.11(2024.10 重印)
（清华大学化学类教材）
ISBN 978-7-302-26600-6

Ⅰ. ①基… Ⅱ. ①朱… Ⅲ. ①物理化学－高等学校－教材 Ⅳ. ①O64

中国版本图书馆 CIP 数据核字(2011)第 177374 号

责任编辑：柳　萍
责任校对：赵丽敏
责任印制：杨　艳

出版发行：清华大学出版社
网　　址：https://www.tup.com.cn，https://www.wqxuetang.com
地　　址：北京清华大学学研大厦 A 座　　　　　　　邮　编：100084
社 总 机：010-83470000　　　　　　　　　　　　　邮　购：010-62786544
投稿与读者服务：010-62776969，c-service@tup.tsinghua.edu.cn
质量反馈：010-62772015，zhiliang@tup.tsinghua.edu.cn

印 装 者：涿州市殷润文化传播有限公司
经　　销：全国新华书店
开　　本：185mm×260mm　　印　张：20　　字　数：485 千字
版　　次：2011 年 11 月第 1 版　　　　　　　　　　印　次：2024 年 10 月第 12 次印刷
定　　价：58.00 元

产品编号：043136-04

前　言

本书是在1995年编著的《物理化学》(上、下册)基础上改写而成的。《物理化学》已出版多年,经8次重印,受到读者欢迎。近些年来物理化学课程教学,从内容到形式都进行了许多改革,《物理化学》已不能完全满足当前的教学要求。部分读者和出版单位都希望作者将该书进行一些修改,于是特编写本书,以期本书能在相关专业人才培养方面发挥更好的作用。考虑到教材使用的连续性,本书保持了《物理化学》的内容结构和框架,对部分内容进行了修改。因此,本书实际上是《物理化学》的再版。就其知识内容而言,本书主要介绍物理化学的最基本知识,故将书名定为《基础物理化学》(上、下册)。

物理化学是一门重要的化学类专业基础课,对于学生理性思维和科研素养的培养训练尤其重要。由于理论性较强,难于自学,许多学生往往把它看作最难的一门化学课,甚至称之为"老虎课"。作者在清华大学从事物理化学课程教学多年,深知该课程中哪些基础知识对化学人才培养至关重要,同时了解学生在学习过程中的困难所在。努力为本科生打好坚实的物理化学基础,是作者多年组织教学内容的宗旨。因此,为学生编写一套突出基础知识且便于自学的物理化学教材是作者多年的夙愿,本书正是在这种背景下编写的,也是作者编写本书的初衷。

本书是在总结多年来本科物理化学教学工作的基础上编写的,适用于以物理化学为主干课程的化学、化工等各类专业。本书除绪论外,共分气体、热力学第一定律、热力学第二定律、统计热力学基础及熵的统计意义、溶液热力学、相平衡、化学平衡、电解质溶液、电化学平衡、应用电化学、表面化学与胶体的基本知识、化学动力学基础等12章。本书对内容的难点力争给出详尽的解释,以期降低读者的学习难度。

书中标注 * 的章节分为两类:一类的内容难度较小,一般可以通过学生自学达到基本要求;另一类的内容则超出教学要求,是为学有余力或对本学科极有兴趣的部分学生准备的。总之,以 * 标出的章节教师可根据学时情况和学生的具体条件进行较灵活的安排,或安排学生自学,或以讲座形式讲授。这对培养学生的自学能力和因材施教都是有帮助的。

书中的量和公式,一律采用国家法定计量单位及SI单位制。为了利于读者掌握基本内容,书中的基本公式均加阴影标出。对于这些公式,建议能在理解的基础上记忆,以便能够熟练地应用。考虑到查阅手册上标准数据的方便,书中的标准压力一律采用101325Pa的规定。

本书的出版得到清华大学出版社的鼎力支持,编者在此深致谢意。

由于编者水平有限,书中难免存在不当之处甚至错误,热切希望读者多提意见,以利进一步改进和提高。

朱文涛
2011年6月于清华园

目 录

第 8 章　电解质溶液 ……………………………………………………………………… 1
　*8.1　电化学系统 ………………………………………………………………………… 1
　8.2　电解质溶液的导电机理与 Faraday 定律 …………………………………………… 3
　　8.2.1　电解质溶液的导电机理 ……………………………………………………… 3
　　8.2.2　物质的量的基本单元 ………………………………………………………… 4
　　8.2.3　Faraday 电解定律 …………………………………………………………… 6
　8.3　离子的电迁移 ………………………………………………………………………… 6
　　8.3.1　离子的电迁移率 ……………………………………………………………… 6
　　8.3.2　离子的迁移数 ………………………………………………………………… 8
　　8.3.3　离子迁移数的测定 …………………………………………………………… 11
　8.4　电解质溶液的导电能力 …………………………………………………………… 15
　　8.4.1　电导与电导率 ………………………………………………………………… 15
　　8.4.2　摩尔电导率 …………………………………………………………………… 16
　　8.4.3　摩尔电导率的测定 …………………………………………………………… 19
　　8.4.4　摩尔电导率的决定因素 ……………………………………………………… 21
　8.5　单个离子对电解质溶液导电能力的贡献 ………………………………………… 23
　　8.5.1　导电能力的加和性 …………………………………………………………… 23
　　8.5.2　无限稀薄条件下离子的摩尔电导率 ………………………………………… 25
　8.6　电导法的应用 ……………………………………………………………………… 26
　　*8.6.1　水质的检验 ………………………………………………………………… 27
　　8.6.2　弱电解质电离常数的测定 …………………………………………………… 27
　　8.6.3　难溶盐溶度积的测定 ………………………………………………………… 28
　　*8.6.4　电导滴定 …………………………………………………………………… 29
　8.7　强电解质溶液的活度和活度系数 ………………………………………………… 30
　　8.7.1　电解质的化学势 ……………………………………………………………… 30
　　8.7.2　离子平均活度和平均活度系数 ……………………………………………… 32
　　8.7.3　离子平均活度系数的计算 …………………………………………………… 35
　*8.8　电解质溶液中离子的规定热力学性质 …………………………………………… 42
　　8.8.1　规定及其推论 ………………………………………………………………… 42
　　8.8.2　水溶液中离子的热力学性质 ………………………………………………… 44
　*8.9　带电粒子在相间的传质方向和限度 ……………………………………………… 45
　　8.9.1　电化学势 ……………………………………………………………………… 46
　　8.9.2　带电粒子在相间传质方向和限度的判据 …………………………………… 48

习题 ………………………………………………………………………………… 49

第 9 章　电化学平衡 ………………………………………………………………… 53

9.1　化学能与电能的相互转换 …………………………………………………… 53
9.2　可逆电池及可逆电极的一般知识 …………………………………………… 54
　　9.2.1　电池的习惯表示方法 …………………………………………………… 54
　　9.2.2　电极反应和电池反应 …………………………………………………… 55
　　9.2.3　可逆电池的条件 ………………………………………………………… 57
　　9.2.4　可逆电极的分类 ………………………………………………………… 59
9.3　可逆电池电动势的测量与计算 ……………………………………………… 60
　　9.3.1　电动势的测量 …………………………………………………………… 60
　　9.3.2　电动势的符号 …………………………………………………………… 61
　　9.3.3　电动势与电池中各物质状态的关系——Nernst 公式 ………………… 62
　　*9.3.4　Nernst 公式的理论推导 ………………………………………………… 63
9.4　可逆电极电势 ………………………………………………………………… 64
　　9.4.1　标准氢电极 ……………………………………………………………… 65
　　9.4.2　任意电极的电极电势 …………………………………………………… 65
　　9.4.3　由电极电势计算可逆电池的电动势 …………………………………… 69
　　9.4.4　甘汞电极 ………………………………………………………………… 70
9.5　浓差电池及液接电势 ………………………………………………………… 71
　　9.5.1　浓差电池 ………………………………………………………………… 71
　　9.5.2　液接电势的产生与计算 ………………………………………………… 72
　　9.5.3　盐桥的作用 ……………………………………………………………… 75
9.6　根据反应设计电池 …………………………………………………………… 77
9.7　电动势法的应用 ……………………………………………………………… 79
　　9.7.1　求取化学反应的 Gibbs 函数变和平衡常数 …………………………… 79
　　9.7.2　测定化学反应的熵变 …………………………………………………… 80
　　9.7.3　测定化学反应的焓变 …………………………………………………… 81
　　9.7.4　电解质溶液中平均活度系数的测定 …………………………………… 84
　　9.7.5　标准电动势及标准电极电势的测定 …………………………………… 85
　　9.7.6　pH 的测定 ……………………………………………………………… 86
　　*9.7.7　电势滴定 ………………………………………………………………… 88
　　*9.7.8　电势-pH 图及其应用 …………………………………………………… 89
*9.8　膜平衡 ………………………………………………………………………… 94
　　9.8.1　膜平衡与膜电势 ………………………………………………………… 94
　　9.8.2　膜电势的计算 …………………………………………………………… 94
*9.9　离子选择性电极和电化学传感器 …………………………………………… 96
　　习题 ………………………………………………………………………………… 98

第10章 应用电化学 ... 102

10.1 电极的极化与超电势的产生 ... 102
10.1.1 电极的极化 ... 102
10.1.2 超电势 ... 104
10.2 不可逆情况下的电池和电解池 ... 109
10.2.1 几个常用名词 ... 109
10.2.2 不可逆情况下电池的端电压和电解池的外加电压 ... 111
10.3 电解池中的电极反应 ... 112
10.4 金属的腐蚀与防护 ... 116
10.4.1 电化学腐蚀 ... 117
10.4.2 防腐蚀方法 ... 117
10.5 化学电源 ... 118
10.5.1 原电池 ... 118
10.5.2 蓄电池 ... 118
10.5.3 燃料电池 ... 119
习题 ... 119

第11章 表面化学与胶体的基本知识 ... 122

11.1 基本概念 ... 122
11.1.1 表面功和表面能 ... 122
11.1.2 表面张力 ... 123
11.1.3 影响表面张力的主要因素 ... 125
11.1.4 巨大表面系统的热力学不稳定性 ... 126
11.2 弯曲表面下的附加压力——Young-Laplace 方程 ... 127
11.3 Young-Laplace 方程的应用 ... 129
11.3.1 弯曲表面下液体的蒸气压——Kelvin 方程 ... 129
*11.3.2 固体颗粒大小对于溶解度的影响 ... 131
*11.3.3 固体熔点与颗粒半径的关系 ... 132
*11.3.4 亚稳相平衡 ... 133
11.4 固-液界面 ... 136
11.4.1 液体对固体的润湿作用 ... 136
11.4.2 液体在固体表面上的铺展 ... 138
*11.4.3 毛细现象及表面张力的测定方法 ... 139
11.5 溶液表面 ... 143
11.5.1 溶液的表面张力与表面吸附现象 ... 143
11.5.2 Gibbs 吸附方程 ... 144
11.6 表面活性剂 ... 148
11.6.1 表面活性剂的分子结构 ... 149

  11.6.2 表面活性剂的分类 …… 151
  11.6.3 表面活性剂的应用举例 …… 151
11.7 固体表面 …… 154
  11.7.1 固体表面对气体的吸附现象 …… 154
  11.7.2 Langmuir 吸附理论 …… 156
  11.7.3 BET 吸附理论 …… 159
  *11.7.4 Freundlich 公式 …… 162
  11.7.5 吸附热力学 …… 162
  11.7.6 吸附的本质——物理吸附和化学吸附 …… 163
11.8 胶体及其基本特征 …… 164
  11.8.1 分散系统的分类 …… 164
  11.8.2 胶体的基本特征 …… 165
11.9 胶体的性质 …… 166
  11.9.1 胶体的光学性质 …… 166
  11.9.2 胶体的动力性质 …… 167
  11.9.3 胶体的电性质 …… 171
  11.9.4 胶体的稳定性质 …… 175
*11.10 胶体的制备与净化 …… 178
  11.10.1 胶体的制备 …… 178
  11.10.2 胶体的净化 …… 179
*11.11 乳状液 …… 179
  11.11.1 乳状液的类型与形成 …… 180
  11.11.2 乳状液的稳定 …… 181
  11.11.3 乳状液的变型与破坏 …… 182
习题 …… 182

第 12 章 化学动力学基础 …… 186

12.1 基本概念 …… 187
  12.1.1 化学反应速率 …… 187
  12.1.2 元反应及反应分子数 …… 189
  12.1.3 简单反应和复合反应 …… 189
12.2 物质浓度对反应速率的影响 …… 190
  12.2.1 速率方程 …… 190
  12.2.2 元反应的速率方程——质量作用定律 …… 191
  12.2.3 反应级数与速率系数 …… 191
12.3 具有简单级数的化学反应 …… 192
  12.3.1 一级反应 …… 192
  12.3.2 二级反应 …… 195
  12.3.3 三级反应和零级反应 …… 198

12.4	反应级数的测定	202
	12.4.1 几点说明	202
	12.4.2 $r=kc_A^n$ 型反应级数的测定	203
	12.4.3 $r=kc_A^\alpha c_B^\beta \cdots$ 型反应级数的测定	209
12.5	温度对反应速率的影响	212
	12.5.1 经验规则	212
	12.5.2 Arrhenius 公式	213
12.6	活化能及其对反应速率的影响	215
	12.6.1 元反应的活化能	215
	12.6.2 微观可逆性原理及其推论	215
	12.6.3 复合反应的活化能	218
	12.6.4 活化能对反应速率的影响	219
	*12.6.5 Arrhenius 公式的修正	220
	12.6.6 活化能的求取	221
*12.7	元反应速率理论	223
	12.7.1 碰撞理论	223
	12.7.2 势能面和反应坐标简介	230
	12.7.3 过渡状态理论	233
	12.7.4 两个速率理论与 Arrhenius 公式的比较	238
12.8	反应机理	240
	12.8.1 对峙反应	240
	12.8.2 平行反应	242
	12.8.3 连续反应	243
	12.8.4 链反应	246
	12.8.5 稳态假设与平衡假设	250
	*12.8.6 反应机理的推测	255
	*12.8.7 微观反应动力学简介	258
*12.9	非理想反应与快速反应	259
	12.9.1 非理想元反应的速率方程	260
	12.9.2 快速反应的测定方法	261
12.10	催化剂对反应速率的影响	263
	12.10.1 催化剂和催化作用	263
	12.10.2 催化机理	264
	12.10.3 催化剂的一般性质	266
*12.11	均相催化反应和酶催化反应	267
	12.11.1 均相催化反应	267
	12.11.2 酶催化反应	269
12.12	复相催化反应	272
	12.12.1 催化剂的活性与中毒	272

*12.12.2　催化剂表面活性中心的概念 …………………………………… 273
　　12.12.3　气-固复相催化反应的一般步骤 …………………………………… 274
　　*12.12.4　催化作用与吸附的关系 …………………………………… 275
12.13　溶剂对反应速率的影响 …………………………………… 281
　　12.13.1　溶剂与反应物分子无特殊作用 …………………………………… 281
　　12.13.2　溶剂与反应物分子有特殊作用 …………………………………… 282
*12.14　光化学反应 …………………………………… 284
　　12.14.1　光化学基本定律 …………………………………… 284
　　12.14.2　光化学反应的特点 …………………………………… 286
　　12.14.3　光化学反应的速率方程 …………………………………… 287
　　12.14.4　光化学平衡 …………………………………… 288
　　12.14.5　激光化学简介 …………………………………… 290
习题 …………………………………… 291

习题参考答案 …………………………………… 301

附录 …………………………………… 306
附录A　本书中一些量的名称和符号 …………………………………… 306
附录B　本书中一些量的单位符号 …………………………………… 308
附录C　本书中所用的单位词头符号 …………………………………… 308
附录D　298.15K时水溶液中某些物质的标准热力学数据 …………………………………… 309
附录E　298.15K时一些电极的标准电极电势 …………………………………… 309

第8章 电解质溶液

从本章开始,我们将用3章讨论电化学问题。电化学是研究电现象与化学现象之间内在联系的一门学科。电化学所涉及的内容有热力学问题也有动力学问题,是物理化学的重要组成部分。

化学现象与电现象有着密切的联系,例如氧化还原反应实质是电子的得失问题,电解质溶液中的化学反应、电池及电解池中的化学反应等都是与电现象不可分割的。从化学现象与电现象的联系出发来研究化学反应,就构成了电化学的全部内容。

在19世纪初有人就进行了电解水的实验,后来有人又用电解法制出了碱金属,这就是电化学的开始。电化学的诞生促进了工业的发展,而工业的需求又不断为电化学提出新的问题,从而又促进了电化学实验与理论的发展。在化学工业中,氯碱工业是基础工业之一,它以食盐为原料,将其水溶液电解同时制取氢气、氯气和烧碱。这些产品都是重要的基本化工原料,在化学工业中的重要作用是众所周知的。至今,电化学工业已在国民经济的许多领域(例如冶金、化工、电镀、化学电源、金属防腐等)发挥着重要作用。另外,电化学分析方法具有高精度的特点,例如电流的测量可以达到 10^{-9} A,这是一般化学分析方法所望尘莫及的,因此在科学研究中许多重要参数的精确值往往通过电化学方法得到;电化学分析方法也是生产部门常用的手段之一。随着我国电力工业的不断发展,电化学的应用及发展有着广阔的前景。

电化学的研究内容主要包括以下几个方面:①电解质溶液理论;②电化学平衡;③电极过程动力学;④应用电化学。本书分3章简要地介绍上述内容的基本知识。

*8.1 电化学系统

在上述各章所研究的系统,一般来说是不导电的。电化学系统则必须能够导电,否则就没有研究的意义,因此构成电化学系统的物相包括导体(金属、电解质溶液、熔融盐)和半导体。

以前所讨论的多相系统中,每一相都是电中性的,因此相与相之间没有电位差。然而,多相的电化学系统由于含有带电粒子(离子、电子),而且有些带电粒子不能进入所有各相,从而使得某些相可能带电,结果产生了相间电位差(也称相间电势)。

早在18世纪90年代,Galvani 和 Volta 就通过实验首先发现两块不同金属接触时的带电现象。例如将一块金属 Zn 和一块金属 Cu 相接触,然后再把它们分开,在验电器上便会发现它们分别带上了正电和负电。由物理学得知,固体金属中有金属离子和自由电子。自由电子必须克服金属原子核的引力才可从固体逸出,电子从金属中逸出时所需要做的功称做电子逸出功。在相同的条件下,不同金属的电子逸出功不同。逸出功越小,金属就越容易被氧化。当金属 Zn 和 Cu 相接触时,如图 8-1(a)所示,由于室温下固体的扩散速度极其缓慢,所以 Zn^{2+} 和 Cu^{2+} 在相间没有明显的传质过程。由于 Zn 中电子的逸出功小于 Cu 中电子的逸出功,相界面附近的电子 e^- 便由 Zn 相迁入 Cu 相。结果如图 8-1(b)所示,金属 Zn 由于失去电子而荷正电,金属 Cu 由于得到电子而荷负电,于是在相间产生电位差。相间电位差的形成对于电子的进一步转移产生屏蔽作用,在很短时间内电子的这种转移过程在宏观上便告停止,因此,在一定条件下,平衡时 Zn-Cu 相间电位差具有定值。

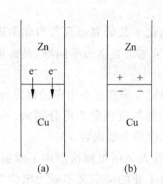
图 8-1 相间电位差的形成(1)

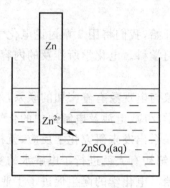
图 8-2 相间电位差的形成(2)

如果将一根金属 Zn 棒插入某 $ZnSO_4$ 水溶液,如图 8-2。Zn 棒及溶液中均有 Zn^{2+} 离子。如果 $ZnSO_4$ 溶液的浓度很稀,则 Zn 棒中 Zn^{2+} 的化学势必高于溶液中 Zn^{2+} 的化学势,即

$$\mu(Zn^{2+}, s) > \mu(Zn^{2+}, aq)$$

于是 Zn^{2+} 便由金属棒迁入溶液。Zn 棒中虽然存在自由电子,但它却不能自由进入溶液,于是 Zn^{2+} 转移的结果使 Zn 荷负电而溶液荷正电,在金属与溶液间形成相间电位差。在一定条件下,金属与溶液的平衡相间电位差有定值。

若用一张 Na^+ 的半透膜将两个浓度分别为 c_1 和 c_2 的 NaCl 溶液隔开。假设 $c_1 > c_2$,则 Na^+ 便由 c_1 进入 c_2,结果使溶液 c_1 荷负电而 c_2 荷正电,在两溶液间形成相间电位差。当 T, p, c_1 和 c_2 确定时,这种相间的平衡电位差有确定值。

总之,电化学系统是相间存在电位差的系统。相间平衡电位差的数值和符号取决于温度、压力、浓度以及相邻两相的本性。在一般情况下,相间电位差 $1 \sim 2V$,在处理电化学问题时这是一个不允忽略的数字。

除了相间电荷转移以外,还有其他原因产生或影响相间电位差,但与相间电荷转移相比,其他因素的效应要小得多。

应该指出,相间电位差不能进行直接的实验测量。这是由于在测量过程中不可避免地添加一个或多个新的相界面。如图 8-3,假设欲用电位差计测量金属 Zn 与溶液的相间电位差 $\Delta\Phi_x$。通过导线将二者分别与电位差计的两端相连。其中 A,B,F 和 H,分别为四个不同的接点,实际上是四个不同的相界面,它们也都有各自的相间电位差 $\Delta\Phi(A),\Delta\Phi(B),\Delta\Phi(F)$ 和 $\Delta\Phi(H)$。显然电位差计上的读数 $\Delta\Phi$ 为

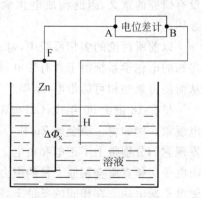
图 8-3 相间电位差不可直接测量的图示

$$\Delta\Phi = \Delta\Phi_x + \Delta\Phi(A) + \Delta\Phi(B) + \Delta\Phi(F) + \Delta\Phi(H)$$

可见由电位差计测量的是回路中所有相间电位差的代数和而不是我们企图测定的量。因为添加新界面是不可避免的事情,因此相间电位差不可直接进行测量。

8.2 电解质溶液的导电机理与 Faraday 定律

电化学的根本任务是揭示化学能与电能相互转换的规律,实现这种转换的特殊装置称为电化学反应器。电化学反应器分为两类:①电池;②电解池。在电池中,发生化学反应的同时对外放电,结果将化学能转变成电能。在电解池中情况相反,在给电解池通电的情况下池内发生化学反应,结果将电能转变为化学能。值得提出的是,多数电池或电解池都包含电解质溶液,或者说电解质溶液是电化学反应器的重要组成部分。本章将专门讨论电解质溶液的性质。

电解质溶液与非电解质溶液的主要区别之一,是前者能够导电而后者则不能。在本章 8.2 节至 8.6 节中我们讨论电解质溶液的导电性质。这部分内容不属于热力学而属于物理动力学的范畴。

8.2.1 电解质溶液的导电机理

金属与电解质溶液都是电的导体,但它们的导电机理却不同。金属称为第一类导体,在外电场作用下,金属中的自由电子定向移动,是这类导体的导电机理;电解质溶液称为第二类导体,自由电子不能进入溶液,这类导体的导电机理比第一类导体复杂。

一杯一般浓度的 $CuCl_2$ 水溶液,其中含有大量的 Cl^- 和 Cu^{2+}。将电极 A(例如金属 Pt)和电极 B(例如金属 Cu)插入溶液,然后接通电源,便有电流通过溶液,这就是一个简单的电解池,如图 8-4 所示。在通电过程中电解池内发生如下两种变化:

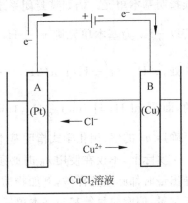

图 8-4 电解质溶液的导电机理

(1) 由于电极 A 和 B 的电位不同(A 的电位高于 B 的电位),于是在 A 与 B 之间产生一个指向 B 方向的电场。在该电场的作用下,溶液中的 Cl^- 和 Cu^{2+} 向不同的方向迁移。在电场作用下,溶液中离子的这种定向迁移过程称为离子的电迁移。显然离子的电迁移是一个物理变化。

(2) 在电极 A 与溶液的界面处,Cl^- 失去电子 e^- 变成氯气由电极冒出:

$$2Cl^- \xrightarrow{\text{氧化}} Cl_2 + 2e^-$$

在电极 B 与溶液的界面处,Cu^{2+} 得到电子 e^- 变成金属铜:

$$Cu^{2+} + 2e^- \xrightarrow{\text{还原}} Cu$$

显然两个电极处发生的是化学变化,分别是氧化反应和还原反应,也叫做电极反应。在有电流通过时,阳极反应和阴极反应同时发生且反应速率相等,将它们称为一对共轭反应。

在通电过程中以上两种过程(离子的电迁移和电极反应)是同时发生的,具体情况如下:

由电池提供的电子在电极 B 上被 Cu^{2+} 消耗,而迁移到电极 A 处的 Cl^- 却将自己本身的电子释放给电极 A。可见两种过程的总结果相当于电池负极上的电子由 B 进入溶液,然后通过溶液到达 A,最后回到电池的正极。因此,离子的电迁移和电极反应的总结果便构成电解质溶液的导电过程,即电解质溶液的导电机理。

应该指出,在电化学中讨论电极时,最关心的是电极上发生的化学反应是什么,为此我们按照电极反应的不同来命名和区分电极:将发生氧化反应的电极称为阳极,发生还原反应的电极称为阴极[①]。于是上例中的电极 A 是阳极,电极 B 是阴极。

电解质溶液的导电性质是以溶液中含有大量的带电粒子(即离子)为前提的。如果没有离子,便没有电迁移和电极反应,也就没有导电本领。一杯酒精溶液,其中没有离子,所以不能导电。

8.2.2 物质的量的基本单元

物质的量 n 是大家熟知的基本量之一,它在量纲上是独立的,即它不是由其他量导出来的。

物质 B 的物质的量 n_B 正比于物质 B 的特定单元的数目 N_B,即 $n_B = (1/L)N_B$,其中 L 是 Avogadro(阿伏加德罗)常数。我们将这种特定单元称为基本单元,它可以是分子、原子、离子、原子团、电子、光子及其他粒子或这些粒子的任意特定组合。例如,H_2,$\frac{1}{2}H_2$,$\frac{1}{3}H_2$,$H_2 + \frac{1}{2}O_2$ 等都可作为基本单元。因为 n_B 与基本单元的数目有关,所以在具体使用 n_B 时必须指明基本单元。例如某封闭系统中含有氢气,若以 H_2 作基本单元,记作 $n(H_2) = 2\,\text{mol}$,若以 $\frac{1}{2}H_2$ 为基本单元则 $n\left(\frac{1}{2}H_2\right) = 4\,\text{mol}$,若以 $2H_2$ 为基本单元则 $n(2H_2) = 1\,\text{mol}$,……。此处,$n(H_2)$,$n\left(\frac{1}{2}H_2\right)$,$n(2H_2)$,… 的值虽然不同,但它们所代表的物质的数量却是相同的,即 $2\,\text{mol}\ H_2$ 与 $4\,\text{mol}\ \frac{1}{2}H_2$,$1\,\text{mol}\ 2H_2$,… 所代表的氢气量是相同的。由此可以看出,为了确定 n_B 的值,用化学式指明基本单元是必要的。

实际上,不仅在使用 n_B 时必须用 B 的化学式指明基本单元,而且在使用任何含有 n_B 的导出量时都必须这样做,例如物质的量浓度(即 $c_B = n_B/V$)、质量摩尔浓度(即 $b_B = n_B/m_A$)、摩尔量、偏摩尔量等都与基本单元有关,在使用这些量时都必须将化学式给出。

在上述各章,物质的量(即物质的摩尔数)都是以分子或离子作基本单元。例如一摩尔硫酸是指 $1\,\text{mol}\ H_2SO_4$、一摩尔铜是指 $1\,\text{mol}\ Cu$、一摩尔氯离子是指 $1\,\text{mol}\ Cl^-$ 等。但在电化学中所讨论的物质都与电现象有联系,例如在电极反应中物质得到或失去电子、电解质溶于水产生带电的离子。为了方便,在讨论电解质溶液导电问题时,本书总是以一个单位电荷(即质子电荷或电子电荷)为基础指定基本单元。这一规定与前面各章的习惯不同,必须引起大家的注意。根据上述规定:

---

① 也有人将电极分作正极和负极,这种划分方法是以电位的高低为依据的。与阳、阴极的划分方法不是一回事,二者不应混为一谈。

(1) 对于任意离子 M^{z+}，指定 $\frac{1}{z_+}M^{z+}$ 作基本单元，于是一摩尔该离子是指 $1\text{mol}\ \frac{1}{z_+}M^{z+}$。对于任意离子 A^{z-}，则指定 $\frac{1}{|z_-|}A^{z-}$ 作基本单元，一摩尔该离子是指 $1\text{mol}\ \frac{1}{|z_-|}A^{z-}$。例如，$1\text{mol}\ Cl^-$，$1\text{mol}\ H^+$，$1\text{mol}\ \frac{1}{2}Fe^{2+}$，$1\text{mol}\ \frac{1}{3}Fe^{3+}$，$1\text{mol}\ \frac{1}{2}SO_4^{2-}$，…。不难看出，一摩尔的任意离子所包含的总电量（电量又称电荷[量]）都是 $6.023\times10^{23}e$（e 是质子电荷），因此一摩尔离子是与 1mol 质子 e 相对应的离子的量。

(2) 对任意电解质 $M_{\nu_+}A_{\nu_-}$，其电离式为

$$M_{\nu_+}A_{\nu_-} \longrightarrow \nu_+ M^{z+} + \nu_- A^{z-}$$

指定 $\frac{1}{\nu_+ z_+}M_{\nu_+}A_{\nu_-}$ 作为电解质的基本单元，于是一摩尔该电解质是指 $1\text{mol}\ \frac{1}{\nu_+ z_+}M_{\nu_+}A_{\nu_-}$。例如 $1\text{mol}\ NaCl$，$1\text{mol}\ \frac{1}{2}CuSO_4$，$1\text{mol}\ \frac{1}{2}Na_2SO_4$，$1\text{mol}\ \frac{1}{3}FeCl_3$，…。可以看出，$1\text{mol}$ 的任何电解质，在溶液中全部电离后所产生的正电荷和负电荷均为 $6.023\times10^{23}e$，因此一摩尔电解质是与 $1\text{mol}\ e$ 相对应的电解质的量。

对于离子和电解质，基本单元都与一个基本电荷相对应，所以 $a\ \text{mol}$ 的任何电解质当其全部电离后都产生 $a\ \text{mol}$ 的正离子和 $a\ \text{mol}$ 的负离子。一个电解质溶液中，正离子与负离子的数目不一定相同，但它们的物质的量相同，因而它们的浓度 c_B 也相同，这种规定便于处理问题。

(3) 对参与氧化或还原反应的任意物质 M

$$M + ze^- \xrightarrow{\text{还原}} M^{z-}$$

或

$$M^{z-} \xrightarrow{\text{氧化}} M + ze^-$$

指定 $\frac{1}{z}M$ 作为基本单元，于是 1mol 该物质是指 $1\text{mol}\ \frac{1}{z}M$。例如，在某电解池的阳极上产生氯气：

$$2Cl^- \longrightarrow Cl_2 + 2e^-$$

在这里，一摩尔氯气是指 $1\text{mol}\ \frac{1}{2}Cl_2$；若在阴极上有金属铜析出：

$$Cu^{2+} + 2e^- \longrightarrow Cu$$

在这里，一摩尔铜是指 $1\text{mol}\ \frac{1}{2}Cu$。可见，在氧化还原反应中，$1\text{mol}$ 的任意物质是指得到或失去 $6.023\times10^{23}e$ 电荷时所消耗或产生的物质的数量，即一摩尔物质是指与 $1\text{mol}\ e$ 相对的物质的数量。按照这种规定，在任意两个电极上如果参与反应的物质的 n 相等，则两极上通过的电量必相等；反之，若通过的电量相等，则物质的 n 相等。

在 8.2 节～8.6 节中，若不特殊写明，基本单元均是按以上方法来指定的。在具体描述物质的量时要注意与以前的习惯有区别，例如 $1\text{mol}\ Cu^{2+} = 2\text{mol}\ \frac{1}{2}Cu^{2+}$；$1\text{mol}\ FeCl_3 = 3\text{mol}\ \frac{1}{3}FeCl_3$；$1\text{mol}\ Cu = 2\text{mol}\ \frac{1}{2}Cu$；$1\text{mol}\ H_2 = 2\text{mol}\ \frac{1}{2}H_2$ 等。

8.2.3 Faraday 电解定律

英国科学家 M. Faraday(法拉第)曾经做了大量的电解实验,在实验基础上于 1833 年总结出如下规律:在电极上起反应的物质的量与通入的电量成正比。这便是 Faraday 定律,若以 Q 代表通入的电量,单位是库[仑],用符号 C 表示;用 n 代表电极上起反应的物质的量,单位是 mol,则根据 Faraday 定律:

$$Q \propto n$$

$$Q = nF \tag{8-1}$$

此式即是 Faraday 定律的表达式,其中比例常数 F 叫做 Faraday 常数,它代表 1mol 物质在电极上起反应时所通过的电量,1mol 物质是指与 1mol e 相对应的物质的数量,而一个质子所具有的电量是 1.60219×10^{-19}C,所以 F 的值为

$$\begin{aligned} F &= Le \\ &= 6.023 \times 10^{23} \times 1.60219 \times 10^{-19} \text{C} \cdot \text{mol}^{-1} \\ &= 96484.6 \text{C} \cdot \text{mol}^{-1} \\ &\approx 96500 \text{C} \cdot \text{mol}^{-1} \end{aligned}$$

由式(8-1)看出:若通入电解池 a mol e 的电量,则在电极上就有 a mol 的物质起反应。由于在电路中不会产生电荷的聚集,因此在电路的任何一个截面上通过的电量相同。根据 Faraday 定律,电解池的阳极和阴极上起反应的物质的量相等。如图 8-4,若实验测得在阴极上沉积出 $2\text{mol} \frac{1}{2}\text{Cu}$,则在阳极上必有 $2\text{mol} \frac{1}{2}\text{Cl}_2$ 产生。显然,如果将多个电解池串联,通电后所有电极上起反应的物质的量都相同。

Faraday 定律虽然是在电解实验的基础上总结出来的,但也适用于电池。即电池所放出的电量与电极上起反应的物质的量成正比,且电池的两极上起反应的物质的量相等。

8.3 离子的电迁移

8.3.1 离子的电迁移率

在电场 E 的作用下,溶液中的正、负离子分别向阴极和阳极迁移称为离子的电迁移。设溶液中含有 B 和 D 两种离子(由于它们所带电荷的符号相反,故二者互为反离子),则 B 离子的迁移速度 v_B 决定于电场强度 E、温度 T、压力 p、离子浓度 c 以及 B 离子和 D 离子的本性[①],即

$$v_B = f(E, T, p, c, \text{B 的本性}, \text{D 的本性}) \tag{8-2}$$

其中离子的本性是指离子的电荷及离子的大小等。在溶液中 B 离子和 D 离子的电性相反,具有不可忽略的相互作用,加上它们迁移方向相反,因此 B 的迁移速度不仅决定于 B 离子本身也与 D 离子对它的作用有关,即 D 离子的本性也会影响 B 离子的迁移。

---

① 严格说,离子的迁移速度还与溶剂的性质有关,但鉴于本章所讨论的溶液均是水溶液,所以溶剂种类对电迁移的影响不予讨论。

在一定温度和压力下,对于一个指定的溶液,其中 B 离子的迁移速度只取决于电场强度 E 的大小。实验表明,迁移速度与电场强度成正比,即

$$v_B \propto E$$

$$v_B = u_B E \tag{8-3}$$

其中 u_B 是比例系数,叫做 B 离子的电迁移率(以前也称为离子的淌度)。将上式写作

$$u_B = \frac{v_B}{E} \tag{8-4}$$

因此离子的电迁移率就是单位电场强度(1伏·米$^{-1}$)时离子的迁移速度,单位是 $m^2 \cdot s^{-1} \cdot V^{-1}$。

当人们比较任意两种离子的迁移快慢时,显然是在指定场强的条件下进行比较的,实际上是指电迁移率的相对大小。因为电迁移率只不过是特定条件($E=1V \cdot m^{-1}$)下的速度,所以据式(8-2)得

$$u_B = f(T, p, c, B \text{ 的本性}, D \text{ 的本性}) \tag{8-5}$$

可见,即使在一定的温度和压力下,某种离子的 u 也不是它的特性参数,而与另一种与之共存的离子(即反离子)对它的作用有关,作用越强,迁移越慢,u 值越小。例如 298K,101325Pa 下有两杯溶液,一杯是 $1mol \cdot dm^{-3}$ 的 KCl 溶液,另一杯是 $1mol\left(\frac{1}{2}K_2SO_4\right) \cdot dm^{-3}$ 的 K_2SO_4 溶液。两溶液中 K^+ 的浓度虽然相同,但由于 Cl^- 和 SO_4^{2+} 对 K^+ 的作用不同,结果使得两溶液中的 $u(K^+)$ 不同。即使对于同一种电解质的溶液,若浓度不同,离子间的静电作用不同,于是同一离子的 u 也不同。因此溶液中离子的 u 要具体进行实验测定。

既然 u 不是离子本身的性质,可以推断,凡是与 u 有关的物理量一定不是该离子自身的性质,即一定与溶液浓度和反离子的本性有关。

离子的电迁移率可用界面移动法测定,其装置(迁移管)如图 8-5 所示。将一根带刻度的玻璃管垂直放置,然后把一对电位差为 U 的平行板电极装入其中,使两极板相距 l。例如欲测某 KCl 溶液中 K^+ 的电迁移率 $u(K^+)$,需另选一种合适的氯化物溶液,其中金属离子的电迁移率应小于待测 KCl 溶液中 K^+ 的电迁移率,例如选某个合适浓度的 $CdCl_2$ 溶液。分别小心地将两溶液注入迁移管。由于二者对光的折射率不同而在刻度 a 处形成一个清晰可见的界面 aa。然后通电,在电场的作用下 Cl^- 向下迁移,K^+ 向上迁移。同时 Cd^{2+} 紧随 K^+ 之后向上迁移,于是两溶液间的界面随之上移。通过时间 t 后界面移到刻度 a' 处,如图 a'a'。设刻度差 a'a 为 x,则 K^+ 的迁移速度

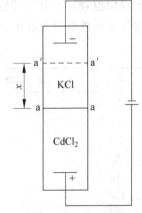

图 8-5 离子电迁移率的测定

$$v(K^+) = \frac{x}{t}$$

而电场强度为

$$E = \frac{U}{l}$$

于是,根据式(8-4)得

$$u(K^+) = \frac{v(K^+)}{E} = \frac{xl}{tU}$$

因此只要能准确测量时间 t 和界面移动的距离 x 就可得到 KCl 溶液中 K^+ 的电迁移率。

以上所讨论的是一般浓度的溶液中离子的电迁移率,现在来看浓度趋近于零的极限情况。我们把 $c \to 0$ 的溶液称为无限稀薄溶液。无限稀薄溶液具有以下两个特点:

(1) 无限稀薄溶液中离子的密度极小,因而离子间无静电作用,这就是"无限稀薄"的物理意义。从这个意义上讲,无限稀薄溶液并不需要浓度趋近于零,只要溶液足够稀,相邻离子间的平均距离足够大,以致离子间的静电作用力可以忽略不计。无限稀薄溶液是实际溶液的极限,这种溶液的性质可以通过实际溶液性质外推得到。

(2) 在一般浓度范围内,强电解质完全电离而弱电解质只有少部分电离,例如 25℃ 时,一般浓度的 $NH_3 \cdot H_2O$ 溶液电离度只有百分之几或者更低。由无机化学中电离平衡的知识可知,弱电解质的电离度随浓度变小而增大,当 $c \to 0$ 时将达 100%。可见无限稀薄溶液中弱电解质将完全电离,因此在无限稀薄溶液中弱电解质与强电解质没有区别。

无限稀薄溶液中的离子不受其他离子的静电作用,这种情况下离子的电迁移必定是独立的而与其他离子的情况无关。据式(8-5),在一定温度和压力下,不同无限稀薄溶液中的同种离子,其电迁移率只决定于这种离子本身,而与什么离子与它共存无关。因此在 298.15K,101325Pa 下各种离子在无稀薄溶液中的电迁移率 u^∞ 是离子的特性参数。u^∞ 称做无限稀薄电迁移率或极限电迁移率,上标"∞"代表无限稀薄溶液。大多数离子在 298.15K,101325Pa 下的极限电迁移率可从手册上查到。表 8-1 列出了几种离子的 u^∞ 值。由表可知,H^+ 和 OH^- 的 u^∞ 比一般离子大得多。后来有人提出了水溶液中 H^+ 和 OH^- 的迁移机理,解释了这种现象。

在一般情况下,溶液中的正、负离子间存在不可忽略的静电作用,使得实际的电迁移率小于极限值,即 $u < u^\infty$。但在弱电解质溶液(如 HAc)和难溶强电解质溶液(如 AgCl)中,由于离子间的静电引力极小,可近似认为 $u \approx u^\infty$,这种近似显然是合理的。

表 8-1　298.15K 时离子的极限电迁移率[①]

离子	$u^\infty \times 10^8 / (m^2 \cdot s^{-1} \cdot V^{-1})$	离子	$u^\infty \times 10^8 / (m^2 \cdot s^{-1} \cdot V^{-1})$
H^+	36.2	OH^-	20.6
Li^+	4.0	Cl^-	7.9
Na^+	5.2	Br^-	8.1
K^+	7.6	I^-	8.0
Ag^+	6.4	CO_3^{2-}	7.2
Cu^{2+}	5.9	Ac^-	4.2
Zn^{2+}	5.5	NO_3^-	7.4
Ba^{2+}	6.6	SO_4^{2-}	8.3

① 由于压力对电迁移率的影响很小,电迁移率数据一般不标注压力。

8.3.2　离子的迁移数

现在具体分析通电时溶液中离子的电迁移情况。假设在某个电解质溶液(例如 HCl 溶液)中,正离子的电迁移率是负离子的三倍,即 $u_+ = 3u_-$。将两个惰性电极(例如 Pt 电极)插入其中,所谓惰性电极是指不参与电极反应的电极,此处使用惰性电极是为讨论问题简单起见。今给该溶液通 4mol e 的电量,则溶液中的情况将发生变化。

假想溶液分为三个部分,如图 8-6 所示,靠近阳极的部分叫做阳极区,靠近阴极的部分叫做阴极区,中间部分叫做中间区。设通电前三个区域含电解质均为 5mol,如图 8-6 上半部所示。由于正离子以三倍于负离子的速度迁移,所以在通电过程中每个截面上必有 3mol 正离子迁向阴极方向而同时有 1mol 负离子迁向阳极方向,即每一个截面上均有 4mol e 的电量通过。据 Faraday 定律,通电过程中阳极区必有 4mol 负离子失去电子从阳极上析出,例如 HCl 溶液,则有

$$4Cl^- \longrightarrow 2Cl_2 + 4e^-$$

同时阴极区必有 4mol 正离子得到电子从阴极上析出,例如

$$4H^+ + 4e^- \longrightarrow 2H_2$$

因此,通电后各区域的情况如图 8-6 下半部分所示:阳极区含 2mol 正离子和 2mol 负离子,即含电解质 2mol;阴极区含 4mol 正离子和 4mol 负离子,即含电解质 4mol;中间区含电解质仍为 5mol,与通电前相同。

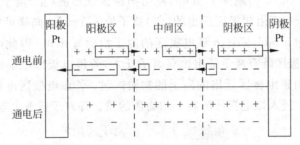

图 8-6 离子的电迁移模型

应该说明,如果所用电极是非惰性的,由于电极参与电极反应,则通电后电极区所含电解质的量也有可能增加。

由以上分析可以得出结论:

(1) 电解质溶液通电时,两电极区溶液中电解质的含量发生变化,而中间区的含量不变。

(2) 每种离子在电极上析出的物质的量与它通过溶液截面处的物质的量不相等。在上例中,正离子在阴极上析出 4mol,而通过溶液的却是 3mol;负离子在阳极上析出 4mol,而通过溶液的却是 1mol。

(3) 溶液中任意截面上通过的电量相等,即 $Q=4\times 96500$C。截面上所导的电量是由正离子和负离子分别来承担的,显然正离子所导的电量 $Q_+=3\times 96500$C,而负离子所导的电量 $Q_-=1\times 96500$C。可见,整个电解质溶液所导电量并不是由正、负离子平均分担的。为此,我们将溶液中某种离子所导的电量与通过溶液的总电量之比叫做该种离子的迁移数,用符号 t 表示。若溶液中 B 离子所导的电量为 Q_B,则 B 离子的迁移数为

$$t_B = \frac{Q_B}{Q}$$

在上例中

$$t_+ = \frac{Q_+}{Q} = \frac{3}{4}$$

$$t_- = \frac{Q_-}{Q} = \frac{1}{4}$$

由于某离子的迁移数是该离子所承担的导电分数,所以 t 是无量纲的纯数字。显然一个电解质溶液中正离子与负离子的迁移数之和应等于 100%,即

$$t_+ + t_- = 1 \tag{8-6}$$

同一电解质溶液中不同离子的迁移数代表它们对溶液导电所做贡献的相对大小,它们的数值取决于离子电迁移率的相对大小,即

$$\frac{t_+}{t_-} = \frac{u_+}{u_-} \tag{8-7}$$

这是不难理解的,一种电解质的溶液中两种离子的浓度相同($c_+ = c_-$),它们的迁移速度便决定了各自对导电的贡献。

(4) 两电极区发生的净变化与电迁移的离子数量有关。在上例中,通电后阳极区的电解质由 5mol 减少为 2mol,即减少了 3mol,而由阳极区迁出的(正)离子恰为 3mol;阴极区的电解质减少了 1mol,而由阴极区迁出的(负)离子恰为 1mol。同样可以发现,若通电后某电极区的电解质增加 a mol,则迁入该电极区的离子恰为 a mol。因此可以得到如下结论:通电过程中,任一电极区既有离子迁出也有离子迁入,若该电极区电解质减少,则电解质减少的物质的量等于由该电极区迁出的离子的物质的量;若该电极区电解质增加,则电解质增加的物质的量等于迁入该电极区的离子的物质的量。即对于任意电极区

$$n(\text{电解质} \downarrow) = n(\text{离子迁出}) \tag{8-8}$$

或

$$n(\text{电解质} \uparrow) = n(\text{离子迁入}) \tag{8-9}$$

式(8-8)和式(8-9)描述任意电极区中电解质数量的变化与电迁移的离子数量的关系,它是物质守恒与溶液保持电中性条件的必然结果。

以上针对只含两种离子的溶液进行了具体的电迁移讨论。如果溶液中含有多种离子(例如由多种电解质构成的溶液),情况会复杂一些。

应该指出,溶液中离子的情况往往是复杂的,不像上面讨论的那样简单。首先,许多离子在溶液中有溶剂化现象。由于作为电解质溶液的溶剂都是极性的,所以溶液中的离子都被几个极性的溶剂分子所包围,这些溶剂分子由于静电引力与离子结合,并随离子一起在溶液中移动。当以水为溶剂时,溶剂化作用称为水化作用,这时的离子称水化离子,图 8-7 是水化离子的示意图。例如溶液中的氢离子是水化氢离子 H_3O^+,在这种情况下独立运动单位不是 H^+ 而是 H_3O^+。

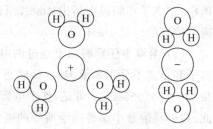

图 8-7 离子在溶液中的水化作用

另外,许多离子在溶液中有缔合现象。当正、负离子之间静电吸引势能远远大于它们的热运动动能时,它们生成具有足够稳定性的离子对,这种离子对经得起同溶剂分子的频繁碰撞而存在。离子缔合作用与正负离子本身、溶剂、温度以及溶液浓度等因素有关。浓度增加、离子价数 $|z_-|$ 和 z_+ 增加均使静电作用增强,从而使离子对增加。在通常浓度范围内,

水溶液中的 1-1 价电解质可以忽略生成离子对的缔合作用,但对于具有较高 $|z_-|$ 和 z_+ 的电解质,即使在低浓度下,离子在水中的缔合作用也十分显著,只有在无限稀薄的情况下缔合度才趋于零。例如,有人发现在 298K 时,浓度为 $0.002\text{mol} \cdot \text{kg}^{-1}$ 的 $\frac{1}{2}\text{MgSO}_4$ 水溶液中有 10% 的离子缔合;$\frac{1}{2}\text{CuSO}_4$ 水溶液,浓度为 $0.02\text{mol} \cdot \text{kg}^{-1}$ 时有 35% 缔合,而浓度为 $0.2\text{mol} \cdot \text{kg}^{-1}$ 时有 57% 缔合。缔合作用减少了溶液中的离子数。例如,在 CaSO_4 溶液中,Ca^{2+} 和 SO_4^{2-} 缔合成中性的 CaSO_4 离子对,在 MgF_2 溶液中,Mg^{2+} 和 F^- 缔合成 MgF^+ 离子对。离子数的减少势必影响溶液的导电情况。

总之,电解质溶液中的实际情况是复杂的,甚至许多问题至今尚未搞清楚。读者若对这方面的内容感兴趣可阅读电解质溶液的有关专著。本书讨论问题时一般将实际情况简化,不考虑离子的溶剂化作用和缔合作用。即认为在强电解质溶液中,电解质全部电离,以单个的正、负离子存在,因而在溶液中独立运动的基本单位是溶剂分子、正离子和负离子本身,电迁移是离子本身在电场作用下的迁移;在弱电解质溶液中,认为电解质部分电离成单个的正、负离子,因而溶液中的独立运动的基本单位是溶剂分子、电解质分子及单个离子。这种模型虽然在有些情况下不尽合理,但在多数情况下使问题简化,易于定量处理。

8.3.3 离子迁移数的测定

某离子的迁移数代表它在导电中所做贡献的份额,因此要了解某种离子的导电行为就必须知道其迁移数的大小。据式(8-7),某离子的迁移数是由它与另一种离子迁移速度的相对值而决定的,因此它不仅取决于两种离子的本性还与它们之间的相互作用有关。即使同一种电解质的溶液,浓度不同,迁移数的值也不同。所以溶液中离子的迁移数只能逐个溶液具体测定。表 8-2 列出了 298.15K 时几种强电解质溶液中离子的迁移数。其中 KCl 溶液中的 $t(\text{K}^+)$ 随浓度的变化最小且最接近 50%,这表明 KCl 溶液中的 K^+ 和 Cl^- 总是以差不多相等的速度电迁移,因而导电任务几乎是由 K^+ 和 Cl^- 平均分担的。

表 8-2 298.15K 时几种电解质溶液的离子迁移数 t_+

$c/(\text{mol} \cdot \text{dm}^{-3})$	HCl	NaCl	KCl	AgNO_3
0	0.821	0.396	0.491	0.464
0.01	0.825	0.392	0.490	0.465
0.02	0.827	0.390	0.490	0.465
0.05	0.829	0.388	0.490	0.466
0.1	0.831	0.385	0.490	0.468
0.2	0.834	0.382	0.489	—

迁移数主要有三种测量方法:界面移动法、Hittorf 法和电动势法。其中界面移动法可得到较精确的数据;Hittorf 法是经典方法,最为简单;电动势法适用于较宽的浓度和温度范围。这里主要介绍前两种方法,电动势法将于第 9 章中讨论。

1. 界面移动法

本方法与界面移动法测量离子电迁移率的原理与装置基本相同。例如,欲测定某浓度为 c 的 KCl 溶液中的 $t(K^+)$,今选一种合适浓度的 $CdCl_2$ 溶液使其中 Cd^{2+} 的电迁移率小于上述 KCl 溶液中 K^+ 的电迁移率。将两溶液依次倒入横截面积为 A 的迁移管中,要保证两溶液间有清晰的界面 aa,如图 8-8 所示。通电时 K^+ 向上迁移,Cd^{2+} 紧随其后,会看到两溶液间的界面缓慢上移。当电量计中通过电量 Q 时,界面移至 $a'a'$。在此期间通过的总电量为 Q,只需求出 K^+ 所导电量即可计算出 $t(K^+)$。通过截面 $a'a'$ 处的 K^+ 的物质的量 $n(K^+)$ 等于浓度 c 乘以刻度 a 与刻度 a' 间所包含的体积 V

$$n(K^+) = cV = c(aa')A$$

此处 aa' 为界面移动的距离,单位是 m,A 是迁移管的截面积(通常已知),单位 m^2。根据迁移数的定义

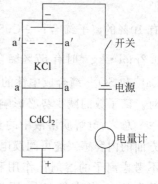

图 8-8 界面移动法测迁移数

$$t(K^+) = \frac{K^+ \text{所导电量}}{\text{总电量}} = \frac{n(K^+)F}{Q} = \frac{c(aa')AF}{Q}$$

由此可见,只需准确测量界面移动的距离 aa' 和电量 Q,就可得到离子迁移数的精确值。

应该指出,上面的例子中只能测定 KCl 溶液中离子的迁移数,而不能测定 $CdCl_2$ 溶液的迁移数。这是由于靠近界面处的 Cd^{2+} 迁移时所遇到的反向迁移离子不是 $CdCl_2$ 溶液中的 Cl^- 而是 KCl 溶液中的 Cl^-,此时 $CdCl_2$ 溶液中的浓度、电场强度、电导率等都变得十分复杂,在这种情况下计算出 Cd^{2+} 的迁移数是没有意义的。实验中 Cd^{2+} 的作用在于制造清晰界面从而直接观察到 K^+ 的迁移情况。

2. Hittorf 法

根据式(8-8)和式(8-9),当通过确定的电量之后,只要能测出一个电极区中电解质数量的变化,也就知道了某种离子迁移的数量,从而计算出该种离子所导的电量,就可根据迁移数的定义求得该离子的迁移数。这便是 Hittorf 方法的原理。

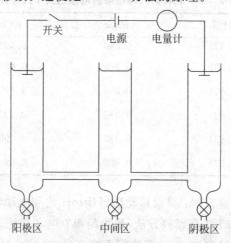

图 8-9 Hittorf 法测迁移数

将图 8-6 所示的离子电迁移模型实际装配起来,就是 Hittorf 法的装置,因此许多人将这种电迁移模型称为 Hittorf 模型。具体装置如图 8-9,三个区域可任意拆卸。通过的总电量由电量计上给出,阳极区或阴极区中电解质数量的变化可通过测量通电前后的浓度变化而得到。

例 8-1 298K 时,用铜作为电极电解 $0.2\text{mol}\cdot\text{kg}^{-1}$ 的 $CuSO_4$ 溶液。通电一定时间后测得如下数据:①在电量计上有 0.0405g Ag 沉淀出来;②阴极区的溶液重 36.4340g,经分析其中含 Cu 0.4417g。试计算溶液中离子的迁移数 $t(Cu^{2+})$ 和 $t(SO_4^{2-})$ 各等于多少?

解:此题中给出的是阴极区的测量数据,显然应根据阴极区的变化进行计算。

解法 1:

由相对原子质量表可查得 Ag 和 Cu 的相对原子质量分别为 $A_r(Ag)=107.88$,$A_r(Cu)=63.54$,并算出 $CuSO_4$ 的相对分子质量 $M_r(CuSO_4)=159.6$。

电量计中沉淀出的 Ag 的物质的量:

$$n = \frac{0.0405}{107.88}\text{mol} = 3.754\times 10^{-4}\text{mol}$$

所以总电量为

$$Q = nF = (3.754\times 10^{-4}\text{mol})F$$

阴极区通电后含 $CuSO_4$ 的质量:

$$\frac{0.4417\text{g}}{A_r(Cu)/M_r(CuSO_4)} = \frac{0.4417 M_r(CuSO_4)}{A_r(Cu)}$$

$$= \frac{0.4417\times 159.6}{63.54}\text{g} = 1.1095\text{g}$$

由于溶液中的水不参与电迁移,所以通电前阴极区的水量与通电后相同,也是 $(36.4340-1.1095)\text{g}$,由浓度值可知通电前阴极区 1g 水中溶有 $CuSO_4$ $\frac{0.2\times 159.6}{1000}\text{g}$,因此阴极区通电前含 $CuSO_4$ 的质量为

$$\frac{0.2\times 159.6}{1000}\times(36.4340-1.1095)\text{g} = 1.1276\text{g}$$

以上结果表明,通电后阴极区所含的电解质减少了,减少的物质的量为

$$n\left(\frac{1}{2}CuSO_4\downarrow\right) = \frac{1.1276-1.1095}{0.5\times 159.6}\text{mol} = 2.263\times 10^{-4}\text{mol}$$

由于 SO_4^{2-} 从阴极区迁出,根据式(8-8),$\frac{1}{2}SO_4^{2-}$ 迁出的物质的量数等于 $\frac{1}{2}CuSO_4$ 减少的物质的量,即 $n\left(\frac{1}{2}SO_4^{2-}\right) = 2.263\times 10^{-4}\text{mol}$,所以由 SO_4^{2-} 所导的电量为

$$Q(SO_4^{2-}) = n\left(\frac{1}{2}SO_4^{2-}\right)F = (2.263\times 10^{-4}\text{mol})F$$

因此

$$t(SO_4^{2-}) = \frac{Q(SO_4^{2-})}{Q} = \frac{2.263}{3.754} = 0.603$$

$$t(\mathrm{Cu}^{2+}) = 1 - t(\mathrm{SO_4^{2-}}) = 0.397$$

解法 2：

物质守恒是自然界的普遍规律之一，下面以阴极区中的 Cu^{2+} 为对象讨论物质守恒问题（通过的总电量已在解法 1 中求出，不再重述）。通电过程中，阴极区中 Cu^{2+} 发生了如图 8-10 所示的变化：有物质的量为 $n\left(\dfrac{1}{2}\mathrm{Cu}^{2+},迁\right)$ 的铜离子迁入阴极区，同时有物质的量为 n 的 $\dfrac{1}{2}\mathrm{Cu}^{2+}$ 由阴极区沉积出来。据 Faraday 定律，n 即是电量计中沉积的 Ag 的物质的量。设通电前后阴极区所含铜离子的物质的量分别为 $n\left(\dfrac{1}{2}\mathrm{Cu}^{2+},前\right)$ 和 $n\left(\dfrac{1}{2}\mathrm{Cu}^{2+},后\right)$，则根据物质守恒原理，必有

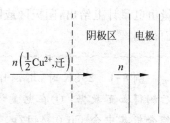

图 8-10　例 8-1 图示

$$n\left(\dfrac{1}{2}\mathrm{Cu}^{2+},后\right) = n\left(\dfrac{1}{2}\mathrm{Cu}^{2+},前\right) + n\left(\dfrac{1}{2}\mathrm{Cu}^{2+},迁\right) - n$$

所以 Cu^{2+} 迁移的数量为

$$n\left(\dfrac{1}{2}\mathrm{Cu}^{2+},迁\right) = n\left(\dfrac{1}{2}\mathrm{Cu}^{2+},后\right) + n - n\left(\dfrac{1}{2}\mathrm{Cu}^{2+},前\right)$$

下面根据实验数据分别求出上式右端三项之值：

$$n\left(\dfrac{1}{2}\mathrm{Cu}^{2+},后\right) = \dfrac{0.4417}{0.5 \times 63.54}\mathrm{mol} = 0.01390\,\mathrm{mol}$$

$$n = 3.754 \times 10^{-4}\,\mathrm{mol}$$

据通电后阴极区的数据可知，阴极区的水量为 $\left(36.4340 - \dfrac{0.4417 \times 159.6}{63.54}\right)\mathrm{g}$，而通电前每克水中溶 $\dfrac{1}{2}\mathrm{Cu}^{2+}$ 为 $\left(\dfrac{0.2 \times 2}{1000}\right)\mathrm{mol}$，所以通电前阴极区

$$n\left(\dfrac{1}{2}\mathrm{Cu}^{2+},前\right) = \left(36.4340 - \dfrac{0.4417 - 159.6}{63.54}\right) \times \dfrac{0.2 \times 2}{1000}\,\mathrm{mol}$$

$$= 0.01413\,\mathrm{mol}$$

因此

$$n\left(\dfrac{1}{2}\mathrm{Cu}^{2+},迁\right) = (0.01390 + 3.754 \times 10^{-4} - 0.01413)\,\mathrm{mol}$$

$$= 1.5 \times 10^{-4}\,\mathrm{mol}$$

据迁移数定义：

$$t(\mathrm{Cu}^{2+}) = \dfrac{Q(\mathrm{Cu}^{2+})}{Q} = \dfrac{n\left(\dfrac{1}{2}\mathrm{Cu}^{2+},迁\right)F}{nF}$$

$$= \dfrac{n\left(\dfrac{1}{2}\mathrm{Cu}^{2+},迁\right)}{n} = \dfrac{1.5}{3.754} = 0.40$$

$$t(\mathrm{SO_4^{2-}}) = 1 - 0.40 = 0.60$$

当然，也可根据阴极区中 SO_4^{2-} 的物质守恒情况进行计算。不管用什么方法计算迁移数，都必须对至少一个电极区通电过程中的情况有正确的理解和分析，这是正确计算迁移数时最重要的问题。

8.4 电解质溶液的导电能力

离子的存在是电解质溶液导电的根本原因，溶液中的离子是导电的基本单位。一个电解质溶液的导电能力决定于两个方面：① 溶液中所含离子的数目（严格说应是电荷数目）：离子越多，即参加导电的基本颗粒越多，溶液的导电能力就越强；② 离子的电迁移率：离子的电迁移率越大，表明离子电迁移的速度越快，则溶液的导电能力就越强。例如有两个溶液，一个是 KOH 溶液，一个是 NaOH 溶液。若两溶液的浓度相同且体积均为 $1dm^3$，则它们所含的离子数相同，但由于 KOH 溶液中 K^+ 的电迁移率远大于 NaOH 溶液中 Na^+ 的电迁移率，而两溶液中 OH^- 的电迁移率相差不多，因此 KOH 溶液比 NaOH 的导电能力强些。同样，有两个溶液，若它们中离子的电迁移率十分接近，则含离子（电荷）多的导电能力就强些。

至今，人们表征溶液的导电能力有三种方法，分别用溶液的电导、电导率和摩尔电导率进行表征，以下予以介绍。

8.4.1 电导与电导率

在电学中用电阻的大小来表示一个导体的导电能力：

$$R = \rho \frac{l}{A} \tag{8-10}$$

其中 R 是电阻，ρ 是电阻率，l 和 A 分别为导体的长度和截面积。但在电解质溶液中，人们习惯于用电导表示溶液的导电能力，电导是指电阻的倒数，用符号 G 表示：

$$G = \frac{1}{R} \tag{8-11}$$

G 的单位是 Ω^{-1}，叫西[门子](siemens)用符号 S 代表。通常认为，电导越大，导体的导电能力越强。

将式(8-10)代入式(8-11)，得

$$G = \frac{1}{\rho} \cdot \frac{A}{l}$$

$$\boxed{G = \kappa \frac{A}{l}} \tag{8-12}$$

其中 κ 是电阻率的倒数，叫做电导率，单位是西[门子]·米$^{-1}$，记作 $S \cdot m^{-1}$。κ 的物理意义如图 8-11 所示，代表横截面为 $1m^2$，长度为 $1m$ 的一个溶液柱体所具有的电导。此柱体中所含离子的多少取决于溶液的浓度，所以它的导电能力（即 κ）决定于离子浓度和电迁移率。由式(8-5)可知，电导率 κ 决定于溶液的温度、压力、浓度和电解质本身。对于同一种电解质的

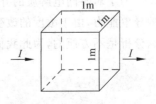

图 8-11 电导率的物理意义

溶液：
$$\kappa = f(T, p, c)$$
由于压力对于 κ 的影响极小，一般不予考虑。人们精确地测定了各种浓度的 KCl 水溶液在各种温度下的电导率，并把它们列入电化学手册，表 8-3 列出了部分数据。

表 8-3　KCl 溶液的电导率

浓度 $c/(\text{mol}\cdot\text{m}^{-3})$	电导率 $\kappa/(\text{S}\cdot\text{m}^{-1})$		
	273.2K	291.2K	298.2K
1000	6.543	9.820	11.173
100	0.754	1.1192	1.2886
10	0.07751	0.1227	0.14114

对一种金属导体来说，在一定温度下其电导率是不变的。但对于一种电解质的溶液，κ 却随溶液的浓度而改变，这是由于图 8-11 中的柱体中离子的数目及电迁移率均随浓度变化所致。291K 时一些电解质溶液的电导率随浓度的变化情况示于图 8-12。由图可以看出以下两点：

（1）强酸的电导率最大，强碱次之，盐类较低，至于弱电解质就更低了。这是由于 H^+ 和 OH^-（尤其 H^+）的电迁移率远远大于其他离子，至于弱电解质，则是由于单位体积中参加导电的离子很少。

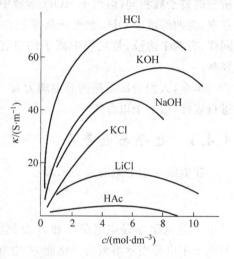

图 8-12　电导率与浓度的关系

（2）强电解质的 $\kappa\text{-}c$ 曲线上存在极大点。实际上，除了那些溶解度较低的盐类，它们在没有到达极大点时就已经饱和了，其他的电解质都有类似的情况。在较稀的浓度范围内，随浓度增加单位体积溶液中的离子数目增加，κ 值便逐渐增大。当浓度足够大以后，离子间的静电作用将使离子的迁移速度大大减小，另外正、负离子还可能缔合成荷电量较少的或中性的离子对，因而会出现随浓度增大 κ 值减小的情况。至于弱电解质溶液，单位体积中离子的数目一直很少因而其电导率随浓度的变化远不像强电解质那样明显，时常近似认为 κ 不随浓度而变化。了解这些情况，对于生产及科学研究中合适的选用电池或电解池中的电解质是有帮助的。

8.4.2　摩尔电导率

为了对不同电解质的导电能力进行比较，电导率 κ 还是不太理想的。κ 代表 1m^3 溶液的导电能力，由于浓度的改变使其中电解质的含量和溶液内部的结构都将发生改变，这对数据分析是不方便的，为此我们深入一步，引入摩尔电导率的概念。定义

$$\Lambda_m = \frac{\kappa}{c} \tag{8-13}$$

Λ_m 称电解质溶液的摩尔电导率，κ 和 c 分别为溶液的电导率和物质的量浓度。由于 κ 和 c

的单位分别为 $S \cdot m^{-1}$ 和 $mol \cdot m^{-3}$，所以 Λ_m 的单位是 $S \cdot m^2 \cdot mol^{-1}$。

将式(8-12)和物质的量浓度的定义代入上式，得

$$\Lambda_m = \frac{\kappa}{c} = \frac{G(l/A)}{n/V}$$

其中 V 和 n 分别为溶液的体积和其中所含电解质 $\frac{1}{\nu_+ z_+}M_{\nu_+}A_{\nu_-}$ 的物质的量，显然 $V=lA$，于是上式为

$$\Lambda_m = \frac{G(l/A)}{n/(lA)} = \frac{G}{n}l^2$$

设 $l=1m$，即两电极间的距离为 $1m$，则

$$\Lambda_m = \frac{G}{n}(1m)^2 = \frac{G}{n} \cdot m^2$$

其中 G/n 代表 $1mol$ 电解质所具有的电导，因此所谓摩尔电导率是指含有 $1mol$ 电解质的溶液的导电能力，具体说是将含有 $1mol$ $\frac{1}{\nu_+ z_+}M_{\nu_+}A_{\nu_-}$ 的溶液放入两个相距 $1m$ 的平行板电极之间，此时溶液所具有的电导。这就是 Λ_m 的物理意义，如图 8-13 所示。

任何电解质的 Λ_m 均是指 $1mol$ 电解质而言，例如 $1mol$ NaCl，$1mol$ $\frac{1}{2}H_2SO_4$，$1mol$ HAc 等，当这些电解质完全电离后所产生的正、负电荷均为 $1mol$，这就为比较不同溶液的导电能力提供了共同的基础。通常所说一个溶液的导电能力就是指溶液的摩尔电导率。

由式(8-13)可知，Λ_m 与溶液的浓度有关。在实验基础上，人们发现，在一定温度下，Λ_m 与浓度的关系如图 8-14 所示。其他强电解质也有类似于图中 HCl，$\frac{1}{2}H_2SO_4$，KOH 等的情况，其他弱电解质与 HAc 的情况类似。至于图中浓度数据为什么用 $\sqrt{c}$ 而不用 c，主要是由于用 Λ_m-$\sqrt{c}$ 代替 Λ_m-c 更有利于数据处理和发现规律。由图可以看出如下规律：

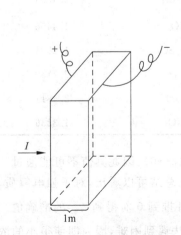

图 8-13 摩尔电导率的意义

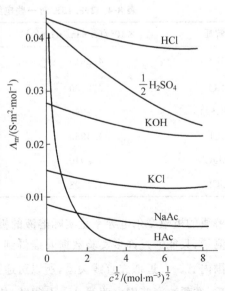

图 8-14 298K 时一些电解质溶液的 Λ_m 与浓度的关系

(1) 对强电解质，Λ_m 随浓度降低而增大。这是由于强电解是完全电离的，其中所含的导电离子（例如硫酸溶液中的 H^+ 和 $\frac{1}{2}SO_4^{2-}$）均为 1mol，当浓度降低时，这些离子之间的静电作用减弱使离子电迁移率增大。进一步的研究发现，在较稀的浓度范围内，所有强电解质的 Λ_m-$\sqrt{c}$ 都近似成直线关系。化学家 Kohlrausch 在实验基础上将这种关系写成

$$\Lambda_m = \Lambda_m^\infty(1-\beta\sqrt{c}) \tag{8-14}$$

此式也称做 Kohlrausch 经验规则，它只近似适用于强电解质的稀薄溶液。其中 β 在一定温度下对于指定的电解质是一个常数，$-\beta\Lambda_m^\infty$ 实际上是直线的斜率。Λ_m^∞ 是直线的截距，它代表当 $c \to 0$ 时电解质溶液的 Λ_m，即无限稀薄时的摩尔电导率，通常称极限摩尔电导率，上标 "∞" 表示无限稀薄溶液。在一定温度下，极限摩尔电导率只取决于电解质本身。

(2) 对于弱电解质，Λ_m 随浓度降低而增大。与强电解质的区别是，当浓度较低时 Λ_m 随浓度降低而急剧增大，表现为 Λ_m-$\sqrt{c}$ 曲线十分陡峭。这是由于在通常浓度范围内弱电解质的电离度一般很低，参与导电的离子数目很少。当浓度很低之后电离度随浓度降低而明显增加。应该指出，在弱电解质溶液中，单位体积中的离子数一般很少，离子间的静电作用不大，随溶液浓度的变化这种状况并无多大改变，所以可近似认为弱电解质中离子的电迁移率是不随浓度而改变的（即 $u \approx u^\infty$），其导电能力的大小主要决定于溶液中离子的数目。

在无限稀薄的情况下，任何电解质都是完全电离的，且电离产生的离子无相互静电作用。所以电解质溶液的极限摩尔电导率 Λ_m^∞ 是指 1mol 电解质 $\left(\text{如}\frac{1}{2}H_2SO_4\right)$ 完全电离成 1mol 正离子（H^+）和 1mol 负离子 $\left(\frac{1}{2}SO_4^{2-}\right)$ 且两种离子互相不干扰的情况下的导电能力。在一定温度下，Λ_m^∞ 只决定于组成电解质的两种离子本身，即 Λ_m^∞ 是电解质的特性参数，是电解质最大导电本领的表征。因此在研究电解质溶液导电时，Λ_m^∞ 值是重要的，表 8-4 列出了一些电解质在 298.15K 时的 Λ_m^∞。

表 8-4 298.15K 时一些电解质的极限摩尔电导率 Λ_m^∞

电解质	$\Lambda_m^\infty \times 10^2/(S \cdot m^2 \cdot mol^{-1})$	电解质	$\Lambda_m^\infty \times 10^2/(S \cdot m^2 \cdot mol^{-1})$
HCl	4.2616	$\frac{1}{3}LaCl_3$	1.4594
HNO_3	4.2130	KNO_3	1.4496
$\frac{1}{2}H_2SO_4$	4.2962	$\frac{1}{2}Na_2SO_4$	1.2991
KCl	1.4986	KOH	2.7152
$\frac{1}{2}MgCl_2$	1.2940	NaOH	2.4811
LiCl	1.1503	$AgNO_3$	1.3336

电解质的极限摩尔电导率是实际溶液的极限情况（$c \to 0$），因此其值不可能通过一次实验直接测量，只能通过许多实验数据外推得到。由以上总结可以看出，对于强电解质，在稀浓度范围内 Λ_m-$\sqrt{c}$ 近似成直线关系，所以可通过将 $\sqrt{c}$ 外推到 0 而得到 Λ_m^∞ 的准确值。但对弱电解质，在稀浓度范围内曲线 Λ_m-$\sqrt{c}$ 很陡，使得外推法遇到困难，因为即使很小的浓度误差或作图误差都将对外推结果产生巨大的影响，再加上 Λ_m-$\sqrt{c}$ 又不表现为明显的直接关系，

无法进行准确外推,因此,弱电解质的 Λ_m^∞ 不可以用外推法求得,此问题将于 8.5 节中解决。

8.4.3 摩尔电导率的测定

在一定温度下,一个浓度为 c 的电解质溶液的摩尔电导率 $\Lambda_m = \kappa/c$,所以要求取 Λ_m,就必须实验测定电导率 κ 的值,而 κ 是 $1m^3$ 溶液的电导,因此最终要直接测量电阻(或电导)。因为

$$G = \kappa \frac{A}{l}$$

所以

$$\kappa = G \frac{l}{A} \tag{8-15}$$

或

$$\kappa = \frac{1}{R} \frac{l}{A} \tag{8-16}$$

可见,欲精确知道 κ 值,就必须精确测定溶液的电阻 R 和比值 l/A。

电解质溶液与物理学中的固体电阻不同,测量时须将溶液倒入一个特定的容器——电导池中,如图 8-15 所示。电导池中有两个平行板电极分别通过玻璃管中的导线与外界相连。显然式(8-16)中的 R 是指两平行极板之间所夹溶液柱体的电阻,而 l 是两极板间的距离,A 是极板间液柱的横截面积(即电极的面积)。对于一个指定的电导池,l 和 A 都是不变的,所以 l/A 是只与电导池有关的常数,叫做电导池常数。当然,不同的电导池有不同的电导池常数。下面分别介绍电阻 R 和电导池常数 l/A 的测定。

1. R 的测定

溶液 R 的测定与物理学中精确测定固体电阻的原理基本相同。如图 8-16,将电导池 R 作为韦斯登电桥的一个臂,其他三个臂分别是阻值已知的标准电阻 R_s 和可调电阻 R_A 与 R_B。测量时,调节 R_A 和 R_B,使得示波器中没有电流通过,此时

$$\frac{R}{R_s} = \frac{R_B}{R_A}$$

于是测得溶液电阻 R。

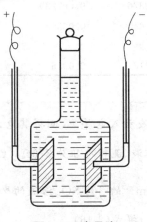

图 8-15 电导池

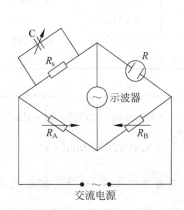

图 8-16 电桥法测量电阻 R

关于以上测量,应做如下几点说明:由于温度变化会影响电导,一般在室温下温度每升高 1K,电导将增加 2%,因此在精确测量中应把电导池 R 置于恒温槽中;另外,电导池 R 相当于一个电解池,若有直流电通过,将发生电解反应,要测定的溶液会发生变化。此外,当有电流通过电导池时电极上还会发生其他的变化。总之,当有直流电通过电导池时,所测结果并不反映原来溶液的导电情况。为此必须用交流电,使交流电前半周在电极上产生的变化在后半周得以抵消;最后要说明的是,对于交流电来说,电导池 R 的两个电极相当于一个电容器,因此须在电阻 R_s 上并联一个可变电容器 C 以实现阻抗平衡。

2. l/A 的测定

电导池常数 l/A 中的 l 和 A 虽然都有明确的意义,但它们都无法用几何方法精确测量。比如说,若在电导池制作过程中两个极板略有不平行现象,不用说 l 和 A 的精确测量,就连测量都无法进行。为此需要用间接的方法测量电导池常数。根据式(8-15)可知

$$\frac{l}{A} = \frac{\kappa}{G} \quad \text{或} \quad \frac{l}{A} = \kappa R$$

因此 l/A 可以通过测定某个已知电导率的溶液的电导来求得。通常使用 KCl 溶液,各种 KCl 溶液的电导率数据一般可查阅电化学手册。

由上述可知,欲测定某电解质溶液的摩尔电导率一般要分两步进行。第一步首先用一个电导池测定某个 KCl 溶液的电导(此 KCl 溶液的电导率已知),从而求出该电导池的电导池常数 l/A;第二步再用该电导池测定待测溶液的电导,从而求出溶液的电导率 κ。于是可根据 $\Lambda_m = \kappa/c$ 算出溶液的摩尔电导率。表 8-5 列出了 298K 时所测得的一些电解质溶液的摩尔电导率。

测定摩尔电导率 Λ_m,实际上是测定电导率 κ。至今已经可以在市场上买到一种叫做电导率仪的仪器,可以直接用来测定各种溶液的 κ。

表 8-5 298K 时一些电解质溶液的 Λ_m $S \cdot m^2 \cdot mol^{-1}$

电解质	$c/(mol \cdot m^{-3})$				
	0.5000	1.000	10.00	100.0	1000
NaCl	0.012450	0.012374	0.011851	0.010674	
KCl	0.014781	0.014695	0.014127	0.012896	0.01119
HCl	0.042274	0.042136	0.041200	0.039132	0.03329
NaAc	0.00892	0.00885	0.008376	0.007280	0.00491
$\frac{1}{2}H_2SO_4$	0.04131	0.03995	0.03364	0.02508	
HAc	0.00677	0.00492	0.00163		
$NH_3 \cdot H_2O$	0.0047	0.0034	0.00113	0.0036	

例 8-2 298K 时将 $0.0200 mol \cdot dm^{-3}$ 的 KCl 溶液放入电导池,测得其电阻为 82.4Ω。若用同一电导池充以 $0.0050 mol \cdot dm^{-3}$ 的 $\frac{1}{2}K_2SO_4$ 溶液,测得电阻为 376Ω。已知上述 KCl 溶液的电导率为 $0.2786 S \cdot m^{-1}$。试求 $0.0050 mol \cdot dm^{-3}$ 的 $\frac{1}{2}K_2SO_4$ 溶液的摩尔电导率。

解:首先由 KCl 溶液的测定数据求出电导池常数,据式(8-16):

$$\frac{l}{A} = \kappa(\text{KCl})R(\text{KCl}) = 0.2786 \times 82.4 \, \text{m}^{-1}$$
$$= 22.81 \, \text{m}^{-1}$$

然后再据式(8-16)求出 K_2SO_4 溶液的电导率：
$$\kappa = \frac{1}{R} \cdot \frac{l}{A} = \frac{1}{376} \times 22.81 \, \text{S} \cdot \text{m}^{-1}$$
$$= 6.997 \times 10^{-2} \, \text{S} \cdot \text{m}^{-1}$$

于是可算出 $\frac{1}{2}K_2SO_4$ 溶液的摩尔电导率：
$$\Lambda_m\left(\frac{1}{2}K_2SO_4\right) = \frac{\kappa}{c} = \frac{6.997 \times 10^{-2}}{0.0050 \times 10^3} \, \text{S} \cdot \text{m}^2 \cdot \text{mol}^{-1}$$
$$= 0.01399 \, \text{S} \cdot \text{m}^2 \cdot \text{mol}^{-1}$$

8.4.4 摩尔电导率的决定因素

上面曾谈到，一个电解质溶液的摩尔电导率代表其导电能力，原则上它决定于其中所含离子的数目(严格讲是电荷数目)和离子的电迁移率。下面我们将这种关系定量化。

设任一电解质 $M_{\nu_+}A_{\nu_-}$ 溶液的浓度为 c，此处浓度 c 与式(8-13)中的浓度完全相同，其中物质的量的基本单元是 $\frac{1}{z_+\nu_+}M_{\nu_+}A_{\nu_-}$。该电解质在溶液中以下式电离：

$$M_{\nu_+}A_{\nu_-} \longrightarrow \nu_+ M^{z_+} + \nu_- A^{z_-}$$

若电离度为 α，则溶液中 $\frac{1}{z_+\nu_+}M_{\nu_+}A_{\nu_-}$，$\frac{1}{z_+}M^{z_+}$ 和 $\frac{1}{|z_-|}A^{z_-}$ 的浓度分别为

$$c\left(\frac{1}{z_+\nu_+}M_{\nu_+}A_{\nu_-}\right) = c(1-\alpha)$$

$$c\left(\frac{1}{z_+}M^{z_+}\right) = c\alpha \tag{8-17}$$

$$c\left(\frac{1}{|z_-|}A^{z_-}\right) = c\alpha \tag{8-18}$$

将上述溶液注入电导池中，如图 8-17 所示。图中导电柱体的横截面积为 A，长度为 l。阴影部分为电极。两极间电压为 U，在其作用下离子 M^{z_+} 和 A^{z_-} 分别以速度 v_+ 和 v_- 迁过任一截面 MM'。显然，每秒钟内迁移通过截面 MM' 的正离子数等于体积 v_+A 中所包含的全部正离子数，即 $\frac{1}{z_+}M^{z_+}$ 的物质的量为

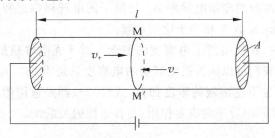

图 8-17 一个导电溶液柱体

$$c\left(\frac{1}{z_+}\mathrm{M}^{z+}\right)v_+ A$$

因每摩尔 $\frac{1}{z_+}\mathrm{M}^{z+}$ 所携带的电量为 F,所以每秒钟内由正离子所导的电量

$$I_+ = c\left(\frac{1}{z_+}\mathrm{M}^{z+}\right)v_+ AF \tag{8-19}$$

将式(8-17)代入,得

$$I_+ = c\alpha v_+ AF \tag{8-20}$$

同理,每秒钟内由负离子所导的电量为

$$I_- = c\alpha v_- AF \tag{8-21}$$

因为整个溶液的导电任务分别由正离子和负离子承担,所以电流强度 I 等于 I_+ 与 I_- 之和:

$$I = I_+ + I_- = c\alpha v_+ AF + c\alpha v_- AF$$
$$= c\alpha A(v_+ + v_-)F \tag{8-22}$$

若两电极间的匀强电场为 E,则 $E=U/l$。所以据式(8-3)得

$$v_+ = u_+ E = u_+ \cdot \frac{U}{l}$$

$$v_- = u_- E = u_- \cdot \frac{U}{l}$$

将此二式代入(8-22)得

$$I = cA\alpha\left(u_+ \cdot \frac{U}{l} + u_- \cdot \frac{U}{l}\right)F$$

即

$$I = \frac{cAU}{l} \cdot \alpha(u_+ + u_-)F$$

$$\alpha(u_+ + u_-)F = \frac{I}{U} \cdot \frac{l}{A} \cdot \frac{1}{c} = \frac{1}{R} \cdot \frac{l}{A} \cdot \frac{1}{c}$$
$$= \left(G\frac{l}{A}\right)\frac{1}{c}$$
$$= \kappa \cdot \frac{1}{c} = \Lambda_\mathrm{m}$$

即

$$\Lambda_\mathrm{m} = \alpha(u_+ + u_-)F \tag{8-23}$$

显而易见,溶液中的离子数目正比于电离度 α,所以式中 α 的大小反映溶液中离子数的多少。上式表明,电解质溶液的摩尔电导率 Λ_m 与离子的电迁移率之和 $(u_+ + u_-)$ 成正比,与离子数成正比。Faraday 常数 F 相当于比例常数。

在导出式(8-23)时,我们引用了电离度的概念。对于强电解质虽然没有电离度之说,但由于完全电离,所以我们可以认为强电解质的电离度总是 100%,即 $\alpha=1$。这样,不论弱电解质还是强电解质,也不论溶液的浓度如何,式(8-23)都是适用的。此式具体描述了离子数目和电迁移率对摩尔电导率的决定作用,是普适性的关系式。

若将式(8-23)写成

$$\Lambda_\mathrm{m} = \alpha u_+ F + \alpha u_- F$$

其中 $\alpha u_+ F$ 可看做溶液中的正离子对于摩尔电导率所做的贡献，$\alpha u_- F$ 可看做负离子对于摩尔电导率所做的贡献。在通常浓度范围内，由于离子间存在着不可忽略的相互作用，所以 $\alpha u_+ F$ 和 $\alpha u_- F$ 不只决定于正、负离子本身，还与离子间的相互作用有关。

8.5 单个离子对电解质溶液导电能力的贡献

一个电解质溶液所导电量必然是各种离子所导电量的总合，即

$$Q = Q_+ + Q_- \tag{8-24}$$

其中 Q_+ 和 Q_- 分别为溶液中正离子和负离子所导的电量。上式两端除以时间，即每秒钟内所导电量为

$$I = I_+ + I_- \tag{8-25}$$

其中 I_+ 和 I_- 分别为正、负离子对于电流所做的贡献。此式两端除以导电溶液柱体的横截面积 A，即单位面积上的电流，称做电流密度，用符号 j 表示，则

$$j = j_+ + j_- \tag{8-26}$$

其中 j_+ 和 j_- 分别为正、负离子对电流密度所做的贡献。

8.5.1 导电能力的加和性

与电量、电流和电流密度一样，溶液的电导、电导率和摩尔电导率也具有加和性。

1. 电导的加和性

一个电解质溶液的导电任务是由正离子和负离子共同承担的，因此可以把溶液中的正离子和负离子分别视为两个并联导体。根据并联电路的电阻关系

$$\frac{1}{R} = \frac{1}{R_+} + \frac{1}{R_-}$$

据电导定义，此式可写作

$$G = G_+ + G_- \tag{8-27}$$

其中 G 是溶液的电导，G_+ 和 G_- 分别为正、负离子对溶液电导的贡献，因此，溶液的电导等于单个离子对于电导贡献的加和。

应该指出，此处将电解质溶液视为并联电路，只是从导电角度而言的，它与金属导体的并联不完全相同。显然式(8-27)也适用于金属导体电路，但其中 G_+ 和 G_- 在一定温度下只决定于各金属导体本身，而在电解质溶液中，G_+ 和 G_- 并不只决定于离子本身，还与离子间的相互作用有关，因此不能把它们当做离子本身所具有的特性。

2. 电导率的加和性

电导率是 $1m^3$ 溶液的电导，显然它也必有加和性。据式(8-26)有

$$\frac{I}{A} = \frac{I_+}{A} + \frac{I_-}{A} \tag{8-28}$$

由欧姆定律

$$I = \frac{U}{R} = GU = \kappa \frac{A}{l} U = \kappa A E \tag{8-29}$$

由式(8-19)

$$I_+ = c_+ v_+ AF \tag{8-30}$$

其中 c_+ 为正离子 $\frac{1}{z_+}M^{z+}$ 的浓度, v_+ 为在电场 E 中正离子的迁移速度。同理

$$I_- = c_- v_- AF \tag{8-31}$$

将式(8-29), 式(8-30)和式(8-31)代入式(8-28), 得

$$\kappa E = c_+ v_+ F + c_- v_- F$$

$$\kappa = c_+ u_+ F + c_- u_- F \tag{8-32}$$

其中右端第一项 $c_+ u_+ F$ 代表正离子对于电导率所做的贡献, 用符号 κ_+ 表示, $c_- u_- F$ 代表负离子对于电导率所做的贡献, 用符号 κ_- 表示, 于是上式写作

$$\kappa = \kappa_+ + \kappa_- \tag{8-33}$$

其中

$$\kappa_+ = c_+ u_+ F \tag{8-34}$$

$$\kappa_- = c_- u_- F \tag{8-35}$$

在通常浓度下, 由于离子电迁移率 u_+ 和 u_- 并不是离子本身的特性而与离子间的相互作用有关, 所以 κ_+ 和 κ_- 与离子间相互作用有关。尽管如此, 还是可以将 κ_+ 理解为 $1m^3$ 溶液中的正离子所具有的电导, 而 κ_- 则为 $1m^3$ 溶液中的负离子所具有的电导。

3. 离子的摩尔电导率和摩尔电导率的加和性

仿照电解质的摩尔电导率定义式 $\Lambda_m = \kappa/c$, 定义

$$\lambda_+ = \frac{\kappa_+}{c_+} \tag{8-36}$$

$$\lambda_- = \frac{\kappa_-}{c_-} \tag{8-37}$$

其中 λ_+ 叫做正离子 $\frac{1}{z_+}M^{z+}$ 的摩尔电导率, κ_+ 为正离子对于电导率的贡献, c_+ 为正离子 $\frac{1}{z_+}M^{z+}$ 的浓度。负离子类同。

根据摩尔电导率的意义, 某离子 B 的摩尔电导率 λ_B 是指 1mol B 离子 $\left(\frac{1}{z_+}M^{z+}\text{ 或 }\frac{1}{|z_-|}A^{z-}\right)$ 在两个相距 1m 的平行电极之间所具有的电导。但由于不可能单独将 1mol 正离子或负离子置于电极之间, 即电极间有 1mol 正离子时必有 1mol 负离子同时存在, 所以 λ_B 并不代表 1mol B 离子所具有的导电能力, 而与溶液中离子间的相互作用有关。

将式(8-34)和式(8-35)分别代入式(8-36)和式(8-37), 得

$$\lambda_+ = u_+ F \tag{8-38}$$

$$\lambda_- = u_- F \tag{8-39}$$

此二式表明离子摩尔电导率可以通过测定其电迁移率求得。

若将 1mol 强电解质 $\frac{1}{\nu_+ z_+}M_{\nu_+}A_{\nu_-}$ 置于两个相距 1m 的平行电极之间, 则其完全电离成

1mol 正离子 $\frac{1}{z_+}\mathrm{M}^{z_+}$ 和 1mol 负离子 $\frac{1}{|z_-|}\mathrm{A}^{z_-}$，于是溶液的导电能力 Λ_m 必等于正离子的贡献 λ_+ 与负离子的贡献 λ_- 之和：

$$\Lambda_\mathrm{m} = \lambda_+ + \lambda_- \tag{8-40}$$

据式(8-38)，有

$$\lambda_+ = u_+ F$$

据式(8-23)，有

$$\Lambda_\mathrm{m} = (u_+ + u_-)F$$

以上两式相除：

$$\frac{\lambda_+}{\Lambda_\mathrm{m}} = \frac{u_+ F}{(u_+ + u_-)F} = \frac{u_+}{u_+ + u_-} = \frac{u_+/u_-}{u_+/u_- + 1}$$

$$= \frac{t_+/t_-}{t_+/t_- + 1} = \frac{t_+}{t_+ + t_-} = t_+$$

所以

$$\lambda_+ = \Lambda_\mathrm{m} t_+ \tag{8-41}$$

同理

$$\lambda_- = \Lambda_\mathrm{m} t_- \tag{8-42}$$

此二式表明，可以通过测定强电解溶液的摩尔电导率和离子迁移数求出离子摩尔电导率。

若将 1mol 弱电解质 $\frac{1}{\nu_+ z_+}\mathrm{M}_{\nu_+}\mathrm{A}_{\nu_-}$ 置于两个相距 1m 的平行电极之间。设电离度为 α，则电极间只有 α mol 正离子 $\frac{1}{z_+}\mathrm{M}^{z_+}$ 和 α mol 负离子 $\frac{1}{|z_-|}\mathrm{A}^{z_-}$，显然它们对于摩尔电导率的贡献分别为 $\alpha\lambda_+$ 和 $\alpha\lambda_-$，即

$$\Lambda_\mathrm{m} = \alpha\lambda_+ + \alpha\lambda_- \tag{8-43}$$

若将强电解质的 α 规定为 1，则式(8-43)便成为式(8-40)，因此可将式(8-43)视为对弱电解质和强电解质均适用的加和关系。显然，将式 $\lambda_+ = u_+ F$ 和 $\lambda_- = u_- F$ 代入，此式就是式(8-23)。

8.5.2 无限稀薄条件下离子的摩尔电导率

在无限稀薄条件下，离子间无静电作用，离子在溶液中的电迁移是独立的。此时离子的摩尔电导率称做离子的极限摩尔电导率，用符号 λ_+^∞ 和 λ_-^∞ 表示。在 $c\to 0$ 的溶液中，由于离子独立迁移，所以 λ_+^∞ 和 λ_-^∞ 只决定于离子本身，而与其他共存的离子无关。可见，$\lambda_\mathrm{B}^\infty$ 是离子 B 的特性参数，在一定温度下有确定值。例如，在 $c\to 0$ 的条件下，KCl 溶液中的 $\lambda^\infty(\mathrm{K}^+)$ 与 $\mathrm{K_2SO_4}$ 溶液中的 $\lambda^\infty(\mathrm{K}^+)$ 同值。这一结论称为离子独立迁移定律。

在无限稀薄溶液中，电解质是完全电离的，$\alpha = 1$，据摩尔电导率的加和性，总有

$$\Lambda_\mathrm{m}^\infty = \lambda_+^\infty + \lambda_-^\infty \tag{8-44}$$

在 8.4.2 节中谈到，弱电解的 $\Lambda_\mathrm{m}^\infty$ 不宜通过实验值外推得到。离子独立迁移定律解决了这个问题，例如醋酸 HAc 的极限摩尔电导率为

$$\Lambda_m^\infty(HAc) = \lambda^\infty(H^+) + \lambda^\infty(Ac^-)$$
$$= [\lambda^\infty(H^+) + \lambda^\infty(Cl^-)] + [\lambda^\infty(Ac^-) + \lambda^\infty(Na^+)]$$
$$- [\lambda^\infty(Cl^-) + \lambda^\infty(Na^+)]$$
$$= \Lambda_m^\infty(HCl) + \Lambda_m^\infty(NaAc) - \Lambda_m^\infty(NaCl)$$

由于 HCl,NaAc 和 NaCl 都是强电解质,它们的极限摩尔电导率均可通过实验值用外推法求得。此例表明:一个弱电解质的极限摩尔电导率可以借助强电解质用实验方法获得。

由于 λ_+^∞ 或 λ_-^∞ 是离子的特性参数,是离子本身导电能力的表征,因而是研究导电问题时人们所十分关心的数据。于是人们设法求得各种常见离子的 λ_+^∞ 或 λ_-^∞ 值,例如可通过测定电迁移率、迁移数等来求得,然后将这些数据列入手册,人们便可利用这些数据根据加和性方便地计算各种电解质的 Λ_m^∞。表 8-6 列出了 298K 时一些离子的极限摩尔电导率值。由表中数据可以看出,$\lambda^\infty(H^+)$ 和 $\lambda^\infty(OH^-)$ 的值远大于一般离子,这是由于 $u^\infty(H^+)$ 和 $u^\infty(OH^-)$ 远超出一般离子,因而 H^+ 和 OH^- 具有特别大的导电能力。

表 8-6 298K 时一些离子的极限摩尔电导率

离子	$\lambda_+^\infty \times 10^4/(S \cdot m^2 \cdot mol^{-1})$	离子	$\lambda_-^\infty \times 10^4/(S \cdot m^2 \cdot mol^{-1})$
H^+	349.82	OH^-	198.0
Li^+	38.69	Cl^-	76.34
Na^+	50.11	Br^-	78.4
K^+	73.52	I^-	76.8
NH_4^+	73.4	NO_3^-	71.44
Ag^+	61.92	CH_3COO^-	40.9
$\frac{1}{2}Ca^{2+}$	59.50	ClO_4^-	68.0
$\frac{1}{2}Mg^{2+}$	53.06	$\frac{1}{2}SO_4^{2-}$	79.2

以上几节(8.2 节至 8.5 节)中引入的概念较多,因而给出的公式很多,这些往往使初学者感到杂乱无章。其实这部分内容比较单纯,重点介绍的是电解质溶液的导电性质,学习这些内容要注意以下两点:①公式虽多,但它们都具有明确的物理意义,所以对公式一定要在理解的基础上记忆而且要以理解为主。比如我们讨论了在单电解质(即一种电解质)溶液中,迁移数服从 $t_+/t_- = u_+/u_-$,显然只要对迁移数和电迁移率的概念以及本式的意义有了深入的理解,也就知道该结论为什么不适用于多电解质溶液(也称混合电解质溶液,即一个溶液中同时溶有几种电解质),进而还可推得多电解质溶液中的任意两种离子其迁移数所服从的关系;②物质的量的基本单元都是按照新规定的方法指定的,若不按照这种规定指定基本单元,则有些公式就必须做相应的修正。例如对 $CaCl_2$ 溶液,摩尔电导率的加和公式为 $\Lambda_m(\frac{1}{2}CaCl_2) = \lambda(\frac{1}{2}Ca^{2+}) + \lambda(Cl^-)$。若把 $CaCl_2$,Ca^{2+} 和 Cl^- 分别指定为基本单元,则加和公式即成为 $\Lambda_m(CaCl_2) = \lambda(Ca^{2+}) + 2\lambda(Cl^-)$,显然改变了原公式的形式。

8.6 电导法的应用

运用电导知识分析研究电解质溶液的性能,通过电导测量来解决形形色色的具体问题,这种方法通常称为电导法。电导法是电化学的主要方法之一,在进行测量时它具有准确、快速的特点，所以在仪器分析中有多种应用。以下简单介绍电导法应用的几个实例。

*8.6.1 水质的检验

在科学研究及生产过程中，经常需要纯度很高的水。例如半导体器件的生产与加工过程，清洗用水若含杂质便会严重影响产品质量甚至成为废品。

水本身有微弱电离，在 298K 时电离常数（常称为水的离子积）为

$$K^\ominus = a(H^+) \cdot a(OH^-) = 10^{-14}$$

理论计算表明，298K 时纯水的电导率 κ 应为 $5.5 \times 10^{-6} \mathrm{S \cdot m^{-1}}$，而一般蒸馏水约为 $10^{-3} \mathrm{S \cdot m^{-1}}$，这是由于空气中溶入的 CO_2 和一般玻璃器皿上溶下来的离子所造成的。用石英器皿经过 28 次重蒸馏（将蒸馏水用 $KMnO_4$ 和 KOH 溶液处理以除去 CO_2 和有机杂质，然后重新蒸馏）后所得水的 κ 为 $6.3 \times 10^{-6} \mathrm{S \cdot m^{-1}}$，这实际上已成为纯水。高纯水的检验是不可能用化学方法来进行的，电导法是常用的方法之一，因为水的 κ 值直接反映水中杂质含量的高低。在这方面电导法的快速和高灵敏度是任何化学方法所望尘莫及的。

8.6.2 弱电解质电离常数的测定

在稀的弱电解质溶液中，尽管溶液并非"无限稀薄"，但离子浓度很小，可忽略离子间的静电作用，于是可以做两方面的引申：①在电导方面，可以近似认为离子的迁移是独立的，即认为离子的电迁移率等于其极限值；②在平衡性质方面，可以近似认为活度系数的修正是不必要的，即认为活度系数等于1（这一点将于 8.7 节详细讨论），因此电离平衡的平衡常数可用平衡浓度积代替。

据式(8-23)

$$\Lambda_\mathrm{m} = \alpha(u_+ + u_-)F$$

由近似①，$u_+ \approx u_+^\infty$，$u_- \approx u_-^\infty$，所以上式可写作

$$\Lambda_\mathrm{m} = \alpha(u_+^\infty + u_-^\infty)F \tag{8-45}$$

对于无限稀薄溶液，$\alpha = 1$，式(8-23)为

$$\Lambda_\mathrm{m}^\infty = (u_+^\infty + u_-^\infty)F \tag{8-46}$$

以上两式相除，得

$$\alpha = \frac{\Lambda_\mathrm{m}}{\Lambda_\mathrm{m}^\infty} \tag{8-47}$$

此式描述弱电解质的电离度与摩尔电导率的关系。它只适用于离子浓度很小的弱电解质溶液（即电解质溶液浓度很稀或其电离度很小），因为只有在这种情况下才能忽略不计离子间的静电作用以保证 $u_+ \approx u_+^\infty$，$u_- \approx u_-^\infty$。对于强电解质这种近似是不成立的，而且不存在电离度的概念，所以决不可将式(8-47)应用于强电解质溶液。

有了电离度 α，便可容易地计算电离常数。例如，对于稀的醋酸溶液，若其浓度为 c

$$HAc \rightleftharpoons H^+ + Ac^-$$

平衡时浓度为

$$c(1-\alpha) \quad \alpha c \quad \alpha c$$

$$K^\ominus = \frac{[c(H^+)/c^\ominus] \cdot [c(Ac^-)/c^\ominus]}{c(HAc)/c^\ominus}$$

$$= \frac{(\alpha c)^2/c^\ominus}{c(1-\alpha)} = \frac{\alpha^2 c/c^\ominus}{1-\alpha}$$

将式(8-47)代入,得

$$K^\ominus = \frac{(\Lambda_m/\Lambda_m^\infty)^2 \cdot c/c^\ominus}{1-\Lambda_m/\Lambda_m^\infty}$$

即

$$K^\ominus = \frac{\Lambda_m^2 \cdot c/c^\ominus}{\Lambda_m^\infty(\Lambda_m^\infty - \Lambda_m)} \tag{8-48}$$

其中标准浓度 $c^\ominus = 1000\, \text{mol} \cdot \text{m}^{-3}$,$c$ 是溶液浓度。不难看出,此式对于任意 1-1 价型弱电解质稀薄溶液都是适用的。只要能实验测出溶液的摩尔电导率 Λ_m,就可计算出电离常数。例如,298K 时 HAc 溶液,可由实验测量 Λ_m,由离子独立迁移定律计算 Λ_m^∞:

$$\Lambda_m^\infty = \lambda^\infty(\text{H}^+) + \lambda^\infty(\text{Ac}^-) = 390.71 \times 10^{-4}\, \text{S} \cdot \text{m}^2 \cdot \text{mol}^{-1}$$

然后由式(8-48)计算电离常数 $K^\ominus$,结果列于表 8-7。由表中数据可以看出,在浓度不太高时醋酸电离的 $K^\ominus$ 接近于常数。用这种方法求得的电离常数虽然是近似的,但能满足一般科研和生产的需要。

表 8-7 用电导法求 298K 时 HAc 电离常数的结果

$c/(\text{mol} \cdot \text{m}^{-3})$	$\Lambda_m \times 10^4/(\text{S} \cdot \text{m}^2 \cdot \text{mol}^{-1})$	$K^\ominus \times 10^5$
0.028014	210.38	1.760
0.15321	112.05	1.767
1.02831	48.146	1.781
2.41400	32.217	1.789
5.91153	20.962	1.798
12.829	14.375	1.803
50.000	7.358	1.808
52.303	7.202	1.811

8.6.3 难溶盐溶度积的测定

难溶盐是强电解质,在溶液中完全电离,全部以离子存在,但由于其溶解度很小,致使溶液中离子浓度很小,也可近似忽略离子间的静电作用,因此在讨论弱电解质溶液电离度时对于离子的上述两项近似①和②亦成立,于是

$$\Lambda_m = (u_+ + u_-)F \approx (u_+^\infty + u_-^\infty)F$$

又

$$\Lambda_m^\infty = (u_+^\infty + u_-^\infty)F$$

比较以上两式,得

$$\Lambda_m \approx \Lambda_m^\infty \tag{8-49}$$

此式适用于难溶强电解质,它是用电导法计算难溶盐溶度积的依据。

难溶盐溶度积是固体盐溶解电离平衡的平衡常数,例如,对于难溶盐 AgCl:

$$\text{AgCl(s)} \rightleftharpoons \text{Ag}^+ + \text{Cl}^-$$

由于固体 AgCl 的活度等于 1,Ag$^+$ 和 Cl$^-$ 忽略活度系数的影响,所以溶度积

$$K^{\ominus} = \frac{c(Ag^+)}{c^{\ominus}} \cdot \frac{c(Cl^-)}{c^{\ominus}}$$

即

$$K^{\ominus} = \frac{c(Ag^+) \cdot c(Cl^-)}{(c^{\ominus})^2} \tag{8-50}$$

其中 $c^{\ominus} = 1000 \text{mol} \cdot \text{m}^{-3}$，因此求溶度积只须求饱和溶液中的离子浓度 $c(Ag^+)$ 或 $c(Cl^-)$。因为

$$\Lambda_m(AgCl) = \frac{\kappa(AgCl)}{c} \tag{8-51}$$

而据式(8-49)

$$\Lambda_m(AgCl) = \Lambda_m^{\infty}(AgCl) \tag{8-52a}$$

$\kappa(AgCl)$ 是 AgCl 对整个溶液电导率 $\kappa(sln)$ 的贡献，对于难溶盐，由于 $\kappa(sln)$ 值很小，其中水的贡献 $\kappa(H_2O)$ 不能忽略不计，所以

$$\kappa(AgCl) = \kappa(sln) - \kappa(H_2O) \tag{8-52b}$$

将式(8-52a)和式(8-52b)代入式(8-51)并整理，得

$$c = \frac{\kappa(sln) - \kappa(H_2O)}{\Lambda_m^{\infty}(AgCl)}$$

其中 $\Lambda_m^{\infty}(AgCl)$ 可通过查手册中的 $\lambda^{\infty}(Ag^+)$ 和 $\lambda^{\infty}(Cl^-)$ 数据求出，因此只需分别测定 AgCl 饱和溶液的 $\kappa(sln)$ 和纯水的 $\kappa(H_2O)$，便可计算出溶液的浓度 c。在此例中 c 就是 $c(Ag^+)$ 和 $c(Cl^-)$，从而可由式(8-50)计算出 AgCl 的溶度积 $K^{\ominus}$：

$$K^{\ominus} = \left(\frac{\kappa(sln) - \kappa(H_2O)}{[\lambda^{\infty}(Ag^+) + \lambda^{\infty}(Cl^-)]c^{\ominus}}\right)^2$$

*8.6.4 电导滴定

在滴定分析中，关键问题之一是确定滴定终点。对于那些在终点附近溶液电导发生突变的反应，就可利用这种电导突变来确定滴定终点，称为电导滴定。以下以酸碱滴定为例进行简单讨论。

若强酸(HCl)滴定强碱(NaOH)，则

$$NaOH + HCl \longrightarrow Na^+ + Cl^- + H_2O$$

滴定过程可以看做溶液中电导很大的 OH^- 逐渐被电导较小的 Cl^- 取代的过程，因此溶液电导逐渐下降。滴定终点时电导最低。当 HCl 过量后，由于 H^+ 电导很大，溶液的电导急剧增大。如图 8-18 中曲线(a)所示，滴定终点 B 可由两条直线延长线的交点来确定。

若用强酸(HCl)滴定弱碱($NH_3 \cdot H_2O$)：

$$NH_3 \cdot H_2O + HCl \longrightarrow NH_4^+ + Cl^- + H_2O$$

则弱碱变成盐 NH_4Cl，电导逐渐增加。终点后过量的 HCl 使溶液电导急剧增大。如图 8-18 中曲线(b)所示，终点 C 同样用直线延长线的交点来确定。

若用弱酸(HAc)滴定弱碱($NH_3 \cdot H_2O$)：

$$NH_3 \cdot H_2O + HAc \longrightarrow NH_4^+ + Ac^- + H_2O$$

由于 $NH_3 \cdot H_2O$ 和 HAc 都是弱电解质，开始滴定时电导很低。滴定过程中 NH_4^+ 和 Ac^- 不断增加，电导逐渐增大。终点后 NH_4^+ 和 Ac^- 的量基本不变，过量 HAc 的加入对电导影

响不大,故电导保持恒定。如图 8-18 中曲线(c)所示,滴定终点 D 同样用直线延长线的交点来确定。

由于电导滴定法是利用两条直线延长线的交点来确定滴定终点,所以终点附近盐类的水解不影响结果。因此可用电导法对弱酸、弱碱和混合电解质进行滴定。另外电导法还特别适于稀溶液的滴定。以上这些系统,其他滴定方法的效果都不好。

电导滴定所用装置如图 8-19 所示,滴定时应使用较浓的滴定液,采用微量滴定管以限制加入液的体积,若加入体积太大,滴定曲线不直,会影响结果的精确度。如果精确度要求较高,滴定应在恒温槽中进行。由于电导仪是现成的仪器,在滴定过程中可以随时读得电导值,也可用记录仪进行连续记录,在记录仪上直接画出滴定曲线。

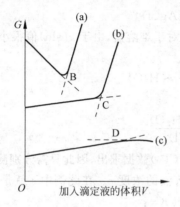

图 8-18 电导滴定示意图

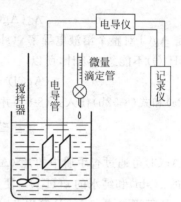

图 8-19 电导滴定装置

8.7 强电解质溶液的活度和活度系数

以上各节中讨论了电解质溶液的动力学性质,即导电性。从本节开始,我们将讨论电解质溶液的热力学性质,即平衡性质。所谓溶液的热力学性质包括两类:一类是溶剂的性质由于溶质的存在而发生改变,即依数性。原则上讲,电解质溶液的这类性质与非电解质溶液相比并无太大的特殊性。可以设想由于电解质在溶液中发生离解,溶剂的依数性将会倍增。这类问题本书不准备讨论,如需要了解可参阅有关专著。以下将要重点讨论的是另一类性质,即溶质的热力学性质。与非电解质相比,电解质具有两方面的问题:①电解质溶液中的任何一种离子都不可单独存在。因为溶液总要保持电中性,所以 HCl 溶液中总是 H^+ 和 Cl^- 共存、H_2SO_4 溶液中总是 $2H^+$ 和 SO_4^{2-} 共存。因此我们无法配制一个单离子溶液;②由于离子间的静电作用,使得电解质溶液比非电解质溶液具有高得多的不理想性。本节将主要讨论这两个问题。

8.7.1 电解质的化学势

对于任一溶质 B,其化学势可表示为

$$\mu_B = \mu_B^\ominus + RT\ln a_B + \int_{p^\ominus}^{p} V_B^\infty dp$$

若溶质是强电解质 $M_{\nu_+} A_{\nu_-}$ 且溶液的压力 $p = p^\ominus = 101325 \text{Pa}$,则其化学势

$$\mu = \mu^{\ominus} + RT\ln a \tag{8-53}$$

其中 a 是电解质 $M_{\nu_+}A_{\nu_-}$ 的活度。设电解质浓度为 b(单位为 $\mathrm{mol}(M_{\nu_+}A_{\nu_-}) \cdot \mathrm{kg}^{-1}$),则 $a = \gamma b/b^{\ominus}$。但是电解质在溶液中完全电离:

$$M_{\nu_+}A_{\nu_-} \longrightarrow \nu_+ M^{z+} + \nu_- A^{z-}$$

所以,实际上溶液中并不存在 $M_{\nu_+}A_{\nu_-}$ 这种物种,实际的溶质是 M^{z+} 和 A^{z-}。可见式(8-53)中的 μ 只不过是一种假想,是把 M^{z+} 和 A^{z-} 作为一个整体时的化学势,而 a 则是把两种离子作为一个整体时的活度。这样处理固然可以解决问题,例如溶解热 $\Delta_{\mathrm{mix}}H$ 和熵变 $\Delta_{\mathrm{mix}}S$ 都可以进行计算和测量。从实验角度讲,电解质整体的热力学性质更易于测量。假设我们有 50 种常见的正离子和 50 种常见的负离子,任意一对正负离子都可组成一种电解质,这就意味着我们必须测定 2500 种电解质在水溶液中的性质。但是在溶液中,毕竟正、负离子是真正的物种,若能在热力学上单独处理离子的性质,则我们只需测量 100 种离子的性质。为此我们必须单独写出正离子和负离子的化学势:

$$\mu_+ = \mu_+^{\ominus} + RT\ln a_+ \tag{8-54a}$$

$$\mu_- = \mu_-^{\ominus} + RT\ln a_- \tag{8-54b}$$

其中 a_+ 和 a_- 分别为溶液中正离子 M^{z+} 和负离子 A^{z-} 的活度,则

$$a_+ = \gamma_+ b_+ /b^{\ominus}$$

$$a_- = \gamma_- b_- /b^{\ominus}$$

正离子的标准状态是指 101325Pa 下 $b_+ = 1\mathrm{mol}(M^{z+}) \cdot \mathrm{kg}^{-1}$ 且 $\gamma_+ = 1$ 的假想状态,负离子的标准状态是指 101325Pa 下 $b_- = 1\mathrm{mol}(A^{z-}) \cdot \mathrm{kg}^{-1}$ 且 $\gamma_- = 1$ 的假想状态。

若有 1mol 电解质 $M_{\nu_+}A_{\nu_-}$ 溶于 $n(H_2O)$ 的水中形成溶液,则据化学势的集合公式知此溶液的 Gibbs 函数为

$$G = (1\mathrm{mol})\mu + n(H_2O)\mu(H_2O) \tag{8-55}$$

此处 μ 是电解质整体的化学势。若按实际情况考虑,溶液由 ν_+ mol 正离子 M^{z+}、ν_- mol 负离子 A^{z-} 和 $n(H_2O)$ 的水所组成,于是

$$G = (\nu_+ \mathrm{mol})\mu_+ + (\nu_- \mathrm{mol})\mu_- + n(H_2O)\mu(H_2O)$$

将此式与式(8-55)比较,得

$$\mu = \nu_+ \mu_+ + \nu_- \mu_- \tag{8-56}$$

即

$$\mu^{\ominus} + RT\ln a = \nu_+(\mu_+^{\ominus} + RT\ln a_+) + \nu_-(\mu_-^{\ominus} + RT\ln a_-)$$

整理得

$$\mu^{\ominus} + RT\ln a = \nu_+ \mu_+^{\ominus} + \nu_- \mu_-^{\ominus} + RT\ln(a_+^{\nu_+} a_-^{\nu_-}) \tag{8-57}$$

其中等式左端的 $\mu^{\ominus}$ 是电解质的标准状态化学势,若用某种合适的方法选择电解质的标准状态,使得

$$\mu^{\ominus} = \nu_+ \mu_+^{\ominus} + \nu_- \mu_-^{\ominus} \tag{8-58}$$

则式(8-57)变为

$$RT\ln a = RT\ln(a_+^{\nu_+} a_-^{\nu_-})$$

于是

$$a = a_+^{\nu_+} a_-^{\nu_-} \tag{8-59}$$

此式描述了电解质作为一个整体时的活度与其离子活度间的具体关系,是处理电解质问题的重要关系式。

8.7.2 离子平均活度和平均活度系数

欲单独考虑一种离子,就必须求得 a_+ 或 a_-。对一个确定溶液,离子浓度 b_+ 或 b_- 都确定可知,也易于实验测量。而单种离子的活度系数 γ_+ 或 γ_- 却无法解决,主要由于无法制备只含一种离子的溶液,从而不能单独测定 γ_+ 或 γ_-。当对一个溶液进行具体测定时,测量结果既不是 γ_+ 也不是 γ_-,而是两者的平均值。将式(8-59)右端进行更深入的分析便会解决这个问题。

$$a_+^{\nu_+} a_-^{\nu_-} = (\gamma_+ b_+ /b^\ominus)^{\nu_+} (\gamma_- b_- /b^\ominus)^{\nu_-}$$
$$= (\gamma_+^{\nu_+} \gamma_-^{\nu_-})(b_+^{\nu_+} b_-^{\nu_-})/(b^\ominus)^{\nu_+ + \nu_-} \tag{8-60}$$

若令 $\nu = \nu_+ + \nu_-$,同时分别定义离子平均浓度 $b_\pm$、平均活度系数 $\gamma_\pm$ 和平均活度 $a_\pm$ 如下:

$$b_\pm = (b_+^{\nu_+} b_-^{\nu_-})^{1/\nu} \tag{8-61}$$

$$\gamma_\pm = (\gamma_+^{\nu_+} \gamma_-^{\nu_-})^{1/\nu} \tag{8-62}$$

$$a_\pm = (a_+^{\nu_+} a_-^{\nu_-})^{1/\nu} \tag{8-63}$$

则式(8-60)写作

$$a_\pm^\nu = \gamma_\pm^\nu b_\pm^\nu /(b^\ominus)^\nu$$
$$a_\pm = \gamma_\pm b_\pm /b^\ominus \tag{8-64}$$

可见,平均活度可看做平均浓度的校正值,其物理意义与上述各种活度的意义类同。以上提到 a, a_+, a_- 和 $a_\pm$ 四种活度,它们都代表各自的校正浓度或有效浓度。

以上四种活度对应着四种活度系数 $\gamma, \gamma_+, \gamma_-$ 和 $\gamma_\pm$。其中只有 $\gamma_\pm$ 可由实验测定,通常所说某电解质溶液的活度系数就是指 $\gamma_\pm$。

我们曾谈到,由于溶液的电中性,无法单独测量 γ_+ 和 γ_-,为此,在具体计算中总是用 $\gamma_\pm$ 值代替 γ_+ 或 γ_-,即

$$a_+ = \gamma_+ b_+ /b^\ominus = \gamma_\pm b_+ /b^\ominus$$
$$a_- = \gamma_- b_- /b^\ominus = \gamma_\pm b_- /b^\ominus$$

至于 γ,由于将正离子 M^{z+} 和负离子 A^{z-} 当做整体 $M_{\nu_+} A_{\nu_-}$ 本身就是一种假想(因为溶液中实际上不存在 $M_{\nu_+} A_{\nu_-}$ 这种物种),所以 γ 值必然无法测量,但是 γ 值可以由 $\gamma_\pm$ 来计算。据式(8-59):

$$a = a_+^{\nu_+} a_-^{\nu_-}$$

即

$$\gamma b/b^\ominus = (\gamma_+ b_+ /b^\ominus)^{\nu_+} (\gamma_- b_- /b^\ominus)^{\nu_-}$$

因为

$$\gamma_+ = \gamma_\pm, \quad \gamma_- = \gamma_\pm$$
$$b_+ = \nu_+ b, \quad b_- = \nu_- b$$

所以

$$\gamma b/b^\ominus = \gamma_\pm^\nu (\nu_+^{\nu_+} \nu_-^{\nu_-})(b/b^\ominus)^\nu$$

$$\gamma = \gamma_\pm^\nu (\nu_+^{\nu_+} \nu_-^{\nu_-})(b/b^\ominus)^{\nu-1}$$

γ 是用于校正浓度 b 的, γ 值与 1 的偏离程度代表将电解质作为一个整体时该溶液的性质与无限稀薄溶液规律的偏差大小。

平均活度系数 $\gamma_\pm$ 有多种测定法。一般来说,在第 5 章所讨论的非电解质溶液活度系数的测定方法,有许多同样适用于电解质溶液。除此之外, $\gamma_\pm$ 的测定还有其他方法,例如电动势法,我们将于第 9 章讨论。表 8-8 列出了部分电解质 $\gamma_\pm$ 的测定值。由表中数据可以看出如下规律:

表 8-8　298K,101325Pa 下一些电解质的 $\gamma_\pm$ 值

$(b^\ominus = 1\text{mol}(M_{\nu_+} A_{\nu_-}) \cdot \text{kg}^{-1})$

$b/b^\ominus$	LiBr	HCl	$CaCl_2$	$Mg(NO_3)_2$	Na_2SO_4	$CuSO_4$
0.001	0.97	0.96	0.89	0.88	0.89	0.74
0.01	0.91	0.90	0.73	0.71	0.71	0.44
0.1	0.80	0.80	0.52	0.52	0.44	0.15
0.5	0.75	0.76	0.45	0.47	0.27	0.06
1	0.80	0.81	0.50	0.54	0.20	0.04
5	2.7	2.4	5.9			
10	20	10	43			

(1) 对于同一种电解质的溶液, $\gamma_\pm$ 与溶液浓度有关。这种关系如图 8-20 所示,在较稀的浓度范围内($b < 0.5 \text{mol} \cdot \text{kg}^{-1}$), $\gamma_\pm$ 与 b 的关系表现为明显的规律性,即浓度越大, $\gamma_\pm$ 越远离于 1;反之,浓度越小, $\gamma_\pm$ 就越接近于 1; $b \to 0$, $\gamma_\pm$ 趋于 1,表示为

$$\lim_{b \to 0} \gamma_\pm = 1 \tag{8-65}$$

浓度较高时,离子产生严重的缔合现象,情况变得复杂,各种电解质的情况并不统一。

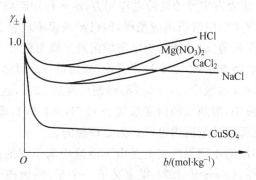

图 8-20　$\gamma_\pm$ 与浓度的关系

(2) 在较稀的浓度范围内,相同价型的各种电解质(例如 1-1 价型的 LiBr 和 HCl,2-1 价型的 $CaCl_2$ 和 $Mg(NO_3)_2$ 等),当浓度相同时它们的 $\gamma_\pm$ 大致相同,溶液越稀这种规律越明显。当浓度相同时,不同价型的电解质的 $\gamma_\pm$ 不同,且在稀浓度范围内,价型越高,其 $\gamma_\pm$ 值越远离于 1。

以上讨论说明, $\gamma_\pm$ 与溶液中离子的浓度和价数有关。在稀浓度情况下这两种关系表现为统一的规律性。在稀溶液中,离子可近似视为点电荷,浓度反映离子间的距离 r 而价数反

映离子的电荷数 q。根据库仑定律，r 和 q 是决定库仑力 f 的两个因素，所以 $\gamma_\pm$ 与离子间静电作用力有关。反过来说，$\gamma_\pm$ 反映溶液中离子间静电作用的大小。由物理学知道

$$f = k\frac{q_1 q_2}{\varepsilon r^2} \tag{8-66}$$

浓度 b 越大 r 就越小，作用力 f 越大，而 $\gamma_\pm$ 就越远离于 1。反之，$b \to 0$，$r \to \infty$，$f \to 0$，此时 $\gamma_\pm \to 1$；离子价数越高，表明 q_1 或 q_2 越大，从而 f 越大，$\gamma_\pm$ 越远离 1。因此，以上分析表明：原则上 $\gamma_\pm$ 反映了电解质溶液对于理想溶液的偏离程度，而在较稀的浓度范围内这种偏离是由于离子间静电作用引起的。当溶液无限稀释时，静电作用消失，$\gamma_\pm = 1$，表明溶液变为理想溶液。应该指出，这里所说的"理想溶液"是指"无静电作用"（即"无限稀薄"）而与第 5 章中所说的理想溶液不同。

（3）对于电解质溶液，即使浓度很稀，一般也不允许将 $\gamma_\pm$ 当做 1。例如 $b = 0.001 \text{mol} \cdot \text{kg}^{-1}$ 的 $CuSO_4$ 溶液，其 $\gamma_\pm$ 只有 0.74。然而对于同样浓度的非电解质溶液，将 γ 当做 1 则是完全合理的。当然，在处理具体问题时，何时才能将 $\gamma_\pm$ 近似为 1 要视电解质溶液的具体情况及问题本身要求的精度而定。但一般说来，电解质溶液比非电解质溶液具有高得多的不理想性，这一点务必引起高度注意。所谓电解质溶液是指强电解质溶液，即实际上是指溶液中的离子，非电解质溶液是指溶液中不发生电离的分子，因此上述说法也可以表述为：溶液中的离子比分子具有高得多的不理想性。例如在室温下，当离子浓度为 $0.05 \text{mol} \cdot \text{kg}^{-1}$ 时，其活度系数 $\gamma_\pm$ 与 1 的偏差一般大于 0.17，而该浓度下分子活度系数与 1 的偏差一般都小于 0.01，因此，当在不太浓的溶液中同时有离子和分子参与一个化学平衡时，例如

$$NH_3 \cdot H_2O \rightleftharpoons NH_4^+ + OH^-$$

把分子的活度系数 $\gamma(NH_3 \cdot H_2O)$ 当做 1 是完全合理的，而把离子活度系数 $\gamma_\pm$ 当做 1 却是不合理的。

为什么离子的不理想程度远大于分子呢？主要是因为一般分子间的作用力是 Van der Waals 力，而离子间的作用力占主导的是静电作用力，前者作用距离较短，是短程力，后者作用距离较远，是长程力，故虽然电解质溶液很稀，但已经是很不理想了，必须考虑活度系数问题。严格讲，只有在"无限稀薄"时才能认为电解质溶液是理想的。

至于电解质溶液中的溶剂水，本书不过多讨论，只通过一个具体实例简单地说明。在浓度为 $0.1 \text{mol} \cdot \text{kg}^{-1}$ 的 NaCl 溶液中，$\gamma_\pm = 0.78$，即偏差高达 22%，这足以说明电解质溶液是很不理想的。而在该溶液中，溶剂水的活度系数 $\gamma(H_2O) = 1.004$，即只有千分之四的偏差，说明水作为溶剂来说，在稀溶液范围内可以认为是理想的。

以上谈到，电解质溶液的不理想性主要是由于溶液中离子间的静电作用引起的。为了定量的描述这种静电作用，Lewis 于 1921 年定义了一个量，叫做离子强度，用符号 I 表示。根据定义，一个溶液的离子强度为

$$I = \frac{1}{2}\sum_B b_B z_B^2 \tag{8-67}$$

其中 b_B 为溶液中任意离子 B 的质量摩尔浓度，z_B 为离子 B 的价数。可见，离子强度的单位与 b_B 相同。

根据式(8-67)，对于浓度为 b 的 1-1 价型强电解质（如 HCl）溶液，

$$I = \frac{1}{2}[b \cdot 1^2 + b \cdot (-1)^2] = b$$

对于 2-1 价型强电解质(如 $BaCl_2$)溶液,

$$I = \frac{1}{2}[b \cdot 2^2 + (2b) \cdot (-1)^2] = 3b$$

对于 2-2 价型强电解质(如 $CuSO_4$)溶液,

$$I = \frac{1}{2}[b \cdot 2^2 + b \cdot (-2)^2] = 4b$$

在稀的水溶液中,若 c_B 的单位用 $mol \cdot dm^{-3}$,则 $\{b_B\} \approx \{c_B\}$,此时离子强度也可写作

$$I = \frac{1}{2}\sum_B c_B z_B^2$$

离子强度定义中的 b_B 是指溶液中 B 离子的实际浓度。例如,某浓度为 b 的 HAc 溶液,HAc 的电离度为 α,则

$$b(H^+) = b(Ac^-) = \alpha b$$

所以

$$I = \frac{1}{2}[\alpha b \cdot 1^2 + \alpha b \cdot (-1)^2] = \alpha b$$

由式(8-67)可以看出,溶液中电荷密度越大(即离子间静电作用越强),则其 I 值就越大。相反,对于非电解质溶液,若忽略水中极少量的 H^+ 和 OH^-,则 $I=0$。因此,一个溶液的离子强度实际上是溶液中离子电荷所形成的静电场强度的量度。不难理解,I 值决定着 $\gamma_\pm$ 的大小。

8.7.3 离子平均活度系数的计算

电解质溶液的 $\gamma_\pm$ 主要靠具体的实验测定。至今,只对于很稀的溶液 $\gamma_\pm$ 才可进行理论计算,对于浓溶液还没有找到一种得心应手的计算方法。这与电解质溶液理论的现状有关。

1. 电解质溶液理论的发展概况

在历史上,人们很早就发现电解质溶液的依数性比相同浓度的非电解质溶液要大得多。Arrhenius 于 1887 年提出部分电离学说,该学说认为电解质在溶液中是部分电离的,电离产生的离子与未电离的分子之间呈平衡,在一定条件下电解质都有一个确定的电离度。后经实验证明,这一学说较好地解释了弱电解质的实验结果,但将这种观点用于强电解质,则得到相互矛盾或与实验结果严重不符的情况。例如利用电导法和凝固点下降法分别测定电解质电离度时,即使在相当稀的情况下所得结果也彼此不相符合。

实验结果说明了部分电离学说的局限性。问题主要在于:①它没有考虑电解质溶液中离子间的相互作用;②强电解质不存在电离度的问题,不存在离子与未电离分子间的平衡。为了解决问题,Debye 和 Hückel 于 1923 年提出了强电解质溶液理论。该理论认为,在低浓度时强电解质是完全电离的;并认为强电解质溶液的不理想性完全是由于离子间的静电引力所引起的,因而人们也将 Debye-Hückel 理论称做离子互吸理论。

基于以上观点,Debye-Hückel 理论将电解质溶液进行高度简化,提出如下模型:

(1) 强电解质在低浓度溶液中完全电离;

(2) 离子间的作用力主要是库仑力；
(3) 不管正、负离子的大小差别,把它们统统当做直径为 a 的电荷均匀的硬球；
(4) 离子间的静电位能比其热运动动能小得多；
(5) 溶液的介电常数与纯溶剂的介电常数几乎相同。

显然,以上几点假定,只有在稀溶液中才是近似正确的,因此 Debye-Hückel 理论是强电解质稀溶液理论。

1927 年 Onsager 发展了 Debye-Hückel 理论,把它推广到不可逆过程,从而把 Kohlrausch 经验规则(即式(8-14))从纯感性知识提高到理性高度,这就形成了 Debye-Hückel-Onsager 电导理论。

Debye-Hückel 理论虽然能适用于稀溶液,但是这个理论仍然是有缺陷的。首先,它完全忽略了离子的溶剂化作用以及溶剂化程度对离子间相互作用的影响。其次,它忽略了离子的个性,把离子当做无大小区别且无结构的硬球。此外,还忽略了介电常数对静电作用的影响。

电解质溶液理论要解决的重要问题之一是计算 $\gamma_\pm$。根据 Debye-Hückel 理论,初步地解决了稀溶液中 $\gamma_\pm$ 的计算。为了解决较浓溶液的计算,后人分别从两个方面做了大量工作。一种是将 Debye-Hückel 的计算公式进行修正,例如 Davies 将公式增加一些参数, Meyer 和 Poisier 修正计算方法等。另一条途径是采用新的物理模型,例如离子水化理论和离子缔合理论。前者根据水合作用提出了包含水合数在内的计算活度系数的公式,后者则认为由于库仑力的作用会在溶液中形成"离子对"(但不是共价键分子),这种理论在电解质溶液理论发展中起着非常重要的作用。但由于离子的缔合情况是复杂的,至今还没有完全搞清楚。

总之,到目前为止,电解质溶液理论还是不完善的。只有在寻求更合理的离子相互作用的模型和对液体的本性有了更深刻的认识之后,才能使溶液理论得到更进一步发展。

2. Debye-Hückel 极限公式

关于离子互吸理论的基本假定已在上面简单介绍。在此基础上,为了解决 $\gamma_\pm$ 的计算, Debye 和 Hückel 提出了离子氛的概念。他们认为在溶液中每一个离子都被电荷符号相反的离子所包围,由于离子间的相互作用,使得离子的分布不均匀,形成离子氛。例如溶液中某个正离子 M^{z+},如图 8-21 所示,考虑其附近(一般在 $10^{-7} \sim 10^{-9}$ m)与之相距 r 处的一个极小的体积元 dV。由于正离子 M^{z+} 吸引负离子而排斥正离子,所以在 dV 中负离子过剩的几率要大于正离子过剩的几率。换言之,在每个离子所邻近的空间内找到异号离子的机会比找到同号离子的机会多,因此可以认为每一个离子都被一个符号相反的离子氛所包围。

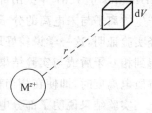

图 8-21 离子氛的概念

离子氛对于其所包围的中心离子来说是球形对称的。离子氛的电荷总量,即与离子氛等效的某个电荷的电量,在数值上与中心离子所带的电量相等但符号相反。

由于离子的热运动,离子氛不是完全静止的,而是不断地运动和变换。在离子之间既有引力也有斥力,所以每个离子外面的离子氛情况是复杂的,只能看做时间统计的平均结果。

Debye 和 Hückel 应用统计力学中的 Boltzmann 分布定律来计算每一个离子附近的电荷平均分布。

溶液中的每一个离子既是中心离子同时又可作为另一个异号离子的离子氛的成员。

溶液中离子间的静电作用是十分复杂的,但在提出离子氛的概念之后,就把这种作用看做中心离子与其离子氛之间的相互作用,从而使问题大大简化,利于从理论上导出计算 $\gamma_\pm$ 的公式。

在推导 $\gamma_\pm$ 的计算公式时,既要用到热力学知识,又要用到较多的静电学和数学知识,因此我们分以下四步进行。

1) 由热力学导出 $\gamma_\pm$ 的表达式

在 101325Pa 时,任意电解质 $M_{\nu_+} A_{\nu_-}$ 的溶液中,电解质的化学势 μ(实)与假设该溶液理想时的化学势 μ(理)不同。前者是实际溶液中的化学势,而后者是将溶液理想化(即假设溶液中的离子无静电相互作用)时的化学势,二者之差 $[\mu(实)-\mu(理)]$ 称为超额化学势,用符号 $\Delta\mu^E$ 表示。上标"E"表示"超额"之意。可见超额化学势就是下面过程中电解质化学势的变化:

$$M_{\nu_+} A_{\nu_-} (理想溶液) \xrightarrow{\Delta\mu^E} M_{\nu_+} A_{\nu_-} (实际溶液) \tag{8-68}$$

根据化学势的知识,

$$\begin{aligned}
\Delta\mu^E &= \mu(实) - \mu(理) \\
&= [\nu_+ \mu_+(实) + \nu_- \mu_-(实)] - [\nu_+ \mu_+(理) + \nu_- \mu_-(理)] \\
&= [\nu_+ (\mu_+^\ominus + RT\ln a_+) + \nu_- (\mu_-^\ominus + RT\ln a_-)] \\
&\quad - \left[\nu_+ \left(\mu_+^\ominus + RT\ln \frac{b_+}{b^\ominus}\right) + \nu_- \left(\mu_-^\ominus + RT\ln \frac{b_-}{b^\ominus}\right)\right] \\
&= RT\ln(a_+^{\nu_+} a_-^{\nu_-}) - RT\ln \frac{b_+^{\nu_+} b_-^{\nu_-}}{(b^\ominus)^\nu} \\
&= RT\ln a_\pm^\nu - RT\ln\left(\frac{b_\pm}{b^\ominus}\right)^\nu \\
&= RT\ln(\gamma_\pm b_\pm / b^\ominus)^\nu - RT\ln(b_\pm / b^\ominus)^\nu \\
&= RT\ln\gamma_\pm^\nu
\end{aligned}$$

即

$$\Delta\mu^E = \nu RT\ln\gamma_\pm \tag{8-69}$$

由于 $\Delta\mu^E$ 是状态函数变化,所以可在式(8-68)所表示的过程中设计任意的中间状态。如果我们取如下的假想状态作为中间状态:某个 $M_{\nu_+} A_{\nu_-}$ 的溶液与上述溶液同温、同压、同浓度,但其中的离子均不带电,简称无电离子溶液。无电离子溶液与式(8-68)中的理想溶液相类似,它们都是假想的状态。两者的区别是:理想溶液中的离子带有电荷,但是离子间无静电作用,即理想溶液中有正常的离子,但没有离子氛;而无电离子溶液中的离子本身就不带电,即离子本身就是假想的。若在式(8-68)所示过程的初末态之间设计如下途径:

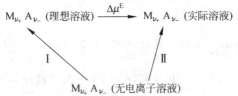

过程 I 是等温等压条件下离子的可逆充电过程。此过程的化学势变化 $\Delta\mu_I$ 即是摩尔 Gibbs 函数变 $\Delta G_m(I)$。据 Gibbs 函数变的物理意义

$$\Delta\mu_I = -W'$$

其中 $-W'$ 是在过程 I 中为 ν_+ mol 正离子和 ν_- mol 负离子可逆充电时环境所做的电功。若用 W_+^* 和 W_-^* 分别代表给正离子和负离子充电时环境做的电功,则

$$-W' = W_+^* + W_-^*$$

所以

$$\Delta\mu_I = W_+^* + W_-^* \tag{8-70}$$

若把正离子当做点电荷,其电场中的电位决定于离子的电量及离开离子的距离 r。离子所在处(即 $r=0$)的电位用符号 $\Phi_+(离,r=0)$ 表示。从无电离子开始,若将正电荷从无限远处逐渐可逆的加到每一个离子上,直至使每个正离子所带电荷达 z_+e 为止,此处 z_+ 是正离子的价数,e 是质子电荷。在充电过程中,离子所带电荷是逐渐增加的,为了简单起见,我们也用 z_+e 表示,即充电过程中将其视为变量。由电学知道,为每个离子充电需做电功为 $\int_0^{z_+e}\Phi_+$ $(离,r=0)dz_+e$,所以

$$W_+^* = \nu_+ L \int_0^{z_+e} \Phi_+(离,r=0)dz_+e$$

同样

$$W_-^* = \nu_- L \int_0^{z_-e} \Phi_-(离,r=0)dz_-e$$

此处 L 是 Avogadro 常数。将此二式代入式(8-70)得

$$\Delta\mu_I = \nu_+ L \int_0^{z_+e} \Phi_+(离,r=0)dz_+e$$
$$+ \nu_- L \int_0^{z_-e} \Phi_-(离,r=0)dz_-e \tag{8-71}$$

过程 II 是等温等压下为实际溶液可逆充电过程,因为有离子之间的静电作用,即有离子氛存在。若一个正离子为中心离子,离子本身所带电荷在中心离子处的电位为 $\Phi_+(离,r=0)$,设离子氛在中心离子处的电位为 $\Phi_+(氛,r=0)$。根据静电学中的叠加原理,在中心离子处的电位为

$$\Phi_+(离,r=0) + \Phi_+(氛,r=0)$$

前者称离子电位,后者称氛电位。因此过程 II 中给 ν_+ mol 正离子充电时环境所做的电功

$$W_+^* = \nu_+ L \int_0^{z_+e} [\Phi_+(离,r=0) + \Phi_+(氛,r=0)]dz_+e$$

同理,为 ν_- mol 负离子充电时环境所做的电功

$$W_-^* = \nu_- L \int_0^{z_-e} [\Phi_-(离,r=0) + \Phi_-(氛,r=0)]dz_-e$$

因为式(8-70)也适用于过程 II,所以

$$\Delta\mu_{II} = \nu_+ L \int_0^{z_+e} [\Phi_+(离,r=0) + \Phi_+(氛,r=0)]dz_+e$$
$$+ \nu_- L \int_0^{z_-e} [\Phi_-(离,r=0) + \Phi_-(氛,r=0)]dz_-e \tag{8-72}$$

因此
$$\Delta\mu^E = -\Delta\mu_I + \Delta\mu_{II}$$

将式(8-71)和式(8-72)代入上式并整理,得

$$\Delta\mu^E = \nu_+ L \int_0^{z_+ e} \Phi_+(氛, r=0) \mathrm{d}z_+ e + \nu_- L \int_0^{z_- e} \Phi_-(氛, r=0) \mathrm{d}z_- e \quad (8\text{-}73)$$

以上分别用热力学的两种方法求得 $\Delta\mu_E$,比较式(8-69)和式(8-73)得

$$\ln\gamma_\pm = \frac{L}{\nu RT}\left[\nu_+\int_0^{z_+ e}\Phi_+(氛, r=0)\mathrm{d}z_+ e + \nu_-\int_0^{z_- e}\Phi_-(氛, r=0)\mathrm{d}z_- e\right] \quad (8\text{-}74)$$

此表达式说明,只有求出在中心离子处(即 $r=0$)的氛电位才能计算 $\gamma_\pm$。

2) 由静电学导出 $\Phi_B(氛, r=0)$ 的表达式

设任意离子 B 带电 $z_B e$,以它为中心离子,则在距中心离子为 r 的地方的离子电位

$$\Phi_B(离, r) = (z_B e/4\pi\varepsilon)(1/r) \quad (8\text{-}75)$$

其中 ε 为溶剂的介电常数。由于离子氛的存在使离子电场强度变弱,致使电位在数值上变小,所以在 r 处的实际电位在数值上小于上述离子电位。为此,将上述离子电位进行校正即得 r 处的实际电位

$$\Phi_B(r) = (z_B e/4\pi\varepsilon)(1/r)\exp(-r/r_D) \quad (8\text{-}76)$$

其中 $\Phi_B(r)$ 代表距中心离子 B 为 r 的地方的实际电位,$\exp(-r/r_D)$ 是校正因子,是小于 1 的分数。r_D 称 Debye 长度,单位 m,其值决定校正因子的大小,r_D 越小,校正因子就越远离于 1。当 $r_D \to \infty$,$\exp(-r/r_D)=1$ 说明不必校正,即无离子氛存在。在下面将会看到,在一定温度下 r_D 决定于溶液的离子强度。

由静学知识可知,r 处的氛电位

$$\Phi_B(氛, r) = \Phi_B(r) - \Phi_B(离, r)$$

将式(8-75)和式(8-76)代入,得

$$\Phi_B(氛, r) = (z_B e/4\pi\varepsilon)\left[\frac{\exp(-r/r_D)}{r} - \frac{1}{r}\right] \quad (8\text{-}77)$$

将此式取极限即得 $r=0$ 处的氛电位

$$\Phi_B(氛, r=0) = \lim_{r\to 0}(z_B e/4\pi\varepsilon)\left[\frac{1 - r/r_D + \frac{1}{2}(r/r_D)^2 - \cdots}{r} - \frac{1}{r}\right]$$

即

$$\Phi_B(氛, r=0) = -(z_B e/4\pi\varepsilon)(1/r_D) \quad (8\text{-}78)$$

可见,欲求中心离子 B 处的氛电位,必须求出 r_D。

3) 由静电学和统计力学导出 r_D 的表达式

中心离子 B 周围的电荷分布是球形对称的。由静电学中的 Poisson 方程,在与 B 相距 r 处的电荷密度 $\rho_B(r)$ 与该处电位 $\Phi_B(r)$ 的关系为

$$\frac{\partial^2 \Phi_B(r)}{\partial x^2} + \frac{\partial^2 \Phi_B(r)}{\partial y^2} + \frac{\partial^2 \Phi_B(r)}{\partial z^2} = -\frac{4\pi}{\varepsilon}\cdot\rho_B(r)$$

其中 (x,y,z) 是该点的坐标。将式(8-76)代入 Poisson 方程并进行坐标变换,解得

$$\Phi_B(r)/r_D^2 = -\rho_B(r)/\varepsilon \quad (8\text{-}79)$$

设在溶液中与中心离子 B 相距 r 的地方有个体积元 $\mathrm{d}V$,在 $\mathrm{d}V$ 内任意一个离子 C 的静

电位能为
$$E' = z_C e \cdot \Phi_B(r) \tag{8-80}$$

由于 dV 处存在着平均电位 $\Phi_B(r)$，所以在 dV 内 C 种离子的局部浓度 n'_C 与它在溶液中的平均浓度 n_C 不同，即

$$n'_C \neq n_C$$

此处，n'_C 和 n_C 的单位是每单位体积内 C 种离子的个数。根据统计力学中的 Boltzmann 分布定律

$$n'_C/n_C = e^{(-E'+E)/kT}$$

由于整个溶液是电中性的，所以就总体而言电位为零，平均说来 C 种离子的静电位能 $E=0$，故上式可写作

$$n'_C/n_C = e^{-E'/kT}$$

将式(8-80)代入上式，得

$$n'_C = n_C \exp\left[-\frac{z_C e \Phi_B(r)}{kT}\right]$$

C 种离子在 dV 内的电荷密度等于离子浓度 n'_C 乘以离子电荷 $z_C e$，即

$$n'_C z_C e = n_C z_C e \exp\left[-\frac{z_C e \Phi_B(r)}{kT}\right]$$

总的电荷密度等于所有离子电荷密度之和，即

$$\rho_B(r) = \sum_C n_C z_C e \exp\left[-\frac{z_C e \Phi_B(r)}{kT}\right] \tag{8-81}$$

将 $\exp\left[-\dfrac{z_C e \Phi_B(r)}{kT}\right]$ 进行级数展开：

$$\exp\left[-\frac{z_C e \Phi_B(r)}{kT}\right] = 1 - \frac{z_C e \Phi_B(r)}{kT} + \cdots$$

代入式(8-81)，同时略去高次项得

$$\rho_B(r) = \sum_C n_C z_C e - \sum_C [n_C z_C^2 e^2 \Phi_B(r)/kT]$$

$$= 0 - e^2 \Phi_B(r)/(kT) \sum_C n_C z_C^2$$

若以 b_C 代表溶液中 C 种离子的质量摩尔浓度，ρ 为溶剂的密度（对于稀溶液，也是溶液的密度），则

$$n_C = b_C L \rho$$

代入前式得

$$\rho_B(r) = -e^2 L \rho \Phi_B(r)/kT \sum_C b_C z_C^2$$

其中 $\sum\limits_C b_C z_C^2$ 是溶液的离子强度 I 的两倍，所以

$$\rho_B(r) = -2e^2 \rho L I \Phi_B(r)/kT \tag{8-82}$$

将此式代入(8-79)，得

$$r_D^2 = \varepsilon RT/(2\rho e^2 L^2 I)$$

即

$$r_D = \left(\frac{\varepsilon RT}{2\rho e^2 L^2 I}\right)^{1/2} \tag{8-83}$$

4) 导出 Debye-Hückel 极限公式

由式(8-78)知,溶液中正离子和负离子处的氛电位分别为

$$\Phi_+(氛, r=0) = -(z_+ e/4\pi\varepsilon)(1/r_D)$$

$$\Phi_-(氛, r=0) = -(z_- e/4\pi\varepsilon)(1/r_D)$$

将此二式代入(8-74)式,积分后并整理得

$$\ln\gamma_\pm = -\left(\frac{Le^2}{8\pi\varepsilon RT}\right)\left(\frac{1}{r_D}\right)\left(\frac{\nu_+ z_+^2 + \nu_- z_-^2}{\nu}\right) \tag{8-84}$$

由于 $\nu_+ z_+ = -\nu_- z_-$,所以两端乘以 z_+ 得

$$\nu_+ z_+^2 = -\nu_- z_+ z_-$$

两端乘以 z_- 得

$$\nu_+ z_+ z_- = -\nu_- z_-^2$$

此二式相加得

$$\nu_+ z_+^2 + \nu_+ z_+ z_- = -\nu_- z_+ z_- - \nu_- z_-^2$$

即

$$\nu_+ z_+^2 + \nu_- z_-^2 = -(\nu_+ + \nu_-) z_+ z_-$$

$$\nu_+ z_+^2 + \nu_- z_-^2 = \nu |z_+ z_-| \tag{8-85}$$

将式(8-85)和式(8-83)代入式(8-84),整理后得

$$\ln\gamma_\pm = -\left[\frac{\rho^{1/2} L^2 e^3}{4\sqrt{2}\pi(RT\varepsilon)^{3/2}}\right]|z_+ z_-|\sqrt{I} \tag{8-86}$$

此式具体表明 $\gamma_\pm$ 与溶液离子强度的关系。其中分式因子在一定温度下只与溶剂的性质有关,通常情况下是常温下的水溶液,若将 $T=298.15\mathrm{K}$ 及水的 ρ 和 ε 数据代入后得

$$\frac{\rho^{1/2} L^2 e^3}{4\sqrt{2}\pi(RT\varepsilon)^{3/2}} \approx 1.171 \mathrm{kg}^{1/2}\cdot\mathrm{mol}^{-1/2}$$

于是式(8-86)可写作

$$\ln\gamma_\pm = -1.171|z_+ z_-|\sqrt{\{I\}} \tag{8-87}$$

其中 $\{I\}$ 代表离子强度 I 的数值。此式称为 Debye-Hückel 极限公式,它只适用于 298.15K 时很稀的水溶液,溶液越稀就越能较好的服从此式,这就是所谓"极限公式"的原因。图 8-22 说明了极限公式的适用情况,其中实线是实测值,虚线是极限公式。

实验数据表明,当 $I\to 0$ 时,极限公式给出正确的极限行为。人们发现对于 $I\leqslant 0.01\mathrm{mol}\cdot\mathrm{kg}^{-1}$ 的溶液,公式一般是准确的,对 2-2 型电解质这就相当于 $b\approx 0.002\mathrm{mol}\cdot\mathrm{kg}^{-1}$。人们还发现,在给定的离子强度下,盐类的 $|z_+ z_-|$ 值越低越能较准确地服从极限公式,其部分原因是离子缔合。

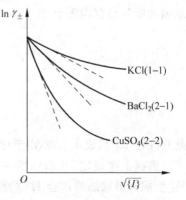

图 8-22 Debye-Hückel 极限公式的适用情况

在以上推导极限公式时,把离子当做质点,即没有考虑离子本身的大小。若进一步粗略考虑离子大小,把溶液中所有离子都当做直径为 a 的硬球,可以推导出如下公式:

$$\ln\gamma_\pm = -1.171|z_+ z_-| \frac{\sqrt{\{I\}}}{1+\sqrt{\{I\}}} \tag{8-88}$$

一般说来此式的适用范围较式(8-87)提高了一个量级,对于 298.15K 下 $I \leqslant 0.1 \text{mol} \cdot \text{kg}^{-1}$ 的水溶液是相当准确的。

以上推导公式以强电解质为对象,但由于公式只适用于很稀的溶液,而在很稀的条件下弱电解质溶液中的离子所处的环境与强电解质大致相同,即溶液中的每个离子附近几乎全部是溶剂分子,因此对于很稀的弱电解质溶液也可用极限公式近似计算离子的平均活度系数 $\gamma_\pm$。

为了进一步改善极限公式的适用情况,后人对公式进行了修正,提出了一些含可调参数或不可调参数的公式,例如 Davies 提出以下公式:

$$\ln\gamma_\pm = -1.171|z_+ z_-|\left[\frac{\sqrt{\{I\}}}{1+\sqrt{\{I\}}} - 0.30\{I\}\right] \tag{8-89}$$

Davies 公式将极限公式的适用范围扩大。当离子强度超过 $0.1\text{mol} \cdot \text{kg}^{-1}$ 时,若无实验数据,一般可用 Davies 公式进行估算。在 $I = 0.5\text{mol} \cdot \text{kg}^{-1}$ 的情况下估算的误差一般为 5%~10%。另外 Davies 公式表明,当 I 增大时,式中的一次项将使 $\gamma_\pm$ 经过一个极小值然后增大,这与图 8-20 所示的实验结果是一致的。

*8.8 电解质溶液中离子的规定热力学性质

在 8.7 节中我们把电解质作为整体的化学势 μ 表示为 $\mu = \nu_+\mu_+ + \nu_-\mu_-$ 后,引出了 γ_+,γ_- 和 $\gamma_\pm$。但是离子作为溶质,它的许多热力学性质,例如偏摩尔热容 $C_{p,+}$ 和 $C_{p,-}$ 都无法进行单独的实验测定。为此,人为地规定水溶液中氢离子(称水合氢离子)的热力学性质的数值,然后以此为基础把其他水合离子的热力学性质制成表格。

8.8.1 规定及其推论

水溶液中 H^+ 的标准状态是指 101325Pa 下 $b(H^+) = 1\text{mol} \cdot \text{kg}^{-1}$ 且 $\gamma(H^+) = 1$ 的假想状态。按照规定,任意温度下标准状态的 $H^+(\text{aq})$ 的摩尔生成 Gibbs 函数、摩尔生成焓、摩尔熵和摩尔热容均等于 0:

$$\Delta_f G_m^\ominus(H^+, \text{aq}) = 0 \tag{8-90}$$

$$\Delta_f H_m^\ominus(H^+, \text{aq}) = 0 \tag{8-91}$$

$$S_m^\ominus(H^+, \text{aq}) = 0 \tag{8-92}$$

$$C_{p,m}^\ominus(H^+, \text{aq}) = 0 \tag{8-93}$$

此处符号"aq"代表水溶液,由于标准状态是溶液中的 H^+,所以 $S_m^\ominus$ 和 $C_{p,m}^\ominus$ 实际上是偏摩尔量。

根据上述规定,我们作进一步讨论。在任意温度 T 和标准压力 $p^\ominus$ 下,由标准状态的 H_2 生成标准状态的水合 H^+ 的反应如下:

$$\frac{1}{2}H_2(\text{理想气体}, p^\ominus) \xrightarrow{\Delta G^\ominus} H^+(\text{aq}, b_+^\ominus, \gamma_+ = 1) + e^-(\text{标准状态}) \tag{8-94}$$

式中 e^-（标准状态）表示处于标准状态的电子。如果把电子 e^- 视为质量很小的带电粒子，就可以像对待离子那样来对待它，它与一般离子的区别在于其质量小得可以忽略。上述反应表明，我们无法由稳定单质 H_2 单独生成 H^+，在生成 H^+ 的同时必有 e^- 生成。实际上，反应式(8-94)的 $\Delta G^\ominus$ 不等于零，但只要规定了电子的标准状态并指定了温度，其值就被确定。为方便起见，规定 $\Delta G^\ominus = 0$。这种规定实际上并不影响水溶液中离子反应的热力学性质，因为在计算中总会消掉。

不论哪一种规定，都应该使基本公式成立。按上面规定，

$$\Delta G^\ominus = \Delta_f G_m^\ominus(e^-) + \Delta_f G_m^\ominus(H^+) - \frac{1}{2}\Delta_f G_m^\ominus(H_2) = 0$$

因为

$$\Delta_f G_m^\ominus(H^+) = 0, \quad \Delta_f G_m^\ominus(H_2) = 0$$

所以

$$\Delta_f G_m^\ominus(e^-) = 0 \tag{8-95}$$

即电子的标准生成 Gibbs 函数等于零。应该指出，$\Delta_f G_m^\ominus(e^-)$ 本身无明确的物理意义，因为我们无法说明生成电子的反应是什么样的反应，因此式(8-95)只是以上规定的一个推论。

既然规定式(8-94)的 $\Delta G^\ominus$ 在任意温度时均等于0，即 $\Delta G^\ominus$ 不随 T 变化：

$$\left(\frac{\partial \Delta G^\ominus}{\partial T}\right)_p = -\Delta S^\ominus = 0$$

$$\Delta S^\ominus = 0 \tag{8-96}$$

可写作

$$S_m^\ominus(e^-) + S_m^\ominus(H^+) - \frac{1}{2}S_m^\ominus(H_2) = 0$$

将式(8-92)代入得

$$S_m^\ominus(e^-) = \frac{1}{2}S_m^\ominus(H_2) \tag{8-97}$$

所以电子的标准摩尔熵等于 H_2 标准摩尔熵的一半。此结论可看做规定的第二个推论。

式(8-96)表明，任意温度时反应式(8-94)的熵变均为0，因此焓变

$$\Delta H^\ominus = \Delta G^\ominus + T\Delta S^\ominus = 0 \tag{8-98}$$

$$\Delta_f H_m^\ominus(e^-) + \Delta_f H_m^\ominus(H^+) - \frac{1}{2}\Delta_f H_m^\ominus(H_2) = 0$$

据规定

$$\Delta_f H_m^\ominus(H^+) = 0, \quad \Delta_f H_m^\ominus(H_2) = 0$$

所以

$$\Delta_f H_m^\ominus(e^-) = 0 \tag{8-99}$$

此式是第三个推论。

式(8-98)表明，反应式(8-94)的焓变在任意温度时均等于0，即

$$\left(\frac{\partial \Delta H^\ominus}{\partial T}\right)_p = \Delta C_p^\ominus = 0$$

$$\Delta C_p^\ominus = C_{p,m}^\ominus(e^-) + C_{p,m}^\ominus(H^+) - \frac{1}{2}C_{p,m}^\ominus(H_2) = 0$$

据式(8-93)

$$C_{p,m}^{\ominus}(H^+) = 0$$

所以

$$C_{p,m}^{\ominus}(e^-) = \frac{1}{2}C_{p,m}^{\ominus}(H_2) \tag{8-100}$$

此式是第四个推论。它表明在标准状态下 e^- 的摩尔热容等于 H_2 摩尔热容的一半。

以上根据规定推导出电子的热力学性质。同样,电子也还有化学势等其他热力学性质。鉴于电子的状态是个十分复杂的问题,在进行具体计算时,总是把电子的状态当做标准状态,即用其标准热力学性质进行计算。有了这些性质就可以单独计算一个氧化反应或一个还原反应的热力学性质变化。

8.8.2 水溶液中离子的热力学性质

式(8-90)至式(8-93)对水溶液中 H^+ 的热力学性质做了规定,以此为基础便能够计算出其他离子热力学性质的相对值。

单种离子的热力学性质虽然无法测量,但将电解质 $M_{\nu_+}A_{\nu_-}$ 中的离子 ν_+M^{z+} 和 ν_-A^{z-} 作为整体时的热力学性质却是可以测量的,例如生成热 $\Delta_f H_m^{\ominus}(M_{\nu_+}A_{\nu_-})$ 等是可测的。将 ν_+M^{z+} 和 ν_-A^{z-} 作为一个整体(当做 $M_{\nu_+}A_{\nu_-}$)对待,只不过是一种主观看法或处理方法,并不对热力学性质产生影响,因此

$$\Delta_f G_m^{\ominus}(M_{\nu_+}A_{\nu_-},aq) = \nu_+ \Delta_f G_{m,+}^{\ominus} + \nu_- \Delta_f G_{m,-}^{\ominus} \tag{8-101}$$

$$\Delta_f H_m^{\ominus}(M_{\nu_+}A_{\nu_-},aq) = \nu_+ \Delta_f H_{m,+}^{\ominus} + \nu_- \Delta_f H_{m,-}^{\ominus} \tag{8-102}$$

$$S_m^{\ominus}(M_{\nu_+}A_{\nu_-},aq) = \nu_+ S_{m,+}^{\ominus} + \nu_- S_{m,-}^{\ominus} \tag{8-103}$$

$$C_{p,m}^{\ominus}(M_{\nu_+}A_{\nu_-},aq) = \nu_+ C_{p,m+}^{\ominus} + \nu_- C_{p,m-}^{\ominus} \tag{8-104}$$

以上四式是 $\mu = \nu_-\mu_+ + \nu_-\mu_-$ 的必然结果。根据这些关系,若正离子是 H^+ 则可以计算出与它直接相联系的任何负离子的性质。以此类推,就可求出所有水合离子的性质。

例 8-3 通过测量化学电池的电动势得出

$$\Delta_f G_m^{\ominus}(HCl,aq,298.15K) = -131.3 \text{ kJ} \cdot \text{mol}^{-1}$$

$$\Delta_f H_m^{\ominus}(HCl,aq,298.15K) = -167.1 \text{ kJ} \cdot \text{mol}^{-1}$$

另外查得

$$S_m^{\ominus}(H_2,g,298.15K) = 130.6 \text{ J} \cdot \text{K}^{-1} \cdot \text{mol}^{-1}$$

$$S_m^{\ominus}(Cl_2,g,298.15K) = 223.0 \text{ J} \cdot \text{K}^{-1} \cdot \text{mol}^{-1}$$

试求 298.15K 时 $Cl^-(aq)$ 的 $\Delta_f G_m^{\ominus}, \Delta_f H_m^{\ominus}$ 和 $S_m^{\ominus}$。

解:
因为

$$\Delta_f G_m^{\ominus}(HCl) = \Delta_f G_m^{\ominus}(H^+) + \Delta_f G_m^{\ominus}(Cl^-)$$

$$= 0 + \Delta_f G_m^{\ominus}(Cl^-)$$

所以

$$\Delta_f G_m^{\ominus}(Cl^-) = -131.3 \text{ kJ} \cdot \text{mol}^{-1}$$

同理
$$\Delta_f H_m^\ominus(Cl^-) = -167.1 \text{kJ} \cdot \text{mol}^{-1}$$

对于生成 HCl(aq)的反应

$$\frac{1}{2}H_2(g) + \frac{1}{2}Cl_2(g) \longrightarrow HCl(aq)$$

$$\Delta_f S_m^\ominus(HCl) = \frac{1}{T}[\Delta_f H_m^\ominus(HCl) - \Delta_f G_m^\ominus(HCl)]$$

$$= \frac{1}{298.15}(-167.1 \times 10^3 + 131.3 \times 10^3)\text{J} \cdot \text{K}^{-1} \cdot \text{mol}^{-1}$$

$$= -120.1 \text{J} \cdot \text{K}^{-1} \cdot \text{mol}^{-1}$$

又因为

$$\Delta_f S_m^\ominus(HCl) = S_m^\ominus(HCl) - \frac{1}{2}S_m^\ominus(H_2) - \frac{1}{2}S_m^\ominus(Cl_2)$$

$$-120.1 \text{J} \cdot \text{K}^{-1} \text{mol}^{-1} = S_m^\ominus(HCl) - \frac{1}{2} \times 130.6 \text{J} \cdot \text{K}^{-1} \cdot \text{mol}^{-1}$$

$$- \frac{1}{2} \times 223.0 \text{J} \cdot \text{K}^{-1} \text{mol}^{-1}$$

所以

$$S_m^\ominus(HCl) = 56.7 \text{J} \cdot \text{K}^{-1} \cdot \text{mol}^{-1}$$

据式

$$S_m^\ominus(HCl) = S_m^\ominus(H^+) + S^\ominus(Cl^-)$$

$$56.7 \text{J} \cdot \text{K}^{-1} \cdot \text{mol}^{-1} = 0 + S_m^\ominus(Cl^-)$$

所以

$$S_m^\ominus(Cl^-) = 56.7 \text{J} \cdot \text{K}^{-1} \cdot \text{mol}^{-1}$$

上题以 H^+ 性质的规定值为基础求出了 Cl^- 的热力学性质。同样由 Cl^- 的这些性质能够再求出与 Cl^- 直接相联系的正离子的性质。书后附录 D 列出了水溶液中一些离子在 298.15K 时的标准热力学函数值,用时可以直接查阅。

*8.9 带电粒子在相间的传质方向和限度

物质总是由化学势较高的相流向化学势较低的相,相平衡时同一组分在各相中的化学势相等。这个结论只有在无非体积功的条件下才是正确的。

当有非体积功时情况下又如何呢？例如,有两个溶液,如图 8-23 所示。一个溶液为 α,其中 H^+ 的浓度为 $2\text{mol} \cdot \text{kg}^{-1}$;另一个溶液为 β,其中 H^+ 的浓度为 $1\text{mol} \cdot \text{kg}^{-1}$。在一定的温度和压力下,浓度越高,化学势越高,即

$$\mu(H^+, \alpha) > \mu(H^+, \beta)$$

若让两个溶液相互接触,任其自然。可以预言,H^+ 将由 α 相流入 β 相。实现此过程的动力是两相中化学势的差值,暂称

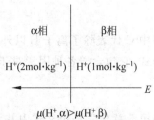

图 8-23 离子在相间的传质

它为化学推动力。同是这两个溶液,若在它们相互接触的同时外加一个电场 E, E 的方向由 β 指向 α,于是 H^+ 又额外受到一个电场方向的作用,称为电推动力。显然电推动力与化学推动力方向相反。若电场强度 E 较弱,引起的电推动力不足以克服化学推动力,则 H^+ 依旧由 α 流入 β;若电推动力恰能与化学推动力抗衡,则 H^+ 在相间无宏观传质过程,α 与 β 呈相平衡;若场强 E 足够强,以致使得电推动力大于化学推动力,则 H^+ 便由化学势较低的 β 相流入化学势较高的 α 相。

由此可见,带电组分 B(即离子)在相间的传质方向不能单纯由 $\Delta\mu_B$ 的符号来判断,在考虑化学推动力的同时还必须考虑电推动力,即必须同时考虑化学势和电功两个因素才能具体确定离子的传质方向。为此,必须引入一个新的概念——电化学势。

8.9.1 电化学势

由热力学第一、二定律的联合表达式可知
$$dU = \delta Q - \delta W$$
$$dU = TdS - pdV - \delta W' \tag{8-105}$$

其中 $\delta W'$ 是非体积功,本章中具体是指电功。

式(8-105)只适用于封闭系统,对于敞开系统应为
$$dU = TdS - pdV - \delta W' + \sum_B \mu_B dn_B \tag{8-106}$$

其中 $\sum_B \mu_B dn_B$ 代表组成变化所引起的系统内能变化。将此代入 G 的全微分式
$$dG = d(U + pV - TS)$$

整理后得
$$dG = -SdT + Vdp - \delta W' + \sum_B \mu_B dn_B \tag{8-107}$$

其中 $\sum_B \mu_B dn_B$ 代表组成改变所引起的 Gibbs 函数变化,$-SdT$ 代表温度改变所引起的 Gibbs 函数变化,Vdp 为压力改变所引起的 Gibbs 函数变化,$-\delta W'$ 代表环境所做的非体积功。式(8-107)表明,在温度、压力和各物质的量均不改变的情况下,环境做非体积功会使系统的 G 增加,系统做非体积功会使 G 减少。总之,非体积功会引起系统 Gibbs 函数的变化。这是不难理解的,$\delta W'$ 是系统与环境之间的一种能量交换方式,能量交换会使系统状态发生改变。

为了单独讨论电解质溶液中的某一种指定的离子 B,将式(8-107)写作
$$dG = -SdT + Vdp + \sum_C \mu_C dn_C - \delta W' + \mu_B dn_B \tag{8-108}$$

其中 C 代表除了离子 B 以外的其他任何物种。与式(8-107)一样,式(8-108)是 G 的全微分式,它包含着各种因素对于 G 的影响。由式(8-108)可知,μ_B 的严格定义为
$$\mu_B = \left(\frac{\partial G}{\partial n_B}\right)_{T, p, n_C, \delta W' = 0} \tag{8-109}$$

在第 5 章化学势定义式中并无下标 $\delta W' = 0$,是由于在当时所讨论的系统均满足这个条件,因而略去不写。式(8-109)说明,溶液中物种 B 的化学势应理解为:在保持 T, p 和 n_C 不变且不做非体积功的情况下,单独向巨大的溶液系统中加入 1mol 物种 B 时,溶液 Gibbs 函数

的增加。对于非电解质溶液,这个意义是明确并可行的,但对于电解质溶液中的离子却是根本不可能的,因为若 B 是溶液中的某种离子,为了满足电中性条件,不可能在保持其他离子数量均不变的情况下单独加入 1mol 离子 B。退一步说,如果一定要单独加入离子 B,溶液就不可能保持电中性,加入 B 时就必须做电功。可见,对于溶液中的离子来说,化学势定义式(8-109)中的下标 n_C 和 $\delta W'=0$ 是相互矛盾的,不可能同时存在。为此,在单独加入 B 离子的时候,应去掉 $\delta W'=0$ 的条件。照此定义出的量称为离子 B 的电化学势,用符号 $\tilde{\mu}_B$ 表示,即

$$\tilde{\mu}_B = \left(\frac{\partial G}{\partial n_B}\right)_{T,p,n_C} \tag{8-110}$$

此式表明,离子 B 的电化学势就是在保持温度、压力和除 B 以外的其他物质的量均不变的情况下,向巨大溶液中单独加入 1mol 离子 B 时溶液 G 的变化。这种过程在实验上虽然无法实现,但式(8-110)的意义是明确的。表面看来,电化学势定义式(8-110)与化学势定义式(5-24)似乎相同,其实不然,前者 $\delta W'\neq 0$,后者 $\delta W'=0$。

设有一巨大的溶液系统,在"状态 1"时含离子 B 的量为 n_B,在"状态 2"时含 B 为 n_B+ 1mol,而其他物种的物质的量均没变化。根据电化学势的物理意义,过程 1→2 的 ΔG 就是溶液中离子 B 的电化学势 $\tilde{\mu}_B$。若有一个假想溶液,其组成与"状态 2"完全相同,但其中 n_B+1mol 的离子 B 中的"1mol"是不带电的假想离子 B,即中性离子。若以此假想溶液当做"中间状态"在 1 与 2 之间设计如下途径:

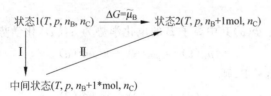

其中"1*"表示这 1mol 离子 B 是假想的中性离子。步骤 I 没有电功,据式(8-109)的物理意义

$$\Delta G_I = \mu_B$$

步骤 II 为等温等压下给 1mol 中性离子 B 可逆充电过程。设溶液的电位为 Φ,离子 B 的价数为 z_B,则充电过程中环境所做的电功为 $z_B F\Phi$,所以

$$\Delta G_{II} = z_B F\Phi$$

因此

$$\Delta G = \Delta G_I + \Delta G_{II}$$

即

$$\tilde{\mu}_B = \mu_B + z_B F\Phi \tag{8-111}$$

此式称为电化学势的表示式,即将化学势加上一项电功 $z_B F\Phi$ 就是电化学势。

对于非带电物种,$z_B=0$,所以 $\tilde{\mu}_B=\mu_B$,即非带电物种的电化学势就是其化学势。

式(8-111)中的 Φ 叫做溶液(称体相)的内电位,它等于在真空中将单位正电荷从无限远处移入体相内部所做的电功。这是静电学中的概念,但把它用于电化学系统,由于化学作用的存在,使问题变得较为复杂。为此我们把内电位 Φ 分为两部分:外电位 ψ 和表面电位

χ。如图 8-24 所示,外电位 ψ 是指在真空中将单位正电荷从无限远处移至距体相表面约 10^{-6} m 处所做的电功。因为 10^{-6} m 处是实验电荷与体相的化学短程力尚未发生作用的地方,所以 ψ 是个纯电学问题,可以实验测量。表面电位 χ 是指将单位正电荷由表面附近约 10^{-6} m 处移入体相内部所做的电功。电荷进入体相后必引起化学作用,例如电子 e^- 进入水溶液相后将发生还原作用,正电荷进入 Cu^+ 溶液将发生 Cu^+ 变成 Cu^{2+} 的氧化作用。总之,把电荷从表面附近通过界面移到体相内部,这一步不可避免要涉及化学反应问题。因此单位正电荷进入体相时实际所做的功是电学作用和化学作用的

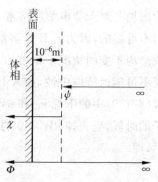

图 8-24 内电位、外电位和表面电位的概念

联合效果。我们无法只测电学部分而不涉及化学作用部分,即表面电位 χ 虽然有明确的物理意义但却不可测量。显然

$$\Phi = \psi + \chi \tag{8-112}$$

此式表明内电位 Φ 是不可测量的,因而式(8-111)只不过是电化学势的表示式,而不能告诉人们电化学势的具体值。

8.9.2 带电粒子在相间传质方向和限度的判据

电化学势在理论及实践上都有广泛的应用,其中之一就是用以判断带电粒子在相间传质的方向和限度。

设溶液 α 的电位为 $\Phi(\alpha)$ 其中离子 B 的电化学势为 $\tilde{\mu}_B(\alpha)$,化学势为 $\mu_B(\alpha)$,则

$$\tilde{\mu}_B(\alpha) = \mu_B(\alpha) + z_B F \Phi(\alpha)$$

若另一溶液 β 中也有离子 B,则

$$\tilde{\mu}_B(\beta) = \mu_B(\beta) + z_B F \Phi(\beta)$$

以上两式相减得

$$\tilde{\mu}_B(\beta) - \tilde{\mu}_B(\alpha) = \mu_B(\beta) - \mu_B(\alpha) + z_B F [\Phi(\beta) - \Phi(\alpha)]$$

即

$$\Delta \tilde{\mu}_B = \Delta \mu_B + z_B F \Delta \Phi \tag{8-113}$$

式中符号"Δ"是指过程 $\alpha \to \beta$ 的性质变化。其中

$$\Delta \Phi = \Delta \psi + \Delta \chi$$

若 α 相和 β 相的成分相同,例如都是 NaCl 水溶液,则 $\chi(\alpha) = \chi(\beta)$,即 $\Delta \chi = 0$,所以 $\Delta \Phi = \Delta \psi$。由此可见,虽然 $\Phi(\alpha)$ 和 $\Phi(\beta)$ 本身不可测量,但它们的差值 $\Delta \Phi$ 却是可以测量的,所以式(8-113)中的 $\Delta \tilde{\mu}_B$ 值是可知的。

在本节开始我们曾谈到,具体讨论离子在相间的传质方向时既要考虑化学推动力也要考虑电推动力。式(8-113)右端的第一项 $\Delta \mu_B$ 是化学推动力,第二项 $z_B F \Delta \Phi$ 是电推力,所以 $\Delta \tilde{\mu}_B$ 代表两个推动力的总结果,即 $\Delta \tilde{\mu}_B$ 的符号决定着离子 B 的流动方向。例如,在图 8-23 中,$\mu(H^+, \alpha) > \mu(H^+, \beta)$,所以 $\Delta \mu(H^+) = \mu(H^+, \beta) - \mu(H^+, \alpha) < 0$。因为场强方向由 β 指向 α,$\Delta \Phi = \Phi(\beta) - \Phi(\alpha) > 0$,所以 $z(H^+) F \Delta \Phi > 0$。可见 $\Delta \mu(H^+)$ 与 $z(H^+) F \Delta \Phi$ 的

符号相反：①若 $\Delta\tilde{\mu}(H^+)<0$，说明 $z(H^+)F\Delta\Phi$ 不足以抵消 $\Delta\mu(H^+)$，H^+ 将由 α 相流向 β 相，此时 $\tilde{\mu}(H^+,\alpha)>\tilde{\mu}(H^+,\beta)$；②若 $\Delta\tilde{\mu}(H^+)=0$，说明 $z(H^+)F\Delta\Phi$ 恰好抵消掉 $\Delta\mu(H^+)$，H^+ 在宏观上无相间传递，此时 $\tilde{\mu}(H^+,\alpha)=\tilde{\mu}(H^+,\beta)$；③若 $\Delta\tilde{\mu}(H^+)>0$，说明 $z(H^+)F\Delta\Phi$ 胜过 $\Delta\mu(H^+)$，H^+ 将由 β 相流入 α 相，此时 $\tilde{\mu}(H^+,\beta)>\tilde{\mu}(H^+,\alpha)$。同理，对于任意离子 B 在 α 相和 β 相之间传质方向总服从如下关系：

$$\left.\begin{array}{l}\tilde{\mu}_B(\alpha)>\tilde{\mu}_B(\beta),\quad \alpha\to\beta\\ \tilde{\mu}_B(\alpha)<\tilde{\mu}_B(\beta),\quad \beta\to\alpha\\ \tilde{\mu}_B(\alpha)=\tilde{\mu}_B(\beta),\quad \alpha\rightleftharpoons\beta\end{array}\right\} \tag{8-114}$$

式(8-114)表明，离子总是毫无例外地由电化学势较高的相流向电化学势较低的相；相平衡的条件是同种离子在各相的电化学势相等：

$$\tilde{\mu}_B(\alpha)=\tilde{\mu}_B(\beta) \tag{8-115}$$

对于非带电物质，由于电化学势就是化学势，所以上述判据就是化学势判据。由式(8-115)出发，可以导出呈相平衡的离子或溶液的许多性质，它对于处理平衡问题是十分有用的。

同样可以证明，在电化学系统中，反应 $0=\sum_B \nu_B B$ 的平衡条件是

$$\sum_B \nu_B \tilde{\mu}_B = 0 \tag{8-116}$$

习题

8-1 $AgNO_3$，$BiCl_3$，Hg_2SO_4 和 $PbCl_2$ 四种溶液用适当的装置串联。今通入 9650C 的电量，求在各阴极上沉积出的金属的质量。

8-2 以 1930C 的电量通入 $CuSO_4$ 溶液。在阴极有 $0.018\text{mol}\frac{1}{2}Cu$ 沉积，求所释放出的 $\frac{1}{2}H_2$ 的物质的量。

8-3 用 Pt 为电极，通电于稀 $CuSO_4$ 溶液。指出阴极区、中间区和阳极区中溶液的颜色如何变化？若改用 Cu 电极，颜色又如何变化？

8-4 298K 时用（Ag + AgCl）作电极，电解 KCl 水溶液。通电前溶液含 KCl 为 0.14941%（质量分数）；通电后在重为 120.99g 的阴极区溶液中含 KCl 0.19404%，串联在通路中的电量计上有 160.24mg Ag 沉积出来，试求该溶液中的 $t(K^+)$ 和 $t(Cl^-)$。

8-5 298K 时在毛细管中先注入浓度为 $33.27\text{mol}\cdot m^{-3}$ 的 $GdCl_3$ 水溶液，再在其上面小心地注入 $73\text{mol}\cdot m^{-3}$ 的 LiCl 水溶液，使其间有明显的分界面，然后通过 5.594mA 的电流。经 3976s 后界面向下移动的距离相当于 1.002mL 溶液在管中所占的长度，试求 $t(Gd^{3+})$ 和 $t(Cl^-)$。

8-6 用界面移动法测定 H^+ 离子的电迁移率时。在 12.52min 内界面移动 4.0cm，迁移管两极间的距离为 9.6cm，电位差为 16.0V。计算 H^+ 的电迁移率。

8-7 在 18℃时，将 $0.1\text{mol}\cdot dm^{-3}$ 的 NaCl 溶液充入直径为 2cm 的迁移管中，管中两个电极（涂有 AgCl 的 Ag 片）的距离为 20cm，电位差为 50V。假定电位梯度稳定，并 18℃时

Cl^- 和 Na^+ 的电迁移率分别为 $5.78\times10^{-8}\,m^2\cdot V^{-1}\cdot s^{-1}$ 和 $3.73\times10^{-8}\,m^2\cdot V^{-1}\cdot s^{-1}$，试求通电 30min 后：

(1) 各离子迁移的距离；

(2) 各离子通过迁移管某一截面的物质的量；

(3) 各离子的迁移数。

8-8 若 291K 时稀溶液中 H^+，K^+ 和 Cl^- 的摩尔电导率分别为 $278\times10^{-4}\,S\cdot m^2\cdot mol^{-1}$，$48\times10^{-4}\,S\cdot m^2\cdot mol^{-1}$ 和 $49\times10^{-4}\,S\cdot m^2\cdot mol^{-1}$，问在该温度下，电位梯度为 $1000V\cdot m^{-1}$ 的电场中，每种离子平均以多大速度迁移？

8-9 浓度为 $100\,mol\cdot m^{-3}$ 的 $AgNO_3$ 溶液在 18℃ 时放入直径为 4cm 的圆柱形电解管中。两端置有 Ag 电极，两电极间距离为 12cm，电位差为 20V，电流为 0.1976A，计算此溶液的电导、电导率和摩尔电导率。

8-10 在 25℃ 时测得丙酸钠水溶液如下数据：

$c/(mol\cdot m^{-3})$	2178	4181	7871	14270	25900
$\Lambda_m/(S\cdot m^2\cdot mol^{-1})$	82.53×10^{-4}	81.27×10^{-4}	79.72×10^{-4}	77.88×10^{-4}	75.64×10^{-4}

(1) 求丙酸钠的极限摩尔电导率 Λ_m^∞；

(2) 若 25℃ 时 $\Lambda_m^\infty(HCl)$ 和 $\Lambda_m^\infty(NaCl)$ 分别为 $426.2\times10^{-4}\,S\cdot m^2\cdot mol^{-1}$ 和 $126.5\times10^{-4}\,S\cdot m^2\cdot mol^{-1}$，求丙酸的极限摩尔电导率。

8-11 25℃ 时，NH_4Cl 溶液的极限摩尔电导率为 $149.9\times10^{-4}\,S\cdot m^2\cdot mol^{-1}$，$t_+^\infty$ 为 0.491，试计算 NH_4^+ 和 Cl^- 的极限摩尔电导率和极限电迁移率。

8-12 已知 25℃ 时水的离子积为 1.008×10^{-14}，NaOH，HCl 及 NaCl 的极限摩尔电导率分别等于 $0.02478\,S\cdot m^2\cdot mol^{-1}$，$0.042616\,S\cdot m^2\cdot mol^{-1}$ 和 $0.012645\,S\cdot m^2\cdot mol^{-1}$，求 25℃ 时纯水的电导率。

8-13 已知两个溶液的 b 和 $\gamma_\pm$ 如下，计算它们的平均质量摩尔浓度 $b_\pm$，平均活度 $a_\pm$ 以及盐的活度 a。

	$b/(mol\cdot kg^{-1})$	$\gamma_\pm$
$K_3Fe(CN)_6$	0.01	0.571
$CdCl_2$	0.1	0.219

8-14 试用质量摩尔浓度 b 及单一离子活度系数 γ_+ 和 γ_- 表示 1-1 型、2-1 型、2-2 型及 3-1 型电解质(如 $NaCl$，$CaCl_2$，$MgSO_4$ 及 $AlCl_3$)的活度 a。

8-15 试计算 298K 时 $0.001\,mol\cdot kg^{-1}$ 的 $K_3Fe(CN)_6$ 溶液的平均活度系数，并与实验值 0.808 进行比较。

8-16 用银电极电解 $AgNO_3$ 水溶液，通电一定时间后在阴极上有 0.078g 的 Ag 沉积出来。经分析知道阳极区含有 $AgNO_3$ 0.236g，水 23.14g，已知原来所用溶液的浓度为 1g 水中溶有 0.00739g $AgNO_3$，试求 Ag^+ 和 NO_3^- 的迁移数。

8-17 用银为电极通电于氰化银钾($KCN\cdot AgCN$)溶液时，银在阴极上沉积。每通过 1mol e 的电量，阴极区失去 1.40mol Ag 和 0.80mol CN，得到 0.6mol K，试求铬离子的组成和迁移数。

8-18 已知 298K 时 0.100mol·dm^{-3} 的 NaCl 水溶液中离子的电迁移率分别为 $u(Na^+)=42.6\times10^{-9}m^2·s^{-1}·V^{-1}$ 和 $u(Cl^-)=68.0\times10^{-9}m^2·s^{-1}·V^{-1}$，试求该溶液的摩尔电导率 Λ_m 和电导率 κ。

8-19 在 0.2mol·dm^{-3} 的 NaCl 溶液中，Na$^+$ 的迁移数为 0.4，$\lambda(Cl^-)=75\times10^{-4}S·m^2·mol^{-1}$。另外将 0.1mol·dm^{-3} 的 KCl 溶液充入某电导池后测得电阻为 7000Ω，若将浓度 0.1mol·dm^{-3} 的 KCl 和 0.2mol·dm^{-3} 的 NaCl 混合溶液充入该电导池，测得电阻 2600Ω。假设以上各溶液中离子的迁移都是独立的，试计算 0.1mol·dm^{-3}KCl 溶液的摩尔电导率 $\Lambda_m(KCl)$。

8-20 在 291K 时，不同浓度的 PbF$_2$ 溶液的摩尔电导率如下：

$c/(mol·m^{-3})$	0.314	0.626	1.245	2.480
$\Lambda_m(\frac{1}{2}PbF_2)/(S·m^2·mol^{-1})$	100.5×10^{-4}	96.6×10^{-4}	90.8×10^{-4}	83.0×10^{-4}

在 291K 时 PbF$_2$ 饱和溶液的电导率为 $4.309\times10^{-2}S·m^{-1}$，求 291K 时 PbF$_2$ 的溶解度与溶度积。

8-21 在 291K 时 CaF$_2$ 饱和水溶液的电导率为 $3.86\times10^{-3}S·m^{-1}$，纯水的电导率为 $1.5\times10^{-4}S·m^{-1}$。在此温度下，几种盐的极限摩尔电导率分别为如下所示，求 CaF$_2$ 的溶解度。

盐	$\frac{1}{2}CaCl_2$	NaCl	NaF
$\Lambda_m^\infty/(S·m^2·mol^{-1})$	116.7×10^{-4}	108.9×10^{-4}	90.2×10^{-4}

8-22 纯水离解为 H$^+$ 和 OH$^-$，在 291K 时其电导率为 $3.8\times10^{-6}S·m^{-1}$。已知 291K 时水的密度为 $0.9986\times10^3kg·m^{-3}$，试计算在 291K 时水中离子的浓度？

8-23 298K 时 NaCl，NaOH，NH$_4$Cl 的 Λ_m^∞ 分别为 $108.6\times10^{-4}S·m^2·mol^{-1}$，$217.2\times10^{-4}S·m^2·mol^{-1}$ 和 $129.8\times10^{-4}S·m^{-2}·mol^{-1}$。0.1mol·dm^{-3} 和 0.01mol·dm^{-3} NH$_3$·H$_2$O 的摩尔电导率分别为 $3.09\times10^{-4}S·m^2·mol^{-1}$ 和 $9.62\times10^{-4}S·m^2·mol^{-1}$。试根据以上数据计算 298K 时 0.1mol·dm^{-3} 和 0.01mol·dm^{-3}NH$_3$·H$_2$O 的离解常数。

8-24 298K 时 0.02mol·dm^{-3}NH$_4$CN 溶液的电导率为 $0.136S·m^{-1}$。该盐以下式水解：

$$NH_4^+ + CN^- + H_2O \longrightarrow NH_3·H_2O + HCN$$

由于 NH$_3$·H$_2$O 和 HCN 的电离度很小，当有盐存在时其对电导的贡献可忽略不计。已知 NH$_4^+$ 和 CN$^-$ 的极限摩尔电导率分别为 $73.4\times10^{-4}S·m^2·mol^{-1}$ 和 $82.0\times10^{-4}S·m^2·mol^{-1}$。假定：①未水解的 NH$_4$CN 的摩尔电导率随浓度而变化的比率与 NaCl 相同(NaCl 的摩尔电导率数据可以查表求得)；②在同一 NH$_4$CN 溶液中，离子电迁移率不随离子浓度而变化。试计算上述 NH$_4$CN 溶液中 NH$_4$CN 的水解分数。

8-25 某混合电解质溶液含 KCl 0.002mol·kg^{-1} 和 CaCl$_2$ 0.002mol·kg^{-1}，求 298.2K 时 KCl 的离子平均活度 $a_\pm(KCl)$和 CaCl$_2$ 的离子平均活度 $a_\pm(CaCl_2)$。

8-26 25℃时 TlCl 在纯水中的溶解度是 $1.607\times10^{-2}\text{mol}\cdot\text{dm}^{-3}$，在 $0.1000\text{mol}\cdot\text{dm}^{-3}$ NaCl 溶液中的溶解度是 $3.95\times10^{-3}\text{mol}\cdot\text{dm}^{-3}$，TlCl 的溶度积为 2.022×10^{-4}，试求在不含 NaCl 和含有 $0.1000\text{mol}\cdot\text{dm}^{-3}$ NaCl 的 TlCl 饱和溶液中离子的平均活度系数。

8-27 今有含 $0.100\text{mol}\cdot\text{dm}^{-3}$ NH_4Cl 和 $0.050\text{mol}\cdot\text{dm}^{-3}$ $NH_3\cdot H_2O$ 的溶液（温度为 298.2K）。

（1）不考虑各离子的活度系数。计算 OH^- 的浓度；

（2）用 Debye-Hückel 极限公式，根据 NH_4Cl 存在下的离子强度估算 OH^- 的活度系数和浓度；

（3）若溶液中还有 $0.5\text{mol}\cdot\text{dm}^{-3}$ 的 $CaCl_2$，问 OH^- 的活度应增加还是减少？（不必计算，估计一下，$NH_3\cdot H_2O$ 的离解常数 $K^{\ominus}=1.8\times10^{-5}$）。

8-28 291K 时 Ag_2CrO_4 的溶度积 $K^{\ominus}=4.05\times10^{-12}$，试求：

（1）在 $10^{-2}\text{mol}\cdot\text{dm}^{-3}$ 的 K_2CrO_4 溶液中 Ag_2CrO_4 的溶解度；

（2）在 $2\times10^{-3}\text{mol}\cdot\text{dm}^{-3}$ 的 KNO_3 溶液中 Ag_2CrO_4 的溶解度。

8-29 某一元酸 HA 在 298K，浓度为 $0.01\text{mol}\cdot\text{kg}^{-1}$ 时的离解度为 0.0810，计算该一元酸真正的离解常数。

第 9 章 电化学平衡

以前所讨论的化学平衡,都是在没有非体积功的情况下的平衡。在化学反应进行过程中,反应系统的能量大部分以热的形式与环境交换。例如化学反应
$$Zn + Cu^{2+} \longrightarrow Zn^{2+} + Cu$$
在烧杯中进行时的情况是,将锌粒放入 Cu^{2+} 溶液,当有 Cu^{2+} 靠近 Zn 粒表面时,表面上的 Zn 原子将两个电子 $2e^-$ 释放给 Cu^{2+},结果 Zn 原子变成 Zn^{2+} 进入溶液,而 Cu^{2+} 变成 Cu 沉积出来。此反应过程中电子直接由 Zn 转移到 Cu^{2+},因而没有电功,$W'=0$。在这种情况下产物与反应物达到平衡便是以前各章所说的化学平衡。

本章所讨论的化学反应都是在有电功的情况下进行的,例如上述化学反应,让其在如图 9-1 所示的电池中进行。电池的左半部由金属 Zn 棒插入 Zn^{2+} 溶液组成,右半部由金属 Cu 棒插入 Cu^{2+} 溶液组成,两金属棒通过导线与一个灯泡相连,两溶液用一根充满电解质溶液的"∩"形玻璃管(称为盐桥)相连。在电池中由于金属 Zn 与 Cu^{2+} 不能直接接触,所以 Zn 原子失去的电子将通过导线到达 Cu 棒,在 Cu 棒与溶液的界面处转移给 Cu^{2+},

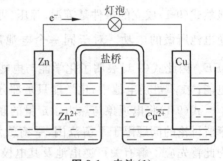

图 9-1 电池(1)

结果 Zn 被氧化成 Zn^{2+} 进入溶液,而 Cu^{2+} 被还原成 Cu 沉积在 Cu 棒上。在此反应的过程中,e^- 流经灯泡而做电功,实验中会发现灯泡变亮。

同一个反应,在烧杯中进行与在电池中进行只是两种不同途径,状态函数的变化相同,功(或热)却不同,前者无电功而后者有电功。本章所关心的是有电功的情况,即所讨论的化学平衡是在有电功情况下的平衡,因此称做电化学平衡。

9.1 化学能与电能的相互转换

电化学系统是相间有电位差的系统,电化学系统中的化学反应总是与电现象相联系,所以这类反应也称电化学反应。电化学反应的反应器是电池(即原电池)或电解池。在电池中进行化学反应时,化学能转变成电能;在电解池中进行化学反应时,电能转变成化学能,因此电池和电解池实际上是实现化学能与电能相互转换的装置。

为了定量的研究化学能与电能的转换关系,首先应说明什么是一个化学反应的化学能。从热力学观点,化学反应的化学能应该用反应过程中系统所释放出的能量来度量。但是一个化学反应的方式是多种多样的,例如在 298K,101325Pa 下氢和氧化合成水的反应
$$2H_2(g) + O_2(g) \longrightarrow 2H_2O(l)$$
可以通过氢气燃烧来实现,此时可以通过量热方法得知化学反应放出的热量。如果在电池中实现上述反应,可以测出化学反应所做的电功,即环境所得到的电能。然而同是上述反

应,以上两种进行方式中分别释放出的热和电能却是不一样的。即使在电池中进行,环境所得到的电能也与电池的设计、安装及使用情况有密切关系。如果电池中的整个变化能达到可逆,则所得的电能最大W'_{max},其他情况下的电能均小于此值。可见,环境所得电功也并非唯一的值。上面的实例表明,同样发生 1mol 上述反应,环境所得的能量是不一样的。那么"化学能"究竟是指哪一种能量呢?这里所说的"化学能"是指在等温等压下化学反应可以全部变作非体积功的那部分能量,即化学反应做非体积功的最大本领。根据热力学的观点,它应该是反应过程中系统 Gibbs 函数的减少,即$-\Delta G$,

$$-\Delta G = W'_{max}$$

如果在电池中进行化学反应,则W'_{max}是指最大电功,若令电池的电动势为E,则$W'_{max}=zFE$。此处z是电池反应的电荷数,其值为正,它是氧化或还原反应方程式中电子的计量数的绝对值,F是 Faraday 常数。于是上式可写作

$$\Delta_r G_m = -zFE \tag{9-1}$$

显然式(9-1)成立的条件是等温、等压、可逆,即式中E是指可逆电池的电动势,zFE是指可逆电池所做的电功。对于同一个电池反应$0 = \sum_B \nu_B B$,任何不可逆电池的电功必小于zFE。因此式(9-1)表明了化学能与电能的转换关系:只有在可逆电池中化学能才全部变为电能;在不可逆电池中,化学能只是部分变为电能,其余部分以热的方式放出。

式(9-1)将电现象与热力学定量的联系起来,是电化学平衡中一个十分重要的公式。本章所讨论的问题限于平衡范围,平衡就意味着可逆,因此是以式(9-1)为基础研究问题的。为此首先应了解有关可逆电池及其电极(可逆电极)的知识。

9.2 可逆电池及可逆电极的一般知识

9.2.1 电池的习惯表示方法

构成电池的主要部件是电极。这里所说的"电极",也叫半电池,与以前的意义不同。例如在图 9-1 中,电池的阳极是指金属 Zn 以及 Zn^{2+} 溶液,电池的阴极则是指金属 Cu 以及 Cu^{2+} 溶液。这是由于在研究电极时,最关心的是电极上的化学反应,因此要将与化学反应有关的所有物质包括在电极中,可以这样说:阳极加上阴极便构成电池。

如果像图 9-1 那样用示意图表示电池,不仅麻烦,而且很不直观,难于看清哪个是阳极哪个是阴极。为此,人们习惯用符号表示电池,这样不仅表示起来快速、方便,而且看起来一目了然。用符号表示电池要按照下列规定:

(1) 阳极写在左边,阴极写在右边。
(2) 构成电池的物质都要注明状态。除了注明聚集状态、温度、压力(温度和压力如不注明,均是指 298K 和 101325Pa)以外,溶液中的物质要注明活度。
(3) 相界面用符号"|"表示,盐桥用"‖"表示。

应该指出,要求写明各物质的状态是为了便于进行定量计算,在不致引起误解的情况下,也可简化不写。例如 $H_2(g, 202650Pa)$ 和 $Cu(s)$,由于在通常条件下氢总是气态、铜总是固态,所以可简写作 $H_2(202650Pa)$ 和 Cu 也不致造成误解。同样 $H^+(aq, a=0.1)$ 可写作

H$^+$(a=0.1),因为一般电池中的溶液均是水溶液,所以符号"aq"也可以不写。但在有可能引起误解的情况下,物质的状态必须描述清楚。如果只是为了定性的写出电池而不进行任何定量计算,具体的活度和压力数据也可以不写。

根据以上规定,图 9-1 的电池用符号表示为

$$Zn(s)\mid Zn^{2+}(aq)\parallel Cu^{2+}(aq)\mid Cu(s)$$

图 9-2 和图 9-3 分别表示出两个电池。其中图 9-3 的电池中只包含一种电解质溶液,这类电池称单液电池。图 9-2 电池的阳极部分 H$_2$ 与 Pt 之间以及图 9-3 电池的阴极部分 Ag 与 AgCl 之间都有相界面,应该用"｜"。

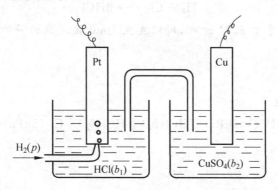

符号表示　Pt｜H$_2$(p)｜HCl(b_1)‖CuSO$_4$(b_2)｜Cu

图 9-2　电池(2)

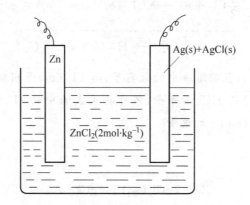

符号表示　Zn｜ZnCl$_2$(2mol·kg^{-1})｜AgCl｜Ag

图 9-3　电池(3)

9.2.2　电极反应和电池反应

这里所说的电极反应和电池反应是指可逆电池在放电时电极上发生的化学变化和电池中的总变化。一般情况下,只需正确地写出阳极上的氧化反应和阴极上的还原反应,然后把两者相加就是电池反应,以下通过具体实例予以说明。

例 9-1　写出电池

Pt｜H$_2$(100kPa)｜HCl(0.1mol·kg^{-1})｜Cl$_2$(5kPa)｜Pt

放电时的电极反应和电池反应。

解:

阳极: $$H_2 \longrightarrow 2H^+ + 2e^-$$

阴极: $$Cl_2 + 2e^- \longrightarrow 2Cl^-$$

电池反应: $$H_2 + Cl_2 \longrightarrow 2H^+ + 2Cl^-$$

生成物中的 H^+ 和 Cl^- 是 $0.1 mol \cdot kg^{-1}$ 的 HCl 溶液中的离子,因此 $(H^+ + Cl^-)$ 与 HCl 等价,只是写法不同而已。可见该电池反应也可写作

$$H_2 + Cl_2 \longrightarrow 2HCl$$

由于该反应的电荷数等于 2,即 $z=2$,所以发生 1mol 该反应的同时,电池放出 2mol e 的电量。

例 9-2 写出电池

$$Pt \mid H_2(100kPa) \mid HCl(b_1) \parallel HCl(b_2) \mid Cl_2(5kPa) \mid Pt$$

的电极反应和电池反应。

解:

阳极: $$\frac{1}{2}H_2 \longrightarrow H^+(b_1) + e^-$$

阴极: $$\frac{1}{2}Cl_2 + e^- \longrightarrow Cl^-(b_2)$$

电池反应: $$\frac{1}{2}H_2 + \frac{1}{2}Cl_2 \longrightarrow H^+(b_1) + Cl^-(b_2)$$

生成物中的 $H^+(b_1)$ 是阳极盐酸溶液中的氢离子,而 $Cl^-(b_2)$ 是阴极盐酸溶液中的氯离子。因此 $(H^+(b_1) + Cl^-(b_2))$ 与 HCl 不等价,不可将生成物中的 H^+ 和 Cl^- 合并。显然发生 1mol 该反应时电池放出 1mol e 的电量。

例 9-3 写出电池

$$Zn \mid ZnCl_2(aq) \mid AgCl \mid Ag$$

放电 96500C 时的电池反应。

解:

阳极: $$\frac{1}{2}Zn \longrightarrow \frac{1}{2}Zn^{2+} + e^-$$

阴极: $$AgCl + e^- \longrightarrow Ag + Cl^-$$

电池反应: $$\frac{1}{2}Zn + AgCl \longrightarrow \frac{1}{2}Zn^{2+} + Cl^- + Ag$$

电池反应表明,当放电 96500C 后,电池中减少了 0.5mol Zn 和 1mol AgCl,同时增加了 0.5mol $ZnCl_2$ 和 1mol Ag。

例 9-4 写出电池

$$\text{Pt} \mid \text{H}_2(100\text{kPa}) \mid \text{HCl}(\text{aq}) \mid \text{H}_2(50\text{kPa}) \mid \text{Pt}$$

放电时的电池反应。

解:

阳极: $\text{H}_2(100\text{kPa}) \longrightarrow 2\text{H}^+ + 2e^-$

阴极: $2\text{H}^+ + 2e^- \longrightarrow \text{H}_2(50\text{kPa})$

电池反应: $\overline{\text{H}_2(100\text{kPa}) \longrightarrow \text{H}_2(50\text{kPa})}$

在将以上两个电极反应相加的时候,消去了两端的 2H^+,而 H_2 却没有消去。这是由于阳极反应生成的 H^+ 与阴极反应消耗的 H^+ 是同一溶液中的,其状态相同,而消耗的 H_2 与生成的 H_2 状态不同。此电池反应表明,电池内发生的净变化实际上是氢气由高压(100kPa)流向低压(50kPa)的自发过程。根据第二定律,自发过程都有做功本领,该电池是一个使该自发过程做电功的装置。

例 9-5 写出电池

$$\text{Pt} \mid \text{H}_2(p^{\ominus}) \mid \text{NaOH}(\text{aq}) \mid \text{O}_2(p^{\ominus}) \mid \text{Pt}$$

电池反应。

解:

阳极: $\text{H}_2 + 2\text{OH}^- \longrightarrow 2\text{H}_2\text{O} + 2e^-$

阴极: $\dfrac{1}{2}\text{O}_2 + \text{H}_2\text{O} + 2e^- \longrightarrow 2\text{OH}^-$

电池反应: $\text{H}_2 + \dfrac{1}{2}\text{O}_2 \longrightarrow \text{H}_2\text{O}$

该电池反应是 H_2 与 O_2 化合成水的反应。

以上所写出的电极反应和电池反应,只代表电池放电时电极和电池中宏观上发生的物质变化,它并不说明这些变化在微观上是如何实现的。如例 9-5 中的阳极反应只表明阳极上减少了 1mol H_2 和 2mol OH^-,同时生产了 2mol H_2O 和 2mol 电子 e^-。

写电池反应的关键是写电极反应。因为组成可逆电池的电极必须是可逆电极,因此阳极反应和阴极反应都一定是可逆的电化学反应。即阳极上的氧化反应与阴极上的还原反应都是在平衡情况下进行的,虽然写的是单向反应,实际上是物质平衡和电荷平衡,完成这些变化需要无限长的时间。

正确写出电池反应是本章要求的基本功之一。只有正确写出电池反应,才有可能对电池进行正确的理论计算,从而为解决具体问题打下良好的基础。

9.2.3 可逆电池的条件

可逆电池是指在热力学上可逆,必须满足"双复原"条件。具体来说,一个电池必须具备下述两个条件才是可逆的:

(1) 内部条件

在放电过程中电池内所发生的一切变化,在充电时能够完全复原。将电池(其电动势为

E)与一个外加反电动势 $E_{外}$ 并联,当电池的电动势大于 $E_{外}$ 时,电池放电。当 $E_{外}$ 大于电动势时,电池变为电解池,电池获得电能被充电。电池的阳极是电解池的阴极,电池的阴极是电解池的阳极,在放电时每个电极发生的变化当充电时应该恰好逆转。此外,还要求电池内不含有不同电解质溶液的接触界面(简称液体接界),因为这种液体接界使得电池不能复原。

(2)使用条件

电池必须在电流趋近于零的情况下工作。换言之,电池是在 $E>E_{外}$ 且 $E=E_{外}+\delta E$ 的条件下放电的;而充电条件是 $E_{外}>E$ 且 $E_{外}=E+\delta E$。这样就保证了放电时电池做最大电功,充电时环境所消耗的电能最少。即如果能够把电池放电时所放出的能量全部储存起来,则用这些能量充电,就恰好能使电池回到原来状态,从而能量的转移是可逆的。

满足条件(1)和(2)的电池称为可逆电池。条件(1)是电池可逆的内因,是决定因素;而条件(2)是可逆的外因。从热力学观点分析,条件(1)说的是系统复原,即物质复原;(2)说的是在系统复原的同时环境复原,即能量复原。总的说来,可逆电池一方面要求电池内的变化必须是可逆的,另一方面要求所有变化都必须在平衡情况下进行。

例如电池 $Zn|ZnCl_2(aq)|AgCl|Ag$,若用导线连接两极,则将有电子自 Zn 极经导线流向 Ag-AgCl 电极。若在导线上连接一个反电动势 $E_{外}$,并设 $E>E_{外}$ 且 $E-E_{外}=\delta E$。此时虽然电流很小,但电子仍可自 Zn 极经过 $E_{外}$ 流向 Ag-AgCl 极。若有 1mol e 的电量通过,则电极反应为

阳极(Zn 极):

$$\frac{1}{2}Zn \longrightarrow \frac{1}{2}Zn^{2+} + e^-$$

阴极(Ag-AgCl 极):

$$AgCl + e^- \longrightarrow Ag + Cl^-$$

所以电池内的净变化为

$$\frac{1}{2}Zn + AgCl \longrightarrow \frac{1}{2}Zn^{2+} + Ag + Cl^- \tag{9-2}$$

如果使外加反电动势 $E_{外}$ 稍大,即 $E_{外}>E$ 且 $E_{外}-E=\delta E$,此时电池变为电解池,以上的阴、阳极互换,Ag-AgCl 极成为阳极,Zn 极成为阴极,电极反应为

阳极(Ag-AgCl 极):

$$Ag + Cl^- \longrightarrow AgCl + e^-$$

阴极(Zn 极):

$$\frac{1}{2}Zn^{2+} + e^- \longrightarrow \frac{1}{2}Zn$$

所以净变化为

$$\frac{1}{2}Zn^{2+} + Ag + Cl^- \longrightarrow \frac{1}{2}Zn + AgCl \tag{9-3}$$

由式(9-2)和式(9-3)可知,两个净变化恰恰相反,而且充电和放电时均电流无限小,$I \to 0$,所以上述电池是一个可逆电池。

再如,在电化学史上曾起过重要作用的 Daniell(丹尼尔)电池
$$\text{Zn} \mid \text{ZnSO}_4(\text{aq}, b_1) \mid \text{CuSO}_4(\text{aq}, b_2) \mid \text{Cu}$$
其中存在不同电解质 $\text{ZnSO}_4(b_1)$ 和 $\text{CuSO}_4(b_2)$ 的液体接界,不满足条件(1),是不可逆电池。当放电时电极反应为

阳极(Zn极):
$$\text{Zn} \longrightarrow \text{Zn}^{2+} + 2\text{e}^-$$

阴极(Cu极):
$$\text{Cu}^{2+} + 2\text{e}^- \longrightarrow \text{Cu}$$

而在两溶液的界面处同时发生如图 9-4(a)所示的离子扩散,即 ZnSO_4 溶液中的部分 Zn^{2+} 向右流到 CuSO_4 溶液中,而 CuSO_4 溶液中的部分 SO_4^{2-} 向左流到 ZnSO_4 溶液中。如果给电池充电,电极反应为

阳极(Cu极):
$$\text{Cu} \longrightarrow \text{Cu}^{2+} + 2\text{e}^-$$

阴极(Zn极):
$$\text{Zn}^{2+} + 2\text{e}^- \longrightarrow \text{Zn}$$

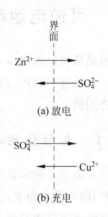

图 9-4 界面处的离子扩散

可见,此二反应恰是放电时电极反应的逆反应,即充电后两个电极上的情况完全回复到放电前的情况。在界面处离子的扩散情况如图 9-4(b)所示,并非图(a)中过程的逆过程,可见在界面处发生的变化不能复原,所以,Daniell 电池不是可逆电池。严格地说,凡是具有两个不同电解质的溶液接界的电池,充电后都不可能使电池复原,因而都是热力学上不可逆的。遇到这种情况,将液体接界换成盐桥,则可近似地当做可逆电池来处理,其理由将在 9.5 节中讨论。

9.2.4 可逆电极的分类

可逆电池要求它的各个相界面上发生的变化都是可逆的,因此电极的金属/溶液界面上的电极反应同样应该是可逆的,这就是可逆电极。

如果电极的相界面上只可能发生单一的电极反应,这种电极称为单一电极;否则,就称为多重电极。因为多重电极上可能发生多个电极反应,就很难保证该电极作阳极时所产生的效应在作阴极时完全被对消掉,因此只有单一电极才可能成为可逆电极。其次,电极上的正、逆向反应都必须足够快,这样容易建立并保持物质平衡和电荷平衡。

至今,人们对可逆电极的分类方法不尽一致,但一般情况下可逆电极主要包括以下几类:

(1) 第一类电极包括金属电极和气体电极。金属电极是将金属浸在含有该金属离子的溶液中所构成的。例如 $\text{Zn}^{2+}\mid\text{Zn}$ 和 $\text{Cu}^{2+}\mid\text{Cu}$ 等。气体电极是利用气体在溶液中的离子化倾向安排成的电极,例如 $\text{H}^+\mid\text{H}_2\mid\text{Pt},\text{Pt}\mid\text{Cl}_2\mid\text{Cl}^-$ 和 $\text{Pt}\mid\text{O}_2\mid\text{OH}^-$ 等。气体电极中的惰性金属 Pt 并不参与电极反应,主要起导电作用。在这类电极中,参与电极反应的物质存在于两个相,即电极只有一个相界面。

(2) 第二类电极是指参与电极反应的物质存在于三个相中,电极有两个相界面。例如

银-氯化银电极 $Cl^-|AgCl|Ag$ 和甘汞电极 $Cl^-|Hg_2Cl_2|Hg$ 等。这类电极上的平衡不是单纯的金属与其离子平衡,还牵涉到第三个相。这类电极比较容易制备,一些不能形成第一类电极的负离子如 SO_4^{2-},$C_2O_4^{2-}$ 等常制备成这种电极。

(3) 第三类电极也叫氧化还原电极,参与电极反应的各物质均在溶液相中,例如电极 $Pt|Fe^{3+}$,Fe^{2+} 和电极 $Au|Sn^{4+}$,Sn^{2+} 以及电极 $Pt|Cr^{3+}$,$Cr_2O_7^{2-}$,H^+ 等,其中惰性金属 Pt 和 Au 主要起导电作用。这三个电极反应分别为

$$Fe^{3+} + e^- \rightleftharpoons Fe^{2+}$$

$$Sn^{4+} + 2e^- \rightleftharpoons Sn^{2+}$$

$$Cr_2O_7^{2-} + 14H^+ + 6e^- \rightleftharpoons 2Cr^{3+} + 7H_2O$$

通常的可逆电极主要是指以上三种类型。知道哪些电极是可逆电极,对于设计和安装可逆电池是有好处的。

9.3 可逆电池电动势的测量与计算

电动势是电池最重要的参数之一,是电池做功本领的标志。其值是由电池的本性所决定的。电动势可以用仪器测量,如果知道电池中所有物质的精确状态,也可以从理论上计算电动势的值。

9.3.1 电动势的测量

可逆电池必须满足的使用条件是 $I \to 0$,否则它就不是可逆电池。另外,在有实际电流通过时,因电池内阻要消耗电位降等原因造成电池的端电压小于电池的电动势,因此必须在没有电流通过电池时测量电动势。鉴于这种原因,我们不能用电压表来测量一个可逆电池的电动势,因为使用电压表时必须使有限的电流通过才能驱动指针偏转,所得结果必然不是可逆电池的电动势,而是不可逆电池的端电压。

为此,需用电位差计,利用对消法来测量可逆电池的电动势。对消法原理如图 9-5 所示。AB 为均匀滑线电阻,通过可调电阻 R 与工作电源 E_w 构成通路,在 AB 上有均匀的电位降产生,自 A 到 B,标以不同的电位降值。E_x 和 E_s 分别是待测电池和已精确得知其电动势的标准电池。K 为双向电开关,换向时可选 E_x 或 E_s 之一与 AC 相通,C 为与 K 相连的可在 AB 上移动的触点。KC 间有一可测量 10^{-9} A 电流的高灵敏度的检流计 G。

电动势的测量分以下两步进行:①首先利用标准电池校准 AB 上的电位降刻度。如果在实验温度时标准电池 E_s 的电动势是 1.01865V,则将 C 点移到 AB 滑线上标记 1.01865V 的 C_1 处,把 K 扳向下使 E_s 与 AC 相通,迅速调节 R 至使 G 中无电流通过。此时电动势 E_s 与 AC_1 的电位降等值反向而对消。②测定 E_x。R 固定在上面已调好的位置上,将 K 扳向上使 E_x 与 AC 连

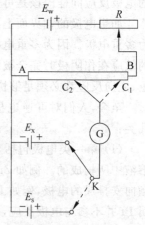

图 9-5 对消法原理

通，迅速移动 C 到 AB 上的 C_2 点致使 G 中无电流通过，此时电动势 E_x 与 AC_2 的电位降等值反向而对消，C_2 点所标记的电位降值即为 E_x 的大小。对消法测电动势是在没有电流通过的情况下进行的，所以电池是可逆的。测量电池电动势时，常用的标准电池是 Weston 电池：

$$Cd(汞齐) \mid CdSO_4(饱和\ aq) \mid Hg_2SO_4(s) \mid Hg(l)$$

其电极反应为

阳极：
$$Cd(汞齐) \longrightarrow Cd^{2+} + 2e^-$$

阴极：
$$Hg_2SO_4(s) + 2e^- \longrightarrow 2Hg(l) + SO_4^{2-}$$

电池反应：
$$Cd(汞齐) + Hg_2SO_4(s) \longrightarrow 2Hg(l) + CdSO_4(aq)$$

电池反应是可逆的，并且电动势很稳定。在 20℃ 时 $E_s = 1.01845V$，其他温度时可由下式求得：

$$E_s/V = 1.01845 - 4.05 \times 10^{-5}(t/℃ - 20)$$
$$- 9.5 \times 10^{-7}(t/℃ - 20)^2 + 1 \times 10^{-8}(t/℃ - 20)^3$$

从上式可知，Weston 标准电池的电动势受温度的影响很小。此外，还有一种不饱和的 Weston 电池，其电动势的温度系数更小。

9.3.2 电动势的符号

一个电池的电动势是电池本身的重要特征，其值可由电位差计测出，本来不存在符号问题。但是为保证关系式 $\Delta_r G_m = -zFE$ 总能成立，由于 $\Delta_r G_m$ 是电池反应的摩尔 Gibbs 函数变，可正可负，所以必须为电动势 E 规定一套相应的符号：

(1) 如果在等温等压下，某反应能自发进行，$\Delta_r G_m < 0$，则该反应所对应的电池的电动势 $E > 0$。

(2) 如果反应平衡，$\Delta_r G_m = 0$，则 $E = 0$。这说明，在烧杯或反应器中已达化学平衡的反应系统已无做功本领，这是显而易见的。

(3) 如果反应不自发，$\Delta_r G_m > 0$，则 $E < 0$。若一个电池的电动势为负，它只表明用符号表示的电池与实际情况不符，实际电池的阳极和阴极恰与所表示的情况相反，或者说只有在电解池中才发生上述反应。遇到这种情况，不必重新表示电池，只要给实验测量的电动势值加上负号（即 $E < 0$）即可。

例如 298K 时电池 $Ag \mid AgCl \mid HCl(a=1) \mid H_2(p^\ominus) \mid Pt$

阳极：
$$Ag + Cl^- \longrightarrow AgCl + e^-$$

阴极：
$$H^+ + e^- \longrightarrow \frac{1}{2}H_2$$

电池反应：$Ag(s) + H^+(a=1) + Cl^-(a=1) \longrightarrow \frac{1}{2}H_2(p^\ominus) + AgCl(s)$

从电位差计上读出该电池的电动势为 0.2224V，但由于该反应的 $\Delta_r G_m > 0$，根据 $\Delta_r G_m = -zFE$，我们将电动势 E 记作 $E = -0.2224V$。

9.3.3 电动势与电池中各物质状态的关系——Nernst 公式

在等温等压下,一个巨大可逆电池放出 $z$mol e 的电量时,电池内发生 1mol 化学反应 $0 = \sum_B \nu_B B$。由化学反应等温式知,该反应的摩尔 Gibbs 函数变为

$$\Delta_r G_m = \Delta_r G_m^\ominus + RT\ln J$$

其中 $\Delta_r G_m^\ominus$ 是参与反应的所有物质均处于各自的标准状态时上述反应的摩尔 Gibbs 函数变,J 是各物质实际的活度积,即

$$J = \prod_B a_B^{\nu_B}$$

显然,化学反应的 $\Delta_r G_m$ 就是放电过程中电池的 Gibbs 函数变。所谓巨大电池,是指放电之后,电池中各物质的浓度等状态变化可以忽略。由于

$$\Delta_r G_m = -zFE, \quad \Delta_r G_m^\ominus = -zFE^\ominus$$

代入等温式并整理得

$$E = E^\ominus - \frac{RT}{zF}\ln J \tag{9-4}$$

此式称为 Nernst(能斯特)公式,其中 z 是电池反应的电荷数;$E^\ominus$ 称为电池的标准电动势,代表参与电池反应的所有物质均处于各自的标准状态时电池的电动势。即如果用各种标准态的物质来制作电池,则电池的电动势为 $E^\ominus$。例如电池

$$Pt \mid H_2(p^\ominus) \mid OH^-(aq) \mid O_2(p^\ominus) \mid Pt$$

若 H_2 和 O_2 均视为理想气体,OH^- 溶液的浓度很稀以致可将其中的溶剂水近似当做纯水,则上述电池反应可写作

$$H_2(理想气体,p^\ominus) + \frac{1}{2}O_2(理想气体,p^\ominus) \longrightarrow H_2O(l)$$

其中各物质均处在标准状态,所以 $E = E^\ominus$。由 $E^\ominus$ 的意义可知,一个电池的温度 T 以及各物质的标准状态一旦指定,$E^\ominus$ 就被指定,$E^\ominus$ 与电池中各物质的实际状态无关。各种物质的标准状态一般都按习惯方法选取,因此 $E^\ominus$ 只是温度 T 的函数,记作 $E^\ominus = f(T)$,在 298.15K 时,一个电池的 $E^\ominus$ 有定值。

Nernst 公式表明,一个电池的电动势决定于 J,即参与电池反应的各种物质的活度(严格说是状态)决定电池电动势的大小。从本质上讲,要想改变一个电池的电动势,就需要改变制作电池的物质的状态。

例 9-6 已知电池

$$Pt \mid H_2(p^\ominus) \mid HCl(b = 0.1 mol \cdot kg^{-1}, \gamma_\pm = 0.796) \mid Cl_2(2p^\ominus) \mid Pt$$

在 298.5K 时的 $E^\ominus = 1.360$V,试求其电动势 E。

解:为了能正确地写出 J,首先应写出电池反应。放出 1mol e 的电量时电池反应为

$$\frac{1}{2}H_2 + \frac{1}{2}Cl_2 \longrightarrow H^+ + Cl^-$$

据 Nernst 公式:

$$E = E^{\ominus} - \frac{RT}{zF} \ln \frac{a(\text{H}^+) \cdot a(\text{Cl}^-)}{a^{1/2}(\text{H}_2) \cdot a^{1/2}(\text{Cl}_2)}$$

$$= E^{\ominus} - \frac{RT}{zF} \ln \frac{(b_+ \gamma_\pm /b^{\ominus})(b_- \gamma_\pm /b^{\ominus})}{[p(\text{H}_2)/p^{\ominus}]^{1/2}[p(\text{Cl}_2)/p^{\ominus}]^{1/2}}$$

$$= 1.360\text{V} - \left(\frac{8.314 \times 298.15}{1 \times 96500} \ln \frac{(0.1 \times 0.796)^2}{1^{1/2} \cdot 2^{1/2}}\right)\text{V}$$

$$= 1.500\text{V}$$

*9.3.4 Nernst 公式的理论推导

以上我们利用化学反应等温式直接导出 Nernst 公式。下面通过一个具体实例说明 Nernst 公式还可以由电化学平衡的基本理论出发严格导出。

电池 $\text{Zn}|\text{ZnCl}_2(\text{aq})|\text{Cl}_2|\text{Pt}$ 放电时的电池反应为

$$\text{Zn(s)} + \text{Cl}_2(\text{g}) \longrightarrow \text{Zn}^{2+}(a_+) + 2\text{Cl}^-(a_-)$$

所以

$$E = E^{\ominus} - \frac{RT}{2F} \ln \frac{a_+ a_-^2}{a(\text{Cl}_2)} \tag{9-5}$$

电化学系统是有相间电位差的系统,设上述电池中 Zn 相的电位为 $\Phi(\text{Zn})$、Pt 上的电位为 $\Phi(\text{Pt})$、溶液相的电位为 $\Phi(\text{aq})$,则在电位差计上测量的电动势实际上是 $\Phi(\text{Pt})$ 与 $\Phi(\text{Zn})$ 的差值,即

$$E = \Phi(\text{Pt}) - \Phi(\text{Zn}) \tag{9-6}$$

可逆电池内发生的一切变化都是在无限接近平衡的条件下进行的:

阳极: $\quad \text{Zn} \rightleftharpoons \text{Zn}^{2+}(a_+) + 2\text{e}^-(\text{Zn})$

阴极: $\quad \text{Cl}_2 + 2\text{e}^-(\text{Pt}) \rightleftharpoons 2\text{Cl}^-(a_-)$

其中 $\text{e}^-(\text{Zn})$ 代表处在 Zn(s) 中的电子,而 $\text{e}^-(\text{Pt})$ 代表处在 Pt(s) 中的电子,显然两种电子所处的状态不同,因此在电池总变化中不应将两者对消。总变化为

$$\text{Zn} + \text{Cl}_2 + 2\text{e}^-(\text{Pt}) \xrightleftharpoons[]{\text{电化学平衡}} \text{Zn}^{2+}(a_+) + 2\text{Cl}^-(a_-) + 2\text{e}^-(\text{Zn})$$

根据平衡条件(8-116)

$$\sum_{\text{B}} \nu_{\text{B}} \tilde{\mu}_{\text{B}} = 0$$

即

$$[\tilde{\mu}(\text{Zn}^{2+}) + 2\tilde{\mu}(\text{Cl}^-) + 2\tilde{\mu}(\text{e}^-,\text{Zn})] - [\tilde{\mu}(\text{Zn}) + \tilde{\mu}(\text{Cl}_2) + 2\tilde{\mu}(\text{e}^-,\text{Pt})] = 0 \tag{9-7}$$

因为

$$\tilde{\mu}(\text{Zn}^{2+}) = \mu(\text{Zn}^{2+}) + 2F\Phi(\text{aq}) \tag{9-8}$$

$$\tilde{\mu}(\text{Cl}^-) = \mu(\text{Cl}^-) - F\Phi(\text{aq}) \tag{9-9}$$

$$\tilde{\mu}(\text{e}^-,\text{Zn}) = \mu(\text{e}^-,\text{Zn}) - F\Phi(\text{Zn}) \tag{9-10}$$

$$\tilde{\mu}(\text{Zn}) = \mu(\text{Zn}) \tag{9-11}$$

$$\tilde{\mu}(\text{Cl}_2) = \mu(\text{Cl}_2) \tag{9-12}$$

$$\tilde{\mu}(\text{e}^-,\text{Pt}) = \mu(\text{e}^-,\text{Pt}) - F\Phi(\text{Pt}) \tag{9-13}$$

将式(9-8)至式(9-13)代入式(9-7)并整理得

$$2F[\Phi(\text{Pt}) - \Phi(\text{Zn})] = \mu(\text{Zn}) + \mu(\text{Cl}_2) - \mu(\text{Zn}^{2+}) - 2\mu(\text{Cl}^-)$$
$$+ 2\mu(\text{e}^-, \text{Pt}) - 2\mu(\text{e}^-, \text{Zn}) \tag{9-14}$$

由化学势表示式知

$$\mu(\text{Zn}) = \mu^\ominus(\text{Zn})$$
$$\mu(\text{Cl}_2) = \mu^\ominus(\text{Cl}_2) + RT\ln a(\text{Cl}_2)$$
$$\mu(\text{Zn}^{2+}) = \mu^\ominus(\text{Zn}^{2+}) + RT\ln a_+$$
$$\mu(\text{Cl}^-) = \mu^\ominus(\text{Cl}^-) + RT\ln a_-$$

将此四式代入式(9-14)并整理得

$$\Phi(\text{Pt}) - \Phi(\text{Zn}) = \frac{1}{2F}[\mu^\ominus(\text{Zn}) + \mu^\ominus(\text{Cl}_2) - \mu^\ominus(\text{Zn}^{2+}) - 2\mu^\ominus(\text{Cl}^-)$$
$$+ 2\mu(\text{e}^-, \text{Pt}) - 2\mu(\text{e}^-, \text{Zn})] - \frac{RT}{2F}\ln\frac{a_+ a_-^2}{a(\text{Cl}_2)} \tag{9-15}$$

由于 $\Phi(\text{Pt}) - \Phi(\text{Zn}) = E$,并且

$$\frac{1}{2F}[\mu^\ominus(\text{Zn}) + \mu^\ominus(\text{Cl}_2) - \mu^\ominus(\text{Zn}^{2+}) - 2\mu^\ominus(\text{Cl}^-)$$
$$+ 2\mu(\text{e}^-, \text{Pt}) - 2\mu(\text{e}^-, \text{Zn})]$$

只是 T 的函数,令

$$E^\ominus = \frac{1}{2F}[\mu^\ominus(\text{Zn}) + \mu^\ominus(\text{Cl}_2) - \mu^\ominus(\text{Zn}^{2+}) - 2\mu^\ominus(\text{Cl}^-)$$
$$+ 2\mu(\text{e}^-, \text{Pt}) - 2\mu(\text{e}^-, \text{Zn})]$$

于是式(9-15)可写作

$$E = E^\ominus - \frac{RT}{2F}\ln\frac{a_+ a_-^2}{a(\text{Cl}_2)}$$

这便是 Nernst 公式(9-5)。

从上例中 Nernst 公式的推导可以看出,电化学势作为一个基本概念,在处理平衡问题时是很有用的。

9.4 可逆电极电势

以上重点讨论了电池电动势及其决定因素。为了进行更深入的研究,除了把电池作为整体考虑外,也经常需要把注意力集中于电池的某个相界面上,了解某个界面上发生的具体变化。一个电池中至少有两个相界面,电池的电动势等于组成电池的各相界面上所产生的电位差的代数和。例如电池

$$\text{Pt} \mid \text{H}_2 \mid \text{KOH(aq)} \mid \text{O}_2 \mid \text{Pt}$$

只要我们能知道阴极上 Pt 与溶液的相间电位差和阳极上 Pt 与溶液间的相间电位差,两者的代数和就构成了电池的电动势。但是迄今为止,人们还没有办法测量单个电极上的相间电位差。从应用角度而言,如果我们能够列出所有电极上相间电位差的相对值,对于考虑和计算问题将会增加很多便利。这样列出的电极上相间电位差的相对值,叫做电极电势,通常

用符号 φ 表示。为此,对所有电极必须选用一个统一的比较标准,习惯上选用标准氢电极作为参考点。

9.4.1 标准氢电极

标准氢电极为 $H^+(a=1) | H_2(\text{理想气体}, p^\ominus) | Pt$,图 9-6 为它的示意图。其中参与电极反应的 $H_2(g)$ 和 $H^+(aq)$ 均应处于标准状态,即氢是 101325Pa 下的理想气体,氢离子的活度等于 1。在该电极上进行的还原反应为

$$2H^+(a=1) + 2e^- \longrightarrow H_2(p^\ominus)$$

为了方便,将任何温度下标准氢电极的电极电势均规定为零,即

$$\varphi^\ominus(H^+ | H_2) = 0 \tag{9-16}$$

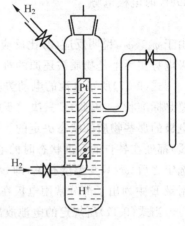

图 9-6 标准氢电极

严格讲,标准氢电极是一个根本无法制备的电极,比如标准状态的 H_2 本身就是一种假想的状态,另外也无法配制 $a(H^+)=1$ 的溶液。按照式(9-16)的规定,标准氢电极只是一个各类电极相互比较的标准,它也称做参比电极,尽管它本身并不存在,但与它相比,使得所有电极的电势都有了唯一确定的值,为解决问题提供了方便。

9.4.2 任意电极的电极电势

单个的相间电位差是无法测量的,但电动势可以测量。为此,对于任意指定的电极 x,按照如下规定来定义它的电极电势 φ:以标准氢电极作阳极,以指定电极 x 为阴极组成一个电池,该电池的电动势定义为电极 x 的电极电势。即电池

$$\text{标准氢电极} \parallel \text{任意电极 x} \tag{9-17}$$

的电动势为 E,则

$$\varphi = E \tag{9-18}$$

显然,按照这种定义给出的电极电势 φ 并不等于电极 x 中的金属与溶液的相间电位差,而是此电位差对于标准氢电极中相间电位差的相对值。

在上述定义的电池中,电极 x 应发生还原反应。若该电极实际上确实发生还原反应,则 $\varphi>0$,而且其值越正表明该还原反应的趋势越大。相反,若电极 x 上实际发生的是氧化反应,则 $\varphi<0$,而且其值越负表明该氧化反应的趋势越大,即进行还原反应的可能性越小。因此可得出如下结论:任意电极的电势可正可负,相对而言,其值越大,说明该电极上的还原反应越容易进行,所以按上述规定所定义的电极电势也称为还原电极电势。例如电极 1:

$$Zn^{2+}(a=1) | Zn$$

反应为

$$Zn^{2+}(a=1) + 2e^- \longrightarrow Zn \tag{1}$$

298K 时电极电势

$$\varphi_1 = -0.763\text{V}$$

电极 2：
$$\text{Cu}^{2+}(a=1) \mid \text{Cu}$$

反应为
$$\text{Cu}^{2+}(a=1) + 2\text{e}^- \longrightarrow \text{Cu} \tag{2}$$

298K 时电极电势
$$\varphi_2 = 0.337\text{V}$$

由于 $\varphi_2 > \varphi_1$，说明反应(2)比反应(1)更容易进行，即 Cu^{2+} 比 Zn^{2+} 更容易被还原。因此，电极电势实际上是物质被还原的难易程度的一种表征。

式(9-17)所示电池的电动势决定于其中各物质的状态，其中标准氢电极中物质的状态总是标准状态，因此，E 只决定于电极 x 上物质的状态。换言之，电极电势 φ 的值是由构成电极的那些物质的状态决定的。当电极上的所有物质(严格说应是参与电极反应的所有物质)都处在各自的标准状态时的电极电势叫做标准电极电势，用符号 $\varphi^\ominus$ 表示。当标准状态选定之后，$\varphi^\ominus$ 只与温度有关，即 $\varphi^\ominus = f(T)$。常用电极的 $\varphi^\ominus$ 值可从电化学手册中查找，书后附录 E 中列出了部分常用电极在 298.15K 时的标准电极电势。

当式(9-17)所规定的电池放出 z mol e 的电量时，标准氢电极(阳极)的电极反应为
$$\frac{z}{2}\text{H}_2(p^\ominus) \xrightarrow{\Delta G_s^\ominus} z\text{H}^+(a=1) + z\text{e}^- \tag{9-19}$$

设其摩尔 Gibbs 函数变为 $\Delta G_s^\ominus$。任意给定电极 x 作为阴极，其电极反应可以写成如下的通式：
$$\text{氧化态} + z\text{e}^- \xrightarrow{\Delta_r G_m} \text{还原态} \tag{9-20}$$

设其摩尔 Gibbs 函数变为 $\Delta_r G_m$，则整个电池反应的摩尔 Gibbs 函数变为 $\Delta G_s^\ominus + \Delta_r G_m$，于是
$$\Delta G_s^\ominus + \Delta_r G_m = -zFE$$

即
$$\Delta G_s^\ominus + \Delta_r G_m = -zF\varphi$$

由 8.8 节中的规定知 $\Delta G_s^\ominus = 0$，所以上式可写作
$$\Delta_r G_m = -zF\varphi \tag{9-21}$$

其中 φ 是任意电极 x 的电极电势，$\Delta_r G_m$ 是反应式(9-20)的摩尔 Gibbs 函数变，即该电极上还原反应的摩尔 Gibbs 函数变；z 是反应的电荷数。式(9-21)表明，任意电极的电极电势可以通过该电极上还原反应的摩尔 Gibbs 函数变求取。对于标准电极 x，则上式为
$$\Delta_r G_m^\ominus = -zF\varphi^\ominus \tag{9-22}$$

此处 $\Delta_r G_m^\ominus$ 是反应式(9-20)的标准摩尔 Gibbs 函数变。因为电子 e^- 的标准生成 Gibbs 函数等于零，所以
$$\Delta_r G_m^\ominus = \nu_{\text{还原态}} \Delta_f G_{m,\text{还原态}}^\ominus - \nu_{\text{氧化态}} \Delta_f G_{m,\text{氧化态}}^\ominus$$

其中 $\nu_{\text{还原态}}$ 和 $\nu_{\text{氧化态}}$ 分别代表式(9-20)中还原态和氧化态的计量数的绝对值。

例 9-7 试由 $\Delta_f G_m^\ominus$ 数据计算电极 $\text{OH}^- \mid \text{H}_2 \mid \text{Pt}$ 在 298K 时的标准电极电势 $\varphi^\ominus$。

解：电极 $\text{OH}^- \mid \text{H}_2 \mid \text{Pt}$ 上的还原反应为

$$H_2O(aq) + e^- \longrightarrow \frac{1}{2}H_2(g) + OH^-(aq)$$

该反应的标准摩尔 Gibbs 函数变

$$\Delta_r G_m^\ominus = \frac{1}{2}\Delta_f G_m^\ominus(H_2) + \Delta_f G_m^\ominus(OH^-) - \Delta_f G_m^\ominus(H_2O,l)$$

由热力学手册查得

$$\Delta_f G_m^\ominus(H_2) = 0$$
$$\Delta_f G_m^\ominus(OH^-) = -157.27 \text{kJ} \cdot \text{mol}^{-1}$$
$$\Delta_f G_m^\ominus(H_2O,l) = -237.19 \text{kJ} \cdot \text{mol}^{-1}$$

所以

$$\Delta_r G_m^\ominus = (-157.27 + 237.19) \text{kJ} \cdot \text{mol}^{-1} = 79.92 \text{kJ} \cdot \text{mol}^{-1}$$

根据

$$\Delta_r G_m^\ominus = -zF\varphi^\ominus$$

得

$$\varphi^\ominus = -\frac{\Delta_r G_m^\ominus}{zF} = -\frac{79.92 \times 10^3}{1 \times 96500} \text{V} = -0.828 \text{V}$$

对于任意电极 x 上的还原反应式(9-20),其摩尔 Gibbs 函数变 $\Delta_r G_m$ 与标准摩尔 Gibbs 函数变 $\Delta_r G_m^\ominus$ 的关系应服从等温式

$$\Delta_r G_m = \Delta_r G_m^\ominus + RT \ln \frac{(a^\nu)_{\text{还原态}}}{(a^\nu)_{\text{氧化态}}}$$

将式(9-21)和式(9-22)代入并整理,得

$$\varphi = \varphi^\ominus - \frac{RT}{zF} \ln \frac{(a^\nu)_{\text{还原态}}}{(a^\nu)_{\text{氧化态}}} \tag{9-23}$$

此式叫做电极电势的 Nernst 公式,它具体表明构成电极的物质的活度对于电极电势的影响。应该注意,公式中的 $(a^\nu)_{\text{还原态}}$ 和 $(a^\nu)_{\text{氧化态}}$ 并非专指氧化数有变化的组分,而是包括了参与电极反应的全部物质。

为了便于比较,我们将上面关于电极电势的计算与电池电动势的计算总结于表 9-1。表中 J 是参与电池反应的各物质的活度积,而 $(a^\nu)_{\text{还原态}}/(a^\nu)_{\text{氧化态}}$ 则是参与电极还原反应的各物质的活度积。通过以上比较不难发现,电极电势的计算方法与电池电动势的计算方法是相同的,两者的区别在于:计算电动势时所对应的反应是电池反应,而计算电极电势时所对应的是电极还原反应。

表 9-1 电动势与电极电势的计算公式

电动势	电极电势
$\Delta_r G_m = -zFE$	$\Delta_r G_m = -zF\varphi$
$\Delta_r G_m^\ominus = -zFE^\ominus$	$\Delta_r G_m^\ominus = -zF\varphi^\ominus$
$E = E^\ominus - \frac{RT}{zF}\ln J$	$\varphi = \varphi^\ominus - \frac{RT}{zF}\ln\frac{(a^\nu)_{\text{还原态}}}{(a^\nu)_{\text{氧化态}}}$

例 9-8 由于碱金属与水发生激烈的化学反应,电极 NaCl(1.022mol·kg^{-1},$\gamma_\pm$ = 0.665)|Na(s)是无法进行实验测定的,由手册上查知 298.15K 时其 $\varphi^\ominus$ = -2.714V,试计算上述电极的 φ。

解：电极反应为

$$Na^+ (1.022\text{mol}\cdot\text{kg}^{-1},\gamma_+ = 0.665) + e^- \longrightarrow Na(s)$$

据 Nernst 公式：

$$\varphi = \varphi^\ominus - \frac{RT}{zF}\ln\frac{a(Na)}{a(Na^+)}$$

$$= -2.714\text{V} - \left(\frac{8.314 \times 298.15}{1 \times 96500}\ln\frac{1}{1.022 \times 0.665}\right)\text{V}$$

$$= -2.724\text{V}$$

例 9-9 由手册查得 298.15K 时的如下数据：

电极(1)：

$$Cu^{2+} | Cu \qquad \varphi_1^\ominus = 0.337\text{V}$$

电极(2)：

$$Cu^+ | Cu \qquad \varphi_2^\ominus = 0.521\text{V}$$

试求电极 Cu^{2+},Cu^+|Au 的标准电极电势。

解：设待求电极为(3),则其电极反应为

$$Cu^{2+} + e^- \longrightarrow Cu^+ \qquad \varphi_3^\ominus = ? \qquad (3)$$

而电极(1)和(2)的反应分别为

$$Cu^{2+} + 2e^- \longrightarrow Cu \qquad \varphi_1^\ominus \qquad (1)$$

$$Cu^+ + e^- \longrightarrow Cu \qquad \varphi_2^\ominus \qquad (2)$$

显然方程式(3)=(1)-(2),于是

$$\Delta_r G_{m,3}^\ominus = \Delta_r G_{m,1}^\ominus - \Delta_r G_{m,2}^\ominus$$

即

$$-F\varphi_3^\ominus = -2F\varphi_1^\ominus - (-F\varphi_2^\ominus)$$

$$\varphi_3^\ominus = 2\varphi_1^\ominus - \varphi_2^\ominus = (2 \times 0.337 - 0.521)\text{V} = 0.153\text{V}$$

由此例题可以看出,那些电极反应相互关联的电极,它们的电极电势必相互关联,有时可利用这种关系进行电极电势的相互换算。

最后应该指出以下两点：第一,以上所讨论的电极电势均是指电极中的物质呈电化学平衡情况下的电势,所以称平衡电极电势或可逆电极电势。当有限的电流通过电极时,电极上的变化将是不可逆的,此时的电极电势将与可逆电极电势不同,两者不应混为一谈；第二,以上所谈的关于电极电势的规定,即式(9-18),只是一种惯例,称为还原电极电势。在查阅电化学文献时,有时还可能遇到与上述情况完全相反的另一种规定,称为氧化电极电势。氧化电极电势在数值上与还原电极电势相等但符号相反,当然计算公式也不相同,关于这方面的细节本书不予介绍。

9.4.3 由电极电势计算可逆电池的电动势

一个可逆电池由阳极和阴极组成,下面讨论可逆电池的电动势与其电极电势的关系。设任意电极 1 和任意电极 2 分别作为阳极和阴极组成如下电池:

$$电极 1 \parallel 电极 2$$

当电池放出 z mol e 的电量时,阳极(电极 1)反应为

$$还原态 1 \xrightarrow{\Delta_r G_{m,1}} 氧化态 1 + ze^- \tag{1}$$

由于该反应为氧化反应,所以其 $\Delta_r G_{m,1}$ 与电极电势 φ_1 的关系应为

$$-\Delta_r G_{m,1} = -zF\varphi_1 \tag{9-24}$$

阴极(电极 2)反应为

$$氧化态 2 + ze^- \xrightarrow{\Delta_r G_{m,2}} 还原态 2 \tag{2}$$

$\Delta_r G_{m,2}$ 与电极电势 φ_2 的关系为

$$\Delta_r G_{m,2} = -zF\varphi_2 \tag{9-25}$$

反应(1)和(2)相加就是电池反应:

$$还原态 1 + 氧化态 2 \xrightarrow{\Delta_r G_m} 氧化态 1 + 还原态 2$$

则

$$\Delta_r G_m = -zFE$$

因为

$$\Delta_r G_m = \Delta_r G_{m,1} + \Delta_r G_{m,2}$$

所以

$$-zFE = \Delta_r G_{m,1} + \Delta_r G_{m,2}$$

将式(9-24)和式(9-25)代入上式,整理后得

$$E = \varphi_2 - \varphi_1$$

φ_2 是任意电池的阴极电势,φ_1 是阳极电势,所以上式可写作

$$\boxed{E = \varphi_{阴} - \varphi_{阳}} \tag{9-26}$$

此式描述电池的电动势与两个电极的电极电势的关系。它表明,只要分别计算出阴极和阳极的电极电势,两者之差即是电池的电动势。同样,电池的标准电动势与标准电极电势有如下关系:

$$\boxed{E^{\ominus} = \varphi_{阴}^{\ominus} - \varphi_{阳}^{\ominus}} \tag{9-27}$$

298.15K 时的标准电动势可通过查阅手册中的 $\varphi^{\ominus}$ 数据利用式(9-27)求得。

例 9-10 试计算 298.15K 时电池

$$Cu \mid Cu(OH)_2(s) \mid OH^- (0.1 mol \cdot kg^{-1}) \parallel Cu^{2+} (0.1 mol \cdot kg^{-1}) \mid Cu$$

的电动势,并判断电池内反应的方向。

解:由于电解质溶液 $OH^-(0.1 mol \cdot kg^{-1})$ 和 $Cu^{2+}(0.1 mol \cdot kg^{-1})$ 均未给出活度系数值,所以只能假设 $\gamma_{\pm} = 1$,进行近似估算。

自标准电极电势表查得

$$Cu^{2+} + 2e^- \longrightarrow Cu, \quad \varphi_{阴}^{\ominus} = 0.337V$$

所以

$$\varphi_{阴} = \varphi_{阴}^{\ominus} - \frac{RT}{2F}\ln\frac{a(Cu)}{a(Cu^{2+})}$$

$$= 0.337V - \left(\frac{8.314 \times 298.15}{2 \times 96500}\ln\frac{1}{0.1}\right)V = 0.307V$$

又查得

$$Cu(OH)_2 + 2e^- \longrightarrow Cu + 2OH^-, \quad \varphi_{阳}^{\ominus} = -0.224V$$

所以

$$\varphi_{阳} = \varphi_{阳}^{\ominus} - \frac{RT}{2F}\ln\frac{a(Cu)a^2(OH^-)}{a[Cu(OH)_2]}$$

$$= -0.224V - \left(\frac{8.314 \times 298.15}{2 \times 96500}\ln 0.1^2\right)V = -0.165V$$

因此

$$E = \varphi_{阴} - \varphi_{阳} = 0.307V + 0.165V = 0.472V$$

由于 $E>0$,所以上述电池反应的方向与实际情况相符,即电池反应为

$$Cu^{2+} + 2OH^- \longrightarrow Cu(OH)_2$$

以上谈到,电动势 E 可以通过电池反应的 Δ_rG_m 或 Nernst 公式直接进行计算,也可通过电极上还原反应的 Δ_rG_m 或 Nernst 公式先算出 φ,然后再利用式(9-26)进行间接计算。两种方法实际上并无区别,是完全一致的。

9.4.4 甘汞电极

以标准氢电极作参比电极,规定了任意电极电势的值,对于进一步讨论和解决问题是十分有益的。但是应该指出,真正的标准氢电极并不存在,它根本无法制备。在实验室里,若要尽可能精确地制备它就必须克服不少困难。比如它所需要的高纯氢必须事先进行严格而复杂的净化操作。同时使用起来要求的条件也十分苛刻,外界条件稍有变化,它就会波动不定。另外,气体的运输、电极的移动也非常不便。因此在具体实验工作中人们多采用简单、稳定、制备方便的电极来代替氢电极进行实验操作。其中甘汞电极就是最常用的参比电极之一。

甘汞电极表示为

$$KCl(aq) | Hg_2Cl_2(s) | Hg$$

其构造示意图见图 9-7,其电极反应为

$$Hg_2Cl_2 + 2e^- \longrightarrow 2Hg + 2Cl^-$$

电极电势

$$\varphi = \varphi^{\ominus} - \frac{RT}{F}\ln a(Cl^-)$$

在一定温度下 φ 决定于 Cl^- 的活度。

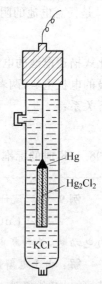

图 9-7 甘汞电极

甘汞电极克服了氢电极的上述种种弊端，电势稳定可靠，使用方便且容易制备。至今它已变成商品在市场上出售。用甘汞电极作为参比电极与其他电极构成电池，测量操作准确方便，因此甘汞电极在科学研究及生产过程中的应用十分广泛。

根据甘汞电极中 KCl 溶液的浓度不同，常用的甘汞电极分为三种，表 9-2 列出它们的电极电势及其与温度的关系。其中第三种叫饱和甘汞电极，用得最多。

表 9-2　甘汞电极的电极电势

c(KCl)	电极电势与温度的关系	φ(298.15K)
0.1mol·dm^{-3}	φ/V=0.3337 $-8.75\times10^{-6}(T/K-298.15)$ $-3\times10^{-6}(T/K-298.15)^2$	0.3337V
1mol·dm^{-3}	φ/V=0.2801 $-2.75\times10^{-4}(T/K-298.15)$ $-2.50\times10^{-6}(T/K-298.15)^2$ $-4\times10^{-9}(T/K-298.15)^3$	0.2801V
饱和	φ/V=0.2412$-6.61\times10^{-4}(T/K-298.15)$ $-1.75\times10^{-6}(T/K-298.15)^2$ $-9.16\times10^{-10}(T/K-298.15)^3$	0.2412V

9.5　浓差电池及液接电势

9.5.1　浓差电池

前面几节中所讨论的电池在放电时发生的净变化是化学反应，因此也称为化学电池。例如电池 Pt|H$_2$|HCl(aq)|Cl$_2$|Pt，放电时的净变化是 H$_2$ 与 Cl$_2$ 合成盐酸的化学反应。另外还有一类电池，放电时电池内发生的净变化不是化学反应而是物质由高浓度向低浓度的扩散过程，这类电池称做浓差电池。不论是自发的化学反应还是自发的物理扩散过程，都具有做功本领，而电池只不过是将这种做功本领转化为电功的装置。从这一角度来说，浓差电池与化学电池并无本质上的区别，它们都反映了自发过程的共同特征。

电池 Pt|H$_2$($p^\ominus$)|HCl(a)|H$_2$(0.1$p^\ominus$)|Pt 放电时的变化为

阳极：
$$H_2(p^\ominus) \longrightarrow 2H^+ + 2e^-$$

阴极：
$$2H^+ + 2e^- \longrightarrow H_2(0.1p^\ominus)$$

所以电池内的净变化为
$$H_2(p^\ominus) \longrightarrow H_2(0.1p^\ominus)$$

这是氢气由高压向低压扩散（即流动）的自发物理过程，由此方程写出 Nernst 公式：
$$E = E^\ominus - \frac{RT}{2F}\ln\frac{0.1}{1} = \frac{RT}{2F}\ln 10$$

在 $T=298$K 时，$E=0.0296$V>0，这又反过来说明了上述净变化是自发过程。该电池中只有一种溶液，不存在溶液浓差，但两个电极材料的浓度不同（即两个电极上 H$_2$ 的压力不

同),这类浓差电池也称电极浓差电池。例如浓差电池
$$K(汞齐,x)|KCl(aq)|K(汞齐,x')$$
也属于电极浓差电池。

下面请看电池

$$\underbrace{Pt\mid H_2(p^\ominus)\mid HCl\begin{pmatrix}0.5\text{mol}\cdot\text{kg}^{-1}\\ \gamma_\pm=0.757\end{pmatrix}\mid AgCl\mid Ag}_{(A)}-$$

$$\underbrace{Ag\mid AgCl\mid HCl\begin{pmatrix}1.0\text{mol}\cdot\text{kg}^{-1}\\ \gamma_\pm=0.810\end{pmatrix}\mid H_2(p^\ominus)\mid Pt}_{(B)}$$

该电池实际上是电池(A)和电池(B)串联,即电学中的 −‖+ 电池组。该电池放电时,四个电极反应分别为

(A) 　　阳极:　　$\frac{1}{2}H_2(p^\ominus) \longrightarrow H^+(a_A) + e^-$

　　　　阴极:　　$AgCl + e^- \longrightarrow Ag + Cl^-(a_A)$

(B) 　　阳极:　　$Ag + Cl^-(a_B) \longrightarrow AgCl + e^-$

　　　　阴极:　　$H^+(a_B) + e^- \longrightarrow \frac{1}{2}H_2(p^\ominus)$

此处 a 的下标"A"和"B"不代表物质而代表电池(A)和电池(B),所以电池内的净变化为四个电极反应相加,即

$$H^+(a_B) + Cl^-(a_B) \longrightarrow H^+(a_A) + Cl^-(a_A)$$

或

$$HCl(a_B) \longrightarrow HCl(a_A)$$

这是 HCl 由高浓度(1.0mol·kg^{-1})向低浓度(0.5mol·kg^{-1})扩散的自发物理过程,由此方程写出 Nernst 公式

$$E = -\frac{RT}{F}\ln\frac{a_A}{a_B} = \frac{RT}{F}\ln\frac{a_{\pm,B}^2}{a_{\pm,A}^2}$$
$$= \frac{2RT}{F}\ln\frac{1.0\times 0.810}{0.5\times 0.757}$$

当 $T=298$K 时,$E=0.039$V。在这个浓差电池中,电极材料的浓度相同,但两个电解质溶液的浓度不同,因此这类浓差电池也称做电解质浓差电池。例如电池

$$Zn\mid ZnSO_4(a_1)\parallel ZnSO_4(a_2)\mid Zn$$

也属于电解质浓差电池。

电极材料或电解质溶液的浓度差异是浓差电池的原推动力,当物质都处于标准态时,浓差已不存在。所以浓差电池的标准电动势必等于零。

9.5.2　液接电势的产生与计算

将上述(A)+(B)构成的串联电池组进行改造,去掉中间(Ag|AgCl)的重叠部分,直接让两个 HCl 溶液相连,得到如下浓差电池:

$$\text{Pt} \mid \text{H}_2(p^\ominus) \mid \text{HCl} \begin{bmatrix} b_1 = 0.5\,\text{mol}\cdot\text{kg}^{-1} \\ \gamma_{\pm,1} = 0.757 \end{bmatrix} \mathrel{\Big\|} \text{HCl} \begin{bmatrix} b_2 = 1.0\,\text{mol}\cdot\text{kg}^{-1} \\ \gamma_{\pm,2} = 0.810 \end{bmatrix} \mathrel{\Big|} \text{H}_2(p^\ominus) \mid \text{Pt} \quad (\text{C})$$

电池(C)放电时的电极反应为

阳极：
$$\frac{1}{2}\text{H}_2 \longrightarrow \text{H}^+(a_1) + \text{e}^-$$

阴极：
$$\text{H}^+(a_2) + \text{e}^- \longrightarrow \frac{1}{2}\text{H}_2$$

所以两个电极反应相加，得
$$\text{H}^+(a_2) \longrightarrow \text{H}^+(a_1)$$

此方程表示 H^+ 由高浓区($1.0\,\text{mol}\cdot\text{kg}^{-1}$)扩散到低浓区($0.5\,\text{mol}\cdot\text{kg}^{-1}$)，若根据此方程计算的电动势用 $E_{计}$ 表示，则

$$\begin{aligned} E_{计} &= -\frac{RT}{F}\ln\frac{a_1}{a_2} = \frac{RT}{F}\ln\frac{a_2}{a_1} \\ &= \frac{RT}{F}\ln\frac{1.0\times 0.810}{0.5\times 0.757} \end{aligned} \quad (9\text{-}28)$$

实验测量结果表明，电池(C)虽由(A)+(B)"简化"而得，但两者的电动势并不相同，这主要是由于两个电池内发生的变化不同；进一步的实验结果发现，式(9-28)的计算结果与电池(C)电动势的实验测量值 E 也不相同，即

$$E_{计} \neq E$$

这是由于电池(C)中存在 $\text{HCl}(a_1)\mid\text{HCl}(a_2)$ 的液体接界，通电时在界面处也发生变化，然而上述计算时没有考虑这个变化，所以过程 $\text{H}^+(a_2)\longrightarrow\text{H}^+(a_1)$ 并非电池内的净变化，依据它计算出的结果必然是错误的。这个意思也可以这样理解：电池(A)+(B)中不存在液体接界，而(C)中存在，因此两者不应该用相同的方法(即 $E=\varphi_{阴}-\varphi_{阳}$)进行计算，因为这种计算方法只能适用于没有液体接界的电池。总之，电池(C)中由于存在液体接界，在此界面处有一个额外的相间电位差，称做液体接界电势，简称液接电势。以上计算中没考虑液接电势，是导致计算结果与事实不符的原因。

下面讨论液接电势是如何形成的。图 9-8 中的虚线表示电池(C)中两个 HCl 溶液间的相界面。由于 $b_2>b_1$，H^+ 和 Cl^- 将自动地由溶液 2 向溶液 1 扩散。因为 H^+ 的扩散速度大于 Cl^- 的速度，使得界面处溶液 1 一侧出现过剩的 H^+ 而带正电；溶液 2 一侧由于过剩的 Cl^- 而带负电。于是在界面处产生了电位差。电位差的产生使 H^+ 的扩散速度减慢，同时加快了 Cl^- 的扩散速度，最后形成稳定的双电层，达到稳定状态。此时 H^+ 和 Cl^- 以相同的速度通过界面，电位差保持恒定，这就是液接电势，用符号 E_l 表示。可见液接电势产生的原因是由于离子扩散速度不同而引起的。若正、负离子的扩散速度完全相等，将不产生液接电势。因此，电池(C)的实际电动势应等于式(9-28)的计算值与液接电势的代数和，即

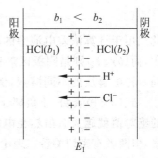

图 9-8 液接电势的产生

$$E = E_{计} + E_l \tag{9-29}$$

液接电势 E_l 是不同液体界面处形成稳定双电层时的相间电位差。只要存在液体接界就必然存在液接电势,而与有无电池存在无关,也无所谓正负。但上式中 $E_{计} = \varphi_{阴} - \varphi_{阳}$ 存在符号,所以必须为 E_l 规定相应的符号才能保证式(9-29)有意义。根据 $E_{计}$ 的符号,规定 E_l 等于界面右侧的电位减去界面左侧的电位。因此,在电池中的液接电势是一个有符号的量。

在图 9-8 中,设界面处 H^+ 和 Cl^- 的迁移数分别为 t_+ 和 t_-,当电池(C)在 $I \to 0$ 的情况下放出 1mol e 的电量时,在界面处发生如下两个变化:t_+ mol H^+ 由溶液 1 转移到溶液 2 中,即

$$t_+ \, H^+ (a_1) \longrightarrow t_+ \, H^+ (a_2)$$

同时有 t_- mol Cl^- 自溶液 2 转移到溶液 1 中,即

$$t_- \, Cl^- (a_2) \longrightarrow t_- \, Cl^- (a_1)$$

所以界面处的净变化为

$$t_+ \, H^+ (a_1) + t_- \, Cl^- (a_2) \longrightarrow t_+ \, H^+ (a_2) + t_- \, Cl^- (a_1)$$

此过程的 ΔG_m 为

$$\Delta G_m = t_+ \mu_{+,2} + t_- \mu_{-,1} - t_+ \mu_{+,1} - t_- \mu_{-,2}$$

$$= RT \left(t_+ \ln \frac{a_{+,2}}{a_{+,1}} - t_- \ln \frac{a_{-,2}}{a_{-,1}} \right)$$

对于 1-1 价型电解质,$a_+ = b\gamma_\pm / b^\ominus$,$a_- = b\gamma_\pm / b^\ominus$,所以上式为

$$\Delta G_m = RT(t_+ - t_-) \ln \frac{(b\gamma_\pm)_2}{(b\gamma_\pm)_1}$$

其中下标"1"表示阳极区溶液,"2"表示阴极区溶液,因此将上式改写成

$$\Delta G_m = RT(t_+ - t_-) \ln \frac{(b\gamma_\pm)_{阴}}{(b\gamma_\pm)_{阳}} \tag{9-30}$$

这是电池(C)放出 1mol e 的电量时,在液体接界处由于离子的转移过程所引起 Gibbs 函数变化,而离子通过界面时需克服液接电势而做电功 FE_l,所以

$$\Delta G_m = -FE_l$$

代入前式,整理后得

$$E_l = (t_+ - t_-) \frac{RT}{F} \ln \frac{(b\gamma_\pm)_{阳}}{(b\gamma_\pm)_{阴}} \tag{9-31}$$

此式用于计算浓差电池中的液接电势,其中 $(b\gamma_\pm)_{阳}$ 是阳极区溶液的浓度与平均活度系数之积,而 $(b\gamma_\pm)_{阴}$ 则是阴极区溶液的浓度与平均活度系数之积。显然此式只适用于 1-1 价型的同一种电解质的不同溶液,例如 $HCl(a_1) | HCl(a_2)$,$NaNO_3(a_1) | NaNO_3(a_2)$ 等。

式(9-31)表明,正负离子的迁移数相差越大,即两种离子的迁移速度差异越悬殊,则 E_l 的绝对值就越大。虽然在电场作用下离子的迁移速度与在浓差作用下的扩散速度不是一回事,但两者有密切关系。理论推导表明,离子的扩散速度与其电迁移率成正比,所以式(9-31)也定量地说明了离子的扩散速度差是产生液接电势的原因。严格说,同一种电解质的不同溶液,其离子的迁移数不同,而式(9-31)中的 t_+ 和 t_- 则是两溶液界面处的迁移数,它是两溶液中离子迁移数的平均值,即

$$t_+ = \frac{1}{2}(t_{+,阳} + t_{+,阴})$$

$$t_- = \frac{1}{2}(t_{-,阳} + t_{-,阴})$$

对于非 1-1 价型的同一种电解质的不同溶液,例如 $CaCl_2(a_1)|CaCl_2(a_2)$,同样可以证明,其液接电势为

$$E_l = \left(\frac{t_+}{z_+} - \frac{t_-}{|z_-|}\right)\frac{RT}{F}\ln\frac{(b\gamma_\pm)_阳}{(b\gamma_\pm)_阴} \tag{9-32}$$

其中 z_+ 和 z_- 分别是正离子和负离子的价数。

至于两种不同电解质的溶液间的液接电势,情况较为复杂,本书不拟讨论。

例 9-11 298.15K 时由实验测得 $0.1 mol \cdot kg^{-1}$ 和 $0.01 mol \cdot kg^{-1}$ HCl 溶液中离子的迁移数和活度系数如下表:

$b/(mol \cdot kg^{-1})$	t_+	$\gamma_\pm$
0.1	0.831	0.796
0.01	0.825	0.904

试计算电池

$$Pt \mid H_2(p^\ominus) \mid HCl(0.1 mol \cdot kg^{-1}) \mid HCl(0.01 mol \cdot kg^{-1}) \mid H_2(p^\ominus) \mid Pt$$

的电动势。

解: 当放出 1mol e 的电量时,由两电极反应相加求得如下电池反应:

$$H^+(0.01 mol \cdot kg^{-1}) \longrightarrow H^+(0.1 mol \cdot kg^{-1})$$

$$E_{计} = -\frac{RT}{F}\ln\frac{a(H^+, 0.1 mol \cdot kg^{-1})}{a(H^+, 0.01 mol \cdot kg^{-1})}$$

$$= -\left(\frac{8.314 \times 298.15}{96500}\ln\frac{0.1 \times 0.796}{0.01 \times 0.904}\right)V = -0.0559V$$

即,如果没有液接电势的话,电池电动势应为 $-0.0559V$。

以下再计算液接电势,据式(9-31)

$$E_l = (t_+ - t_-)\frac{RT}{F}\ln\frac{(b\gamma_\pm)_阳}{(b\gamma_\pm)_阴} = (2t_+ - 1)\frac{RT}{F}\ln\frac{(b\gamma_\pm)_阳}{(b\gamma_\pm)_阴}$$

$$= \left(2 \times \frac{0.831 + 0.825}{2} - 1\right) \times \left(\frac{8.314 \times 298.15}{96500}\ln\frac{0.1 \times 0.796}{0.01 \times 0.904}\right)V$$

$$= 0.0364V$$

电池电动势等于 $E_{计}$ 与 E_l 的代数和,即

$$E = E_{计} + E_l = -0.0559V + 0.0364V = -0.0193V$$

由此可见,由于液接电势的存在,使电池的电动势由 $-55.9mV$ 变为 $-19.3mV$,因此,在含有液体接界的电池中,计算电动势时不应忽略液接电势的影响,否则计算结果将没有价值。

9.5.3 盐桥的作用

液接电势是由于正负离子具有不同的扩散速度而产生的,而扩散过程本身是不可逆的,所以如果电池中包含有液接电势,实验测定时就难以得出稳定的数据。实践发现,即使对指

定的两种溶液,在相同的条件下进行实验,液接电势数据的重现性也很差。电动势的测定在科学研究中常用于确定许多物理参量,因此在准确的工作中总是避免使用含有液体接界的电池。另外,在纯粹的电极研究中,为了排除干扰,使电极电势有相互对比的价值,也必须设法消除液接电势。消除液接电势的通用方法是在两个电极溶液之间插入盐桥。

在实验工作中,只有具备以下条件的电解质溶液才可以用作盐桥:

(1) 正负离子的迁移数大致相等。由式(9-31)知,若 $t_+ = t_-$,则 $E_l = 0$,但迁移数恰好满足 $t_+ = t_- = 50\%$ 的电解质是找不到的,所以二者大致相等即可。

(2) 高浓度,一般用饱和溶液。

(3) 作为盐桥的物质不应与两侧溶液中的任何一方起化学反应。显然,若有化学反应发生,将使情况变得复杂甚至根本无法进行操作。

在具体实验中,能作为盐桥的电解质并不多,通常用得最多的是饱和的 KCl 溶液。由表 8-2 可以看出,$t(K^+)$ 与 $t(Cl^-)$ 的值较为接近,因此 KCl 用作盐桥消除液接电势的效果较好。

粗看起来,在两个溶液间插入盐桥似乎去掉了原有的液体接界,其实不然。设溶液 1 和溶液 2 间插入盐桥前有一界面,液接电势为 E_l,如图 9-9(a)所示。若以饱和 KCl 溶液作盐桥插入两溶液之间,则 KCl 溶液与两侧溶液之间各存在一个界面。因此插入盐桥后实际上是以两个新的界面取代了原来的一个界面。设两个新界面处的液接电势分别为 $E_{l,1}$ 和 $E_{l,2}$,如图 9-9(b)所示。由于盐桥中的 KCl 溶液是饱和的,在 298K 时浓度高达 $4.2\text{mol} \cdot \text{dm}^{-3}$,一般说来要比两侧溶液的浓度高得多,因此在界面处的离子扩散占主导地位的是盐桥中的 K^+ 和 Cl^- 向两侧溶液扩散。由于 K^+ 与 Cl^- 的扩散速度只有微弱差异,致使在界面处产生极小的液接电势,即 $E_{l,1}$ 和 $E_{l,2}$ 的值都很小。进一步分析将会发现,在两个界面处所形成的双电层情况恰好相反,因此 $E_{l,1}$ 和 $E_{l,2}$ 的符号相反。即若 $E_{l,1}$ 是一个数值十分接近于零的小负数,则 $E_{l,2}$ 是一个数值十分接近于零的小正数,于是两个界面的总结果为 $E_{l,1} + E_{l,2} \approx 0$。由此看来,尽管插入盐桥实际上是以两个界面代替原来的一个界面,但结果近似消除了液接电势,这就相当于消除了液体接界。

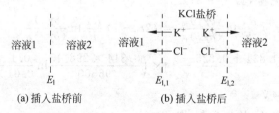

图 9-9 盐桥的作用

当电池中的液体接界用盐桥取代之后,在计算电动势时就可当做无液体接界的电池。例如将本节所讨论的电池(C)中的界面 $\text{HCl}(b_1, \gamma_{\pm,1}) | \text{HCl}(b_2, \gamma_{\pm,2})$ 换成盐桥之后,式(9-28)的计算结果 E_{it} 与实际测量结果基本相等。利用 Nernst 公式或 $E = \varphi_{阴} - \varphi_{阳}$ 计算电动势时,均是以电极反应为依据的,并不考虑电池中的其他变化。实际上,当电池放电时,盐桥的两个界面上都伴随有相应的变化发生,但是由于 E_l 已被消除,使得这种变化对于电池的电动势不产生影响,因此在计算电动势时就不必考虑盐桥处的变化了。

需要指出,盐桥并不能完全消除液接电势,只是将其大大削弱。一般情况下,使用盐桥之后,可将液接电势减小到 1~2mV 以下,对于一般的测量工作,这是允许的。一般用盐桥时电动势的测量精度不会超过 ±1mV,因此在要求精确的电化学测量中,应尽量避免采用有液体接界的电池。

9.6 根据反应设计电池

在以上各节,我们重点讨论了如何正确地写出电极反应和电池反应,以及根据这些反应计算电极电势和电动势,这只是问题的一个方面。在实际工作中,还时常需要以电极电势或电动势作手段来解决许多化学反应的热力学问题。这就需要首先把化学反应设计成电池。本节中并不讨论制作电池的具体技术问题,而主要介绍如何根据反应设计电池,即如何设计电池才能使其放电时的电池反应恰是某个指定的化学反应。

解决这类问题的关键是由给定的化学反应出发,设法找出其中所包含的氧化反应和还原反应,从而确定出阳极和阴极,将确定的阳极和阴极组合在一起就构成了电池。为了检验按上述方法所设计的电池是否合理,一般需对电池进行复核。即首先写出电极反应,然后再写出电池反应,若电池反应恰是指定的反应,说明该电池是合理的;否则,说明电池不合理,应该重新设计电池。以下通过具体实例予以说明。

例 9-12 将反应 $Zn + Cd^{2+} \longrightarrow Zn^{2+} + Cd$ 设计成电池。

解: 由方程式很容易看出,Zn 变成 Zn^{2+} 是氧化反应,Cd^{2+} 变成 Cd 是还原反应,即

$$\underset{\text{还原}}{\overset{\text{氧化}}{Zn + Cd^{2+} \rightarrow Zn^{2+} \; Cd}}$$

可见锌电极 $Zn^{2+}|Zn$ 是阳极,镉电极 $Cd^{2+}|Cd$ 是阴极。所以电池为

$$Zn \mid Zn^{2+} \parallel Cd^{2+} \mid Cd$$

若对该电池进行复核,写出的电池反应恰好是上述反应,因此该电池合理。

例 9-13 根据反应 $H_2 + I_2(s) \longrightarrow 2HI(aq)$ 设计一个电池。

解:

$$\underset{\text{还原}}{\overset{\text{氧化}}{H_2 + I_2(s) \rightarrow 2HI(aq)}}$$

可见电极 $H^+|H_2|Pt$ 是阳极,电极 $I_2(s)|I^-$ 是阴极,由于反应产物是 HI(aq),说明阳极溶液 $H^+(aq)$ 和阴极溶液 $I^-(aq)$ 是同一个溶液,因此组成如下单液电池:

$$Pt \mid H_2 \mid HI(aq) \mid I_2(s)$$

若写出该电池反应,恰是上述反应,所以该电池是合理的。

在本例中,初步确定了阳极 $H^+|H_2|Pt$ 和阴极 $I_2(s)|I^-$ 之后,若不加分析地将两个电极简单地组合在一起,便会设计出电池:

$$Pt \mid H_2 \mid H^+ \parallel I^- \mid I_2(s)$$

复核时发现该电池反应为 $H_2 + I_2(s) \longrightarrow 2H^+ + 2I^-$，而其中的 $2H^+ + 2I^-$ 不可合并成 2HI，即该电池反应并非指定的化学反应，说明这个电池是不合理的。

例 9-14 写出化学反应 $AgCl + I^- \longrightarrow AgI + Cl^-$ 所对应的电池。

解：由方程式可以看出，各种元素的价数均未发生变化，说明该反应并非氧化还原反应，难于直接确定阳极和阴极。为此，在上述方程两端同时加上等量的且状态完全相同的金属银，即

$$Ag(s) + AgCl + I^- \longrightarrow Ag(s) + AgI + Cl^-$$

则此方程的 $\Delta_r G_m$ 及任何其他热力学量均与原反应相同，所以它与原反应等价。对于这个反应很容易找到氧化过程和还原过程如下：

$$\underset{\text{还原}}{\overset{\text{氧化}}{Ag(s) + AgCl + I^- \longrightarrow Ag(s) + AgI + Cl^-}}$$

可见 $I^-|AgI|Ag$ 是阳极，$Cl^-|AgCl|Ag$ 是阴极，所以电池为

$$Ag \mid AgI \mid I^- \parallel Cl^- \mid AgCl \mid Ag$$

复核：

阳极： $Ag + I^- \longrightarrow AgI + e^-$

阴极： $AgCl + e^- \longrightarrow Ag + Cl^-$

电池反应： $\overline{AgCl + I^- \longrightarrow AgI + Cl^-}$

因此，上述电池是合理的。

例 9-15 写出反应 $H_2 + HgO \longrightarrow Hg + H_2O(l)$ 所对应的电池。

解：H_2 在碱性条件下被氧化成水，而 HgO 被还原成 Hg，图示如下：

$$\underset{\text{还原}}{\overset{\text{氧化}(OH^-)}{H_2 + HgO \longrightarrow Hg + H_2O(l)}}$$

可见 $OH^-|H_2|Pt$ 为阳极，$OH^-|HgO|Hg$ 为阴极。由于方程式中没有出现 OH^-，所以设计成如下单液电池：

$$Pt \mid H_2 \mid OH^- (aq) \mid HgO \mid Hg$$

复核：

阳极： $H_2 + 2OH^- \longrightarrow 2H_2O + 2e^-$

阴极： $HgO + H_2O + 2e^- \longrightarrow Hg + 2OH^-$

电池反应： $H_2 + HgO \longrightarrow Hg + H_2O$

与给定反应一致，因此该电池是合理的。

总之，设计电池时首先从化学反应本身寻找氧化反应和还原反应。对于非氧化还原反应，通过两端添加物质的办法制造氧化过程和还原过程。另外，若设计的电池中有液体接

界,应注意使用盐桥消除液接电势。

一个指定的化学反应方程式,只表明物质的转换关系以及反应物和产物的状态,而设计的电池只不过是完成这个反应的一个具体途径,同一个状态变化是可能通过多种途径来实现的,所以根据同一个化学反应有可能设计出多个电池,但是这种情况并不多见。

在利用电动势的知识来解决许多化学反应的热力学问题时,设计电池是重要的基础工作,也是本章要求的基本功之一,研究电化学平衡的主要任务是探讨化学能与电能相互转换的规律,完成这个任务是以化学反应与电池的相互转换(也称化学反应与电池的互译)为基础的,这一点务必引起读者的高度重视。

9.7 电动势法的应用

利用电动势数据及其测量来解决科研、生产以及其他实际问题称为电动势法。电动势法是重要的电化学方法之一,也常称做电势法,具有广泛的应用。电动势的测量有高精确度的优点,所以许多重要的基础数据往往用电动势法求取。另外,电动势法也用作重要的分析手段,制作成各式各样的仪器(例如 pH 计等),进行各种专门的测量。

化学工作者常希望用电动势法求取化学反应的 $\Delta_r G_m, \Delta_r S_m, \Delta_r H_m, K^\ominus$ 等量的精确值。解决这类问题的一般程序如下:首先将指定的化学反应设计成电池;然后制作电池,测量电池的电动势;最后根据电动势值计算欲求的诸量。由此可见,只有那些可能变成电池的化学反应才可应用电动势法。这就是电动势法的局限性。

9.7.1 求取化学反应的 Gibbs 函数变和平衡常数

由重要关系式 $\Delta_r G_m = -zFE$ 可知,欲求某反应的 $\Delta_r G_m$,只需测量它所对应的电池的电动势即可。

由热力学知道,反应的标准 Gibbs 函数变和平衡常数有如下关系:

$$\Delta_r G_m^\ominus = -RT\ln K^\ominus$$

所以

$$-zFE^\ominus = -RT\ln K^\ominus$$

$$E^\ominus = \frac{RT}{zF}\ln K^\ominus$$

或

$$K^\ominus = \exp\frac{zFE^\ominus}{RT} \tag{9-33}$$

这个公式提供了计算化学反应标准平衡常数的电化学方法。

例 9-16　试计算 298.15K 时 HgO(s)的分解压。

解:反应 $HgO(s) \longrightarrow Hg(l) + \frac{1}{2}O_2$ 所对应的电池为

$$Pt \mid O_2 \mid OH^- (aq) \mid HgO \mid Hg$$

该电池放出 2mol e 的电量时的电池反应即为上述反应。由标准电极电势表查得,298.15K

时的下列数据：
$$\varphi^\ominus(\text{OH}^-\mid \text{HgO}\mid \text{Hg}) = 0.0984\text{V}$$
$$\varphi^\ominus(\text{O}_2\mid \text{OH}^-) = 0.4010\text{V}$$
$$E^\ominus = \varphi^\ominus(\text{OH}^-\mid \text{HgO}\mid \text{Hg}) - \varphi^\ominus(\text{O}_2\mid \text{OH}^-)$$
$$= 0.0984\text{V} - 0.4010\text{V} = -0.3026\text{V}$$

代入式(9-33)，即求得反应的平衡常数
$$K^\ominus = \exp\frac{2FE^\ominus}{RT}$$
$$= \exp\frac{2\times 96500\times(-0.3026)}{8.314\times 298.15} = 5.883\times 10^{-11}$$

因为上述反应的平衡常数与 HgO 的分解压 $p(\text{O}_2)$ 间有如下关系：
$$K^\ominus = (p(\text{O}_2)/p^\ominus)^{1/2}$$

所以
$$p(\text{O}_2) = (K^\ominus)^2 p^\ominus$$
$$= (5.883\times 10^{-11})^2 \times 101325\text{Pa} = 3.507\times 10^{-16}\text{Pa}$$

例 9-17 用电动势法求 298.15K 时 AgCl 的溶度积。

解：AgCl 的溶度积是如下反应的平衡常数：
$$\text{AgCl(s)} \longrightarrow \text{Ag}^+ + \text{Cl}^-$$

将此反应设计成如下电池：
$$\text{Ag}\mid \text{Ag}^+ \parallel \text{Cl}^-\mid \text{AgCl}\mid \text{Ag}$$

由手册查得 298.15K 时的标准电极电势为
$$\varphi^\ominus(\text{Cl}^-\mid \text{AgCl}\mid \text{Ag}) = 0.2224\text{V}$$
$$\varphi^\ominus(\text{Ag}^+\mid \text{Ag}) = 0.7991\text{V}$$

所以
$$E^\ominus = \varphi^\ominus(\text{Cl}^-\mid \text{AgCl}\mid \text{Ag}) - \varphi^\ominus(\text{Ag}^+\mid \text{Ag})$$
$$= 0.2224\text{V} - 0.7991\text{V} = -0.5767\text{V}$$

因此，据式(9-33)求得溶度积
$$K^\ominus = \exp\frac{zFE^\ominus}{RT}$$
$$= \exp\frac{1\times 96500\times(-0.5767)}{8.314\times 298.15} = 1.78\times 10^{-10}$$

9.7.2 测定化学反应的熵变

由热力学公式
$$\left(\frac{\partial \Delta_r G_m}{\partial T}\right)_p = -\Delta_r S_m$$

即
$$\left(\frac{\partial(-zFE)}{\partial T}\right)_p = -\Delta_r S_m$$

$$\Delta_r S_m = zF\left(\frac{\partial E}{\partial T}\right)_p \tag{9-34}$$

此式表明,要用电动势法测定化学反应的熵变,需要测定电动势的温度系数$(\partial E/\partial T)_p$。即将电池做好以后,在不同温度下多次测定其电动势,根据实验数据画出曲线 $E\text{-}T$,曲线上任意一点处切线的斜率与常数 zF 之积就等于该点所对应温度下化学反应的熵变。

由此看来,测定化学反应的 $\Delta_r S_m$,不仅实验手续烦琐,而且数据处理也容易引起误差。一般说来,用电动势法解决的问题,多数不涉及气体电极。因为气体电极制备困难且稳定性差,因而具体实验中尽量避免使用气体电极。换言之,人们用电动势法测定的化学反应大多是无气体参与的反应。由热力学知道,这类反应的熵变都很小,一般只有几 $J \cdot K^{-1}$ 到几十 $J \cdot K^{-1}$,至于$(\partial E/\partial T)_p$ 就更小了,通常只有 $10^{-4} \sim 10^{-5} V \cdot K^{-1}$,因此可以近似认为这类反应的 $\Delta_r S_m$ 是不随温度而变化的常数。于是将式(9-34)积分得

$$E = \int \frac{\Delta_r S_m}{zF} dT$$

即
$$E = \frac{\Delta_r S_m}{zF} T + C$$

此处 C 是积分常数。上式虽然是近似得来的,但它表明,一般电池的电动势与温度近似成直线关系。实验结果表明,多数电池皆是如此,因此,对多数电池来说,只要精确测定各温度下的电动势,用斜率法处理数据不致对 $\Delta_r S_m$ 造成太大误差。

9.7.3 测定化学反应的焓变

化学反应一般均在等温下进行,所以
$$\Delta_r G_m = \Delta_r H_m - T\Delta_r S_m$$

于是
$$\Delta_r H_m = \Delta_r G_m + T\Delta_r S_m$$

将 $\Delta_r G_m$ 和 $\Delta_r S_m$ 与电动势的关系代入上式,得

$$\Delta_r H_m = -zFE + zFT\left(\frac{\partial E}{\partial T}\right)_p \tag{9-35}$$

其中 $\Delta_r H_m$ 是电池反应 $0 = \sum_B \nu_B B$ 的摩尔焓变,也是电池放电后的焓变。式(9-35)表明,可以通过测定电池电动势求出化学反应的焓变。与量热法测定 $\Delta_r H_m$ 相比,电动势法得到的结果要精确可靠得多。表 9-3 列出了用电动势法测得的一些反应的 $\Delta_r H_m$,并与量热法所得的结果进行比较。

表 9-3　用电动势法测定的 $\Delta_r H_m(298.15\text{K})$ 与量热法所得结果的比较

反应	E/V	$(\partial E/\partial T)_p$/ $(\text{V}\cdot\text{K}^{-1})$	$\Delta_r H_m/(\text{kJ}\cdot\text{mol}^{-1})$	
			电动势法	量热法
$\text{Ag}+\frac{1}{2}\text{Hg}_2\text{Cl}_2 \longrightarrow \text{AgCl}+\text{Hg}$	0.0455	0.000338	5.335	7.950
$\text{Pb}+2\text{AgCl} \longrightarrow \text{PbCl}_2+2\text{Ag}$	0.4900	−0.000186	−105.3	−101.1
$\text{Pb}+2\text{AgI} \longrightarrow \text{PbI}_2+2\text{Ag}$	0.2135	−0.000173	−51.17	−51.05
$\text{Pb}+\text{Hg}_2\text{Cl}_2 \longrightarrow \text{PbCl}_2+2\text{Hg}$	0.5356	−0.000145	−95.06	−84.10
$\text{Tl}+\text{AgCl} \longrightarrow \text{TlCl}+\text{Ag}$	0.7790	−0.00047	−76.57	−76.20

$\Delta_r H_m$ 是状态函数的变化，同一个化学反应，不管其以什么方式进行，$\Delta_r H_m$ 是唯一的。若在普通反应器中进行，无非体积功，$\Delta_r H_m$ 就是反应热；如果在可逆电池中进行，则做电功，所以 $\Delta_r H_m$ 并不等于电池中化学反应的热效应。由热力学知道，电池反应的热效应，即可逆电池的热效应，应按以下方法求算：

$$Q_r = T\Delta_r S_m$$

而

$$\Delta_r S_m = zF\left(\frac{\partial E}{\partial T}\right)_p$$

所以

$$Q_r = zFT\left(\frac{\partial E}{\partial T}\right)_p \tag{9-36}$$

其中 Q_r 中下标"r"代表"可逆电池"，可见电池反应的热效应与 $(\partial E/\partial T)_p$ 有关。当在不同温度下测定一个电池的电动势时，若温度越高电动势越大，则 $Q_r>0$，表明该电池吸热；反之，电池放热。式(9-36)只能用于计算可逆电池的热效应，不可逆电池的热效应与此不同。本章所说的电池均系指可逆电池。

同一个化学反应以不同方式进行，则热效应不同。在电池内进行，热效应为 $T\Delta_r S_m$，称电池热效应；在普通反应器中进行，热效应为 $\Delta_r H_m$，称反应热。由热力学公式

$$T\Delta_r S_m - \Delta_r H_m = -\Delta_r G_m$$

可知，电池热效应与反应热之差恰是化学反应的化学能 $(-\Delta_r G_m)$。对于能够自发进行的化学反应，$-\Delta_r G_m>0$，所以电池热效应总是大于反应热，其中包括以下三种情况：

(1) $T\Delta_r S_m>0$，同时 $\Delta_r H_m>0$。即化学反应不论在电池中进行还是在普通反应器中进行均为吸热过程，两者相比，电池吸热更多些。

(2) $T\Delta_r S_m<0$，同时 $\Delta_r H_m<0$。即化学反应不论在电池内进行还是在普通反应器中进行均为放热过程，两者相比，$|T\Delta_r S_m|<|\Delta_r H_m|$，即电池放的热量少些。大部分化学反应属于这种情况。

(3) $T\Delta_r S_m>0$，而 $\Delta_r H_m<0$。这种情况表明，一个在普通反应器中进行的放热反应，当在电池内进行时却变成吸热。

通过以上分析可知，若将化学反应变成电池，功和热均会发生变化。与在普通反应器中进行相比，环境可以从电池中获得电功；但从热量角度来讲，环境却得到的较少。

例 9-18 已知电池
$$Pt \mid H_2(101325Pa) \mid HCl(0.1 mol \cdot kg^{-1}) \mid Hg_2Cl_2 \mid Hg$$
的电动势 E 与温度的关系为
$$E/V = 0.0694 + 1.881 \times 10^{-3} T/K - 2.9 \times 10^{-6} (T/K)^2$$

(1) 写出电池放电 96500C 时的电池反应,并计算该反应在 18℃ 时的 $\Delta_r S_m$。如果在电池中等温等压可逆地完成该反应,则电池的热效应为多少?

(2) 18℃ 时 Hg_2Cl_2 的生成焓 $\Delta_f H_m^{\ominus}(Hg_2Cl_2) = -261.92 kJ \cdot mol^{-1}$,求 18℃ 时由 $\frac{1}{2} H_2(g, p^{\ominus})$ 和 $\frac{1}{2} Cl_2(g, p^{\ominus})$ 生成 $0.1 mol \cdot kg^{-1}$ 的 HCl 溶液时的生成焓(注:此处并非标准生成焓)以及(1)中反应的反应热各为多少?

解:(1) 电池反应为
$$\frac{1}{2} H_2 + \frac{1}{2} Hg_2Cl_2 \longrightarrow Hg + HCl(0.1 mol \cdot kg^{-1})$$

因为
$$\left(\frac{\partial E}{\partial T}\right)_p = 1.881 \times 10^{-3} (V \cdot K^{-1}) - 5.8 \times 10^{-6} T (V \cdot K^{-2})$$

所以
$$\begin{aligned}\Delta_r S_m &= zF \left(\frac{\partial E}{\partial T}\right)_p \\ &= 1 \times 96500 \times (1.881 \times 10^{-3} - 5.8 \times 10^{-6} \times 291.15) J \cdot K^{-1} \cdot mol^{-1} \\ &= 18.64 J \cdot K^{-1} \cdot mol^{-1}\end{aligned}$$

可逆电池的热效应为
$$Q_r = T \Delta_r S_m = 291.15 \times 18.64 J \cdot mol^{-1} = 5424 J \cdot mol^{-1}$$

单位中的"mol"表示电池中发生 1mol 上述反应。

(2) 18℃ 时此电池的电动势为
$$E = (0.0694 + 1.881 \times 10^{-3} \times 291.15 - 2.9 \times 10^{-6} \times 291.15^2) V = 0.371 V$$

则上述反应的摩尔 Gibbs 函数变为
$$\begin{aligned}\Delta_r G_m &= -zFE \\ &= -1 \times 96500 \times 0.371 J \cdot mol^{-1} = -3.580 \times 10^4 J \cdot mol^{-1}\end{aligned}$$

所以
$$\begin{aligned}\Delta_r H_m &= \Delta_r G_m + T \Delta_r S_m \\ &= (-3.580 \times 10^4 + 291.15 \times 18.64) J \cdot mol^{-1} \\ &= -30.38 \times 10^3 J \cdot mol^{-1}\end{aligned}$$

(1)中反应的反应热是指在等温等压且没有非体积功的情况下完成 1mol 上述反应时的热效应 Q_p,显然
$$Q_p = \Delta_r H_m = -30.38 \times 10^3 J \cdot mol^{-1}$$

由以上 Q_p 和 Q_r 的数值可以看出,该反应在普通反应器中进行时可放出热量 30.38kJ,

而在电池中进行却吸收 5.42kJ 的热量。

若用热化学中的生成焓法计算上述反应的 $\Delta_r H_m$,则

$$\Delta_r H_m = \Delta_f H_m(\text{HCl}, 0.1\text{mol}\cdot\text{kg}^{-1}) + \Delta_f H_m^\ominus(\text{Hg})$$
$$-\frac{1}{2}\Delta_f H_m^\ominus(\text{H}_2) - \frac{1}{2}\Delta_f H_m^\ominus(\text{Hg}_2\text{Cl}_2)$$
$$= \Delta_f H_m(\text{HCl}, 0.1\text{mol}\cdot\text{kg}^{-1}) - \frac{1}{2}\Delta_f H_m^\ominus(\text{Hg}_2\text{Cl}_2)$$

所以

$$\Delta_f H_m(\text{HCl}, 0.1\text{mol}\cdot\text{kg}^{-1}) = \Delta_r H_m + \frac{1}{2}\Delta_f H_m^\ominus(\text{Hg}_2\text{Cl}_2)$$
$$= -30.38\times 10^3 \text{J}\cdot\text{mol}^{-1}$$
$$+ \frac{1}{2}(-261.92\times 10^3)\text{J}\cdot\text{mol}^{-1}$$
$$= -161.3\times 10^3 \text{J}\cdot\text{mol}^{-1}$$

9.7.4 电解质溶液中平均活度系数的测定

电解质溶液中离子的平均活度系数主要依靠实验测定,电动势法是常用的实验方法之一。例如要测定一个质量摩尔浓度为 b 的盐酸溶液 HCl(b) 中的平均活度系数 $\gamma_\pm$,为此需要利用该溶液设计出一个电池,使得其电动势的表达式中除基本常数及已知量以外只含 $\gamma_\pm$,比如我们设计如下电池:

$$\text{Pt} \mid \text{H}_2(101325\text{Pa}) \mid \text{HCl}(b) \mid \text{AgCl} \mid \text{Ag} \tag{A}$$

该电池反应为

$$\frac{1}{2}\text{H}_2(101325\text{Pa}) + \text{AgCl}(s) \longrightarrow \text{Ag}(s) + \text{H}^+ + \text{Cl}^-$$

由 Nernst 公式,上述电池的电动势为

$$E = E^\ominus - \frac{RT}{F}\ln[a(\text{H}^+)a(\text{Cl}^-)]$$
$$= E^\ominus - \frac{RT}{F}\ln a_\pm^2$$
$$= E^\ominus - \frac{2RT}{F}\ln(b_\pm \gamma_\pm / b^\ominus)$$

对于 1-1 价型电解质 $b_\pm = b$,所以上式为

$$E = E^\ominus - \frac{2RT}{F}\left(\ln\gamma_\pm + \ln\frac{b}{b^\ominus}\right) \tag{9-37}$$

整理后得

$$\ln\gamma_\pm = \frac{(E^\ominus - E)F}{2RT} - \ln\frac{b}{b^\ominus} \tag{9-38}$$

此式右端的 T 和 b 为已知量,$E^\ominus$,F 和 $b^\ominus$ 均为常数,因此只需由实验测定电池(A)的电动势 E 便可利用此式求出溶液 HCl(b) 中的 $\gamma_\pm$。

其他电解质溶液的 $\gamma_\pm$ 可用类似的方法测定。即先找出对电解质溶液中正、负离子都可

逆的电极,装配成电池(最好是无液体接界的),测定电池的电动势,从此求出 $\gamma_\pm$。例如 HBr(aq)和 ZnSO$_4$(aq)的 $\gamma_\pm$ 可以分别利用下列电池进行测量:

$$Pt \mid H_2(p^\ominus) \mid HBr(aq) \mid AgBr \mid Ag$$
$$Zn \mid ZnSO_4(aq) \mid PbSO_4 \mid Pb$$

9.7.5 标准电动势及标准电极电势的测定

通常情况下,电池的标准电动势可通过查找标准电极电势数据然后利用关系 $E^\ominus = \varphi_阴^\ominus - \varphi_阳^\ominus$ 求得,也可以利用 $\Delta_f G_m^\ominus$ 数据通过公式 $\Delta_r G_m^\ominus = -zFE^\ominus$ 求得。但是如果你面前的电池是个新系统,还没有你所需要的数据,或者你手边没有手册可查,则可通过实验测定 $E^\ominus$。

例如,在上面利用电池(A)测定溶液 HCl(b)的 $\gamma_\pm$ 时,如果不知道 $E^\ominus$ 便无法用式(9-38)计算 $\gamma_\pm$。此时,我们可以通过将实验数据外推而求得 $E^\ominus$,方法如下。

将式(9-37)改写为

$$E + \frac{2RT}{F}\ln\frac{b}{b^\ominus} = E^\ominus - \frac{2RT}{F}\ln\gamma_\pm \tag{9-39}$$

此式右端的 $E^\ominus$ 和 $\gamma_\pm$ 都是未知数。但是在无限稀薄条件下($b \to 0$)任何溶液都是理想的,即 $\gamma_\pm = 1$。因此上式两端取极限可得

$$E^\ominus = \lim_{b \to 0}\left(E + \frac{2RT}{F}\ln\frac{b}{b^\ominus}\right) \tag{9-40}$$

此式表明,在实验温度下,依次改变电池(A)中 HCl 溶液的浓度 b,分别测定电动势 E,然后将实验数据 $\left(E + \frac{2RT}{F}\ln\frac{b}{b^\ominus}\right)$ 对 b 作图,将曲线 $\left(E + \frac{2RT}{F}\ln\frac{b}{b^\ominus}\right)$-$b$ 外推到 $b = 0$ 处的 $\left(E + \frac{2RT}{F}\ln\frac{b}{b^\ominus}\right)$ 值就是 $E^\ominus$。但这样处理数据时发现,在稀溶液区间内总是线性不好,不能通过外推得到确切的 $E^\ominus$ 值。

为了改善外推法的效果,必须改变数据处理方法。为方便起见,设实验温度为 298K(其他温度同类),则式(9-39)为

$$E + \left(\frac{2 \times 8.314 \times 298}{96500}\ln\frac{b}{b^\ominus}\right)V = E^\ominus - \left(\frac{2 \times 8.314 \times 298}{96500}\ln\gamma_\pm\right)V \tag{9-41}$$

在稀溶液范围内,$\ln\gamma_\pm$ 近似服从 Debye-Hückel 极限公式

$$\ln\gamma_\pm = -1.171 \mid z_+ z_- \mid \sqrt{\{I\}}$$

对于 1-1 价型电解质 $z_+ = 1, z_- = -1, \sqrt{\{I\}} = \sqrt{\{b\}}$,所以

$$\ln\gamma_\pm = -1.171\sqrt{\{b\}}$$

代入式(9-41)并整理,得

$$E + \left(0.05135\ln\frac{b}{b^\ominus}\right)V = E^\ominus + (0.06013\sqrt{\{b\}})V \tag{9-42}$$

此式表明,在稀溶液范围内,$E + \left(0.05135\ln\frac{b}{b^\ominus}\right)V$ 与 $\sqrt{\{b\}}$ 成直线关系。即对于任意指定

温度 T，在稀溶液范围内 $\left(E+\dfrac{2RT}{F}\ln\dfrac{b}{b^{\ominus}}\right)$ 与 $\sqrt{b}$ 成直线。因此，用外推法处理数据时，横坐标用 $\sqrt{b}$ 而不用 b，如图 9-10 所示。实践证明，曲线 $\left(E+\dfrac{2RT}{F}\ln\dfrac{b}{b^{\ominus}}\right)$-$\sqrt{b}$ 在低浓度区间内线性较好，通过外推可以得到准确的 $E^{\ominus}$ 值。在 298K 时，外推求得电池(A)的 $E^{\ominus}=0.2223\text{V}$。

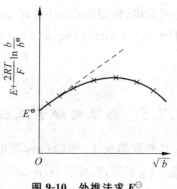

图 9-10　外推法求 $E^{\ominus}$

以上所介绍的用电动势法测定标准电动势，也是测定标准电极电势的方法。如果所测电池中一个电极的 $\varphi^{\ominus}$ 已知，则实际上测定的是另一个电极的标准电极电势。由此可见，测定每一个标准电极电势值都需要进行大量的实验工作。

9.7.6　pH 的测定

pH 是表示溶液酸碱度的一种标度，其定义为

$$\text{pH} = -\lg a(\text{H}^+) \tag{9-43}$$

实际工作中，经常需要测定溶液的 pH 值，鉴于不同的指示剂在不同的 pH 范围内有不同的颜色，所以一般可用比色法测定 pH。比色法只适用于粗略的分析，比较精确的 pH 测量可以用电化学方法。具体做法如下：选择一个对 H^+ 可逆的电极(例如氢电极)，并将待测溶液作为该电极的液相部分，则电极电势与待测溶液的 $a(\text{H}^+)$ 有关。再拿一个参比电极与它组成电池，便可通过测定电池的电动势计算出待测溶液中氢离子的活度或 pH。

若以氢电极作氢离子指示电极(即能够反映 H^+ 活度的电极)，以甘汞电极为参比电极组成如下电池：

$$\text{Pt} \mid \text{H}_2(101325\text{Pa}) \mid \text{待测溶液}(\text{pH}) \parallel \text{甘汞电极}$$

则电动势为

$$E = \varphi_{\text{甘}} - \varphi(\text{H}^+ \mid \text{H}_2)$$

因为其中

$$\varphi(\text{H}^+ \mid \text{H}_2) = -\dfrac{RT}{F}\ln\dfrac{1}{a(\text{H}^+)} = -\dfrac{2.303RT}{F}\text{pH}$$

所以

$$E = \varphi_{\text{甘}} + \dfrac{2.303RT}{F}\text{pH} \tag{9-44}$$

即

$$\text{pH} = \dfrac{(E - \varphi_{\text{甘}})F}{2.303RT} \tag{9-45}$$

其中 $\varphi_{\text{甘}}$ 和 T 已知，于是只需精确测定电动势 E 便可由式(9-45)计算出 pH。

进一步深入分析会发现，在具体运用上式时会遇到一些不确定因素，这就是 $\varphi_{\text{甘}}$ 的值怎样确定的问题。因为上述电池中的饱和甘汞电极是包括盐桥部分的，而盐桥并不能完全消除液接电势 E_l，用了盐桥后残余的 E_l 仍可达 1～2mV，并且当待测溶液的 pH 变化范围很大时也不能指望 E_l 有相同的值。设温度 $T=298.15\text{K}$，根据式(9-45)，E_l 值 1mV 的误差将

引起约 0.02pH 单位的偏差,这就使测量 pH 的精确值成为问题。事实上,pH 的定义本身 pH=$-\lg a(H^+)=-\lg[b(H^+)\gamma(H^+)/b^{\ominus}]$ 就包括单个离子的活度系数,这是个不可测量的量。由于 pH 定义本身所存在的问题,使得任何用于测量 pH 的电池都会存在不确定因素。

为了解决上述困难,采取如下做法。选择一套制备容易、性能稳定、缓冲能力强的缓冲溶液作为标准。把这套标准缓冲溶液预先在电池中标定。标定工作由国家计量单位进行,尽可能地排除各种因素的干扰,并颁发 pH 的标准数值 pH_S,其中下标"S"代表"标准缓冲溶液"。现在国内所用六个标准缓冲溶液的 pH_S 值列于表 9-4,可以认为它们比较合理地代表了真正的 $-\lg a(H^+)$。

表 9-4　298.15K 时标准缓冲溶液的 pH 值

标准缓冲溶液	pH_S
0.05mol·dm^{-3} 四草酸钾盐	1.679
饱和的酒石酸钾	3.555
0.05mol·dm^{-3} 邻苯二酸氢钾	4.005
0.025mol·dm^{-3} KH$_2$PO$_4$+0.025mol·dm^{-3} Na$_2$HPO$_4$	6.859
0.01mol·dm^{-3} 硼砂	9.177
饱和的石灰水,Ca(OH)$_2$(~0.02mol·dm^{-3})	12.547

若欲用上述电池进行精确的 pH 测量,应先把待测溶液放入电池,测其电动势 E,则据式(9-45)可算出 pH 的粗略值:

$$\mathrm{pH}=\frac{(E-\varphi_{\text{甘}})F}{2.303RT}$$

然后选择 pH_S 最接近上值的标准缓冲溶液放入电池,测其电动势 E_S,则

$$\mathrm{pH_S}=\frac{(E_S-\varphi_{\text{甘}})F}{2.303RT}$$

以上两式相减,$\varphi_{\text{甘}}$ 抵消了,我们得到

$$\mathrm{pH}=\mathrm{pH_S}+\frac{(E-E_S)F}{2.303RT} \tag{9-46}$$

由于每次测量的 pH 都是与 pH_S 最接近的标准缓冲溶液进行对比的,$\varphi_{\text{甘}}$ 中的液接电势 E_l 能够基本对消掉,所以根据式(9-46)测得的 pH 应该比较接近于 $-\lg a(H^+)$ 的确切意义。

以上介绍了在精确的 pH 测量时,每次都应该用标准缓冲溶液进行标定。但是在通常工作中,我们并不在乎 pH 的真实意义是什么,而所关心的往往是把 pH 控制在某个值附近,这只不过是个相对数值。此时,就不必用标准缓冲溶液进行标定,用式(9-45)直接测定即可。

氢电极是所有氢离子指示电极中精密度最高的一种,结果准确,而且适用于 pH=0~14 的整个范围。但是氢电极制备复杂,使用不便,故在实际工作中常用其他的氢离子指示电极,醌·氢醌电极就是其中之一。以下介绍用醌·氢醌电极测定 pH 的方法。

醌的分子式为 $C_6H_4O_2$,结构式为 O=⟨　⟩=O,常用符号 Q 代表;氢醌 $C_6H_4(OH)_2$ 的结构式为 HO—⟨　⟩—OH,常用符号 H_2Q 代表。醌·氢醌(Q·H_2Q)是醌与氢醌的等分

子化合物。它在水中的溶解度很小，常温下只有 $0.005\mathrm{mol\cdot dm^{-3}}$，且溶于水后全部离解成醌和氢醌：

$$Q\cdot H_2Q(s) \rightleftharpoons Q + H_2Q$$

$Q\cdot H_2Q$ 电极是氧化还原电极，十分容易制备。取一些待测溶液，其中 H^+ 的活度为 $a(H^+)$，将少许 $Q\cdot H_2Q$ 溶入其中便成饱和溶液，插入惰性金属 Pt，就构成电极

$$Pt \mid Q, H_2Q, H^+$$

电极反应为

$$Q + 2H^+ + 2e^- \longrightarrow H_2Q$$

据 Nernst 公式，其电极电势为

$$\varphi(Pt \mid Q, H_2Q) = \varphi^{\ominus}(Pt \mid Q, H_2Q) - \frac{RT}{2F}\ln\frac{a(H_2Q)}{a(Q)a^2(H^+)}$$

因为溶液中 Q 和 H_2Q 的含量很少且浓度相等，即 $\gamma=1, a(H_2Q)=b(H_2Q)/b^{\ominus}, a(Q)=b(Q)/b^{\ominus}$，且 $b(H_2Q)=b(Q)$，所以上式为

$$\varphi(Pt \mid Q, H_2Q) = \varphi^{\ominus}(Pt \mid Q, H_2Q) - \frac{2.303RT}{F}\lg\frac{1}{a(H^+)}$$

即

$$\varphi(Pt \mid Q, H_2Q) = \varphi^{\ominus}(Pt \mid Q, H_2Q) - \frac{2.303RT}{F}\mathrm{pH} \tag{9-47}$$

可见 $\varphi(Pt|Q,H_2Q)$ 与溶液的 pH 有关，即 $Q\cdot H_2Q$ 电极是氢离子指示电极。若以甘汞电极作参比电极构成如下电池：

$$\text{甘汞电极} \parallel \text{待测溶液(pH)}, Q, H_2Q \mid Pt$$

则电动势 E 为

$$E = \varphi(Pt \mid Q, H_2Q) - \varphi_{甘}$$
$$= \varphi^{\ominus}(Pt \mid Q, H_2Q) - \frac{2.303RT}{F}\mathrm{pH} - \varphi_{甘}$$

所以

$$\mathrm{pH} = \frac{[\varphi^{\ominus}(Pt \mid Q, H_2Q) - E - \varphi_{甘}]F}{2.303RT} \tag{9-48}$$

在一般测量中，$\varphi^{\ominus}(Pt|Q,H_2Q)$ 和 $\varphi_{甘}$ 可由手册中查出，只需测出电动势 E，就可由上式求出溶液的 pH 值。

$Q\cdot H_2Q$ 电极制备简单，使用方便，是日常工作中常用的 H^+ 指示电极，但 H_2Q 有微弱的酸式电离且容易被氧化，因此它不适用于碱性溶液和含有强氧化剂的溶液。这是 $Q\cdot H_2Q$ 电极的不足之处。另外，$Q\cdot H_2Q$ 电极只能对溶液进行取样分析，因为直接在存放溶液的容器中进行测定，定会由于 $Q\cdot H_2Q$ 的加入而污染溶液，因此，在科学研究和生产过程中，人们更希望能够直接且连续的测定原料或产品的 pH，将测量仪器化，这就是大家熟悉的 pH 计(叫酸度计)。pH 计上所用的氢离子指示电极是玻璃电极，它专门用于测量 H^+ 的浓度，因此叫氢离子选择电极。至于它的测量原理将在 9.9 节中介绍。

*9.7.7 电势滴定

在滴定分析中，常用指示剂确定滴定终点。对于有色或混浊的系统以及没有适当指示

剂的场合,应用这种办法比较困难。在酸碱滴定、氧化还原滴定、络合滴定和沉淀滴定中,被滴定溶液中某离子的浓度随滴定液的加入而变化且在终点前后变化剧烈。如果在溶液中放入一个对该种离子可逆的指示电极,再放一个参比电极配成电池,则只要测定电动势随滴定液加入量的变化,就可以知道离子浓度的变化而定出滴定终点,这种方法称为电势滴定。在滴定终点前后溶液中离子的浓度往往连续变化几个数量级,致使电动势产生突跃,所以电势滴定是确定滴定终点的好办法。另外,电势滴定将离子浓度的变化转变为电信号,使滴定操作自动化成为可能。以下以酸碱滴定为例予以说明。

以标准 NaOH 溶液滴定 HCl 溶液,在被滴定的盐酸溶液中发生如下变化:

$$H^+ + Cl^- + NaOH \longrightarrow Na^+ + Cl^- + H_2O$$

溶液中 H^+ 的浓度或 pH 随加入 NaOH 的体积 $V(NaOH)$ 而变化。若选氢电极作 H^+ 指示电极,与甘汞电极配成电池

$$Pt \mid H_2(101325Pa) \mid 被滴定溶液 \parallel 甘汞电极$$

在滴定过程中,溶液中 H^+ 逐渐减小,即 pH 逐渐增大,据式(9-44)可知,电动势将逐渐升高。以 E 对 $V(NaOH)$ 作图,得到图 9-11(a)中的滴定曲线。滴定曲线上的斜率最大处就是溶液的 pH 变化最剧烈处,即滴定终点。为了更准确地确定终点,常常将图 9-11(a)中的斜率 dE/dV 对 $V(NaOH)$ 作图,见图 9-11(b),曲线出现峰点,此即滴定终点。

电势滴定与第 8 章介绍的电导滴定是滴定分析中常用的两种电化学方法,是将滴定操作变为仪器分析的重要手段。

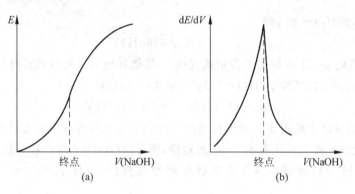

图 9-11 电势滴定曲线

*9.7.8 电势-pH 图及其应用

在水溶液中,H^+ 往往参与电极反应,因此电解质溶液的 pH 直接影响电极的反应和平衡。换言之,对于电极反应中有 H^+ 出现的电极,溶液的 pH 影响电极电势 φ。若将各电极的 φ-pH 关系汇总成图,就是电势-pH 图,对于解决许多实际问题很有帮助。φ-pH 图首先由比利时学者 Pourbaix 等人在 20 世纪 30 年代用于金属腐蚀问题,极见成效,以后在电化学、无机、分析、地质科学等方面都有广泛应用。φ-pH 图是一种电化学的平衡图,它相当于研究相平衡时所用的相图。单一电极的 φ-pH 图用处不大,但是如果将许多有物质联系的电极的 φ-pH 图画在同一张图上,则可获很多相关反应的信息。最简单的 φ-pH 图仅涉及某一元素(及其含氧和含氢化合物)与水构成的系统。现在已有 90 种元素与水构成的系统的 φ-pH 图列入电化学手册,便于查用。

由电极电势的知识得知,对于有 H^+ 参与的电极,除 pH 外,温度和其他物质的浓度也影响电极电势。由于 φ-pH 图主要反映 pH 对 φ 的影响,所以图中的每一条线都是在定温且除 H^+ 外其他物质定浓(气体即为定压)下画出的,因而除温度外,每一条线都应表明浓度值。

例如电池

$$Pt \mid H_2 \mid H^+ (pH) \mid O_2 \mid Pt$$

的电池反应为

$$H_2 + \frac{1}{2}O_2 \longrightarrow H_2O(l)$$

可见,电动势 E 与溶液的 pH 无关。但是两个电极电势却均与 pH 有关。

对于氢电极,还原反应为

$$2H^+ + 2e^- \longrightarrow H_2 \tag{A}$$

$$\varphi = -\frac{RT}{2F}\ln\frac{p(H_2)/p^\ominus}{a^2(H^+)}$$

$$= -\frac{2.303RT}{2F}\lg\frac{p(H_2)}{p^\ominus} - \frac{2.303RT}{F}pH$$

设 $T=298.15K$,则

$$\varphi = \left[-0.02958\lg\frac{p(H_2)}{p^\ominus} - 0.05916pH\right]V \tag{9-49}$$

在通常情况下,$p(H_2)=p^\ominus$,则

$$\varphi = (-0.05916pH)V \tag{9-50}$$

在图 9-12 中,将此 φ-pH 正比关系表示成直线 a,称做反应(A)的基线;当与水溶液平衡的氢分压 $p(H_2) < p^\ominus$ 时,例如 $p(H_2)=0.1p^\ominus$,据式(9-49)得

$$\varphi = (0.02958 - 0.05916pH)V$$

根据此式在基线 a 之上画出了一条平行虚线。这表明当某水溶液中氢电极的电极电势高于基线时,该溶液的平衡氢分压有小于 $p^\ominus$ 的趋势,即反应(A)的平衡左移。换言之,在基线以上,氧化态(即 H^+)较稳定;当与水溶液平衡的氢分压 $p(H_2) > p^\ominus$ 时,例如 $p(H_2) = 10p^\ominus$,则

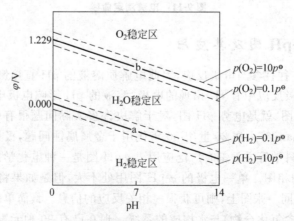

图 9-12　H_2O 的电势-pH 图(298.15K)

$$\varphi = (-0.02958 - 0.05916\text{pH})\text{V}$$

根据此式在基线之下画出了一条平行虚线，这表明当水溶液中氢电极的电极电势低于基线时，氢气的平衡分压有大于 $p^{\ominus}$ 的趋势，即反应(A)的平衡右移。换言之，在基线以下，还原态(H_2)较稳定。

通过以上对氢电极的讨论我们可得出如下结论：当在 $p^{\ominus}$ 的环境压力下，维持电极电势高于基线，则水溶液不能分解出氢；相反，当电位电势低于基线时，水溶液可能分解出氢。即基线以上的区域为 H_2O 的稳定区，基线以下的区域为 H_2 的稳定区。

对于氧电极，还原反应为

$$\frac{1}{2}O_2 + 2H^+ + 2e^- \longrightarrow H_2O(l) \tag{B}$$

$$\varphi = \varphi^{\ominus} - \frac{RT}{2F}\ln\frac{1}{[p(O_2)/p^{\ominus}]^{1/2} \cdot a^2(H^+)}$$

$$= \varphi^{\ominus} + \frac{2.303RT}{4F}\lg\frac{p(O_2)}{p^{\ominus}} - \frac{2.303RT}{F}\text{pH}$$

设 $T = 298.15\text{K}$，则 $\varphi^{\ominus} = 1.229\text{V}$，于是

$$\varphi = \left[1.229 + 0.01479\lg\frac{p(O_2)}{p^{\ominus}} - 0.05916\text{pH}\right]\text{V} \tag{9-51}$$

当 $p(O_2) = p^{\ominus}$ 时，则

$$\varphi = (1.229 - 0.05916\text{pH})\text{V} \tag{9-52}$$

式(9-52)在图 9-12 中用直线 b 表示，称做反应(B)的基线。同理，当与水溶液平衡的氧分压 $p(O_2) > p^{\ominus}$ [例如 $p(O_2) = 10p^{\ominus}$] 时，平衡电极电势在基线之上；当与水溶液平衡的氧分压 $p(O_2) < p^{\ominus}$ [例如 $p(O_2) = 0.1p^{\ominus}$] 时，平衡电极电势在基线之下。据此可以判断：在基线 b 以上，氧化态(O_2)较稳定；在基线 b 以下，还原态(H_2O)较稳定。

因此，在 $p^{\ominus}$ 下，不论氢电极还是氧电极，如果电极电势维持在 a 与 b 之间，水能够稳定存在，这一区域称为水的稳定区。a 之下为 H_2 稳定区，b 之上为 O_2 稳定区。

由于式(9-50)和式(9-52)分别是 a 线和 b 线的方程，由此可以看出氢电极和氧电极的 φ-pH 图是两条平行直线，所以氢氧电池的电动势与溶液的 pH 无关，总是等于 1.229V。H_2O 的 φ-pH 图(即 a 线和 b 线)是水溶液中最基本的电势-pH 图。为此，任何元素-H_2O 系统的 φ-pH 图中都同时画出 a 和 b 两条直线，这样有利于综合考虑水溶液中的化学反应和电化学反应。

除了 a 和 b 线之外，根据化学反应和电化学反应系统中反应物和生成物的种类不同，φ-pH 图经常由下列三种类型的直线构成。

(1) 没有氧化还原的反应，即非电极反应，在 φ-pH 图上表现为垂直线。例如没有电子得失的反应

$$Fe_2O_3(s) + 6H^+ \rightleftharpoons 2Fe^{3+} + 3H_2O(l) \tag{C}$$

平衡常数

$$K^{\ominus} = \frac{a^2(Fe^{3+})}{a^6(H^+)}$$

取对数后得

$$\lg K^{\ominus} = 2\lg a(\text{Fe}^{3+}) + 6\text{pH} \tag{9-53}$$

因为
$$\Delta_r G_m^{\ominus} = -RT\ln K^{\ominus} = -2.303RT\lg K^{\ominus}$$

所以
$$\lg K^{\ominus} = \frac{-\Delta_r G_m^{\ominus}}{2.303RT}$$

代入式(9-53)得
$$-\frac{\Delta_r G_m^{\ominus}}{2.303RT} = 2\lg a(\text{Fe}^{3+}) + 6\text{pH}$$

设 $T=298.15\text{K}$，由手册中 $\Delta_f G_m^{\ominus}$ 数据计算出 $\Delta_r G_m^{\ominus}$ 值，故得
$$\lg a(\text{Fe}^{3+}) = -0.723 + 3\text{pH}$$

此式与 φ 无关，当 $a(\text{Fe}^{3+})$ 有定值时，pH 也有定值，故在 φ-pH 图中是一条垂直的直线。设 $a(\text{Fe}^{3+})=10^{-6}$，则代入上式后得 pH=1.76，在图 9-13 中就是垂直线 c。在垂线左方 pH<1.76，酸性增强，上述反应(C)将向右移动，即 Fe^{3+} 较稳定；在垂线之右，Fe_2O_3 较稳定。

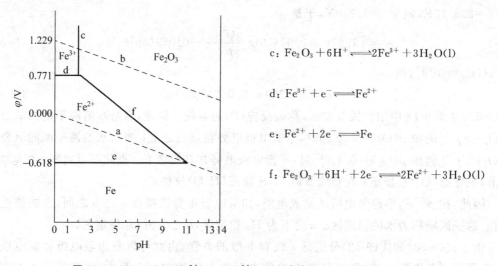

c: $\text{Fe}_2\text{O}_3 + 6\text{H}^+ \rightleftharpoons 2\text{Fe}^{3+} + 3\text{H}_2\text{O(l)}$

d: $\text{Fe}^{3+} + e^- \rightleftharpoons \text{Fe}^{2+}$

e: $\text{Fe}^{2+} + 2e^- \rightleftharpoons \text{Fe}$

f: $\text{Fe}_2\text{O}_3 + 6\text{H}^+ + 2e^- \rightleftharpoons 2\text{Fe}^{2+} + 3\text{H}_2\text{O(l)}$

图 9-13　298.15K, $a(\text{Fe}^{3+})=a(\text{Fe}^{2+})=10^{-6}$ 时 Fe-H_2O 的部分 φ-pH 图

(2) 有氧化还原的反应，但反应与 pH 无关，即与 H^+ 无关的电极，在 φ-pH 图上表现为与 pH 轴平行的直线。例如电极 Pt|Fe^{3+}, Fe^{2+}，其电极反应
$$\text{Fe}^{3+} + e^- \rightleftharpoons \text{Fe}^{2+} \tag{D}$$

298.15K 时对应的电极电势为
$$\varphi = \varphi^{\ominus} - 0.05916\lg\frac{a(\text{Fe}^{2+})}{a(\text{Fe}^{3+})}\text{V}$$
$$= \left[0.771 - 0.05916\lg\frac{a(\text{Fe}^{2+})}{a(\text{Fe}^{3+})}\right]\text{V} \tag{9-54}$$

可见 φ 与 pH 无关。若取 $a(\text{Fe}^{2+})=a(\text{Fe}^{3+})=10^{-6}$，则 $\varphi=0.771\text{V}$，即图 9-13 中的水平直线 d。在 d 线之上，$\varphi>0.771\text{V}$，据式(9-54)，应 $a(\text{Fe}^{3+})$ 占优势，即氧化态 Fe^{3+} 较稳定；在 d 线之下，$\varphi<0.771\text{V}$，则还原态 Fe^{2+} 较稳定。再如电极 Fe^{2+}|Fe，其电极反应
$$\text{Fe}^{2+} + 2e^- \rightleftharpoons \text{Fe} \tag{E}$$

同样可得水平线 e，在 e 线之上氧化态 Fe^{2+} 稳定，在 e 线之下还原态 Fe 稳定。

(3) 有氧化还原的反应，反应与 pH 有关，即与 H^+ 有关的电极，在 φ-pH 图上表现为斜线(图 9-12 中的 a 和 b 就属于这种情况)。例如电极 $Fe_2O_3|Fe^{2+},H^+$，其电极反应为

$$Fe_2O_3(s) + 6H^+ + 2e^- \rightleftharpoons 2Fe^{2+} + 3H_2O(l) \tag{F}$$

当 $T=298.15K$，$a(Fe^{2+})=10^{-6}$ 时，对应的电极电势为

$$\varphi = (1.083 - 0.1773\text{pH})\text{V}$$

在图 9-13 中表现为斜线 f，在 f 线上方氧化态 Fe_2O_3 较稳定，在 f 线下方还原态 Fe^{2+} 较稳定。

以上通过以与 Fe 元素有关的电极为具体实例讨论了 φ-pH 图的基本概念，简单总结如下：

(1) φ-pH 图中的每一条线都是等温等浓(气体为等压)条件下的平衡线。它既代表平衡电极电势与 pH 的关系，也代表在上述条件下的化学平衡或电化学平衡，例如图 9-13 中的 f 线既代表在 298.15K 及 $a(Fe^{2+})=10^{-6}$ 条件下 $\varphi(Fe_2O_3|Fe^{2+},H^+)$ 与 pH 的关系，同时又代表反应式(F)所表示的电化学平衡。

(2) φ-pH 图中的每条线(垂直线除外)以上的区域表现为氧化态稳定，线以下则还原态稳定，线本身则为氧化态与还原态平衡共存。

(3) 许多平衡线将 φ-pH 平面划分成若干个区，每一个区域代表某个组分的稳定区。例如图 9-13 中处于中间的梯形区域代表在 298.15K 及 $a(Fe^{2+})=a(Fe^{3+})=10^{-6}$ 条件下 Fe^{2+} 较稳定。

某种元素-H_2O 的 φ-pH 图是一种电化学平衡图。它虽然并不增加新的知识，但提供了水溶液中各有关物质稳定存在的条件，把各种有关平衡数据集中地表现出来。所以根据 φ-pH 图能大致判断在水溶液中发生某些反应的可能性。设在 φ-pH 图中找出上下两条线。上边一条的电极电势为 $\varphi_上$，下边一条的为 $\varphi_下$。因为 $\varphi_上 > \varphi_下$，所以相比之下，上边的一条更容易发生还原反应，而下边的一条更容易发生氧化反应，即

(氧化态)$_上$ + ze^- ⟶ (还原态)$_上$
(还原态)$_下$ ⟶ (氧化态)$_下$ + ze^-

因此净的反应为

(氧化态)$_上$ + (还原态)$_下$ ⟶ (还原态)$_上$ + (氧化态)$_下$
$$\tag{9-55}$$

由于每条线上方是它的氧化态，而下方是它的还原态，所以式(9-55)的意义如图 9-14 所示。上方高电势线之上的氧化态能与低电势线之下的还原态自发地发生化学反应。

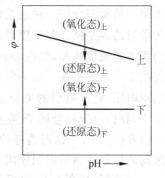

图 9-14 反应方向的说明

例 9-19 在 298.15K 时，某 pH<1.74 的酸性溶液中溶有亚铁盐，其中 $a(Fe^{2+})\approx 10^{-6}$。今在向该溶液通入 101325Pa 氧气的同时不断滴加浓的 NaOH。试从热力学角度说明系统将发生什么变化。

解： 由图 9-13 知，c 线的 pH=1.76。滴加 NaOH 之前 pH<1.76，b 线在 d 线之上，所以 b 线上方的氧化态 O_2 可与 d 线下方的还原态 Fe^{2+} 发生如下反应：

即通入的氧气将溶液中的 Fe^{2+} 氧化成 Fe^{3+}。随 NaOH 的加入,溶液的 pH 逐渐增大,当 pH>1.76 以后,f 线在 b 线之下,而 f 线上方的氧化态是 Fe_2O_3,此时 O_2 将 Fe^{2+} 氧化成 Fe_2O_3,溶液中发生的反应为

$$\frac{1}{2}O_2 + 2Fe^{2+} + 2H_2O \longrightarrow Fe_2O_3 + 4H^+$$

φ-pH 图只能提供平衡条件和发生反应的倾向性或可能性,而无法预示反应的实际快慢。除此之外,φ-pH 图还有广泛的应用,例如金属防腐领域已经利用 φ-pH 图解决了许多实际问题。时至今日,φ-pH 图的应用已远远超出了电化学本身。

*9.8 膜平衡

9.8.1 膜平衡与膜电势

有许多天然膜或人造膜,对于离子的透过具有高选择性,即只允许一种或少数几种离子透过,而对其他离子来说它却像一块不可穿透的刚性壁。这种性能的机理至今尚未彻底弄清,这种膜称为半透膜。例如人体内的细胞膜就是 K^+ 的半透膜。

如图 9-15 所示,有一张 K^+ 的半透膜,膜两侧分别是两种浓度不同的 KCl 溶液,若 $b_1 > b_2$,则 K^+ 倾向于由 b_1 溶液向 b_2 溶液扩散,使得膜的 b_2 一侧产生净正电荷,而膜的 b_1 一侧产生净负电荷,即在膜中产生电场。膜中电场的产生减慢了 K^+ 离子的扩散过程,最终达到平衡,宏观上的扩散过程即告停止,称为膜平衡。如果半透膜只允许一种或几种离子透过而不允许溶剂透过,则称为非渗透膜平衡。如果膜对溶剂及一种或几种离子是可透过的,则称为渗透膜平衡,也称 Donnan 膜平衡。以下所讨论的膜平衡是指非渗透膜平衡。在一定条件下,膜平衡时在膜两侧形成稳定的双电层,此双电层的电位差叫做膜电势,用符号 E_m 表示。事

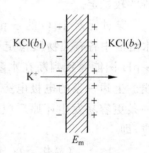

图 9-15 膜平衡和膜电势的概念

实上,我们可以将金属-溶液界面看做一张膜,例如一根 Cu 棒浸入 $CuSO_4$ 溶液,Cu-$CuSO_4$(aq)界面对 Cu^{2+} 是可透过的,而对 SO_4^{2-},e^- 和 H_2O 却是不可透过的。所以金属电极与溶液间的接触平衡可以当做膜平衡看待。

应该指出,图 9-15 中膜平衡的建立并不需要大量的 K^+ 由 b_1 一侧流向 b_2 一侧。一般,这种流动不致影响两侧溶液中 K^+ 的浓度。

膜电势是由于离子有选择性地穿透膜而产生的,它是指膜两侧的平衡电位差,所以 E_m 本身无所谓正负。但是为了便于同其他形式的电位差(例如液接电势和其他相间接触电势)进行叠加计算,我们同样规定膜电势等于膜右侧的电位减去左侧电位,即

$$E_m = \Phi_右 - \Phi_左 \tag{9-56}$$

9.8.2 膜电势的计算

设离子 B 的价数为 z_B,今有一张 B 的半透膜将两个含 B 的水溶液分开,左侧溶液中 B

的活度为 $a_{B,左}$；右侧溶液中 B 的活度为 $a_{B,右}$。在任意温度 T 和压力 $p^{\ominus}$ 时建立膜平衡，则离子 B 在两侧溶液中的电化学势相等，即

$$\tilde{\mu}_{B,左} = \tilde{\mu}_{B,右}$$

$$\mu_{B,左} + z_B F \Phi_{左} = \mu_{B,右} + z_B F \Phi_{右}$$

$$z_B F(\Phi_{右} - \Phi_{左}) = \mu_{B,左} - \mu_{B,右}$$

将化学势表示式代入上式右端，消去标准状态的化学势 $\mu_B^{\ominus}$，则上式为

$$z_B F(\Phi_{右} - \Phi_{左}) = RT \ln \frac{a_{B,左}}{a_{B,右}}$$

其中 $(\Phi_{右} - \Phi_{左})$ 是膜电势 E_m，所以

$$E_m = \frac{RT}{z_B F} \ln \frac{a_{B,左}}{a_{B,右}} \tag{9-57}$$

此式表明，膜电势的大小与可透离子在膜两侧活度的相对值有关，可透离子在两侧的活度差异越大，$|E_m|$ 就越大；若两侧的活度相等，$|E_m|$ 值为零，即此时不存在膜电势。

如果膜允许多种离子穿透，式(9-57)对每一种可透离子都是适用的，但是膜电势 E_m 只有一个，式中的活度是指膜平衡时的活度。

例 9-20 人体的神经细胞膜为半透膜，K^+ 可以穿透，实验测得膜两侧电位差约 70mV。已知细胞内的体液中 K^+ 的质量摩尔浓度是细胞外的 35 倍。由于 Na^+，Cl^- 及其他离子的存在，神经细胞内外离子强度大致相等。若人体温度为 37℃，试计算膜电势的大小并与实验值比较。

解：

$$E_m = \Phi_{外} - \Phi_{内} = \frac{RT}{z(K^+)F} \ln \frac{a(K^+,内)}{a(K^+,外)}$$

由于膜内外离子强度相等，据 Debye-Hückel 极限公式估计，$\gamma_{\pm,内} = \gamma_{\pm,外}$，所以

$$\frac{a(K^+,内)}{a(K^+,外)} = \frac{b(K^+,内)}{b(K^+,外)} = 35$$

又

$$z(K^+) = +1$$

因此

$$E_m = \left(\frac{8.314 \times 310.15}{96500} \ln 35\right) V = 0.095 V = 95 mV$$

此值与观察结果不符。这是由于计算时所用的式(9-57)是个平衡方程，而活机体中的细胞不处于平衡状态。如果人体处在平衡状态，就意味着人已经死亡。因此活细胞的膜电势不能仅仅从式(9-57)来说明。

人们曾用实验研究过如下电池：

$$M | M^{z+}(a_{左}) \vdots M^{z+}(a_{右}) | M \tag{A}$$

其中 M 是某种金属，M^{z+} 是它的离子，中间虚线代表 M^{z+} 的半透膜。实验发现这类电池的电动势总是几乎为零，即

$$E = 0$$

若将上述电池中的半透膜换作盐桥,则成为电池

$$M \mid M^{z+}(a_{左}) \parallel M^{z+}(a_{右}) \mid M \tag{B}$$

该电池反应为 $M^{z+}(a_{右}) \longrightarrow M^{z+}(a_{左})$,所以电动势为

$$E' = -\frac{RT}{z_+F}\ln\frac{a_{左}}{a_{右}}$$

显然,电池(A)的电动势应等于电池(B)的电动势与膜电势的代数和,即

$$E = E' + E_m = -\frac{RT}{z_+F}\ln\frac{a_{左}}{a_{右}} + \frac{RT}{z_+F}\ln\frac{a_{左}}{a_{右}} = 0$$

此结果与实验事实相符。它表明,膜电势的大小与电池(B)的电动势的大小相同(两者的符号相反),因此可以利用这一关系来测量膜电势。

*9.9 离子选择性电极和电化学传感器

人们在实践中发现,将许多特种玻璃制成很薄的膜,这种膜往往对某一种离子具有特殊的选择性,即只对一种离子有响应。以这种薄膜作壳层制作出专门用来测量溶液中某种特定离子活度的电极,叫做离子选择性电极。一种离子选择性电极,其电极电势与它所插入的溶液中某种离子的活度一一对应,因此它将离子浓度(化学信号)转变成了电信号,所以它就是一种电化学传感器,可以用来测定复杂系统中单种离子的含量。

最早发现的是一种只对溶液中的 H^+ 有响应的特殊玻璃膜,用它作外壳制成玻璃电极,专门用来测定溶液中 H^+ 的活度或 pH。玻璃电极的构造如图 9-16 所示,下端的球形容器就是由特种玻璃膜制成的,内部装入 $0.1\,\text{mol}\cdot\text{dm}^{-3}$ 的 HCl 溶液,再插入一根 Ag-AgCl 电极。设玻璃电极的电势为 φ_g,其内部 H^+ 和 Cl^- 的活度分别为 $a(H^+,g)$ 和 $a(Cl^-,g)$,平均活度为 $a_\pm(g)$,其中符号"g"代表玻璃电极。若将它插入一个氢离子活度为 $a(H^+)$ 的某溶液,则玻璃膜两侧将产生电位差,称为膜电势。由于玻璃电极是 H^+ 选择性电极,所以在一定温度下 φ_g 只取决于 $a(H^+)$ 的大小。

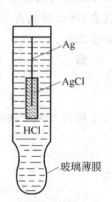

图 9-16 玻璃电极

玻璃膜两侧的电位差是怎样形成的呢?有人认为此膜只允许 H^+ 自由透过而对其他离子一概拒绝,这种观点曾流行一时。最新的观点则认为当这种特种玻璃与溶液接触时,玻璃相中的 Na^+ 和 Ca^{2+} 便与溶液中的 H^+ 发生离子交换作用,膜电势的产生是由于这种离子交换的结果。尽管机理尚未彻底搞清楚,但这种玻璃膜只对 H^+ 有响应是个确定无疑的现象。玻璃电极用符号表示如下:

$$\underbrace{某溶液 a(H^+) \mid 0.1\,\text{mol}\cdot\text{dm}^{-3} \text{ 的 HCl}}_{E_m} \underbrace{\begin{pmatrix} a(H^+,g) \\ a(Cl^-,g) \end{pmatrix} \mid AgCl \mid Ag}_{\varphi(Cl^-\mid AgCl\mid Ag)}$$

$$\varphi_g$$

其中虚线代表玻璃膜,可见玻璃电极的电极电势应等于电极 $Cl^-\mid AgCl\mid Ag$ 的电极电势与玻璃膜的膜电势之代数和,即

$$\varphi_g = \varphi(\text{Cl}^- \mid \text{AgCl} \mid \text{Ag}) + E_m \tag{9-58}$$

$\text{Cl}^- \mid \text{AgCl} \mid \text{Ag}$ 电极上的还原反应为

$$\text{AgCl} + e^- \longrightarrow \text{Ag} + \text{Cl}^-$$

所以其电极电势为

$$\varphi(\text{Cl}^- \mid \text{AgCl} \mid \text{Ag}) = \varphi^{\ominus}(\text{Cl}^- \mid \text{AgCl} \mid \text{Ag}) - \frac{RT}{F}\ln a(\text{Cl}^-, g) \tag{9-59}$$

对于玻璃膜，不管膜电势产生的机理如何，当电化学平衡时总会有下列关系：

$$\tilde{\mu}(\text{H}^+) = \tilde{\mu}(\text{H}^+, g) \tag{9-60}$$

即平衡之后玻璃膜两侧溶液中 H^+ 的电化学势相等，这正是膜电势公式(9-57)导出的理论依据，因此玻璃膜的膜电势也可利用式(9-57)计算，即

$$E_m = \frac{RT}{F}\ln\frac{a(\text{H}^+)}{a(\text{H}^+, g)} \tag{9-61}$$

将式(9-59)和式(9-61)代入式(9-58)，得

$$\varphi_g = \varphi^{\ominus}(\text{Cl}^- \mid \text{AgCl} \mid \text{Ag}) - \frac{RT}{F}\ln a(\text{Cl}^-, g) + \frac{RT}{F}\ln\frac{a(\text{H}^+)}{a(\text{H}^+, g)}$$

$$= \varphi^{\ominus}(\text{Cl}^- \mid \text{AgCl} \mid \text{Ag}) - \frac{RT}{F}\ln[a(\text{Cl}^-, g)a(\text{H}^+, g)] + \frac{2.303RT}{F}\lg a(\text{H}^+)$$

即

$$\varphi_g = \left[\varphi^{\ominus}(\text{Cl}^- \mid \text{AgCl} \mid \text{Ag}) - \frac{2RT}{F}\ln a_{\pm}(g)\right] - \frac{2.303RT}{F}\text{pH} \tag{9-62}$$

其中 $a_{\pm}(g)$ 是玻璃电极内部所装 HCl 溶液的离子平均活度。对于一个制作好的玻璃电极，上式中的 $\varphi^{\ominus}(\text{Cl}^- \mid \text{AgCl} \mid \text{Ag}) - \frac{2RT}{F}\ln a_{\pm}(g)$ 只与温度有关，若令

$$\varphi_g^{\ominus} = \varphi^{\ominus}(\text{Cl}^- \mid \text{AgCl} \mid \text{Ag}) - \frac{2RT}{F}\ln a_{\pm}(g)$$

则式(9-62)可写作

$$\varphi_g = \varphi_g^{\ominus} - \frac{2.303RT}{F}\text{pH} \tag{9-63}$$

因此，在 298.15K 时玻璃电极的电势只决定于它所插入的那个溶液的 pH。若它与参比电极(如甘汞电极)配成如下电池：

玻璃电极 ┆ $a(\text{H}^+)$ ‖ 甘汞电极

则该电池的电动势即可反映出溶液 pH 的大小。这就是常用的 pH 计。

由于玻璃膜的电阻极大，一般为 1～50MΩ，因此 pH 计中用以测量电动势的部分不是普通的电位差计而是具有极高输入阻抗的测量系统。

受到玻璃膜选择特性的启发，近年来人们又用一些其他具有离子交换特性的材料制成了离子选择性电极。目前我国已有 20 多种，正离子有 Na^+，K^+，Ag^+，Ca^{2+}，Cu^{2+}，Pb^{2+} 等，负离子有 Cl^-，F^-，Br^-，I^-，NO_3^- 等。由于离子选择性电极可以在不破坏溶液的条件下直接、连续地测定溶液中各种微量离子，具有简单、快速、便于自动测量和自动控制的优点，特别是可以对复杂的溶液系统(如海水、废液、体液等)进行不同离子的现场监测，不必进行取样、分离等传统的分析手续，因此在科研和生产实践中得到了广泛的应用，近几年来发展很

快,表现出很强的生命力。

总的说来,离子选择性电极还处在发展阶段,也还有不少具有普遍性的问题有待解决。例如目前大多数离子选择性电极的选择性还不够高,具体使用时必须考虑干扰离子的影响,因而一般离子选择性电极只有在一定条件、一定浓度范围内方可使用。另外,还普遍存在使用寿命较短、稳定性不高等问题。总之,离子选择性电极还是一个新生事物,这方面的科研题目相当不少,既要致力于寻找新的离子选择性电极,也要注意对现有电极进行改进。

习题

9-1 写出下列可逆电池中各电极上的反应和电池反应,并写出电动势 E 的表示式:

(1) $Pb|PbSO_4(s)|SO_4^{2-} \parallel Cu^{2+}|Cu$

(2) $Ag|AgCl(s)|Cl^- \parallel I^-|AgI|Ag$

(3) $Hg|HgO(s)|NaOH(aq)|H_2(g)|Pt$

(4) $Pt|H_2(101325Pa)|H_2SO_4(0.01mol \cdot kg^{-1})|O_2(101325Pa)|Pt$

(5) $Pt|H_2|HCl(aq)|Hg_2Cl_2|Hg$

(6) $Hg|HgO(s)|KOH(aq)|K(汞齐)$

(7) $Pt|Cl_2(101325Pa)|HCl(b_1) \parallel HCl(b_2)|Cl_2(101325Pa)|Pt$

(8) $Pb|PbSO_4|Na_2SO_4(b_1) \parallel Na_2SO_4(b_2)|PbSO_4|Pb$

(9) $Pt|O_2(p^\ominus)|KOH(1mol \cdot kg^{-1})|O_2(10p^\ominus)|Pt$

9-2 计算 298K 时下列电池的 E,该电池反应能否自发进行?

$$Ag | AgBr | Br^- (a=0.01) \parallel Cl^- (a=0.01) | AgCl | Ag$$

9-3 已测得 298K 时下列电池的电动势,写出放电 96500C 时的电池反应,并计算电池反应的 $\Delta_r G_m$:

(1) $Ag|Ag^+(a=0.001) \parallel Ag^+(a=10^{-8})|Ag$, $E=-0.119V$

(2) $Ag|Ag^+(a=10^{-8}) \parallel Cu^{2+}(a=1)|Cu$, $E=0.012V$

(3) $Zn|Zn^{2+}(a=10^{-2}) \parallel H^+(a=10^{-7})|H_2(p)|Pt$, $E=0.408V$

9-4 298K 时电池 $Ag|AgCl|HCl(aq)|Hg_2Cl_2|Hg$ 的 $E=0.0455V$,温度系数 $\left(\frac{\partial E}{\partial T}\right)_p = 3.33 \times 10^{-4} V \cdot K^{-1}$,试求当 298K 电池产生 1mol e 的电量时,电池反应的 $\Delta_r G_m$,$\Delta_r H_m$ 和 $\Delta_r S_m$。

9-5 在 298K 时各物质的标准摩尔熵如下:

物质	Ag	AgCl	Hg_2Cl_2	Hg
$S_m^\ominus/(J \cdot K^{-1} \cdot mol^{-1})$	42.70	96.11	195.8	77.4

若反应 $Ag + \frac{1}{2}Hg_2Cl_2(s) = AgCl(s) + Hg(l)$ 的 $\Delta_r H_m = 7950 J \cdot mol^{-1}$,试求电池 $Ag|AgCl|KCl(aq)|Hg_2Cl_2|Hg$ 的电动势 E 及 $\left(\frac{\partial E}{\partial T}\right)_p$。

9-6 电池 $Pt|H_2(101325Pa)|HCl(0.1mol \cdot kg^{-1})|AgCl|Ag$ 在 25℃ 时的电动势 $E=$

0.3524V,求 $0.1\text{mol} \cdot \text{kg}^{-1}$ 的 HCl 溶液的平均活度 $a_\pm$、平均活度系数 $\gamma_\pm$ 以及溶液的 pH。

9-7 电池 Pb-Hg$(x(\text{Pb})=0.0165)|\text{Pb}(\text{NO}_3)_2$ 水溶液$|$Pb-Hg$(x(\text{Pb})=0.000625)$ 其中 x 代表 Pb 在汞齐中的摩尔分数。假设上述汞齐可视为理想溶液。

(1) 计算该电池在 25℃ 时的电动势；
(2) 设该电池在 25℃，101325Pa 下可逆放出 2mol e 的电量，求电池反应的热效应；
(3) 设 T,p 同上，但使电池在两极短路的情况下放电，求电池反应的热效应；
(4) 若使电池在端电压为 $0.8E$ 的条件下放出 1mol e 的电量，求电池反应的热效应。

9-8 298K 时在 $0.01\text{mol} \cdot \text{kg}^{-1}$ 和 $0.1\text{mol} \cdot \text{kg}^{-1}$ 的 NaCl 溶液中，Na$^+$ 的平均迁移数为 0.398。又 $0.01\text{mol} \cdot \text{kg}^{-1}$ 及 $0.1\text{mol} \cdot \text{kg}^{-1}$ 的 K$_2$SO$_4$ 溶液中 K$^+$ 的平均迁移数为 0.487，试计算 298K 时下列各液体间的液接电势：

(1) NaCl$(0.1\text{mol} \cdot \text{kg}^{-1})|$NaCl$(0.01\text{mol} \cdot \text{kg}^{-1})$
(2) K$_2$SO$_4(0.1\text{mol} \cdot \text{kg}^{-1})|K_2SO_4(0.01\text{mol} \cdot \text{kg}^{-1})$

9-9 已知 298K 时电池 Ag$|$AgCl$|$KCl$(0.5\text{mol} \cdot \text{kg}^{-1})|KCl(0.05\text{mol} \cdot \text{kg}^{-1})|$AgCl$|$Ag 的电动势为 0.0536V，在 $0.5\text{mol} \cdot \text{kg}^{-1}$ 和 $0.05\text{mol} \cdot \text{kg}^{-1}$ 的 KCl 溶液中离子的平均活度系数分别为 0.649 和 0.812，计算 K$^+$ 的迁移数。

9-10 将下列反应设计成电池：

(1) $2\text{AgBr}(s)+\text{H}_2(g) \Longrightarrow 2\text{Ag}(s)+2\text{HBr}(aq)$
(2) $\text{H}_2(g)+\text{I}_2(s) \Longrightarrow 2\text{HI}(aq)$
(3) $\text{S}_2\text{O}_8^{2-}+2\text{I}^- \Longrightarrow \text{I}_2(s)+2\text{SO}_4^{2-}$
(4) $2\text{Fe}^{3+}+\text{CH}_3\text{CHO}+\text{H}_2\text{O} \Longrightarrow 2\text{Fe}^{2+}+\text{CH}_3\text{COOH}+2\text{H}^+$
(5) $\text{Ni}+2\text{H}_2\text{O} \Longrightarrow \text{Ni}(\text{OH})_2+\text{H}_2\uparrow$
(6) $\text{H}_2(g)+\frac{1}{2}\text{O}_2(g) \Longrightarrow \text{H}_2\text{O}(l)$
(7) $\text{PbCl}_2(s)+\text{Na}_2\text{SO}_4(aq) \Longrightarrow \text{PbSO}_4(s)+2\text{NaCl}(aq)$
(8) $\text{H}^++\text{OH}^- \Longrightarrow \text{H}_2\text{O}(l)$

9-11 291K 时下述电池的电动势为 0.4312V：

Ag $|$ AgCl $|$ KCl$(0.05\text{mol} \cdot \text{kg}^{-1}\gamma_\pm=0.840)$ $\parallel$ AgNO$_3(0.10\text{mol} \cdot \text{kg}^{-1}\gamma_\pm=0.723)|$ Ag

试求 AgCl 的溶度积。

9-12 试用 $\varphi^\ominus$ 数据求 25℃ 时 AgBr 的溶度积。

9-13 298K 时测得电池 Pt$|$H$_2(p^\ominus)|$HBr$(b)|$AgBr$|$Ag 的电动势 E 与 HBr 浓度 b 的关系如下：

$b/(\text{mol} \cdot \text{kg}^{-1})$	0.01	0.02	0.05	0.10
E/V	0.3127	0.2786	0.2340	0.2005

试计算：

(1) 电极 Br$^-|$AgBr$|$Ag 的标准电极电势 $\varphi^\ominus$；
(2) $0.10\text{mol} \cdot \text{kg}^{-1}$ 的 HBr 溶液的活度系数 $\gamma_\pm$。

9-14 298K 时测定下述电池的电动势：

玻璃电极｜缓冲溶液 ‖ 饱和甘汞电极

当所用缓冲溶液的 pH=4.00 时，测得电池的电动势为 0.1120V。

(1) 若换用另一缓冲溶液重测电动势，得 $E=0.3865V$，试求缓冲溶液的 pH；

(2) 若缓冲溶液的 pH=2.50，问电池的电动势为多少？

9-15 电池 $Pt|H_2(p_1)|H_2SO_4(aq)|H_2(p_2)|Pt$，假定氢气的状态方程为 $pV_m=RT+ap$，

(1) 试写出电池电动势的表达式；

(2) 25℃时 $a=1.48\times10^{-5}m^3\cdot mol^{-1}$，试计算当 $p_1=10p^\ominus$，$p_2=p^\ominus$ 时电池的电动势。

9-16 有一 Ag-Au 合金，其中 $x(Ag)=0.400$，此合金用于电池 $Ag|AgCl|Cl^-|AgCl|$ Ag-Au 中。在 200℃时测得的电池电动势为 0.0864V，求该合金中 Ag 的活度及活度系数。

9-17 已知 298K 时反应 $2H_2O(g)=2H_2(g)+O_2(g)$ 的平衡常数为 9.7×10^{-81}，水的蒸气压为 3200Pa，试求 298K 时电池 $Pt|H_2(101325Pa)|H_2SO_4(0.01mol\cdot kg^{-1})|O_2(101325Pa)|Pt$ 的电动势。

9-18 已知 298K 时 $PbCl_2$ 在水中的饱和浓度为 $0.039mol\cdot kg^{-1}$，$\varphi^\ominus(Pb^{2+}|Pb)$ 为 $-0.126V$，试计算电池 $Pt|H_2(0.01p^\ominus)|HCl(0.1mol\cdot kg^{-1})|PbCl_2|Pb$ 的电动势。设活度系数均为 1。

9-19 已知 298K 时 $\varphi^\ominus(Hg_2^{2+}|Hg)=0.789V$，$Hg_2SO_4$ 的溶度积为 8.2×10^{-7}，求电极 $SO_4^{2-}|Hg_2SO_4|Hg$ 的 $\varphi^\ominus$ 值。

9-20 由下列 298K 时的数据计算 HgO(s) 在该温度下的分解压：

(1) 电池 $Pt|H_2(101325Pa)|NaOH(aq)|HgO|Hg$ 的 $E=0.9265V$；

(2) 298K，101325Pa 时，1mol H_2 与 O_2 合成水，放热 285.85kJ；

(3) 298K 时各物质的标准熵为：

物质	HgO	O_2	$H_2O(l)$	Hg(l)	H_2
$S_m^\ominus/(J\cdot K^{-1}\cdot mol^{-1})$	73.22	205.1	70.08	77.4	130.7

9-21 已知 298K，101325Pa 下电池：

$Sn(灰)|Sn^{2+}(aq)|Sn(白)$

从手册上查得反应 $Sn(灰)\longrightarrow Sn(白)$ 的 $\Delta H_m^\ominus=aJ\cdot mol^{-1}$，$\Delta S_m^\ominus=bJ\cdot K^{-1}\cdot mol^{-1}$。

(1) 上述电池在平均电压为 cV 的情况下放电 96500C，求此过程的 W'，Q，ΔU，ΔH，ΔS 和 ΔG 及电池的 E 和 $E^\ominus$；

(2) 若将上述电池短接（即短路）放电 96500C，求此过程的 W'，Q，ΔH，ΔS 和 ΔG。

9-22 列式表示下列两组电极中，各标准电极电势 $\varphi^\ominus$ 之间的关系：

(1) $Fe^{3+}+3e^-\longrightarrow Fe$，$Fe^{2+}+2e^-\longrightarrow Fe$，$Fe^{3+}+e^-\longrightarrow Fe^{2+}$

(2) $Sn^{4+}+4e^-\longrightarrow Sn$，$Sn^{2+}+2e^-\longrightarrow Sn$，$Sn^{4+}+2e^-\longrightarrow Sn^{2+}$

9-23 从下列 25℃，101325Pa 下的数据计算 25℃时电极 $H^+,ClO_4^-,H_2O|Cl_2|Pt$ 的标准电势。$KClO_4$ 在水中的饱和浓度为 $0.148mol\cdot kg^{-1}$，KCl 在水中的饱和浓度为 $4.80mol\cdot kg^{-1}$。这两个溶液中的离子平均活度系数分别为 0.70 和 0.59。反应 $KClO_4(s)==KCl(s)+2O_2$ 达平衡时 O_2 的压力为 $e^{14.13}p^\ominus$。由稳定单质生成 1 mol $H_2O(l)$ 的标准 Gibbs 函数变为

−236.6kJ。电极 Pt|Cl$_2$|Cl$^-$ 的标准电势为 1.359V。

9-24 电池 Hg|Hg$_2$Cl$_2$|KCl(1mol·dm^{-3})‖溶液 S|CaC$_2$O$_4$|Hg$_2$C$_2$O$_4$|Hg 可用来测定溶液 S 中的 Ca^{2+} 浓度，测定时用加入 NaNO$_3$ 的方法，使各测定液 S 中的离子强度 $I=0.1$mol·kg^{-1}，这样各测定液中 Ca^{2+} 的活度系数 γ(Ca^{2+})相等。当 S 代表含有 0.01mol·dm^{-3}Ca(NO$_3$)$_2$ 的溶液 1 时，于 18℃测得电池的电动势 E_1 为 0.3243V，当 S 代表另一含 Ca^{2+} 的溶液 2 时，于同一温度测得电动势 E_2 为 0.3111V，试求溶液 2 中 Ca^{2+} 的浓度 c(Ca^{2+})。

9-25 有人对下列电池：

$$\text{Hg(l)} \left| \begin{array}{c} \text{硝酸亚汞}(b_1) \\ (\text{在 0.1mol·dm}^{-3} \text{HNO}_3 \text{ 中}) \end{array} \right| \left| \begin{array}{c} \text{硝酸亚汞}(b_2) \\ (\text{在 0.1mol·dm}^{-3} \text{HNO}_3 \text{ 中}) \end{array} \right| \text{Hg(l)}$$

在 291K 维持 $b_2/b_1=10$ 的情况下，进行了一系列测定，求得电动势的平均值为 0.029V，试根据这些数据确定亚汞离子在溶液中是 Hg$_2^{2+}$ 还是 Hg$^+$？

9-26 写出电池 Cd(汞齐,c_1)|CdSO$_4$(0.05mol·dm^{-3})|Cd(汞齐,c_2)电动势的 Nernst 公式，并计算其电动势（设浓度为 c_1，c_2 的溶液均为理想稀薄溶液）。已知 $c_1=0.030$g(Cd)/150g(Hg)，$c_2=0.110$g(Cd)/150g(Hg)。将此电池放电 40C，求电池重新达平衡后的电动势。这种电池能当蓄电池使用吗？

9-27 (1) 用 $\varphi^\ominus$ 求反应 Cu(s)+Cu^{2+}⟶2Cu$^+$ 在 298K 时平衡常数；

(2) 若在 298K 将铜粉与 0.1mol·kg^{-1} 的 CuSO$_4$ 溶液共摇动，计算平衡后 Cu$^+$ 的浓度（假定 $\gamma_\pm=1$）；

(3) 在碱性溶液中 O$_2$ 能否使 Ag 氧化？如果在溶液中加入大量的 CN$^-$ 情况又怎样？已知：Ag(CN)$_2^-$+e$^-$⟶Ag+2CN$^-$，$\varphi^\ominus=0.31$V。

9-28 电池 Pt|H$_2$(101325Pa)|NaOH(b)|HgO|Hg 在 25℃时 $E^\ominus=0.9255$V。若 $\varphi^\ominus$(OH$^-$|HgO|Hg)$=0.0976$V，试求水的离子积。

9-29 (1) 由电极 Cu^{2+}|Cu 和 Pt|Cu^{2+}, Cu$^+$ 在 25℃时的标准电极电势值求 $\varphi^\ominus$(Cu$^+$|Cu)，并计算反应 Cu+Cu^{2+}⟶2Cu$^+$ 的平衡常数；

(2) 作出电极 Cu|Cu^{2+} 和 Cu|Cu$^+$ 的 φ-lg$a$ 图，利用此图比较有金属铜存在时 Cu$^+$ 和 Cu^{2+} 的稳定性。

9-30 下表列出 25℃下电池 Pt|H$_2$(101325Pa)|HBr|AgBr|Ag 的电动势实验数据：

c(HBr)×10^4/(mol·dm^{-3})	4.042	8.444	13.55	18.50	23.96	37.19
E/V	0.4783	0.4364	0.4124	0.3967	0.3838	0.3617

(1) 用适当外推法求电池的标准电动势 $E^\ominus$；

(2) 计算 0.001850mol·dm^{-3}HBr 溶液的离子平均活度系数 $\gamma_\pm$，并与 Debye-Hückel 极限公式计算结果对比；

(3) 计算 AgBr 的溶度积（所需数据自行查阅）。

9-31 25℃时电池 Pt|H$_2$(101325Pa)|稀 H$_2$SO$_4$|Au$_2$O$_3$|Au 的电动势 $E=1.362$V；

(1) 已知 $\Delta_f G_m^\ominus$(H$_2$O,l,298K)$=-237.19$kJ·mol^{-1}，求 25℃时 Au$_2$O$_3$ 的 $\Delta_f G_m^\ominus$；

(2) 问在该温度下 O$_2$ 的逸度等于多少才能使 Au$_2$O$_3$ 与 Au 呈平衡？

第 10 章 应用电化学

在第 9 章我们详细讨论了可逆电池及可逆电极,这部分内容属于热力学范畴。它要求电路中 $I \to 0$,此时电极上的反应才是可逆的,因此以上所说的电极电势严格来说是可逆电极电势或平衡电极电势,用符号 φ_r 表示,此处下标"r"代表可逆以与本章所讨论的电极电势相区别。研究可逆电极的规律对于处理热力学问题以及解决许多实际生产和科研问题是十分有益的,关于这一点已在上一章中作了较详细的介绍。

然而在具体的电化学过程中,不论是把电能转变成化学能,还是把化学能转变成电能,即不论是电解池还是电池,都不可能在没有电流通过的情况下运行,因为 $I \to 0$ 意味着没有任何生产价值。因此,实际过程中的电极是有电流通过的,即实际的电极过程是不可逆电极过程,这种情况下的电极电势叫不可逆电极电势,用符号 φ_{ir} 表示,下标"ir"代表不可逆。

对于同一个电极,当有电流通过时的实际电势 φ_{ir} 与可逆电势 φ_r 有怎样的关系;当一个系统中有多个电极(例如 $Fe^{2+}|Fe,Cd^{2+}|Cd,Cl_2|Cl^-$ 和 $O_2|OH^-$ 等)同时可能作为阴极或阳极时,究竟实际的阴极或阳极是哪个电极。这是本章所要解决的两个基本问题,这些问题都与电极上实际电流的大小、电极反应的阻力以及快慢有关,所以不再是热力学问题而主要是动力学问题。在此基础上,本章讨论有电流通过时的电化学系统,即实际工作的电池或电解池。

10.1 电极的极化与超电势的产生

10.1.1 电极的极化

在不可逆电极过程中,有电流通过电极,此时的电极电势与可逆电极电势不同,这种电极电势偏离平衡值的现象称为电极的极化。

原则上讲,电极发生极化的原因是因为当有电流通过时,电极上必然发生一系列以一定速度进行的过程,这些过程都或多或少地存在着阻力,要克服这些阻力,相应地需要一定的推动力,表现在电极电势上就出现这种偏离。根据产生极化的具体原因不同,通常可将极化分为三类:浓差极化、电化学极化和电阻极化。其中电阻极化是指,有电流通过时在电极表面生成一层氧化物薄膜或其他物质,从而增大了电阻。这种情况并非每个电极都有,没有普遍意义,因此以下只讨论浓差极化和电化学极化。

1. 浓差极化

当无电流通过时,电极处于平衡状态,电池中的溶液是均匀的,同一个溶液的浓度处处相等。如有一定的电流流过电极,电极反应不管是产生离子还是消耗离子,总会造成电极附近溶液的浓度与溶液本体(指离开电极较远、浓度均匀的溶液)的浓度不同。例如下述电池:

$$Zn \mid ZnCl_2(b) \mid Cl_2(101325Pa) \mid Pt$$

为了方便起见,假设 $ZnCl_2$ 溶液中的活度系数 $\gamma_\pm \approx 1$。当是可逆电池时,$I \to 0$,此时阴极和阳极均是可逆电极。

阴极:
$$Cl_2 + 2e^- \rightleftharpoons 2Cl^-$$

所以
$$\varphi_{r,阴} = \varphi_阴^\ominus - \frac{RT}{2F}\ln\left(\frac{b(Cl^-)}{b^\ominus}\right)^2$$

即
$$\varphi_{r,阴} = \varphi_阴^\ominus - \frac{RT}{F}\ln\frac{b(Cl^-)}{b^\ominus} \tag{10-1}$$

阳极:
$$Zn^{2+} + 2e^- \rightleftharpoons Zn$$

所以
$$\varphi_{r,阳} = \varphi_阳^\ominus + \frac{RT}{2F}\ln\frac{b(Zn^{2+})}{b^\ominus} \tag{10-2}$$

如果上述电池以一定的电流放电,在阴极上将以一定的速率产生 Cl^-,由于 Cl^- 的扩散过程存在阻力,致使不断产生的 Cl^- 不可能随时扩散到溶液本体中去,于是阴极附近的 Cl^- 浓度 $b'(Cl^-)$ 将大于溶液本体浓度,即 $b'(Cl^-) > b(Cl^-)$。这种情况相当于阴极上的金属 Pt 不是插在浓度为 $b(Cl^-)$ 的溶液中而是插在另外一个浓度为 $b'(Cl^-)$ 的溶液里,所以此时的电极电势应为

$$\varphi_{ir,阴} = \varphi_阴^\ominus - \frac{RT}{F}\ln\frac{b'(Cl^-)}{b^\ominus}$$

与式(10-1)相比较可知 $\varphi_{ir,阴} < \varphi_{r,阴}$。这种当有电流通过时,由于电极附近与溶液本体间的浓差而产生的极化就叫做浓差极化。

同样,当有电流通过时,阳极上产生的 Zn^{2+} 不能及时扩散出去,结果使得金属 Zn 附近溶液中的 Zn^{2+} 浓度高于溶液本体,$b'(Zn^{2+}) > b(Zn^{2+})$。于是

$$\varphi_{ir,阳} = \varphi_阳^\ominus + \frac{RT}{2F}\ln\frac{b'(Zn^{2+})}{b^\ominus}$$

与式(10-2)相比较得 $\varphi_{ir,阳} > \varphi_{r,阳}$。

对于其他任意电极,同样可进行类似的讨论。由此可以看出,物质的扩散过程存在阻力是产生浓差极化的原因,浓差极化的结果使阴极的电极电势降低而使阳极的电极电势升高。要想削弱这种极化,减小浓差极化的程度,就应设法减小电极附近的浓度与溶液本体浓度的差异,一般采用加强机械搅拌的办法。另外,升高温度也可减弱浓差极化。

2. 电化学极化

电化学极化也称为活化极化。一个电极在无电流通过的可逆情况下,在金属与溶液的界面处形成了稳定的双电层,此时电极上有一定的带电程度,建立了相应的电极电势 φ_r。当有电流通过时,这种双电层结构被破坏,于是会改变电极上的带电程度,从而使 φ_{ir} 偏离 φ_r。例如电池

$$\text{Mg}|\text{Mg}^{2+}\|\text{H}^+|\text{H}_2|\text{Pt}$$
$$\xrightarrow{\quad e^- \quad}$$

当以一定电流放电时,电子便由 Mg 经导线以一定速度流到 Pt 上,但在 Pt-溶液界面处的 H^+ 还原反应并不能以同样的速度及时消耗掉这些电子。于是,与平衡状况相比,Pt 金属上有了多余的电子,此时的电极电势便低于平衡值,即 $\varphi_{\text{ir},阴} < \varphi_{\text{r},阴}$。在阳极上,电子以一定速度离开金属 Mg,但是 Mg 的氧化反应却不能以同样的速度及时补充流走的电子。于是,与平衡状况相比,Mg 金属上有了多余的正电荷,此时的电极电势便高于平衡值,即 $\varphi_{\text{ir},阳} > \varphi_{\text{r},阳}$。这种极化就是电化学极化,由以上分析可知,它产生的原因是由于当有电流通过时,电极反应存在阻力,致使无法及时补充或消耗两电极上由于电流所造成的电荷变化。即电化学极化是由电极反应的动力学因素而引起的。要想减小电化学极化的程度,就必须设法减小电极反应的阻力,提高反应速率。例如在使用金属铂作惰性电极时,总是电镀上一层绒状的铂黑,就是为了加速电极反应的速率,以减小电化学极化。

由以上分析还可以看出,与浓差极化类似,电化学极化的结果使阴极的电极电势降低,使阳极的电极电势升高。应该指出,一般说来,除 Fe,Co,Ni 等少数金属的离子以外,通常金属离子在阴极上析出时电化学极化的程度都很小。相比之下,有气体参与电极反应时,电化学极化的程度都很大,因而气体电极的极化是不容忽略的。

当有电流通过一个电极时,浓差极化和电化学极化同时存在,兼而有之,此时的电极电势对其平衡值的偏离是两种极化的总结果。综上所述,可以得出如下结论:不论电极极化的产生原因如何,作为极化的结果,总是毫无例外地使阴极的电势降低,使阳极的电势升高。这个结论不仅适用于电池,也适用于电解池。根据电极电势的意义,阴极电势降低意味着阴极上发生还原反应的趋势减小,阳极电势升高意味着阳极发生氧化反应的趋势减小。因此,不论阴极或阳极,极化都是电极为了克服过程的阻力所付出的代价,结果使得电极过程更难于进行。即极化程度越大,阴极上的还原反应越难于进行,阳极上的氧化反应越难于进行。这就是极化的全部意义。

10.1.2 超电势

当有电流通过时,电极被极化,此时的电极电势与可逆电极电势相差越大,表明极化的程度越大。因此用 $|\varphi_{\text{ir}} - \varphi_{\text{r}}|$ 来度量电极的极化程度,称为超电势,意思是"实际电势与平衡电势的差值"。超电势用符号 η 表示,即

$$\eta = |\varphi_{\text{ir}} - \varphi_{\text{r}}| \tag{10-3}$$

由于阴极极化后电势降低,所以阴极的超电势可记作

$$\eta_{阴} = \varphi_{\text{r}} - \varphi_{\text{ir}} \tag{10-4}$$

而阳极的超电势则记作

$$\eta_{阳} = \varphi_{\text{ir}} - \varphi_{\text{r}} \tag{10-5}$$

式(10-3)至式(10-5)中的超电势是指浓差极化与电化学极化共同作用的结果,即

$$\eta = \eta_{浓} + \eta_{电} \tag{10-6}$$

其中 $\eta_{浓}$ 和 $\eta_{电}$ 分别是浓差极化和电化学极化所引起的电势偏离,分别叫浓差超电势和电化学超电势。如果电极上还存在电阻极化,上式中还应加上一项。除非进行专门电极研究之

外，一般使用电极时只关心 η，而不关心 $\eta_{浓}$ 和 $\eta_{电}$。

影响超电势的因素很多，如电极材料、电极的表面状态、电流密度、温度、电解质溶液的浓度等。对于一个指定的电极，在 298.15K 时其超电势决定于电流密度，即决定于电极的使用情况，电流越大，则超电势越高。

测量超电势实际上就是测量有电流通过时的电极电势 φ_{ir}，测量装置如图 10-1 所示。将待测电极 1（称工作电极）与辅助电极 2（称对电极）组成电池。当与外接电源接通时便有电流通过，电流值可从电流计 A 读出，电流大小可通过调节电阻 R 进行控制。当电流确定之后，电极 1 的电极电势有定值。为了进行测定，选用一个参比电极（如甘汞电极）与待测电极 1 配成电池。利用电位差计测出该电池的电动势。由于参比电极的电势已知，由此即可算出待测电极 1 极化时的电势 φ_{ir}，该值与平衡值之差就是在此电流密度下的超电势。通过调节 R，改变电流密度 j，重复上述实验，便可得到一系列电流密度下的超电势。当待测电极作阴极时，以电流密度 j 为横坐标，以电极电势 φ_{ir} 为纵坐标，将测量结果画成图 10-2(a) 中的曲线，称为阴极的极化曲线；当待测电极作阳极时，测量结果如图 10-2(b) 所示，称为阳极的极化曲线。这一实验测定结果与以上对极化进行分析所得出的结论是一致的。大量的测定结果表明，一般析出金属的超电势较小，而析出气体（特别是 H_2 和 O_2）的超电势较大。表 10-1 列出了 H_2，O_2 和 Cl_2 在一些金属上的超电势值。由表中数据可以看出，O_2 析出时的超电势最大。一般情况下，O_2 较难从阳极上析出，超电势较高是重要原因之一。另外，在同样的电流密度下，同一种气体在不同金属上的超电势可能相差很大。例如当电流密度为 1000A·m^{-2} 时 H_2 在 Zn 上的超电势是 1.06V，但在 Au 上却只有 0.1V，这说明在 Au 上出氢很容易，而在 Zn 上则很困难，需要很高的超电势才会产生 H_2。了解这些规律对于分析和解决许多实际问题是很有帮助的。

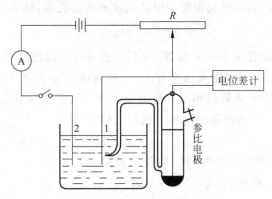

图 10-1　测定超电势的装置

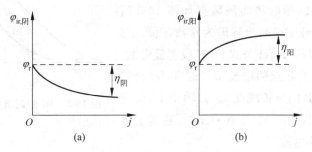

图 10-2　电极的极化曲线

表 10-1　298.15K 时 H_2、O_2、Cl_2 在不同金属上的超电势 η　　　　V

电极		电流密度/(A·m^{-2})			
		10	100	1000	10000
H_2 $\begin{pmatrix}1\text{mol}\cdot\text{dm}^{-3}\\ H_2SO_4\end{pmatrix}$	Ag	0.097	0.13	0.3	0.48
	Au	0.017	—	0.1	0.24
	石墨	0.002	—	0.32	0.60
	Ni	0.14	0.3	—	0.56
	Pt(光滑)	0.0000	0.16	0.29	0.68
	Pt(铂黑)	0.0000	0.030	0.041	0.048
	Zn	0.48	0.75	1.06	1.23
O_2 $\begin{pmatrix}1\text{mol}\cdot\text{dm}^{-3}\\ KOH\end{pmatrix}$	Ag	0.58	0.73	0.98	1.13
	Au	0.67	0.96	1.24	1.63
	Cu	0.42	0.58	0.66	0.79
	石墨	0.53	0.90	1.06	1.24
	Ni	0.36	0.52	0.73	0.85
	Pt(光滑)	0.72	0.85	1.28	1.49
	Pt(铂黑)	0.40	0.52	0.64	0.77
Cl_2 (饱和 NaCl)	石墨	—	—	0.25	0.53
	Pt(光滑)	0.008	0.03	0.054	0.236
	Pt(铂黑)	0.006	—	0.026	—

在气体超电势的研究中，以 H_2 的研究最为充分。早在 1905 年，Tafel（塔菲尔）就在实验基础上提出经验公式，表示氢超电势与电流密度的定量关系，称为 Tafel 公式：

$$\eta = a + b\lg\{j\} \tag{10-7}$$

其中 $\{j\}$ 是电流密度的数值，a 和 b 是常数。a 代表在单位电流密度下超电势的大小，它与电极材料、电极表面状态、溶液浓度及温度有关；b 是直线 η-$\lg\{j\}$ 的斜率，代表超电势对于电流密度的敏感程度，对于大多数金属 b 值约为 0.12V。这就意味着电流每增加 10 倍，超电势约增加 0.12V。表 10-2 列出部分金属上氢超电势的 Tafel 常数。

应该指出，当电流密度很小时，H_2 的超电势就不再服从 Tafel 公式。按照公式，当 $j \to 0$ 时，$\eta \to -\infty$，这是不可能的。实际上当 $j \to 0$ 时，$\eta \to 0$。例如，将 H_2 在 Fe 上的超电势实测数据如图 10-3 所示，曲线 ABC 与 η 轴交点的坐标即为常数 a 值。其中 AB 段为直线，服从 Tafel 公式。BC 段明显弯曲，表明当电流密度小于 B 点的电流密度时 Tafel 公式已不成立。直线 AB 的延长线交 $\lg\{j\}$ 轴于 j_0，此交点所对应的电流密度 $j_0 = 10^{-5.5}$ A·cm^{-2}，称为交换电流密度，也称交换电流。

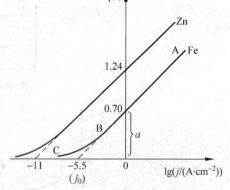

图 10-3　H_2 的超电势与电流密度的关系

表 10-2　一些金属上氢超电势的 Tafel 常数（$T=293\text{K}$，j 的单位 $\text{A}\cdot\text{cm}^{-2}$）

金属	酸性溶液		碱性溶液	
	a/V	b/V	a/V	b/V
Ag	0.95	0.10	0.73	0.12
Al	1.00	0.10	0.64	0.14
Au	0.40	0.12	—	—
Ca	1.40	0.12	1.05	0.16
Co	0.62	0.14	0.60	0.14
Cu	0.87	0.12	0.96	0.12
Fe	0.70	0.12	0.76	0.11
Hg	1.41	0.114	1.54	0.11
Mn	0.8	0.10	0.90	0.12
Ni	0.63	0.11	0.65	0.10
Pb	1.56	0.11	1.36	0.25
Pd	0.24	0.03	0.53	0.13
Pt	0.10	0.03	0.31	0.10
Sn	1.20	0.13	1.28	0.23
W	0.43	0.10		
Zn	1.24	0.12	1.20	0.12

表面看来，交换电流相当于 $\eta=0$ 时的电流密度。其实不然，因为当 $\eta=0$ 时，表观上无净的电流通过电极，电流密度为零。电极上的反应总是在正反两个方向上同时进行的，即

$$2\text{H}^+ + 2\text{e}^- \rightleftharpoons \text{H}_2$$

在极化的情况下，一个方向上的反应为主，另一个方向上的反应为次，即两个反应速率不同。此时电极上的电流实际上是两个方向的电流之差。当 $\eta=0$ 时，两个方向的反应达平衡，等速进行，此时的净电流为零，两个方向上的电流恰好相等但却不为零，这就是以上所说的交换电流 j_0。由此可见，交换电流就是当电极处于平衡状态（即不被极化）时，发生在同一电极上的还原反应的绝对电流密度或氧化反应的绝对电流密度，因此 j_0 与电极反应的可逆性有关，它是当电极平衡时单向电极反应速率的一种标志。j_0 很大，则表明在宏观上"静止不变"的电极，但它上面的氧化反应和还原反应却都以很高的速率进行。实验指出，在各种电极上氢析出反应的交换电流很不相同，例如在图 10-3 中利用外推法找到了 H_2 在 Zn 上析出的 j_0 为 $10^{-11}\text{A}\cdot\text{cm}^{-2}$。联系到 Tafel 公式，$j_0$ 与常数 a 直接有关，即 j_0 越小，则 a 值越大，电极就越容易被极化。

借助于 Tafel 公式，人们对氢在阴极上析出的机理进行了研究，从 20 世纪 30 年代以来这项研究有了很大进展，提出了不同的理论，尽管至今看法尚不统一，但这项研究对于微观动力学的发展是有意义的。

例 10-1　298K 时用 Pb 作电极电解 $0.1\text{mol}\cdot\text{kg}^{-1}$ 的 H_2SO_4 溶液（$\gamma_\pm=0.265$）。若在电解过程中把阴极与另一个摩尔甘汞电极相联系，测得电动势 $E=1.0685\text{V}$。已知甘汞电极的电极电势 $\varphi_\text{甘}=0.280\text{V}$，试求 H_2 在 Pb 电极上的超电势。

解：此题是用实验测定阴极的超电势。待测电极 $\text{H}^+(0.2\text{mol}\cdot\text{kg}^{-1},\gamma_\pm=0.265)$∣

$H_2(101325Pa)|Pb$ 在电解池中作阴极,但我们并不知道在它与甘汞电极组成的电池中它是阴极还是阳极,这决定着 E 应该等于 $[\varphi(H^+|H_2|Pb)-\varphi_{甘}]$ 还是等于 $[\varphi_{甘}-\varphi(H^+|H_2|Pb)]$。为此我们先计算待测电极的平衡电势。

$$H^+ + e^- \longrightarrow \frac{1}{2}H_2$$

$$\varphi_r(H^+|H_2|Pb) = -\frac{RT}{F}\ln\frac{1}{a(H^+)}$$

$$= \left(-\frac{8.314\times 298}{96500}\ln\frac{1}{0.2\times 0.265}\right)V = -0.0755V$$

因为 $\varphi_r(H^+|H_2|Pb)<0$,极化后实际电势会更负,而 $\varphi_{甘}=0.280V$。可见,在直接测量的电池中甘汞电极是阴极,而待测电极为阳极,所以

$$E = \varphi_{甘} - \varphi_{ir}(H^+|H_2|Pb) = 1.0685V$$

$$\varphi_{ir}(H^+|H_2|Pb) = \varphi_{甘} - 1.0685V$$

$$= 0.280V - 1.0685V = -0.789V$$

$$\eta = \varphi_r(H^+|H_2|Pb) - \varphi_{ir}(H^+|H_2|Pb)$$

$$= -0.0755V - (-0.789V) = 0.714V$$

即 H_2 在 Pb 上的超电势为 0.714V。表明此时氢电极的实际电势比其平衡值降低了 0.714V。与平衡值($-0.0755V$)相比,η 是个很大的数字。这足以说明,气体电极的极化会对电极电势产生严重影响。

～～

在本例题中,待测电极在电解池中作阴极,而在与甘汞电极所组成的电池中它却应该是阳极。在这种情况下,我们按照式(10-4)计算超电势,这是因为在有电流通过时,该电极上实际发生的是还原反应,应该按阴极计算超电势。可见,在计算超电势时,只须指明电极实际上发生的是还原反应还是氧化反应,不必管它是在电池中工作还是在电解池中工作。

～～

例 10-2 计算在 Fe 电极上自 $a(OH^-)=1$ 的 KOH 水溶液中每小时电解出 $100mg\cdot cm^{-2}$ 的 H_2 应将电极电势维持在多大?已知氢在 Fe 上的 Tafel 常数 $a=0.76V, b=0.11V$,温度 $T=293K$。

解:据反应 $H^+ + e^- \longrightarrow \frac{1}{2}H_2(101325Pa)$,电极的平衡电势为

$$\varphi_r = -\frac{RT}{F}\ln\frac{1}{a(H^+)} = \frac{RT}{F}\ln\frac{10^{-14}}{a(OH^-)}$$

$$= \left(\frac{8.314\times 293}{96500}\ln 10^{-14}\right)V = -0.814V$$

为了计算超电势,应首先求电流密度。由已知的反应速率,可以求出电流密度

$$j = \frac{I}{A} = \frac{Q/t}{A} = \frac{Q/A}{t}$$

其中

$$Q/A = nF/A = \frac{100\times 10^{-3}}{1}\times 96500 C\cdot cm^{-2} = 9650 C\cdot cm^{-2}$$

所以

$$j = \frac{9650}{3600}\text{A}\cdot\text{cm}^{-2} = 2.68\text{A}\cdot\text{cm}^{-2}$$

$$\eta = a + b\lg(j/\text{A}\cdot\text{cm}^{-2})$$
$$= 0.76\text{V} + (0.11 \times \lg 2.68)\text{V} = 0.81\text{V}$$

$$\varphi_{ir} = \varphi_r - \eta$$
$$= (-0.814 - 0.81)\text{V} = -1.62\text{V}$$

即电极电势应维持在 -1.62V。

10.2 不可逆情况下的电池和电解池

以下我们讨论实际工作的电池和电解池。在可逆情况下，电池与电解池中 $I \to 0$，电池的放电过程与电解池的充电过程完全互逆，不仅物质变化互逆而且能量变化也互逆。实际工作的电池和电解池则不然，两者的能量变化是不互逆的。为了搞清实际电池与可逆电池以及实际电解池与可逆电解池的区别，首先应了解几个常用的名词。

10.2.1 几个常用名词

1. 电池的电动势

电池也叫电源，其内部同时存在着静电力和非静电力两种作用。静电力是静电场对电荷的作用，在化学电池中非静电力来自化学作用。在电学中把单位正电荷绕闭合回路一周，非静电力对它所做的功定义为电池的电动势。电动势的大小只取决于电池本身的性质。一个指定的电池具有一定的电动势，而与外电路无关。由化学能与电能的转换关系可知

$$E = -\Delta_r G_m / zF$$

其中 $-\Delta_r G_m$ 是电池内化学反应的化学能，而 zF 是电池所释放的电量，所以电动势是电池释放 1C 电量时化学反应所产生的化学能。在可逆条件下，化学能全部转变成电能，所以电动势是电池放电 1C 时所能提供电能的上限，因此电动势是电池做功本领的标志。由第 9 章可知，电动势的值可表示为

$$E = \varphi_{r,阴} - \varphi_{r,阳}$$

其中 $\varphi_{r,阴}$ 和 $\varphi_{r,阳}$ 分别为电池的阴极和阳极的可逆电极电势。对于实际放电的电池，电极电势之差 ($\varphi_{ir,阴} - \varphi_{ir,阳}$) 叫电池的电势。可见，在可逆情况下电池的电势才是电动势，所以人们也常把电动势称为电池的平衡电势。在不可逆情况下，由于极化作用使得 $\varphi_{ir,阴} < \varphi_{r,阴}$，$\varphi_{ir,阳} > \varphi_{r,阳}$，因而

$$\varphi_{ir,阴} - \varphi_{ir,阳} < E \tag{10-8}$$

即正常工作的电池的电势小于其电动势。

2. 电池的端电压

电池的端电压也称为工作电压，用符号 $U_端$ 表示，它是指两个电极金属端的电位降。具体说，$U_端$ 等于电池阴极金属端的电位减去阳极金属端的电位。端电压是单位正电荷在外

电路中所释放的能量,因此它是从电池获得能量多少的标志。

3. 电解池的外加电压

电解池是耗电装置,外加电压是指为了使它正常进行电解,人们利用外电源在电解池的两极上所加的电压,用符号 $U_{外}$ 表示。显然,外加电压不可小于电池的电动势,否则就不是电解而是放电。

4. 电解池的分解电压

为了使某电解质溶液连续不断地发生电解,所必需的最小外加电压叫做分解电压,用符号 $U_{分}$ 表示。显然,$U_{外} > U_{分}$ 是电解必须满足的条件。既然分解电压是最小的外加电压,从理论上讲,$U_{分}$ 应该等于电动势 E,所以 E 也称做理论分解电压。实际上,由于极化作用,分解电压总是大于电动势。例如用光亮铂作电极电解 H_2SO_4 溶液的过程中,水的分解电压是 1.67V,而依照可逆电动势计算仅为 1.23V。

分解电压应该实验测定。例如用 Pt 作电极电解 HCl 溶液,装置如图 10-4 所示。其中 V 是电压计,A 是电流(单位是 mA)计。通过调节可变电阻 R,逐渐增加电解池的外加电压,同时记录相应的电流,然后绘制 I-$U_{外}$ 曲线,如图 10-5。在开始时,外加电压很小,几乎没有电流通过电解池。此后电压增加,电流略有增加,但看不到有明显的电解现象发生。当电压增大到某值以后,电流随电压增加而急剧增加,同时在两电极上分别有 H_2 和 Cl_2 连续不断地析出。电压继续增大,电流直线上升,将此直线反向外推到与电压轴相交,此交点的电压即为分解电压。它是维持电解过程正常进行所需的最小外加电压。

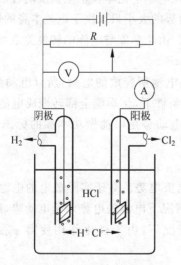

图 10-4 分解电压的测定

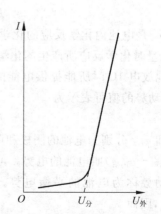

图 10-5 电解池的电流-电压曲线

在图 10-5 中,分解电压 $U_{分}$ 之前的微小电流叫做残余电流。当刚开始加电压时,电极表面产生了极少量的 H_2 和 Cl_2,于是构成了如下电池:

$$Pt \mid H_2(p(H_2)) \mid HCl \mid Cl_2(p(Cl_2)) \mid Pt$$

该电动势与外加电压的方向相反,且大小为

$$E = E^\ominus - \frac{RT}{2F} \ln \frac{a^2(\text{H}^+) \cdot a^2(\text{Cl}^-) \cdot (P^\ominus)^2}{p(\text{H}_2) \cdot p(\text{Cl}_2)} \qquad (10\text{-}9)$$

由于电极表面上刚生成的 H_2 和 Cl_2 的压力远远小于大气的压力。气体非但不能离开电极自由逸出，反而能够溶解到溶液中。由于电极上的产物溶解掉了，需要通过极微小的电流使电极产物得以补充。继续增大电压，电极上继续产生 H_2 和 Cl_2，$p(\text{H}_2)$ 和 $p(\text{Cl}_2)$ 不断增大。但此时 $p(\text{H}_2)$ 和 $p(\text{Cl}_2)$ 仍不足以抵抗外压，所以 H_2 和 Cl_2 仍不能以气泡逸出。据式(10-9)知，电动势 E 将同时不断增大，直到 $p(\text{H}_2)$ 和 $p(\text{Cl}_2)$ 增加到大气压力时，电极上开始有气泡逸出，电动势 E 达到最大值而不再增加。如果这时再继续增加外加电压就只增加溶液中的电位降，使电流急增。

以上介绍了四个常用的电学量。其中 $U_{端}$ 和 $U_{外}$ 是实际工作中人们所最关心的，因为它们直接反映人们从电池中得到多少能量和对电解池消耗多少能量。在可逆情况下，总有如下关系：

$$U_{端} = U_{外} = U_{分} = E \qquad (10\text{-}10)$$

这是显而易见的。以下我们专门讨论不可逆情况。

10.2.2 不可逆情况下电池的端电压和电解池的外加电压

在不可逆情况下电极发生极化。如果只讨论单个电极的极化和超电势，只需指明这一电极实际上是阴极还是阳极，不必区分它是在电池中工作还是在电解池中工作，因为两种情况下的极化曲线均如图 10-2 所示，没有什么区别。但在研究由两个极化电极组成的电化学装置的两极电势差时，却必须区分是电池还是电解池。

对于电池，其电流为 I，内阻为 R。以闭合回路中的单位正电荷为对象，则电池的电势 $(\varphi_{\text{ir},阴} - \varphi_{\text{ir},阳})$ 是其总的能量来源，$U_{端}$ 是其中消耗在外电路上的那一部分，而 IR 是为克服电池内阻所消耗的电位降。据能量守恒原理

$$\varphi_{\text{ir},阴} - \varphi_{\text{ir},阳} = U_{端} + IR$$

所以

$$U_{端} = \varphi_{\text{ir},阴} - \varphi_{\text{ir},阳} - IR$$

当 IR 可以忽略不计时，上式可简化成

$$U_{端} = \varphi_{\text{ir},阴} - \varphi_{\text{ir},阳}$$

与式(10-8)联立可知

$$\boxed{U_{端} = \varphi_{\text{ir},阴} - \varphi_{\text{ir},阳} < E} \qquad (10\text{-}11)$$

即，不可逆情况下电池的工作电压总是小于电动势。由于 $\varphi_{\text{ir},阴}$ 和 $\varphi_{\text{ir},阳}$ 均与电流密度有关，所以电池的 $U_{端}$ 也将随电流密度而改变。根据两极的极化曲线，很容易找到 $U_{端}$-j 的具体关系，如图 10-6(a)。由图可以看出，电流密度越大，即电池放电的不可逆程度越高，端电压越小，所能获得的电功越少。

在电解池中，实际的阳极恰是它所对应的电池的阴极，实际的阴极却是电池的阳极，因而电池的电势应为 $\varphi_{\text{ir},阳} - \varphi_{\text{ir},阴}$，此处下标"阳"和"阴"代表电解池的阳极和阴极。对于电解池，外加电压是单位正电荷的总能量来源，其中一部分用于克服电池的电势，其余部分用于克服电解池的内阻 R，所以

$$U_{外} = (\varphi_{\text{ir},阳} - \varphi_{\text{ir},阴}) + IR$$

若忽略电解池的内阻,则上式简化为
$$U_{外} = \varphi_{ir,阳} - \varphi_{ir,阴}$$
由于极化的结果总是使得阳极电势升高,阴极电势降低,所以上式右端的差值总是大于平衡值的差值,即大于电动势,所以上式可写作
$$U_{外} = \varphi_{ir,阳} - \varphi_{ir,阴} > E \tag{10-12}$$
此式表明,在不可逆情况下,电解池的外加电压总是大于电池的电动势,并且 $U_{外}$ 的大小与电流密度有关,具体关系如图 10-6(b)所示。由图可知,电解池在工作时,所通过的电流密度越大,即不可逆程度越高,两电极上所需要的外加电压越大,消耗掉的电功也越多。

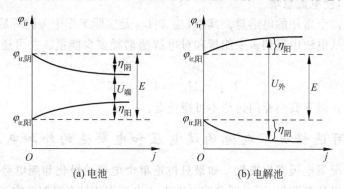

图 10-6 电池的端电压、电解池的外加电压与电流密度的关系

由以上讨论可以看出,在不可逆情况下,由于电极极化,使用电池时人们得到的电功减少,电解时所消耗的电功增多,因此,从能源角度来讲,超电势的存在是不利的。尽管如此,超电势也常给人类带来好处。人们可以利用各种电极的超电势不同,使得某些本来不能在阴极上进行的还原反应也能顺利地在阴极上进行。例如,可在阴极上电镀 Zn,Cd,Ni 等而不会有氢气析出。在为铅蓄电池充电时,如果氢没有超电势,我们就无法使铅沉积到电极上,只会冒出氢气。另外,人们正是利用了浓差极化现象,提出了分析化学中常用的极谱分析方法。

10.3 电解池中的电极反应

在一个指定的电解池中,每一种离子从溶液中析出时都有它所对应的电极。H^+ 在阴极上析出 H_2 时的电极是 $H^+|H_2$(101325Pa),OH^- 在阳极上析出 O_2 时的电极为 O_2(101325Pa)$|OH^-$,Cu^{2+} 在阴极上析出 Cu 时的电极为 $Cu^{2+}|Cu$ 等,这些电极的实际电极电势称为相应物质的析出电势。例如对于 $a(Cu^{2+})=1$ 的 $CuSO_4$ 溶液,$Cu^{2+}|Cu$ 的电极电势为 0.337V,我们就说 Cu(或 Cu^{2+})的析出电势为 0.337V,记作 $\varphi(Cu^{2+}|Cu) = 0.337V$。

某物质的析出电势是指它所对应的电极的实际电极电势。在一定温度下析出电势既与溶液的浓度有关,也与超电势有关。因而析出电势是我们在前面所提到的 φ_{ir},而不是 $\varphi^{\ominus}$ 和 φ_r。

一个溶液中通常含有许多种离子,各种物质的析出电势一般并不相同。根据式(10-12)

可知外加电压与析出电势的关系为

$$U_\text{外} = \varphi_\text{ir,阳} - \varphi_\text{ir,阴}$$

所以,在阳极上析出电势越低、阴极上析出电势越高,则需要的外加电压越小。因此当电解池的外加电压从零开始逐渐增大时,在阳极上总是析出电势较低的物质先从电极上析出,即按照析出电势从小到大的顺序依次析出。若 A,B,C 三种物质的析出电势具有如下关系:

$$\varphi_\text{ir,A} < \varphi_\text{ir,B} < \varphi_\text{ir,C} \tag{10-13}$$

则随电压逐渐增大,首先析出 A,然后析出 B、最后析出 C。而在阴极上则是析出电势较高的物质先析出来,即按照析出电势从大到小的顺序依次析出。若 M,N,P 三种物质的析出电势具有如下关系:

$$\varphi_\text{ir,M} > \varphi_\text{ir,N} > \varphi_\text{ir,P} \tag{10-14}$$

则随电压逐渐增大,首先析出 M,然后析出 N,最后析出 P。当溶液中的 M^+ 开始在阴极上沉积以后,M^+ 的浓度逐渐减小,析出电势 $\varphi_\text{ir,M}$ 随之逐渐降低。当满足关系

$$\varphi_\text{ir,M} = \varphi_\text{ir,N} \tag{10-15}$$

时,N^+ 离子即开始在阴极上析出。

某溶液中,若两种金属的析出电势相差较大,当后一种离子开始在阴极上沉积时,先析出离子在溶液中的残留量已相当少,人们常利用这一原理将金属离子彼此分离。为了有效地将两种离子分开,两种金属的析出电势至少应相差 0.2V 左右。例如溶液中有 Cu^{2+} 及其他金属离子,设 Cu^{2+} 先析出。由 Nernst 公式可知,当 Cu^{2+} 浓度降至原浓度的 1/10 时,析出电势减小约 0.03V。换言之,外加电压须再增加至少 0.03V 才能使电解继续进行。当 Cu^{2+} 浓度降至原浓度的 1/100 时,外加电压须增加至少 0.06V,依次类推。当外加电压增加 0.2V 时,溶液中 Cu^{2+} 的浓度约为原浓度的 10^{-7},可以认为 Cu^{2+} 已全部沉积出来。此时可将阴极取出称量,由阴极质量的增加可计算出原溶液中 Cu^{2+} 的含量。然后调换另一新的电极,增加电压,使他种金属离子继续沉积出来。

当两种金属的析出电势相等或近似相等时,二者将在阴极上同时析出形成合金。例如某溶液中 Cu^{2+} 和 Zn^{2+} 的析出电势相差约 1V,若逐渐增大外加电压,则二者几乎能完全分离。但若在溶液中加入 CN^-,使其成为络离子溶液[$Cu(CN)_3^-$ 和 $Zn(CN)_4^{2-}$],即改变了析出电极。两种络离子的析出电势较为接近,结果使 Cu 和 Zn 同时析出形成合金。如果进一步控制温度和 CN^- 的浓度,则可以得到不同组成的黄铜合金。

当外加电压缓慢地逐渐增加时,溶液中的多种离子将按照顺序依次在电极上析出,以上我们所讨论的均属这种情况。但是如果一开始就给电解池加以很高的电压,此电压高于阳极上最高析出电势与阴极上最低析出电势之差,则会出现几种物质同时从电极上析出,情况就复杂了。

例 10-3 在 298.15K 时以 Pt 作电极电解某 $0.5\text{mol} \cdot \text{kg}^{-1}$ 的 $CuSO_4$ 溶液。如果 H_2 在 Pt 和 Cu 上的超电势分别为 0 和 0.230V,金属离子析出的超电势可以忽略,$CuSO_4$ 溶液的 $\gamma_\pm = 0.066$。

(1) 试回答,当外加电压逐渐增加时,为什么在阴极上首先析出 Cu?

(2) 试计算,当氢气开始从阴极上冒出时,溶液中 Cu^{2+} 的浓度还有多大?

解：(1) 溶液中可能在阴极上沉积的离子只有 H^+ 和 Cu^{2+} 两种，析出电势较高的应先析出。以下分别算出 H_2 和 Cu 的析出电势。

$$H^+ + e^- \longrightarrow \frac{1}{2}H_2(101325Pa)$$

$$\varphi_{ir}(H^+ | H_2 | Pt) = \varphi_r(H^+ | H_2 | Pt) - \eta$$
$$= \varphi_r(H^+ | H_2 | Pt)$$
$$= -\frac{RT}{F}\ln\frac{1}{a(H^+)}$$
$$= \left(\frac{2.303 \times 8.314 \times 298.15}{96500}\lg a(H^+)\right)V$$
$$= 0.05916\lg 10^{-7}V = -0.414V$$

而

$$Cu^{2+} + 2e^- \longrightarrow Cu$$

$$\varphi_{ir}(Cu^{2+} | Cu) = \varphi_r(Cu^{2+} | Cu) - \eta$$
$$= \varphi_r(Cu^{2+} | Cu) = \varphi^\ominus - \frac{RT}{2F}\ln\frac{1}{a(Cu^{2+})}$$
$$= \left(0.337 - \frac{0.05916}{2}\lg\frac{1}{0.5 \times 0.066}\right)V = 0.293V$$

由于

$$\varphi_{ir}(Cu^{2+} | Cu) > \varphi_{ir}(H^+ | H_2 | Pt)$$

即 Cu 的析出电势较高，所以 Cu 首先在阴极上析出。

(2) H_2 在 Cu 上的析出电势为

$$\varphi_{ir}(H^+ | H_2 | Cu) = \varphi_r(H^+ | H_2 | Cu) - \eta$$
$$= (-0.414 - 0.230)V = -0.644V$$

当 H_2 开始冒出时，必满足

$$\varphi_{ir}(H^+ | H_2 | Cu) = \varphi_{ir}(Cu^{2+} | Cu)$$

即

$$-0.644 = 0.337 - \frac{0.05916}{2}\lg\frac{1}{a(Cu^{2+})}$$

解得

$$a(Cu^{2+}) = 6.76 \times 10^{-34}$$

所以 Cu^{2+} 的残留浓度约为 $b(Cu^{2+}) = 6.76 \times 10^{-34} mol \cdot kg^{-1}$，这表明，当阴极上开始冒氢气时，溶液中的 Cu^{2+} 已几乎全部沉积。

例 10-4 某溶液中含 KBr 和 KI 浓度均为 $0.1 mol \cdot kg^{-1}$，今将溶液放于带有 Pt 电极的多孔磁杯内，将杯再放在一个较大的器皿中，器皿内有一 Zn 电极和大量的 $0.1 mol \cdot kg^{-1}$ 的 $ZnCl_2$ 溶液。设 H_2 在 Zn 上的超电势是 0.70V，O_2 在 Pt 上的超电势是 0.45V。如果不考虑液接电势，并且 Zn，I_2 和 Br_2 的析出超电势很小，可以忽略。在 298.15K 时进行电解，试计算：

(1) 析出 99% 的碘时所需的外加电压；

(2) 析出 99% 溴时所需的外加电压；

(3) 当开始析出氧气时溶液中 Br^- 的浓度为多少？（计算时所需的标准电极电势值请自行查阅）。

解：由于本题未指明溶液中离子的活度系数，所以只能近似作为理想溶液处理。由所给条件可知，在电解池中，Pt 电极是阳极，Zn 电极是阴极。

在阳极上可能析出的物质有 I_2，Br_2 和 O_2，它们的析出电势分别如下：

$$\varphi_{ir}(I_2 \mid I^-) \approx \varphi_r(I_2 \mid I^-) = \varphi^{\ominus}(I_2 \mid I^-) - \frac{RT}{2F}\ln a^2(I^-)$$

$$= \varphi^{\ominus}(I_2 \mid I^-) - \frac{RT}{F}\ln\frac{b(I^-)}{b^{\ominus}}$$

$$= (0.536 - 0.05916 \lg 0.1)V = 0.595V$$

$$\varphi_{ir}(Br_2 \mid Br^-) \approx \varphi_r(Br_2 \mid Br^-)$$

$$= \varphi^{\ominus}(Br_2 \mid Br^-) - \frac{RT}{2F}\ln a^2(Br^-)$$

$$= (1.065 - 0.05916 \lg 0.1)V = 1.125V$$

$$\varphi_{ir}(O_2 \mid OH^-) = \varphi_r(O_2 \mid OH^-) + \eta$$

$$= \varphi^{\ominus}(O_2 \mid OH^-) - \frac{RT}{4F}\ln a^4(OH^-) + \eta$$

$$= (0.401 - 0.05916 \lg 10^{-7} + 0.45)V$$

$$= 1.261V$$

所以在阳极上最先析出 I_2，然后析出 Br_2，最后析出 O_2。

在阴极上可能沉积的离子有 Zn^{2+} 和 H^+，析出电势分别为

$$\varphi_{ir}(Zn^{2+} \mid Zn) \approx \varphi_r(Zn^{2+} \mid Zn)$$

$$= \varphi^{\ominus}(Zn^{2+} \mid Zn) - \frac{RT}{2F}\ln\frac{1}{a(Zn^{2+})}$$

$$= \left(-0.763 + \frac{0.05916}{2}\lg 0.1\right)V = -0.793V$$

$$\varphi_{ir}(H^+ \mid H_2) = \varphi_r(H^+ \mid H_2) - \eta$$

$$= \frac{RT}{F}\ln a(H^+) - \eta$$

$$= (0.05916 \lg 10^{-7} - 0.70)V = -1.114V$$

所以在阴极上先析出 Zn，后析出 H_2。

(1) 当已析出 99% 的 I_2 时，$a(I^-) = b(I^-)/b^{\ominus} = 0.1 \times 0.01 = 0.001$，所以此时阳极电势为

$$\varphi_{ir}(I_2 \mid I^-) = \varphi^{\ominus}(I_2 \mid I^-) - \frac{RT}{2F}\ln a^2(I^-)$$

$$= (0.536 - 0.05916 \lg 0.001)V = 0.713V$$

由于阴极的 $ZnCl_2$ 溶液是大量的，可近似认为在析出 99% 的 I_2 的过程中 Zn^{2+} 的浓度无太大变化，故阴极上 Zn 的析出电势没变：

$$\varphi_{ir}(Zn^{2+} \mid Zn) = -0.793V$$

所以
$$U_{外} = \varphi_{ir}(I_2 \mid I^-) - \varphi_{ir}(Zn^{2+} \mid Zn)$$
$$= 0.713V - (-0.793V) = 1.506V$$

(2) 当已析出 99% Br_2 时，阳极溶液中
$$a(Br^-) = 0.1 \times 0.01 = 0.001$$

于是阳极电势为
$$\varphi_{ir}(Br_2 \mid Br^-) = \varphi^{\ominus}(Br_2 \mid Br^-) - \frac{RT}{2F}\ln a^2(Br^-)$$
$$= (1.065 - 0.05916 \lg 0.001)V = 1.242V$$

阴极电势仍近似为
$$\varphi_{ir}(Zn^{2+} \mid Zn) = -0.793V$$

所以
$$U_{外} = \varphi_{ir}(Br_2 \mid Br^-) - \varphi_{ir}(Zn^{2+} \mid Zn)$$
$$= 1.242V - (-0.793V) = 2.305V$$

(3) 当氧气开始在阳极上析出时，应满足关系
$$\varphi_{ir}(Br_2 \mid Br^-) = \varphi_{ir}(O_2 \mid OH^-)$$

即
$$\varphi^{\ominus}(Br_2 \mid Br^-) - \frac{RT}{2F}\ln a^2(Br^-) = \varphi_{ir}(O_2 \mid OH^-)$$
$$1.065 - 0.05916 \lg a(Br^-) = 1.261$$

解得
$$a(Br^-) = 4.85 \times 10^{-4}$$

所以
$$b(Br^-) = 4.85 \times 10^{-4} \text{ mol} \cdot \text{kg}^{-1}$$

即 O_2 开始析出时，溶液中 Br^- 的残留浓度为 4.85×10^{-4} mol·kg^{-1}。

10.4 金属的腐蚀与防护

  金属材料与周围环境发生化学、电化学和物理等作用而引起的变质和破坏，称为金属腐蚀。被腐蚀的材料和制品的强度、塑性和韧性等力学性能会显著降低，电学和光学性能恶化，使用寿命缩短，甚至造成火灾、爆炸等灾难性事故。据报道，美国 1975 年由于金属腐蚀造成的经济损失为 700 亿美元，占当年国民经济生产总值的 4.2%。据工业发达国家统计，每年由于金属腐蚀造成的钢铁损失约占钢铁年产量的 10%～20%。由金属腐蚀引起的间接损失更大得多。所以腐蚀是不容忽视的社会公害。

  根据腐蚀机理，通常把金属腐蚀分作化学腐蚀、电化学腐蚀和物理腐蚀三类。化学腐蚀是指金属在不导电的液体和干燥气体中的腐蚀，这种腐蚀与普通的多相反应没有差别，是金属表面直接与腐蚀介质中的物质发生反应而引起的破坏，例如高温金属在空气中的氧化即属于这类腐蚀。在化学腐蚀过程中，由于在金属表面上形成一层氧化膜，它把金属与腐蚀介

质隔开,从而使腐蚀速率变慢。物理腐蚀是指由于物理作用而引起的破坏,例如合金在液态金属、熔盐、熔碱中的溶解等。但是单纯的机械损害不属于腐蚀的范畴。电化学腐蚀在金属腐蚀中所占的比例最高,约占化工设备腐蚀破坏的70%,而且可能引发灾难性事故,所以是金属腐蚀学的研究重点,本节予以介绍。

19世纪50年代以来,随着金属学、金属物理、物理化学、电化学、力学等基础学科的发展,在核能、航空、航天、能源、石油化工等工业技术迅猛发展的推动下,金属腐蚀学逐渐发展成一门独立的学科。它的研究内容包括两个方面:①金属腐蚀过程的基本规律和机理;②防腐技术的探索和实施,以及金属腐蚀的实验方法和检测。

10.4.1 电化学腐蚀

金属与电解质溶液作用所发生的腐蚀,是由于金属表面产生原电池(称腐蚀电池)作用而引起的。在腐蚀电池中,被腐蚀的金属作阳极,被氧化成金属离子。大多数金属腐蚀属于这种情况,例如铁在稀硫酸中被腐蚀时产生氢气:

$$Fe+2H^+ \longrightarrow Fe^{2+}+H_2$$

此腐蚀电池的阳极是铁电极,设电势为 φ_1;阴极是氢电极,设电势为 φ_2。两电极反应分别为

$$Fe \longrightarrow Fe^{2+}+2e^- \tag{1}$$

$$2H^++2e^- \longrightarrow H_2 \tag{2}$$

因为这是一对共轭反应,两者必须同时发生且反应速率相等(共轭过程的条件)。腐蚀电池的极化曲线如图10-7所示。两条曲线的交点满足共轭过程条件。交点所对应的电势称腐蚀电势;交点所对应的电流 I_c 称自腐蚀电流,可用它代表腐蚀速率。由图可知,增大阳极或阴极的超电势(即增大它们的极化程度)都会使 I_c 减小,这是金属防腐的重要渠道。

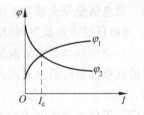

图10-7 腐蚀电池极化曲线

金属的耐蚀性用腐蚀速率来评价。测定腐蚀速率的经典方法是失重法,即测定在单位时间内金属的平均失重。失重法准确,但测量周期长。电化学方法是测量 I_c,此法迅速简便。

10.4.2 防腐蚀方法

防腐蚀技术包含丰富的内容,一般从两个方面考虑问题:一是设法提高材料的抗腐蚀能力,二是设法降低介质的腐蚀性能。具体的防腐蚀方法如下:①合理选材,选择耐蚀性高的材料;②表面保护,对材料进行表面处理后形成表面防护层,从而将材料与腐蚀介质隔开以达到防腐目的,例如电镀、非金属涂层就是常用的表面保护方法;③介质处理,改变腐蚀介质的性质,以防止或减轻它对材料的腐蚀作用,这种方法适用于介质体积有限的情况;④电化学保护,对于金属的电化学腐蚀常采用这种方法,以下予以简要介绍。

为了防止或控制金属的电化学腐蚀,除一般防腐方法以外,电化学保护是金属防腐的重要措施。它包括:①阴极保护,包括外加阴极电流和牺牲阳极两种方法;②阳极保护,对易钝化金属外加阳极电流,使金属处在钝化区;③添加缓蚀剂。

此外,自19世纪70年代以后,通过表面修饰提高金属的耐蚀能力是一项新型技术,例

如通过激光表面熔融或离子注入技术改变金属的表面结构或表面组成,以提高耐蚀能力。

10.5 化学电源

　　化学电源是一类将化学能转变成电能的电化学反应器,习惯上称为电池。电池与普通的化学反应器不同,它能使化学反应中的氧化过程和还原过程在不同部位,即阳极和阴极上进行。就整体结构而言,任何电池都由两个电极和它们之间的电解质构成。两个电极上分别发生氧化反应和还原反应,电解质起电荷传输作用。电解质可以是电解质溶液(也称电解液,包括水溶液和非水溶液)、熔盐或固体电解质等,它们都是离子导体。在电化学中,电极也称为半电池,包括金属和它附近的电解质。金属是电子导体,它不允许离子通过;而电解质是离子导体,它不允许电子通过。因此当电流通过电池时,在金属-电解质界面上一定发生电子和离子的交换。这是电化学反应与普通多相反应的主要不同之处,也是电池领域的研究重点。作为能源使用的电池分为原电池、蓄电池和燃料电池三类,以下分别予以简单介绍。

10.5.1 原电池

　　放电后不可充电再用的化学电源,称为一次电池。活性物质被装配在电池内部,不论连续或间断放电,只要任何一种活性物质耗尽,电池即不能再用。最常用的干电池即属于此类。原电池是完全独立的电源,可以是单体电池,也可以组装成电池组,且一般做成全密封式,可按任意方位放置,使用方便,广泛应用于小型便携式电子设备上。

　　一类原电池是水溶液原电池,它的电解质是水溶液。在水溶液原电池中,锌是目前可使用的电负性最高的金属阳极材料。另一类是非水溶液电解质电池,它以溶有盐类的非水溶剂为电解质,主要优点是可使用在水溶液中无法实现的高活性金属做阳极。例如锂电池,已被广泛用作携带式电子设备的电源。常用的有机溶剂为碳酸丙烯酯、乙腈、二甲基甲酰胺等。还有一类固体电解质电池,它是以固态离子导体为电解质的原电池。这种固体电解质在常温下具有高的离子电导率。这类电池适用温度范围宽,不存在漏液和排气问题。电解质本身兼作隔膜,结构简单,组合方便,耐振动、冲击、旋转,易微型化,是目前可能做到体积最小的电池品种。有一类原电池称为储备电池,使用前须经激活才能进入工作状态,激活前由于电极材料与电解液不接触,电池可长期储备5~15年。激活后可高功率放电,通常只工作几十秒到几十分钟,主要应用于鱼雷、高空探测、海上救生信号、炸弹引爆和导弹等。

10.5.2 蓄电池

　　放电后可充电再用的化学电源,称为二次电池。在放电和充电时,蓄电池中发生的化学反应互逆,即充电后使蓄电池恢复到放电前的状态。充电过程是将电能转变成化学能的过程,所以蓄电池是一种储能装置。对多数蓄电池,这种反复充放电循环一般为几百次,甚至可达几千次。循环次数的多少,主要决定于电极的可逆性(不是热力学概念)及隔膜和结构材料等在充放电过程中的稳定性。蓄电池的发展已有一百多年历史,迄今已有几十个品种,其中铅酸电池、镍氢电池和锂离子电池等被广泛使用。

10.5.3 燃料电池

燃料电池是借助电池内的燃烧反应,将化学能直接转为电能的装置,是一种新型的高效化学电源,是除火力、水力、核能之外的第四种发电方式,是目前十分活跃的科研领域之一。至今人们研究最多的是氢氧燃料电池和直接甲醇燃料电池,前者以氢气作燃料,后者以甲醇作燃料,研究已经取得了可喜的成果。

燃料电池主要具有以下四个特点:

(1) 可以长时间连续工作,即燃料电池兼顾了普通化学电源能量转换效率高和常规发电机组连续工作的优点,只要连续不断地把反应物(燃料和空气)供给电池并把电极反应的产物不断地从电池排出,就可以连续不断地把燃料的化学能直接转换成电能。

(2) 效率高,1894年 W. Ostwald 指出,如果化学反应通过热能做功,则反应的能量转换效率受 Carnot 效率限制,整个过程的能量利用率不可能大于 50%。即使目前采用的新型火力发电机组,能量利用率也只有 35%～40%。由于燃料电池不以热机形式工作,电池反应的能量转换等温进行,因此其转换效率不受 Carnot 效率限制,燃料中大部分化学能都可以直接转换为电能,效率可达 80%。

(3) 不污染环境,燃料电池是一种清洁的能源,故有"绿色电池"之称。例如,直接甲醇燃料电池发电产物只是水和 CO_2,所以在载人宇宙飞船上它可同时提供清洁的饮用水。另外,燃料电池中不存在机械转动部分,振动噪声很小。

(4) 理论能量密度高,例如直接甲醇燃料电池的理论质量能量密度可达到 $2430 Wh \cdot kg^{-1}$,这是一般电池所望尘莫及的。

迄今为止人们对燃料电池的研究已有一百多年的历史。至 20 世纪 60 年代,燃料电池开始应用于航天领域,美国的空间飞行器将氢氧燃料电池作为辅助能源,用瓶装的纯氢和纯氧分别作阳极和阴极的活性物质,以氢氧化钾作电解质组成燃料电池,为"双子星座"和"阿波罗"等宇宙飞船提供了电源。此后,燃料电池的研究盛行,研究课题主要集中在催化剂、电解质和电极制备工艺等方向。目前两电极反应均以金属 Pt 作催化剂,不仅价格昂贵,而且催化活性还有待提高;目前电池中通用的电解质价格昂贵且导电性和稳定性不高。只有较好地解决了这些问题,才能为燃料电池的产业化打下基础。近些年来,随着石油等石化燃料出现危机以及人们对环境保护的日益关注,人们对燃料电池的科学研究寄予厚望。

习题

10-1 298K 时用 Pb 为电极电解 $0.1 mol \cdot kg^{-1} H_2SO_4 (\gamma_\pm = 0.265)$,若在电解过程中,把 Pb 阴极与另一摩尔甘汞电极相连接时,测得 $E = 1.0685 V$,试求 H_2 在 Pb 极上的超电势。

10-2 在含有 $CdSO_4$ 溶液的电解池两极间施加电压,并测定相应的电流,所得数据如下:

$U_{外}/V$	0.5	1.0	1.8	2.0	2.2	2.4	2.6	3.0
I/A	0.002	0.004	0.007	0.008	0.028	0.069	0.110	0.192

试求 $CdSO_4$ 溶液的分解电压。

10-3 用间接方法算得 25℃ 时反应 $H_2 + \frac{1}{2}O_2 \longrightarrow H_2O(l)$ 的 $\Delta_r G_m^{\ominus} = -236.65 kJ \cdot mol^{-1}$。试问在 25℃ 时,非常稀的硫酸溶液的分解电压是多少？设用的是可逆电极,并且溶液搅拌得很好。

10-4 某溶液中含 $Ag^+(a=0.05)$, $Fe^{2+}(a=0.01)$, $Cd^{2+}(a=0.001)$, $Ni^{2+}(a=0.1)$, $H^+(a=0.001)$, 又已知 H_2 在 Ag, Ni, Fe, Cd 上的超电势分别为 0.20V, 0.24V, 0.18V, 0.30V。当外加电压从 0 开始逐渐增加时,在阴极上发生什么变化?

10-5 按原始浓度为 $0.1 mol \cdot dm^{-3} Ag^+$ 和 $0.25 mol \cdot dm^{-3}$ KCN 来制配溶液,在溶液中形成络离子 $Ag(CN)_2^-$,其离解常数 $K^{\ominus} = 3.8 \times 10^{-19}$,试计算在该溶液中 Ag^+ 的浓度以及 Ag^+ 的析出电势。假定活度系数等于1。

10-6 当电流密度为 $0.1 A \cdot cm^{-2}$ 时,H_2 和 O_2 在 Ag 电极上的超电势分别为 0.87V 和 0.98V。今将两个 Ag 电极插入 $0.01 mol \cdot dm^{-3}$ NaOH 溶液中,通电使发生电解反应。若电流密度为 $0.1 A \cdot cm^{-2}$,问电极上首先发生什么反应?此时外加电压为多大?

10-7 在 $0.5 mol \cdot kg^{-1} CuSO_4$ 及 $0.01 mol \cdot kg^{-1} H_2SO_4$ 的混合溶液中,使 Cu 镀到 Pt 极上,若 H_2 在 Cu 上超电势为 0.23V,问当外加电压增加到有 H_2 在电极上析出时,溶液中所剩余 Cu^{2+} 的浓度为多少?

10-8 298K,101325Pa 时以 Pt 为阴极,C(石墨)为阳极,电解含有 $FeCl_2(0.01 mol \cdot kg^{-1})$ 和 $CuCl_2(0.02 mol \cdot kg^{-1})$ 的溶液。若电解过程中不断搅拌溶液,并设超电势均可忽略不计。试问:

(1) 何种金属先析出?

(2) 第二种金属析出时,至少需加多大电压?

(3) 当第二种金属析出时,第一种金属离子在溶液中的浓度为若干?

10-9 某溶液中含 $10^{-2} mol \cdot dm^{-3} CdSO_4$, $10^{-2} mol \cdot dm^{-3} ZnSO_4$ 和 $0.5 mol \cdot dm^{-3} H_2SO_4$。把该溶液放在两个 Pt 电极之间,用低电流密度进行电解,同时均匀搅拌。试问:

(1) 哪一种金属将首先在阴极沉积出来?

(2) 当另一金属开始沉积时,溶液中先析出的那一种金属所剩余的浓度为多少?

已知 25℃ 时 $\varphi^{\ominus}(Zn^{2+}|Zn) = -0.76V$, $\varphi^{\ominus}(Cd^{2+}|Cd) = -0.40V$。

10-10 求在 Fe 电极上自 $1 mol \cdot dm^{-3}$ KOH 水溶液中每小时电解出氢 $100 mg \cdot cm^{-2}$ 时应维持的电极电势值。已知 Tafel 常数 $a = 0.76V$, $b = 0.11V$(Tafel 公式中 j 的单位为 $A \cdot cm^{-2}$)。

10-11 工业上常用铁为阴极,石墨为阳极,电解 25% 的 NaCl 溶液来获得 Cl_2(气)和 NaOH 溶液,电解液不断地加到阳极区,然后经过隔膜进入阴极区。若某电解槽的内阻为 0.0008Ω,外加电压为 4.5V,电流强度为 2000A,每小时从阴极区流出溶液为 27460g,其中含 NaOH 10%, NaCl 13%。已知电池 $H_2(p^{\ominus})|NaOH(10\%), NaCl(13\%) \| NaCl(25\%)|Cl_2(p^{\ominus})$ 的电动势为 2.3V,试问:

(1) 该生产过程的电流效率为多少？

(2) 该生产过程的能量效率(即生产一定量产品,理论上所需的电能与实际消耗的电能之比)为多少？

(3) 该电解池中用于克服内阻及用于克服极化的电位降各为多少？

10-12 298.15K 时要自某溶液中析出 Zn 直至溶液中 Zn^{2+} 浓度不超过 10^{-4} mol·kg^{-1},同时在析出 Zn 的过程中不会有 H_2 逸出,则溶液的 pH 至少为多少？假设 Zn 阴极上氢开始逸出时的超电势为 0.72V(可以认为 η 值与溶液中电解质的浓度无关)。

10-13 估计在下列几种情况下,电解 NaCl 水溶液($b=1$mol·kg^{-1},不考虑活度系数)时实际分解电压。

情况	①	②	③	④	⑤
阳极金属	Pt	Pt	Pt	Hg	Fe
阴极金属	Pt	Hg	Fe	Fe	Fe

设电极表面不断有 H_2 逸出的电流密度 j 为 1mA·cm^{-2},Pt 上 Cl_2 的超电势近似当做 0,但 O_2 的超电势可达 1V 以上。为了制 H_2,应采用什么电极？

10-14 估算电解池 Pt|KCl(0.1mol·dm^{-3})|Hg 的可逆分解电压。已知 $\varphi^{\ominus}(Hg^{2+}|Hg)=0.854$V,$\varphi^{\ominus}(Hg_2^{2+}|Hg)=0.798$V,$\varphi^{\ominus}(Cl^-|HgCl|Hg)=0.268$V。

10-15 某氯碱车间隔膜槽的电流效率为 95%,槽电压为 3.5V,问每生产 1t NaOH,耗电多少度(kWh)？并求理论上隔膜槽的最低耗电数。如将生产的 H_2 和 Cl_2 全部合成为 HCl,制成 1mol·dm^{-3} 的溶液(假设活度系数等于 1),若过程在电池中进行,问每生产 1t NaOH 能回收多少度电(理论值)？已知电解槽内阴极区 pH 为 14.6,阳极区 $a(Cl^-)=6.14$。

第 11 章　表面化学与胶体的基本知识

相与相之间有界面,常见的相界面有液-气界面、固-气界面、液-液界面、固-液界面和固-固界面。表面化学就是把相界面作为对象,研究它们的性质,结构及其所发生的各种现象,所以表面化学也叫界面化学。通常所说的表面,实际是指液-气或固-气的相界面,但表面化学除了研究表面以外也研究其他相界面。胶体是一类具有巨大相界面的系统,它的行为与界面性质往往是同一个问题的两个方面,是不可分割的整体,因此,本章在讨论表面化学的基本内容之后介绍一些胶体的基本知识。

表面化学是一门实用性较强的学科,目前在许多国家和地区的大学里已单独设课。近些年来在我国也逐渐重视这方面的教育和研究。

在自然界中,表面现象包罗万象。从工农业生产一直到日常生活,几乎到处都涉及各种表面性质,它的有关知识在生物学、气象学、环境保护等学科以及石油、选矿、橡胶、塑料等部门都有重要的意义及广泛的应用。

对于任一个相,其分布于表面上的分子与相内部的分子,无论是受力情况还是能量情况,都是有差别的。但是,在此之前,我们处理问题时,并不把表面分子与相内部的分子加以区别,而是把它们完全等同起来。这是由于通常的系统表面积不大,表面上的分子数目与相内部的分子相比是微不足道的,因而忽略掉表面性质对系统的影响也不致妨碍一般结论的正确性。但在某些场合,例如所研究的系统是雾、固体粉末或肥皂泡等,系统具有巨大的表面积,表面分子在整体中所占比例较大,此时表面性质就显得十分突出。在处理这类问题时,若不考虑表面分子的特殊性,将会导致错误的结论。

11.1　基本概念

11.1.1　表面功和表面能

任何一个相,其表面分子与相内部分子的受力情况不同。如图 11-1,有一杯液体,液面上是它的蒸气或空气。液相内部任一个分子的受力情况是复杂的,它与邻近分子发生频繁的相互碰撞,各方向上碰撞作用千变万化。但平均来说,液体内部的分子与邻近分子的相互作用是对称的,各方向上的力互相抵消,合力为零,因此分子在液体内部移动时不需要做功。但是液体表面上的分子却不同,它的下方受到邻近液体分子的引力,上方受到气体分子的引力。由于气体分子间的力远小于液体分子间的力,所以表面分子所受的作用力是不对称的,合力指向液体内部。正是由于表面上存在这样一个不均匀力场(也称不对称力场),使得表面分子都趋向于"钻入"液体内部,于是在一定条件下使表面上的分子数最

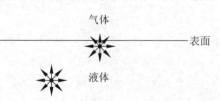

图 11-1　液体表面分子与内部分子的受力情况不同

少,即液体总是趋向于表面积最小,如杯中的水面总是保持平面;而水滴总是呈球形,因为在体积一定的情况下球的表面积最小。

鉴于液体表面分子与内部分子的受力情况不同,设想将一些分子由液体内部缓慢地向表面方向移动,开始并不做功。但当分子靠近表面层时,必须克服不均匀力场才能将它们移动到表面上,即环境必须做功。做功的结果如下:①分子移动到表面上以后比其原来的能量增多了,即表面分子比液体内部分子具有较多的能量;②由于表面上分子增多而增大了系统的表面积。换句话说,只有做功才能使系统的表面积增大,显然这里所做的功是非体积功;表面积越大,系统的能量越高。为此,我们定义:在等温等压且定组成的条件下,可逆地增加系统的表面积时所做的功叫表面功。因为表面功是非体积功,所以用符号 W' 表示。

例如,在 298K,101325Pa 下,将 1g 液体水可逆地变成一层很薄的水膜,根据上述定义,此过程的功为表面功。显然表面功为负值,并且与面积 A 的变化成正比,即

$$\delta W' \propto \mathrm{d}A$$

设比例系数为 $-\gamma$,则

$$\delta W' = -\gamma \mathrm{d}A \tag{11-1}$$

对于一个明显的过程,系统的表面积由 A_1 变化为 A_2,则

$$W' = -\int_{A_1}^{A_2} \gamma \mathrm{d}A \tag{11-2}$$

此式可用于计算表面功。

由式(11-1)很容易看出 γ 的物理意义:γ 是增加 $1m^2$ 表面积时所需要的表面功,即 $1m^2$ 表面上的分子比同样数量的内部分子所多出的能量,因此 γ 也常称做比表面能,单位是 $J \cdot m^{-2}$。显然一个表面积为 A 的系统,其整个表面所多出的能量为 γA,这部分能量称表面能。应该注意的是,γA 并非系统表面上的能量,而是表面上的分子比同量的内部分子所额外超出的能量。关于 γ 的更深一步的意义,以下将专门讨论。

11.1.2 表面张力

由热力学第二定律知道,系统 Gibbs 函数的减少等于等温等压条件下系统所做的最大非体积功

$$\mathrm{d}G = -\delta W'$$

此处 $\delta W'$ 是表面功,将式(11-1)代入上式得

$$\mathrm{d}G = \gamma \mathrm{d}A \tag{11-3}$$

此式的条件已在前面谈到:等温等压、定组成、可逆,因此,$\mathrm{d}G$ 代表在等温等压、定组成的情况下,由于表面积增加所引起的系统 Gibbs 函数的增加。由此式可知 γ 的严格数学定义应为

$$\gamma = \left(\frac{\partial G}{\partial A}\right)_{T,p,n_B,n_C,\cdots} \tag{11-4}$$

由以上讨论可知,在表面热力学中,均相系统的 G 不仅与 T,p 及各物质的量有关,还与系统的表面积有关,即

$$G = G(T, p, n_B, n_C, \cdots, A)$$

写出全微分式为

$$dG = -SdT + Vdp + \sum_B \mu_B dn_B + \gamma dA \tag{11-5}$$

同样,很容易证明如下几个全微分式:

$$dU = TdS - pdV + \sum_B \mu_B dn_B + \gamma dA \tag{11-6}$$

$$dH = TdS + Vdp + \sum_B \mu_B dn_B + \gamma dA \tag{11-7}$$

$$d(A) = -SdT - pdV + \sum_B \mu_B dn_B + \gamma dA \tag{11-8}$$

此处(A)代表 Helmholtz 函数,以与面积 A 相区别。式(11-5)~式(11-8)是表面热力学的四个基本关系式。可以看出,比表面能 γ 不仅可按式(11-4)定义,也可定义为如下三种的任何一种:

$$\gamma = \left(\frac{\partial U}{\partial A}\right)_{S,V,n_B,n_C,\cdots} \tag{11-9}$$

$$\gamma = \left(\frac{\partial H}{\partial A}\right)_{S,p,n_B,n_C,\cdots} \tag{11-10}$$

$$\gamma = \left(\frac{\partial (A)}{\partial A}\right)_{T,V,n_B,n_C,\cdots} \tag{11-11}$$

与式(11-4)相比,这三种定义方法应用得少一些。

以上从热力学角度讨论了比表面能 γ 的定义和物理意义。从另一个角度来考虑,如果观察表面现象,会发现在表面上总是存在一种企图使表面收缩的力,称为表面张力。设有一个由细钢丝制成的框架,中间有一根可以自由移动的横梁 AB。若将此框架浸入肥皂水中,然后取出,即可在整个矩形框架中形成一层肥皂水膜,如图 11-2 所示。此时 AB 静止于膜上,说明其受力平衡。如果将 AB 下边的肥皂膜刺破,则会发现 AB 向上移动,这表明上面的膜对 AB 有向上的拉力,使液膜面积收缩,这就是表面张力。其实,在下面膜被刺破之前,这种表面张力也是存在的,只不过是上面膜与下面膜作用在 AB 上的表面张力呈平衡罢了。我们把作用在表面上引起表面收缩的单位长度上的力定义为表面张力,暂用符号 γ' 表示,单位 $N \cdot m^{-1}$。

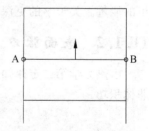

图 11-2 表面张力实验

只要有表面存在,其上面就有表面张力。设想在液面上任意画一条线,将液面分作两部分,由于两部分液面上的表面张力都趋向于使各自的表面收缩,所以表面张力总是作用在该线两侧,垂直于该线。在液体表面的边界上,表面张力垂直于边界线向着表面内部,如图 11-3 所示。表面张力总是作用在表面上,如果表面是弯曲的,例如水珠的表面,则表面张力就沿着曲面的切线方向。

设有一矩形液膜,如图 11-4。其中 AB 边是一根可自由滑动的细钢丝,长度为 l。若用力 F 将 AB 可逆地向下滑动微小距离 dx,力 F 所做的功是表面功,其大小为

$$\delta W' = -Fdx \tag{11-12}$$

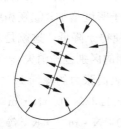
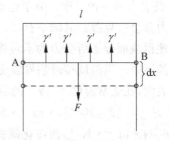

图 11-3　表面张力的方向　　　　图 11-4　表面张力与比表面能的
　　　　　　　　　　　　　　　　　　　关系推导

其中负号代表环境做功。作用在 AB 上向上的力为 $\gamma' \cdot 2l$。据力学平衡原理

$$F = \gamma' \cdot 2l$$

代入前式,得

$$\delta W' = -\gamma' \cdot 2l dx$$

此处 $2ldx$ 恰等于此过程中使膜所增加的表面积,即

$$2ldx = dA$$

因此前式可写作

$$\delta W' = -\gamma' dA \tag{11-13}$$

比较式(11-13)和式(11-1)可以看出

$$\gamma' = \gamma \tag{11-14}$$

因此,表面张力和比表面能虽然意义不同,但它们的数值却是一样的。例如水在 298.15K 时的表面张力为 $72.8 \times 10^{-3} N \cdot m^{-1}$,比表面能为 $72.8 \times 10^{-3} J \cdot m^{-2}$。由此可见,表面张力和比表面能虽然意义不同、单位不同,但两者的数值相同、量纲相同,因此人们从符号上不再区别它们,都用 γ 表示。这个问题虽然在历史上曾有过一些争论,但近代的表面化学家倾向于同时接受 γ 的上面两种解释,即既接受比表面能的概念,也承认表面张力的客观真实性。实际上两者只不过是同一个表面性质的两种不同描述方式而已,本质上是相通的,它们都是表面上不对称力场的宏观量度。

表面张力是普遍存在的,不仅液体表面有,固体表面也有,而且在固-液界面、液-液界面以及固-固界面处也存在相应的界面张力。界面张力是表面化学中最重要的物理量,它是产生一切表面现象的根源,以下对它进一步讨论。

11.1.3　影响表面张力的主要因素

由定义式(11-4)可知,表面张力是温度、压力和组成的函数,因此对于组成不变的系统,例如纯水、指定溶液等,其表面张力决定于温度和压力。

1. 温度对表面张力的影响

从分子的相互作用来看,表面张力是由于表面分子所处的不对称力场造成的。表面上的分子所受的力主要是指向液体内部的分子的吸引力,当增加液体表面积(即将分子由液体内部移至表面上)时所做的表面功,就是为了克服这种吸引力而做的功。由此看来,表面张力也是分子间吸引力的一种量度。分子运动论告诉我们,温度升高,分子的动能增加,一部分分子间的吸引力就会被克服。其结果有二:①气相中的分子密度增加;②液相中分子间的距离增大。最终使得表面分子所受力的不对称性减弱,因而使得 γ 降低。这就是表面张力随温度升高而降低的原因。当温度接近临界温度时,气相与液相的区别逐渐消失,表面张力便随之降为零。经验表明,在通常温度下,液体的温度每升高 1K,表面张力约降低 $10^{-4}\mathrm{N\cdot m^{-1}}$。例如水的 $\mathrm{d}\gamma/\mathrm{d}T$ 是 $-1.52\times10^{-4}\mathrm{N\cdot m^{-1}\cdot K^{-1}}$,氯仿的是 $-1.35\times10^{-4}\mathrm{N\cdot m^{-1}\cdot K^{-1}}$,苯的是 $-0.99\times10^{-4}\mathrm{N\cdot m^{-1}\cdot K^{-1}}$,四氯化碳的是 $-0.92\times10^{-4}\mathrm{N\cdot m^{-1}\cdot K^{-1}}$ 等。

2. 压力对表面张力的影响

由表面热力学的基本关系式知

$$\mathrm{d}G = -S\mathrm{d}T + V\mathrm{d}p + \sum_B \mu_B \mathrm{d}n_B + \gamma \mathrm{d}A$$

由于是全微分式,所以

$$\left(\frac{\partial \gamma}{\partial p}\right)_{T,A,n_B,n_C,\cdots} = \left(\frac{\partial V}{\partial A}\right)_{p,T,n_B,n_C,\cdots} \tag{11-15}$$

由此式看出以下规律:由于在等温等压下增加液体的表面积时,体积几乎不变,即

$$\left(\frac{\partial V}{\partial A}\right)_{p,T,n_B,n_C} \approx 0$$

因此压力对于 γ 的影响很小,一般情况下可忽略这种影响。例如水的实验发现,在 293.15K,101325Pa 时 γ 为 $72.88\times10^{-3}\mathrm{N\cdot m^{-1}}$,当压力增加到 $10\times101325\mathrm{Pa}$ 时 γ 变为 $71.88\times10^{-3}\mathrm{N\cdot m^{-1}}$。由于压力对表面张力产生影响的原因比较复杂,本书不予讨论。

纯液体的表面张力通常是指液体与饱和了其本身蒸气的空气接触时而言。表 11-1 列出了一些纯物质在 293.15K 时的表面张力值。

表 11-1 293.15K 时的表面张力

物 质	$\gamma/(\mathrm{N\cdot m^{-1}})$	物 质	$\gamma/(\mathrm{N\cdot m^{-1}})$
水	0.07288	辛烷	0.02162
苯	0.02888	庚烷	0.02014
甲苯	0.02852	丙酸	0.02669
甲醇	0.02250	丁酸	0.02651
乙醇	0.02239	硝基甲烷	0.03266

11.1.4 巨大表面系统的热力学不稳定性

以前各章所讨论的系统表面积都很小,即表面分子在全部分子中所占的比例不大,因此系统的表面能(即全部表面上分子的过剩 Gibbs 函数)只占系统 Gibbs 函数值的很小一部分,可以忽略不计。例如 1g 水作为一个球体存在时,表面积为 $4.85\times10^{-4}\mathrm{m^2}$,表面能约为

$$\gamma A \approx (72.8\times10^{-3})\times(4.85\times10^{-4})\mathrm{J} = 3.5\times10^{-5}\mathrm{J}$$

这是一个微不足道的数字。

但是,当固体或液体被逐渐分散时,表面分子在全部分子中所占的比例逐渐增大,表面能的作用逐渐显著,当达到很高的分散程度时,表面能的值便相当可观。例如将 1g 水分散

成半径为 10^{-9} m 的小球,可得 2.4×10^{20} 个,表面积共 3.0×10^{3} m^2,表面能约为
$$\gamma A \approx (72.8\times 10^{-3})\times(3.0\times 10^{3}) \text{J} = 220 \text{J}$$
该值相当于将这 1g 水的温度升高 50K 所需要提供的能量,显然是一个不容忽视的数字。因此,巨大表面系统都具有很高的表面能,使得系统处于高 Gibbs 函数状态。在一定温度和压力下,表面积越大,系统的 Gibbs 函数值越高,在热力学上就越不稳定,有变化到稳定状态的趋势。

在等温等压下,系统总是自发地降低它的 Gibbs 函数,因此巨大表面系统自动地趋向于降低其表面能(γA)从而到达 Gibbs 函数较低的稳定状态。原则上讲,降低表面能可通过两种途径:①减少表面积。例如液滴总是自动呈球形就是为了使表面维持最小;②降低表面张力。系统不可能自动地升高温度以降低 γ,但却可能通过改变表面状态来使 γ 减小,例如许多固体(像活性炭等)将固体以外的气体或液体分子吸附到自己的表面上就属于这种情况。关于各种系统自发地降低其表面能的具体情况和规律我们将在 11.4 节至 11.7 节分别予以讨论。

11.2 弯曲表面下的附加压力——Young-Laplace 方程

表面张力是作用在表面上的力,本节讨论由它所引起的一种后果。设某液体外部的压力为 $p_{外}$,内部的压力为 p。若忽略重力影响,当液体表面是平面(例如杯子里的液体)时,则液体的压力与外压相等;如果液体表面是曲面(例如液滴或毛细管中的液体),则液体压力并不等于外压。如图 11-5(a),在水平表面上取一块小面积 AB,其受力情况如下:沿 AB 四周,AB 以外的表面对 AB 面有表面张力的作用,力的方向沿 AB 的周界垂直向外。因 AB 面处于力学平衡,所以沿其四周的表面张力相互抵消,此时垂直方向上的力也必须相互抵消,$p=p_{外}$;若液体表面是凸面,如图 11-5(b)所示,AB 曲面所受的表面张力与周界垂直且沿周界与表面相切,这些力的合力指向液体内部。因此,平衡时,液体的压力必大于外压,即 $p>p_{外}$;若液体表面为凹表面,如图 11-5(c)所示,则 AB 曲面所受表面张力的合力指向外部,相当于有一个力在向上提拉 AB,所以平衡时液体的压力必小于外压,即 $p<p_{外}$。总之,弯曲表面下的压力与外部压力不同,我们将差值($p-p_{外}$)叫做弯曲表面下的附加压力,简写作 Δp。对凸表面 $\Delta p>0$,表明内部压力大于外压;对凹表面 $\Delta p<0$,表明内部压力小于外压。

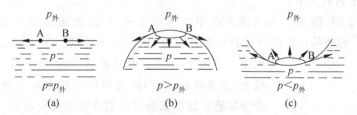

图 11-5 弯曲液面下的附加压力

由以上讨论可以看出,附加压力是由表面张力引起的。例如,一个球形液滴的表面张力作用相当于套在液滴外面的一个绷紧的橡皮套,趋向于将液体压缩,从而造成附加压力。因此,如果不管附加压力的正负号,只考虑它的大小和方向,则可将 Δp 理解为表面张力的合力,其方向总是指向曲率半径中心一侧。这种理解对于定性分析问题十分有益,例如毛细管

中的水呈凹液面，水中压力必小于大气压；一个肥皂泡中的压力必大于大气压；水中气泡内的压力必大于水的压力等。

图 11-6 是一个装有液体的毛细管，管下端挂着一个液滴。设液滴为球体（即忽略重力影响），半径为 r，则液滴内部压力大于大气的压力 $p_外$，其值等于 $(p_外+\Delta p)$。假设在液柱上方安装一个理想活塞，若将活塞向下可逆地移动一个微体积 dV，使液滴增大表面积 dA。此过程作用在活塞上的外力为 $(p_外+\Delta p)$，其对系统所做的功为 $-(p_外+\Delta p)dV$，而液滴膨胀 dV 时需反抗外力做功 $p_外 dV$。因此该过程的总功为

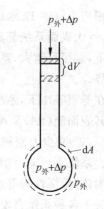

图 11-6 Young-Laplace 方程的推导

$$\delta W = -(p_外+\Delta p)dV + p_外 dV$$

即

$$\delta W = -\Delta p \cdot dV \tag{11-16}$$

由于在此过程中系统的体积未发生变化，结果只可逆地增加了表面积 dA，所以 δW 实际上是表面功，即

$$\delta W = -\gamma dA \tag{11-17}$$

比较以上两式，得

$$-\Delta p \cdot dV = -\gamma dA$$

$$\Delta p = \gamma \frac{dA}{dV} \tag{11-18}$$

因为 dA 和 dV 分别为液滴表面积的微分和体积的微分，所以

$$dA = d(4\pi r^2) = 8\pi r dr$$

$$dV = d\left(\frac{4}{3}\pi r^3\right) = 4\pi r^2 dr$$

代入式(11-18)并整理，得

$$\Delta p = \frac{2\gamma}{r} \tag{11-19}$$

对于指定液体，此式描述附加压力与表面曲率半径的具体关系，称为 Young-Laplace 方程，用于计算附加压力的大小。

式(11-19)表明，附加压力与表面曲率半径成反比，即液滴越小其内部压力越大。由表 11-1 看出，一般液体在室温时的表面张力约为 10^{-2} N·m^{-1}，将 Young-Laplace 方程画成

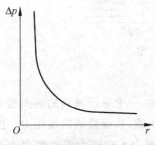

图 11-7 附加压力与表面曲率半径的关系

如图 11-7 中的曲线。可以看出，当 r 很小时 $|(\partial \Delta p/\partial r)_T|$ 值很大，曲线陡峭，说明液滴内部的压力对于液滴半径的变化十分敏感。这种敏感程度随液滴增大而减小。当 r 较大时曲线变得很平缓，表明 Δp 随 r 的变化很小，因此对于一些半径较大的液滴，尽管它们的大小彼此并不相同，但是可以忽略它们内部压力的差异。实际上，当液滴半径达 1mm 时，其中的附加压力已微不足道。例如 25°C 时 $r=1$ mm 的水滴中附加压力为 240Pa，苯滴中为 56Pa，四氯化碳滴中为 52Pa，乙醇

滴中为 48Pa。这样小的压力已不至于对液体的其他性质产生明显影响。所以当某种液体的液滴较大时,不仅可以忽略不同液滴间的压力差,而且附加压力也可略去不计。

Young-Laplace 方程表明,附加压力与表面张力成正比,表面张力越小,附加压力越小。如果没有表面张力,也就不存在附加压力,这恰好说明表面张力是产生附加压力的根源,附加压力是表面张力的后果。

应用 Young-Laplace 方程时应注意半径 r 的符号。对凸液面 $r>0$,对凹液面 $r<0$,这样才与前面 Δp 的定义一致。当 $r=\infty$ 时,即液面成为平面,$\Delta p=0$,表明没有附加压力。

对于由液膜构成的气泡,例如肥皂泡,因为有内外两个表面,所以泡内的附加压力应为

$$\Delta p = \frac{4\gamma}{r} \tag{11-20}$$

r 是泡的半径,显然内外表面的半径差异是可以忽略的。

有了附加压力的知识以后,可直接用它来解释许多表面现象。例如,若忽略重力影响,液滴总是自动地呈球形。设想有一个如图 11-8 所示的非球形液滴。由于各处表面的弯曲情况不同,致使滴内各处的压力不同。例如 A,B,C 三点,A 点压力最高,C 点次之,B 点压力最小,因此这个不规则液滴不可能稳定存在。其中的液体必自动地由压力较高处流向压力较低处,直至液滴内部压力处处相等为止,此时液滴表面的曲率半径处处相等,即液滴呈稳定的球状。

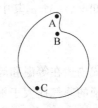

图 11-8 一个不规则液滴

应该指出,除弯曲液面以外,其他弯曲界面下也存在附加压力,Young-Laplace 方程也同样适用于其他界面,此时式中的 γ 应是相应的界面张力。

11.3 Young-Laplace 方程的应用

当液体或固体高度分散成极微小的液滴或固体颗粒之后,颗粒内部的压力将明显增加,当颗粒达到纳米尺度(直径从几 nm 到 100nm)时这种增加尤为突出。例如在常压下,杯子中水的压力约为 $p^{\ominus}$,而半径为 10^{-8}m 的小雾滴的压力竟高达 144.7$p^{\ominus}$,这样高的压力必对水的其他性质产生显著影响,以下通过几个具体实例说明附加压力所引起的几种表面现象。

11.3.1 弯曲表面下液体的蒸气压——Kelvin 方程

由相平衡的知识可知,在一定温度下,液体的压力越高,其蒸气压越大,因此小液滴比平面液体具有更高的蒸气压,小液滴的蒸气压又与液滴的大小有关。前面各章中所说的蒸气压均是对平面液体而言,在本节我们将专门讨论液滴大小对蒸气压的影响。

设在恒定温度 T 和外压 p 下,有一半径为 r 的液滴,其状态为 $(T,p+\Delta p)$,而在该条件下平面液体状态为 (T,p)。由于 $(p+\Delta p)>p$,所以液滴的化学势大于平面液体的化学势,且二者之差

$$\Delta\mu = \int_{p}^{p+\Delta p} V_m \mathrm{d}p$$

若忽略压力对液体体积的影响,则

$$\Delta\mu = V_m(p+\Delta p - p)$$

即
$$\Delta\mu = V_m \Delta p$$

将 Young-Laplace 方程代入,得
$$\Delta\mu = V_m \frac{2\gamma}{r} \tag{11-21}$$

设液滴和平面液体的蒸气压分别为 p_v 和 p_v^o,则它们的化学势之差为
$$\Delta\mu = RT \ln \frac{p_v}{p_v^o}$$

此处的 $\Delta\mu$ 与式(11-21)中的 $\Delta\mu$ 相同,所以
$$RT \ln \frac{p_v}{p_v^o} = \frac{2\gamma V_m}{r}$$

已知 $V_m = M/\rho$,其中 M 为液体的摩尔质量,ρ 为液体的密度,于是上式写作
$$\ln \frac{p_v}{p_v^o} = \frac{2\gamma M}{RT\rho r} \tag{11-22}$$

此式描述在等温和等外压下,液体的蒸气压与液滴大小的关系,称为 Kelvin 方程。它表明,液滴的蒸气压大于平面液体的蒸气压,且液滴越小蒸气压越大,即液滴越小就越容易蒸发。表 11-2 是以水为例的计算结果。

表 11-2 293.15K 时水的蒸气压与水滴半径的关系

r/m	10^{-9}	10^{-8}	10^{-7}	10^{-6}
p_v/p_v^o	2.95	1.114	1.011	1.001

对于凹表面液体,Kelvin 方程中的 $r<0$,即凹面液体的蒸气压比平面液体的低。这是由于凹面下液体的压力小于外压所致。从分子相互作用的角度可做如下解释:图 11-9 表示出凸、平、凹三种液面的情况,图中的圆圈是表面上一个放大了的分子。不难看出,与平液面相比,凸液面上的分子受周围较少分子的吸引,而凹液面上的分子则受较多分子的吸引。因此三种表面上分子的逃逸程度不同,使得蒸气压不同:凸表面上的分子比平面上的分子较易逃逸,故蒸气压较大;平面液体的蒸气压较小;凹表面上的分子最难逃逸,所以蒸气压最低。

$p_v(凸) \quad > \quad p_v^o \quad > \quad p_v(凹)$

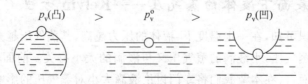

图 11-9 不同液面蒸气压的相互比较

弯曲表面下液体的蒸气压与平面液体的不同,是由于附加压力造成的。随表面曲率半径逐渐增大,附加压力不仅数值减小而且随半径的变化率也逐渐减小。另外,液体的蒸气压本身对于压力变化就具有不敏感性,因此对于稍大一点的液滴,其蒸气压的变化就难于用实验测量,例如表 11-2 中,$r=10^{-6}$m 的这种很小的水滴,它的蒸气压仅比平面液体大千分之一,对于更大一点的液滴这种变化就更小了。在能做可靠实验的液滴半径范围内,蒸气压的

变化之小,已难于由实验测量,因此经过许多人的努力,虽然已经证明 Kelvin 方程定性正确,但定量是否正确尚无定论。表 11-2 中的蒸气压数据是否可靠,尚不可进行验证。

对于挥发性固体的颗粒,也可用 Kelvin 方程计算其蒸气压,此时式(11-22)中的 γ 是固体的表面张力,ρ 是固体的密度。

*11.3.2 固体颗粒大小对于溶解度的影响

在一定温度下,固体的正常溶解度是指一般大小的固体达溶解平衡时溶液的浓度,如图 11-10 所示,其中固体颗粒内的附加压力很小,可以忽略。此时固体颗粒的化学势等于溶液中溶质的化学势,即

$$\mu_B(s) = \mu_B(sln)$$

图 11-10 溶解度与固体颗粒大小有关

假设我们将该固体粉碎成半径很小的细小颗粒(例如纳米颗粒),其中便产生很大的附加压力。根据化学势与压力的关系

$$\left(\frac{\partial \mu_B(s)}{\partial p}\right)_T = V_B^* = V_m(s)$$

因为固体的摩尔体积 $V_m(s)$ 大于零,所以粉碎后的小颗粒的化学势将大于 $\mu_B(sln)$,即原来的饱和溶液对于小颗粒固体而言是不饱和的,所以小颗粒固体的溶解度与大颗粒不同。

设在一定温度 T 和外压 p 下,半径为 r 的固体颗料达溶解平衡,溶解度为 x_B,即

$$B(s, r, T, p+\Delta p) \rightleftharpoons B(sln, T, p, x_B)$$

其中 $(p+\Delta p)$ 是固体颗粒的压力。由热力学知,纯固体 B 的化学势取决于 T 和 $(p+\Delta p)$,溶液中溶质 B 的化学势取决于 T, p 和 x_B,所以

$$\mu_B(s, T, p+\Delta p) = \mu_B(sln, T, p, x_B)$$

两端微分得

$$d\mu_B(s) = d\mu_B(sln)$$

如果溶液是理想的,则

$$-S_m(s)dT + V_m(s)d(p+\Delta p) = -S_B(sln)dT + V_B(sln)dp + RT d\ln x_B$$

若温度 T 和外压 p 不变,只变化固体颗粒的半径,则上式变为

$$V_m(s)d\Delta p = RT d\ln x_B$$

$$V_m(s)d\left(\frac{2\gamma}{r}\right) = RT d\ln x_B \tag{11-23}$$

此微分方程描述固体溶解度与颗粒半径的关系。设一般大小的固体颗粒半径为 $r°$,正常溶解度为 $x_B°$,而半径为 r 的小颗粒溶解度为 x_B。对上式积分

$$\int_{r°}^{r} V_m(s) d\left(\frac{2\gamma}{r}\right) = \int_{x_B°}^{x_B} RT d\ln x_B$$

整理后得

$$RT \ln \frac{x_B}{x_B°} = 2\gamma V_m(s)\left(\frac{1}{r} - \frac{1}{r°}\right)$$

$$RT \ln \frac{x_B}{x_B°} = 2\gamma V_m(s) \cdot \frac{1 - r/r°}{r}$$

因为 $r^\circ \gg r$,所以 $1-r/r^\circ \approx 1$,上式写作

$$RT\ln\frac{x_B}{x_B^\circ} = \frac{2\gamma V_m(s)}{r}$$

若以 M_B 代表溶质 B 的摩尔质量,ρ_B 代表固体 B 的密度,则

$$V_m(s) = M_B/\rho_B$$

于是

$$\ln\frac{x_B}{x_B^\circ} = \frac{2\gamma M_B}{RT\rho_B r} \tag{11-24}$$

其中 γ 是固体溶质与溶液间的界面张力。正常溶解度 x_B°,以及 M_B 和 ρ_B 都可以从手册中查得,所以只要指定颗粒半径 r,即可用上式计算其溶解度。此式表明,颗粒半径越小,溶解度越大,即颗粒越小越容易溶解。它还表明,界面张力越大,颗粒大小对溶解度的影响越大,若没有界面张力便不存在这种影响。因此,改变固体颗粒大小会使溶解度发生变化的现象,是由界面张力引起的一种界面现象。

*11.3.3 固体熔点与颗粒半径的关系

在一定外压下,某物质 B 的固体与液体平衡共存的温度称为固体的熔点。通常所说的熔点(也称正常熔点),是指在 101325Pa 下一般大小的固体颗粒与液体共存,此时

$$\mu_B(s) = \mu_B(l)$$

其中固体颗粒中的附加压力很小,可以忽略不计。若将该固体颗粒变成十分微小的细晶,则附加压力很大,使得固体的化学势发生明显变化,于是以上等式不再成立,即在原来温度下,微小颗粒的固体不能与液体平衡共存,即熔点发生了变化。

在外压为 p 的情况下,设半径为 r 的固体颗粒的熔点为 T_m,固体的压力为 $(p+\Delta p)$,则

$$B(s,r,T_m,p+\Delta p) \rightleftharpoons B(l,T_m,p) \tag{A}$$

所以

$$\mu_B(s,T_m,p+\Delta p) = \mu_B(l,T_m,p)$$

上式两端微分

$$d\mu_B(s) = d\mu_B(l)$$
$$-S_m(s)dT_m + V_m(s)d(p+\Delta p) = -S_m(l)dT_m + V_m(l)dp$$

若外压恒定,即 $dp=0$,上式为

$$-S_m(s)dT_m + V_m(s)d\left(\frac{2\gamma}{r}\right) = -S_m(l)dT_m$$

即

$$\Delta_s^l S_m dT_m + V_m(s)d\left(\frac{2\gamma}{r}\right) = 0$$

其中 $\Delta_s^l S_m$ 是固体 B 熔化过程的摩尔熵变,即式(A)所示过程的熵变,其值可近似写作 $\Delta_s^l H_m/T_m$,所以上式为

$$\frac{\Delta_s^l H_m}{T_m}dT_m + V_m(s)d\left(\frac{2\gamma}{r}\right) = 0$$

若把 γ 视为常数,整理后得

$$\frac{\Delta_s^l H_m}{T_m}dT_m = \frac{2\gamma V_m(s)}{r^2}dr$$

即

$$\left(\frac{\partial \ln\{T_m\}}{\partial r}\right)_p = \frac{2\gamma M}{\Delta_s^l H_m \rho r^2} \tag{11-25}$$

其中 M 是 B 的摩尔质量，ρ 是固体 B 的密度。由于右端的值大于零，所以此式表明，固体颗粒半径越小，其熔点越低，即固体越容易熔化。

设一般小大的固体颗粒半径为 r°，正常熔点为 T_m°，半径为 r 的小颗粒的熔点为 T_m，将式(11-25)积分得

$$\int_{T_m^\circ}^{T_m} d\ln\{T_m\} = \frac{2\gamma M}{\Delta_s^l H_m \rho} \int_{r^\circ}^{r} \frac{1}{r^2} dr$$

$$\ln \frac{T_m}{T_m^\circ} = \frac{2\gamma M}{\Delta_s^l H_m \rho}\left(\frac{1}{r^\circ} - \frac{1}{r}\right)$$

因为 $r^\circ \gg r$，则上式简化为

$$\ln \frac{T_m}{T_m^\circ} = \frac{-2\gamma M}{\Delta_s^l H_m \rho r} \tag{11-26}$$

式中 γ 是固体与液体间的界面张力，物质的摩尔熔化热 $\Delta_s^l H_m$ 及正常熔点 T_m° 可从手册中查得。所以只要知道了固体颗粒半径 r，即可利用式(11-26)计算其熔点。固体颗粒大小对于其熔点产生影响，是由界面张力所引起的又一种界面表现象。

由 11.3.1 节至 11.3.3 节所讨论的表面知识可知，与普通的块状材料相比，纳米颗粒材料更容易蒸发、溶解、熔化，这些都属于纳米材料的热性质。实际上，纳米材料不仅具有特殊的热性质，还有许多特殊性质有待人们开发和研究。纳米材料是目前一个十分活跃的科研领域，但当前人们的主要精力还仅限于材料合成方面，尚有大量的后续工作要做。如果能够把各种纳米材料的许多特殊性质开发出来，必将对人类生活、工业生产、科研、军事等各个领域产生重要影响。

*11.3.4 亚稳相平衡

在实际工作中，人们有时会遇到过饱和蒸气、过热液体和过冷液体这类物质状态，它们统称为亚稳状态。掌握了表面现象的知识以后，就可以解释这些亚稳相为什么能存在以及如何控制或利用它们。例如图 11-11 是水的相图，今有物系点 A 所代表的某些干净的水蒸气，在等压下将水蒸气慢慢降温，当物系点刚移至 M 点时，水蒸气变为饱和蒸气。若继续从其中取热，水蒸气理应凝结成液体水，但只要水蒸气足够干净且精心操作，这种液化过程并不发生，直至温度降到 B 点系统仍以蒸气状态存在。B 点所代表的蒸气即为过饱和蒸气。

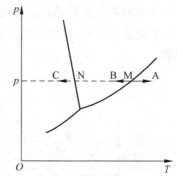

图 11-11 水的亚稳状态

B 点处在液相区，因此物系点为 B 的稳定状态是液体水。若等压下将干净水升温，达 M 点时水并不沸腾，直至升温至 A 点系统仍以液态水存在，A 点所代表的液态水即为过热水。

将物系点为 B 的纯净液体水等压下降温，当达 N 点（该点所对应的温度是水的凝固点）无冰生成，直至温度降至 C 点系统仍以液态水存在，C 点所代表的水即为过冷水。

以下分别讨论三种亚稳状态。

1. 过饱和蒸气

由 Kelvin 方程知,微小水滴的蒸气压大于水的正常蒸气压值,即 $p_v > p_v^\circ$。若有压力为 p 的水蒸气,满足 $p_v > p > p_v^\circ$,则此水蒸气对于正常水来说虽然已是过饱和蒸气,但对于小水滴而言却是不饱和的。这就是过饱和蒸气能够存在而不冷凝成小液滴的原因。由表 11-2 中的数据可知,水滴半径为 10^{-8} m 时,其蒸气压比正常值高 11.4%,而这样一个水滴中约有 14 万个水分子,即使空气中的水蒸气达到过饱和 11%,这么多的水分子仍不可能凝聚在一起形成小水滴。若空气中预先存在曲率半径不很小的水滴或某种核心,水蒸气对于这种水滴或核心却是饱和的,从而凝结成液体,空气中的灰尘就提供了这种核心,这就是下雨之后人们觉得天朗气清的原因。人工降雨也是利用这一原理,在水蒸气过饱和的空气中人工散布 AgI 小晶粒作为水蒸气凝结的核心,使水蒸气形成雨滴落下。

2. 过热液体

在沸点时,液体的蒸气压等于外压。在空气中加热某液体,当液体的温度达正常沸点时,其蒸气压等于大气的压力,即 $p_v = p_{大气}$。但在加热一杯纯净的液体时,往往达正常沸点时并不开始沸腾,而在高于沸点后发生"暴沸"现象。液体产生过热的原因如下:沸腾是发生在液体内部的气化过程,如果液体纯净且器壁光滑,其中含有很少的空气,在加热时容器的内壁上难于形成较大的气泡。假设加热达正常沸点时所形成的气泡半径仅为 10^{-6} m,如图 11-12 所示。由 Young-Laplace 方程可知,小气泡中的压力大于大气的压力,应为 $p_{大气} + \Delta p$。在这种情况下液体的蒸气压只有等于泡中压力时才能汽化而进入泡中,即液体开始沸腾。在正常沸点时液体的蒸气压等于大气压力,因此液体的温度只有在高于正常沸点的某个温度时才开始沸腾。一旦沸腾开始,液体温度便迅速回到正常沸点。图 11-13 为纯液体在升温及沸腾过程中温度随时间的变化情况。其中 T_b 是液体的沸点,AB 段是过热液体,液体在 B 点暴沸。不仅纯液体,溶液也可能发生过热现象。

对于生产或实验过程,过热现象一般是不利的。为了避免过热现象,可在加热液体之前放入少量沸石。沸石具有多孔结构,温度升高,其中潜藏的空气便会逸出而形成气泡。当温度达到液体沸点时,这些气泡已大到其中的附加压力可以忽略不计,从而消除了液体的过热现象。

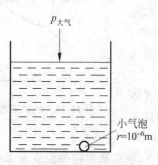

图 11-12 液体的过热现象

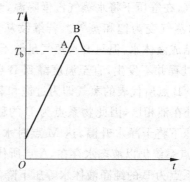

图 11-13 纯液体的升温及沸腾过程

例 11-1 在正常沸点时,如果水中仅含有直径为 10^{-3} mm 的空气泡,问使这样的水开始沸腾需过热多少度? 水在 100℃ 时的表面张力 $\gamma = 0.0589$ N·m^{-1},摩尔汽化热 $\Delta_l^g H_m = 40656$ J·mol^{-1}。

解:令空气泡内的压力为 p',空气泡外的压力为 $p_0 = 101325$ Pa,空气泡的半径 $r = 5 \times 10^{-7}$ m,根据 Young-Laplace 方程

$$p' - p_0 = \frac{2\gamma}{r}$$

$$p' = p_0 + \frac{2\gamma}{r} = \left(101325 + \frac{2 \times 0.0589}{5 \times 10^{-7}}\right) \text{Pa} = 336925 \text{Pa}$$

即泡内压力约为大气压力的 3.3 倍。在外压为 p' 时沸腾的温度 T' 可由 Clausius-Clapeyron 方程求算:

$$\ln \frac{p'}{p_0} = -\frac{\Delta_l^g H_m}{R}\left(\frac{1}{T'} - \frac{1}{T_b}\right)$$

$$\ln \frac{336925}{101325} = -\frac{40656}{8.314}\left(\frac{1}{T'/\text{K}} - \frac{1}{373}\right)$$

解得

$$T' = 411 \text{K}$$

显然 T' 即为开始沸腾的温度,所以过热的温度为

$$\Delta T = T' - T_b = (411 - 373)\text{K} = 38 \text{K}$$

即这样的水约在 138℃ 时开始沸腾。

3. 过冷液体

式(11-26)表明,固体颗粒越小,它与液体共存的温度(即熔点 T_m)越低。当液体降温凝固时,最早析出的固体是半径很小的颗粒,因此液体温度降到正常凝固点以下这种细小颗粒才开始出现。这就是液体的过冷现象。

过冷现象也可以由 Kelvin 方程说明,设 p_v° 为固体的正常蒸气压,而 p_v 是微小固体颗粒的蒸气压,据 Kelvin 方程知, $p_v > p_v^\circ$。将 p_v 和 p_v° 与温度 T 的关系画于图 11-14 中,则 p_v 线在 p_v° 线之上,它们与液体的蒸气压线分别相交于 A 和 B。A 点所对应的温度 T' 为微小固体颗粒与液体共存的温度,而 B 点所对应的温度为液体的正常凝固点 T_f,显然 $T' < T_f$,即液体的温度降到凝固点 T_f 以下才开始析出微细的固体颗粒。至今,已有人通过小心地操作将水温降到 -43℃ 而没有结冰。亚稳状态在热力学上是不稳定的,过冷液体可以通过添加晶种或搅拌扰动的办法加以破坏。

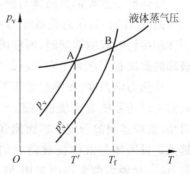

图 11-14 液体过冷现象的说明

以上具体分析了各种亚稳相能够存在的原因。笼统来说,亚稳相的产生是相变过程的"滞后"现象,即达到正常相变温度时新相并不出现,而是落后一段时间。由热力学观点来

看,这是由于形成新相的同时,必产生新的相界面,于是必须提供必要的界面能 $A\gamma$。亚稳相的存在,正是系统为了集蓄这部分能量而表现出的行为。如果外界能够及时提供形成新相所必须的界面能,例如振荡、搅拌等较激烈的干扰就能起到这种作用,从而避免亚稳相的产生,因此,从能量角度来看,亚稳相平衡是由界面张力(即比界面能)所引起的一类现象。

11.4 固-液界面

以上主要讨论了表面张力以及由它所引起的弯曲表面现象,本节简单介绍固-液界面的情况。

固体表面与液体表面一样,具有不均匀力场,而且由于固体表面的不均匀程度远远大于液体表面,一般具有更高的表面能。通常液体的表面张力都在 $0.1\text{N}\cdot\text{m}^{-1}$ 以下,而固体可以 $0.1\text{N}\cdot\text{m}^{-1}$ 为界分为两大类:小于 $0.1\text{N}\cdot\text{m}^{-1}$ 的固体表面称低能表面;超过 $0.1\text{N}\cdot\text{m}^{-1}$ 以至高达 $0.5\sim5.0\text{N}\cdot\text{m}^{-1}$ 的称高能表面。因此,当固体特别是高能表面固体与周围介质相接触时,将自发地降低其表面能,界面现象伴随发生。

若将一根玻璃棒插入水中,然后取出,玻璃棒的表面上便沾上一层水。若将一个水珠滴在干净的玻璃板上,则水在玻璃板上自动地铺展开;但是如果以石蜡代替玻璃重复以上实验,情况完全相反,即水不沾石蜡棒,水珠不在石蜡表面展开。这些现象都与液体表面性质、固体表面性质和固-液界面性质有关。

11.4.1 液体对固体的润湿作用

液体表面与固体表面的相互亲合性是随物质不同而变化的。例如水表面与玻璃表面的亲合性较强,二者接触后形成的固-液界面结合得较牢固,我们就称水对玻璃润湿。反之,若液体表面与固体表面的亲合性较差,例如水与石蜡,则称水对石蜡不润湿。润湿与不润湿的例子在日常生活中到处可见,例如棉布可被水润湿,而在油中浸泡过的棉布却不被水润湿,玻璃可被水润湿,而不被汞润湿。

任何润湿过程都是固体与液体相互接触的过程,即原来的固体表面和液体表面消失,代之以固-液界面,结果总是系统的 Gibbs 函数降低。因此从热力学角度看,任何液体与任何固体相接触时都能够润湿,而前面所说的润湿与不润湿只是润湿程度不同而已。例如水对玻璃的润湿程度远大于它对石蜡的润湿程度。

从热力学角度,在等温等压下液体与固体相接触时,我们可以用系统表面能的降低 $-\Delta G$(人们称 $-\Delta G$ 为粘附功)来描述润湿程度。表面能降低得越多,则润湿程度越大。设固体与液体接触前它们的表面积分别为 A_{s-g} 和 A_{l-g},接触后两个表面被固-液界面 A_{s-l} 所代替,此过程如图 11-15 所示,ΔG 值越负,润湿程度越高。由热力学基本关系式很容易计算出 ΔG 为

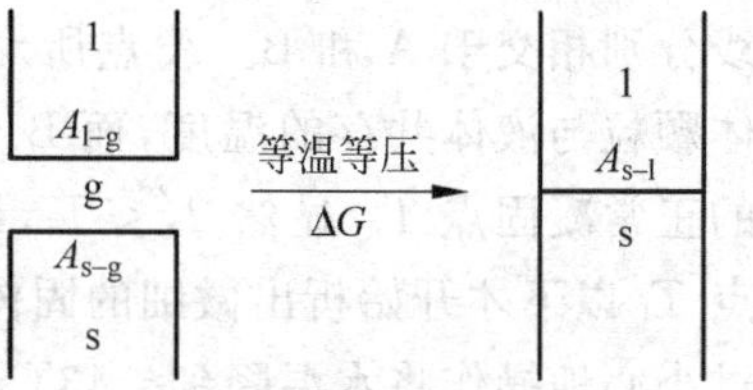

图 11-15 润湿过程

$$\Delta G = \gamma_{s-l}A_{s-l} - (\gamma_{l-g}A_{l-g} + \gamma_{s-g}A_{s-g})$$

令 $A_{s-g} = A_{l-g} = A_{s-l} = 1\text{m}^2$,则上式为

$$\Delta G/\text{m}^2 = \gamma_{s-l} - (\gamma_{l-g} + \gamma_{s-g}) \tag{11-27}$$

此式表明固-液接触过程的 ΔG 与三个界面张力之间的关系，如果用 ΔG 描述具体润湿程度，遇到的问题是 γ_{s-l} 和 γ_{s-g} 的值难于由实验准确测定。为此,我们具体考虑一滴液体在固体表面上的情况。将一滴液体滴在某固体表面上，当流动达到平衡以后，液滴的形状如图 11-16 所示。O 点为气-液-固三相的交点，液体的表面张力 γ_{l-g}、固体的表面张力 γ_{s-g} 和固-液界面张力 γ_{s-l} 同时作用于 O 点，其中 γ_{l-g} 与液滴表面相切。γ_{l-g} 与 γ_{s-l} 间的夹角叫做接触角，用字母 θ 表示。显然接触角的取值范围为 $0°\leqslant\theta<180°$。由于 O 点受力平衡，所以

$$\gamma_{s-g} = \gamma_{s-l} + \gamma_{l-g}\cos\theta \tag{11-28}$$

此式叫做 Young 方程，其中 γ_{l-g} 和 θ 是可以准确测定的量。

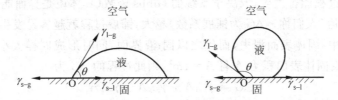

图 11-16　液滴在固体表面上的接触角

将液体滴在固体表面上，若液体不能呈图 11-16 所示的滴状平衡，则此系统不服从 Young 方程。

将 Young 方程写作

$$\gamma_{s-l} - \gamma_{s-g} = -\gamma_{l-g}\cos\theta$$

代入式(11-27)得

$$\Delta G/m^2 = -\gamma_{l-g}(1+\cos\theta) \tag{11-29}$$

此式表明，只要准确测定液体表面张力 γ_{l-g} 和接触角 θ，就可计算出润湿过程的 $\Delta G/m^2$，从而确定润湿程度。式(11-29)可以看做润湿程度的热力学判据。式(11-29)还表明，润湿程度与接触角的大小有直接的关系，若 $\Delta G/m^2$ 对 θ 求导

$$\frac{\mathrm{d}\Delta G/m^2}{\mathrm{d}\theta} = \gamma_{l-g}\sin\theta$$

因为

$$\gamma_{l-g}\sin\theta > 0$$

即

$$\frac{\mathrm{d}\Delta G/m^2}{\mathrm{d}\theta} > 0$$

这就表明，ΔG 值越负，θ 值越小。于是直接用 θ 来描述润湿程度更为简单和直观。相比之下，人们更喜欢用 θ 作为润湿程度的判据：

$$\left.\begin{array}{l}\theta > 90°\quad\text{不润湿}\\ \theta < 90°\quad\text{润湿}\\ \theta = 0°\quad\text{完全润湿}\end{array}\right\} \tag{11-30}$$

若液体量不少，当完全润湿时，液滴将在固体表面铺开直至整个固体表面全部覆盖一层液膜为止。实验测定发现，水对玻璃的接触角接近等于 $0°$，而对石蜡的接触角为 $110°$。所以通常说，水可以润湿玻璃而不润湿石蜡。

当完全润湿时，$\theta = 0°$，由式(11-29)可计算出润湿过程的 $\Delta G/m^2 = -2\gamma_{l-g}$。但在实际的固-液接触过程中，有时会遇到 $\Delta G/m^2 < -2\gamma_{l-g}$ 的情况。对于这类系统，由于不遵守 Young 方程，所以式(11-29)是不成立的，但是表现为完全润湿是确定无疑的。

因为实际液体都有重量，所以无论液体对固体的润湿程度多小，在固体表面上的液滴也不可能完全呈球形，因此实际测量的接触角不可能等于 $180°$。

11.4.2 液体在固体表面上的铺展

将液体滴洒在固体表面上，若液体能自动在固体表面上展开而形成一层液膜，这种过程称做铺展。铺展过程能否发生，取决于系统的 Gibbs 函数（具体说是界面能）是否降低，降低得越多，即 $-\Delta G$ 值（人们称 $-\Delta G$ 为铺展系数）越大，铺展过程就越容易发生。

在铺展过程中，固体表面消失，而代之以固-液界面，同时形成同样大小的液体表面，如图 11-17 所示。设固体表面积为 A 且 $A = 1\,m^2$，则此过程的 ΔG 为

$$\Delta G = \gamma_{s-l} A + \gamma_{l-g} A - \gamma_{s-g} A$$

即

$$\Delta G/m^2 = \gamma_{s-l} + \gamma_{l-g} - \gamma_{s-g} \tag{11-31}$$

若 $\Delta G < 0$，液体就能在固体表面上铺展，若 $\Delta G \geqslant 0$，就不能铺展。显然，对 γ_{s-g} 值很大（即高能表面）的固体，能使得 $\Delta G < 0$，多数液体的表面张力约为 $10^{-2}\,N \cdot m^{-1}$，因此一般都能在高能表面（如各种金属、玻璃等坚硬固体。它们的表面张力约为 $0.500 \sim 1.000\,N \cdot m^{-1}$）上铺展。但在低能表面（如石蜡、聚乙烯等较软的固体，表面张力小于 $0.100\,N \cdot m^{-1}$）上液体往往不能铺展，特别是液体的表面张力较高时更是如此。有时液体不能在高能固体表面上铺展，但精确的实验证明，这往往是由于高能固体表面上已吸附或沾上一些污染物（通常是有机物），结果使暴露的表面已转变为低能表面的缘故。

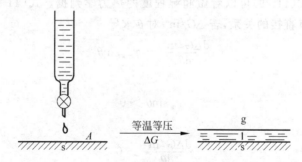

图 11-17 铺展过程

将式(11-31)用作铺展判据，还必须解决其中 γ_{s-l} 和 γ_{s-g} 的值。若系统服从 Young 方程，将式(11-28)代入，得

$$\Delta G/m^2 = \gamma_{l-g}(1 - \cos\theta) \tag{11-32}$$

此式表明，可以通过测定液体的表面张力和接触角来计算这类系统铺展过程的 Gibbs 函数变。

以上用类似的方法讨论了润湿和铺展，这种处理方法也适用于其他情况，例如将固体浸入液体中的浸湿过程实为固-液界面取代固体表面的过程，液体 1 在液体 2 表面上的铺展过

程实为液-液界面和表面 1 取代表面 2 的过程等。这类问题读者均可自行讨论，本书不再赘述。

*11.4.3 毛细现象及表面张力的测定方法

将一根内壁光滑清洁的玻璃毛细管的一端垂直浸入某液体中，毛细管中的液面会上升或下降，这种现象称为毛细现象。例如水在毛细管中上升，汞在毛细管中下降。

如果液体对毛细管壁润湿，则管内的液体趋向于沿管壁铺展开，于是在毛细管内形成凹液面，此时 $\theta < 90°$，如图 11-18(a)所示。凹液面产生的附加压力指向上方，抵抗管内液面上的大气压力，结果相当于管内液面所受压力小于大气压，因而毛细管内的液体将上升形成一个高为 h 的液柱。

如果液体不润湿毛细管壁，则在管内形成凸液面，此时接触角 $\theta > 90°$，如图 11-18(b)所示。由于凸液面产生的附加压力指向下方，结果相当于管内液面受到一个大于大气压的压力，因而管内液面下降。

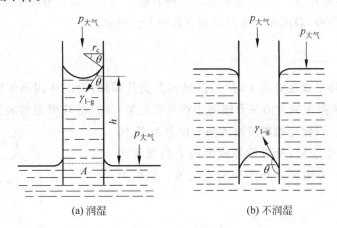

(a) 润湿　　　　　(b) 不润湿

图 11-18　毛细现象

以下讨论毛细现象的定量规律。如图 11-8(a)，当毛细管内形成高 h 的液柱之后，截面 A 处于力学平衡。A 所受的向下压力为

$$p_{向下} = p_{大气} + \rho g h \tag{11-33}$$

其中 ρ 是液体的密度，g 是重力加速度，所以 $\rho g h$ 是管内液柱的静压。A 所受的向上压力为

$$p_{向上} = p_{大气} + \Delta p$$

其中 Δp 是凹液面产生的附加压力，显然 $\Delta p = 2\gamma_{l-g}/r$，此处 Δp 只代表附加压力的大小而不考虑正负号。于是上式为

$$p_{向上} = p_{大气} + \frac{2\gamma_{l-g}}{r} \tag{11-34}$$

根据力学平衡原理，由式(11-33)和式(11-34)得

$$p_{向上} = p_{向下}$$

即

$$p_{大气} + \frac{2\gamma_{l-g}}{r} = p_{大气} + \rho g h$$

$$\frac{2\gamma_{l-g}}{r} = \rho g h$$

其中 r 是凹液面的曲率半径。若以 r_c 代表毛细管的内半径，则 $r_c/r = \cos\theta$，代入上式并整理，得

$$\gamma_{l-g} = \frac{\rho g h r_c}{2\cos\theta} \tag{11-35}$$

式(11-35)描述毛细现象的定量关系，它同样适用于不润湿的情况，此时 $\theta > 90°$，$\cos\theta < 0$，因而管内液面的下降高度 h 应取负值。

对于指定规格的毛细管，内半径 r_c 是确定的，所以只要测定管内液面上升或下降的高度 h 和接触角 θ，就可由上式求算液体的表面张力。由此可见，式(11-35)提供了一种测定液体表面张力的方法，称为毛细管法。

表面张力是表面化学中一个十分重要的物理量，测定方法有许多种。毛细管法是最古老的方法之一，若使用得当，仍是最精确的一种方法。实验时将一根温度计垂直插入液体即可。除毛细管法以外，表面张力还可用如下几种方法测定。

1. 环法

将一铂制圆环平置在液面上，然后慢慢向上提拉圆环，沿圆环四周便形成一层液膜如图 11-19 所示。液膜上的表面张力倾向于将液膜拉紧，于是沿环周围的表面张力趋向于将环拉回到液面上。设使环脱离液面的向上拉力为 F，因为液膜有内外两个表面，所以沿环周围向下的液膜拉力为 $4\pi r\gamma$，其中 r 为铂环内外半径的平均值。根据力学平衡原则：

$$4\pi r\gamma = \beta F$$

即

$$\gamma = \frac{\beta F}{4\pi r} \tag{11-36}$$

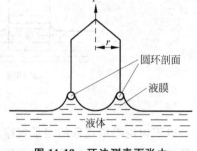

图 11-19 环法测表面张力

其中 β 是校正因子，引入它的原因在于表面张力的方向并不完全垂直，以及环脱离液面时所拉起的液膜具有复杂的形状，如图 11-19 所示。β 的值与环的尺寸和界面的种类有关，一般可从专用表格中查得。上式表明，环法测定表面张力，主要是测定拉力 F。测定 F 需采用扭力丝装置，叫做 Du Nouy 表面张力仪，这种仪器市场有售。与毛细管法相比，环法精度较低，但操作方便。

为了保证液体能润湿环，铂环在使用前需用酸洗，并用火烧过。如果测定的是两种液体间的界面张力，则必须保证环为下层液体优先润湿。例如对于苯-水界面，水是下层，用铂环是适宜的，因为水能优先润湿铂环。对于四氯化碳-水界面，四氯化碳是下层，此时必须选用憎水的环才行。

2. 吊板法

这种方法也称做 Wilhelmy 吊板法。将云母、铂或玻璃等材料制成的薄板悬挂在天平

的一边,并使吊板触及液面,测量吊板刚好脱离液体时的拉力 F,如图 11-20 所示。这种方法与环法类似。测定拉力 F,可以通过逐渐降低液面的办法来实现。

若液体完全润湿吊板,$\theta=0°$,则吊板受到的表面张力垂直向下。设吊板水平截面的周长为 l,则表面张力的总作用为 $l\gamma$。此外,吊板还受向下的重力 mg,所以

$$l\gamma + mg = F$$

$$\gamma = \frac{F - mg}{l} \quad (11\text{-}37)$$

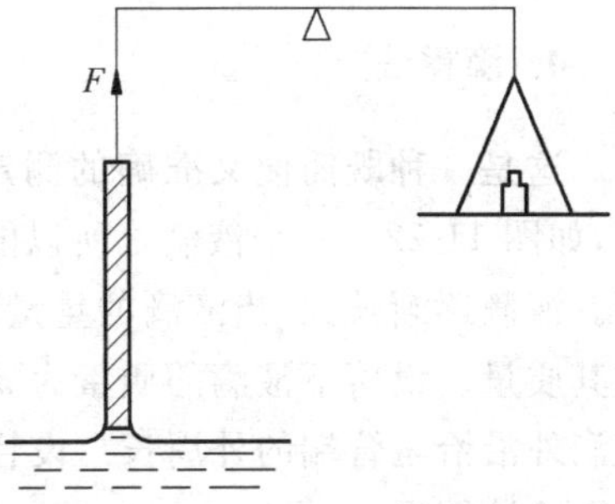

图 11-20　吊板法测表面张力

由于准确测定接触角的困难,此法通常只适用于 $\theta=0°$ 的情况。为了增大润湿程度,使 θ 接近于零,常将吊板表面进行专门处理,例如改变表面的粗糙程度等。另外要注意吊板表面必须特别清洁,以保证能被液体完全润湿。若能切实注意上述各点,吊板法不但操作简单,而且能得到十分可靠的结果。

3. 气泡最大压力法

将一根毛细管的口部磨平,然后将其垂直安装,使其口部恰好触及液面,如图 11-21(a)所示。若液体能润湿毛细管壁,液面沿毛细管上升。然后通过抽气孔慢慢抽气,则毛细管内液面上受到一个比外边液面较大的压力,气泡将自管口内壁逐渐形成,见图 11-21(b)。开始时形成的气泡曲率半径很大,随后半径逐渐变小,泡内外的压力差逐渐增加。当形成的气泡刚好是半球形时半径最小,泡内外压力差达到最大值。此后半径又逐渐变大,压力差逐渐下降,从而使气流冲入泡内最终将其吹离管口。在此过程中,最大压力差 Δp 可由"U"形压力计上直接读出。根据 Young-Laplace 方程:

$$\Delta p = \frac{2\gamma}{r}$$

$$\gamma = \frac{r}{2}\Delta p$$

其中 r 是气泡恰呈半球形时的半径,因此是毛细管的内半径。

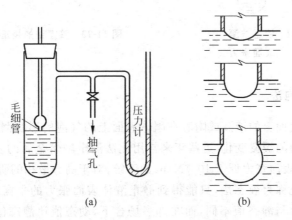

图 11-21　气泡最大压力法测表面张力

4. 滴重法

这是一种既简便又准确的测定方法。使液体在磨平了的毛细管口慢慢形成液滴并滴下,如图 11-22。一个液滴之所以能够悬挂在毛细管口而不落下,靠的是表面张力的支撑作用。液滴逐渐长大,当液滴的重量比表面张力的支撑作用稍大时,液滴落下来。收集液滴,称其质量。设落下液滴的质量为 m,则其受重力为 mg;由于毛细管口事先磨平,悬挂着的液滴外沿恰是管端的外周长。设管的外半径为 r,则支撑液滴的表面张力作用为 $2r\pi\gamma$。为了消除计算误差,令

$$2r\pi\gamma = \varphi mg$$

$$\gamma = \frac{\varphi mg}{2r\pi}$$

其中 φ 是校正因子。引入 φ 是由于沿管端周长的表面张力方向不是垂直的,实际上应是表面张力作用在垂直方向上的分量与重力平衡。另外液滴不是全部脱离管口落下,而是留下一部分(有时可达 40%)。

具体测量所用的毛细管通常是带有刻度的微量移液管或注射器,于是可直接读出液滴的体积 V,若 ρ 为液体密度,则液滴质量为 $V\rho$,于是上式可写作

$$\gamma = \frac{\varphi V \rho g}{2\pi r} \tag{11-38}$$

Harking 等人在实验基础上发现了校正因子 φ 与 $r/V^{1/3}$ 的经验关系,如图 11-23 所示。这类经验数据已制成表格,可以根据实验条件从表格中查找 φ 值。

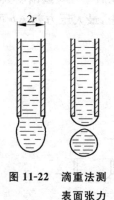

图 11-22 滴重法测表面张力

图 11-23 滴重法的校正因子

5. 静滴法及静泡法

这是利用固体表面上的液滴或附着在固体表面上的气泡的形状测定表面张力的方法,可用以测定表面张力的缓慢变化,近些年来常用此法测定融熔金属的表面张力。这类方法的优点,是可以测定表面张力低于 10^{-4} N/m 的系统,对于高分散相的研究具有重要意义。

上述几种方法统称为静态法,只能得到静止液体表面张力的平衡值(静态表面张力)。动态液体的表面张力与静态值不同,而在许多场合下,动态值比静态值更为重要。例如在 0.01 s 内刚刚生成的新鲜表面的表面张力就是动态表面张力。动态表面张力需要用另外的方法,例如振动射流法进行测定。

11.5 溶液表面

以下从溶液表面张力,讨论在溶液表面上发生的表面现象。根据能量最低原则,在一定条件下,系统总是自发地使表面能 γA 达到最低。纯液体自发地使其表面积 A 降到最小,于是大量液体的表面总是平面,液滴总是保持球形。在这方面,溶液也不例外,所不同的是溶液在自发缩小表面积的同时还会降低自己的表面张力,从而更有效地降低表面能。本节将重点讨论这方面的内容。

11.5.1 溶液的表面张力与表面吸附现象

1. 溶液的表面张力

纯液体中只有一种分子,在一定温度和压力下,其表面张力 γ 是一定的。对于溶液,在一定温度和压力下,其 γ 还随溶液的浓度不同而改变。这种变化大致有三类情况,如图 11-24 所示:第一类情况(图中Ⅰ)是 γ 随溶质浓度的增大而升高,且往往大致呈直线关系,属于这一类的溶质有 $NaCl, Na_2SO_4, KOH, NH_4Cl, KNO_3$ 等无机盐类;第二类情况是 γ 随溶质浓度的增大而降低,通常开始时降低得快一些,后来降低得慢一些(图中Ⅱ),属于此类的有醇类、酸类、醛类、醚类、酯类等大部分极性有机物;第三类情况是一开始表面张力急剧下降,但到一定浓度后却几乎不再变化(图中Ⅲ),属于这类的有含碳原子 8 个以上的有机酸盐、有机胺盐、磺酸盐、苯磺酸盐等。因为最重要的溶剂是水,所以上述溶液均是指水溶液,曲线的起点(浓度为 0)处是纯水的表面张力 $\gamma^*(H_2O)$。

上述第三类物质(Ⅲ)是一组特殊的物质,加入少量的这类物质便能大大降低水的表面张力。我们将这类能够显著降低水的表面张力的物质叫做表面活性剂。表面活性剂在人类的生活和生产活动中具有极其广泛的应用,是目前发展很快且十分活跃的研究领域。有关表面活性剂的基本知识将于 11.6 节专门介绍。

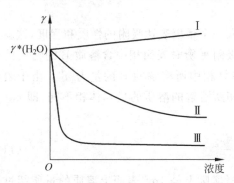

图 11-24 水溶液的表面张力与浓度的关系

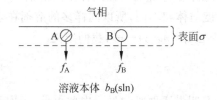

图 11-25 溶液的表面吸附

2. 溶液的表面吸附现象

设有一杯质量摩尔浓度为 b_B 的溶液,上方是空气或它的蒸气,如图 11-25 所示。从溶液表面上取下薄薄的一层,这层的厚度不超过十个分子直径,称表面层。这一层具有特殊的性质,它既不同于上方的气体,也不同于下方的溶液本体,我们把表面层作为一个相来处理,所以也叫做表面相,用符号 σ 表示。表面相中的每一个分子都处于不均匀力场中,结果都受到一个指向溶液本体(也称为体相)的合力。设溶剂分子 A 受力 f_A,溶质分子 B 受力 f_B,显然 $f_A \neq f_B$。

如果 $f_B < f_A$,即表面相中的溶质分子受到的不平衡力比溶剂分子小一些,因而表面相中溶质分子所占的份数越多(即溶剂分子所占的份数越少),表面能就越小,即表面张力越小。为此有更多的溶质分子倾向于由溶液本体转移到表面上,以降低表面能,结果使得表面相的浓度高于本体浓度,即 $b_B(\sigma) > b_B(\text{sln})$。就好像溶液表面有一种特殊的吸引作用将溶质分子从内部吸附到表面上来,因此我们将这种表面相浓度与本体浓度不同的现象叫做表面吸附。

表面吸附是有限度的,不可能无休止地进行。一旦在表面与本体之间形成浓度差,同时便产生溶质及溶剂分子的浓差扩散,这种扩散恰与吸附相对抗,而且随吸附的进行而逐渐加剧,最终恰与吸附过程抗衡,这时称吸附平衡。当达到吸附平衡时,不可能将全部的溶质分子都吸附到表面上。在一定的温度和压力下,对于一个指定的溶液,浓度差 $b_B(\sigma) - b_B(\text{sln})$ 是确定的。

如果 $f_B > f_A$,即表面相中的溶质分子所受的不平衡力比溶剂分子还大,则溶质分子更倾向于进入溶液,结果 $b_B(\sigma) < b_B(\text{sln})$。根据上述定义,这也是表面吸附现象。为了加以区别,将服从 $b_B(\sigma) > b_B(\text{sln})$ 的吸附称为正吸附,意思是吸附的结果使表面相浓度增大;$b_B(\sigma) < b_B(\text{sln})$ 称为负吸附,意思是表面相浓度减小。

总之,表面吸附是溶液系统为了自发地降低表面张力从而降低表面能而发生的一种表面现象。它早在 20 世纪 30 年代就得到实验证实。McBain 及其学生精心设计了一个装置,可以从溶液表面上刮下一层约 0.1mm 厚的溶液,然后测定其浓度(即 $b_B(\sigma)$)。结果发现 $b_B(\sigma) \neq b_B(\text{sln})$,从而证明了吸附现象的存在。应该指出,以前各章所讨论的溶液系统表面积都很小,表面吸附不至对溶液浓度造成多大影响,因而忽略表面吸附是合乎情理的。

11.5.2 Gibbs 吸附方程

为了定量地描述溶液的表面吸附,必须引入一个量以表达吸附的性质和程度,这就是表面吸附量。设任一溶液系统表面积为 A,其达吸附平衡时表面相中含溶质 B 的物质的量为 $n_B(\sigma)$,含溶剂 $n_A(\sigma)$,而同样多的溶剂 $n_A(\sigma)$ 在体相中所溶解的 B 的量为 n_B'。由于表面相的浓度与体相不同,所以同样多的溶剂在表面相所溶解的溶质的量与体相不同,即 $n_B(\sigma) \neq n_B'$,令 $\Delta n_B = n_B(\sigma) - n_B'$,我们定义

$$\Gamma = \frac{\Delta n_B}{A} \tag{11-39}$$

其中 Γ 叫做表面吸附量。由此可见,表面吸附量实际上是 1m² 表面上溶质的量所超过体相中同量溶剂所溶解的溶质的量。因此 Γ 也常叫做表面超量,也叫表面浓度。不管如何叫法,应该注意的是:①Γ 是过剩量;②Γ 的单位是 $\text{mol} \cdot \text{m}^{-2}$,与普通浓度不同;③$\Gamma$ 值可正可负,正值为正吸附,负值为负吸附。显然,Γ 不仅能表明吸附的性质,而且其值还能说明表面吸附的程度:$\Gamma = 0$ 表明无吸附现象;其值越远离 0,表明吸附程度越大。

下面推导表面吸附量与溶液浓度及表面张力的关系。

在第 5 章我们曾谈到,均相系统的任意容量性质是温度、压力及各物质的量的函数。例如对二组分溶液,其 Gibbs 函数可表示为
$$G = f(T, p, n_A, n_B)$$
若单独讨论溶液的表面相,则上述表示式中还应包括面积 A,即
$$G(\sigma) = f[T, p, n_B(\sigma), n_A(\sigma), A] \tag{11-40}$$
因此,表面相的 Gibbs 函数,除决定于温度、压力和表面相中溶剂及溶质的物质的量以外,还与表面积的大小有关。

在一定的温度和压力下,上式为
$$G(\sigma) = f[n_A(\sigma), n_B(\sigma), A] \tag{11-41}$$
这是一个一次齐函数。据齐函数 Euler 定理:
$$G(\sigma) = n_A(\sigma)\left(\frac{\partial G(\sigma)}{\partial n_A(\sigma)}\right)_{T,p,n_B(\sigma),A} + n_B(\sigma)\left(\frac{\partial G(\sigma)}{\partial n_B(\sigma)}\right)_{T,p,n_A(\sigma),A} + A\left(\frac{\partial G(\sigma)}{\partial A}\right)_{T,p,n_A(\sigma),n_B(\sigma)}$$
即
$$G(\sigma) = n_A(\sigma)\mu_A + n(\sigma)\mu_B + A\gamma \tag{11-42}$$
其中 μ_A, μ_B 分别为表面相中溶剂和溶质的化学势,γ 是溶液的表面张力。此式可以看做表面相的集合公式,其中 $n_A(\sigma)\mu_A$ 是溶剂对表面相 Gibbs 函数 $G(\sigma)$ 的贡献,$n_B(\sigma)\mu_B$ 是溶质的贡献,$A\gamma$ 是表面的贡献(即表面能)。由于上式适用于表面相的任意平衡状态,所以可将其视为描述表面相的一个状态方程。

对式(11-42)微分,得
$$dG(\sigma) = n_A(\sigma)d\mu_A + \mu_A dn_A(\sigma) + n_B(\sigma)d\mu_B + \mu_B dn_B(\sigma) + \gamma dA + Ad\gamma \tag{11-43}$$
以上我们从表面相的函数描述导出了表面相 Gibbs 函数 $G(\sigma)$ 的全微分式。既然把表面作为一个相处理,它应该服从热力学的基本关系式,因此据式(11-5),$G(\sigma)$ 的全微分式应为
$$dG(\sigma) = -S(\sigma)dT + V(\sigma)dp + \mu_A dn_A(\sigma) + \mu_B dn_B(\sigma) + \gamma dA$$
所以在等温等压条件下为
$$dG(\sigma) = \mu_A dn_A(\sigma) + \mu_B dn_B(\sigma) + \gamma dA \tag{11-44}$$
将式(11-44)与式(11-43)进行比较,可得
$$n_A(\sigma)d\mu_A + n_B(\sigma)\mu_B + Ad\gamma = 0 \tag{11-45}$$
此式是等温等压下表面组成发生变化时所服从的关系式,实际上是等温等压下表面相的 Gibbs-Duhem 公式。

对于体相,即溶液本体,Gibbs-Duhem 公式为
$$n_A(\text{sln})d\mu_A + n_B(\text{sln})d\mu_B = 0$$
即
$$d\mu_A = -\frac{n_B(\text{sln})}{n_A(\text{sln})}d\mu_B \tag{11-46}$$
其中,$n_A(\text{sln})$ 和 $n_B(\text{sln})$ 分别为体相中所包含的溶剂和溶质的物质的量。在吸附平衡时,由于同一组分在体相中的化学势与表面相相等,所以 μ_A 与 μ_B 不必与表面相中的化学势相区别。

将式(11-46)代入式(11-45),得
$$n_A(\sigma)\left(-\frac{n_B(\text{sln})}{n_A(\text{sln})}d\mu_B\right) + n_B(\sigma)d\mu_B + Ad\gamma = 0$$

$$d\gamma = -\left[\frac{n_B(\sigma) - n_A(\sigma)\dfrac{n_B(\text{sln})}{n_A(\text{sln})}}{A}\right]d\mu_B$$

其中，$n_A(\sigma)n_B(\text{sln})/n_A(\text{sln})$ 代表在体相中物质的量为 $n_A(\sigma)$ 的溶剂所溶解的溶质的量，即 n_B'，所以据式(11-39)可知

$$\frac{n_B(\sigma) - n_A(\sigma)\dfrac{n_B(\text{sln})}{n_A(\text{sln})}}{A} = \Gamma$$

于是前式可简写作

$$d\gamma = -\Gamma d\mu_B$$

$$\Gamma = -\left(\frac{\partial \gamma}{\partial \mu_B}\right)_{T,p} \tag{11-47}$$

因在等温等压下

$$d\mu_B = d\left(\mu_B^\ominus + RT\ln a_B + \int_{p^\ominus}^{p} V_B^\infty dp\right)$$

$$= RT d\ln a_B$$

$$= \frac{RT}{a_B} da_B$$

代入式(11-47)，则

$$\Gamma = -\frac{a_B}{RT}\left(\frac{\partial \gamma}{\partial a_B}\right)_{T,p} \tag{11-48}$$

此式称为 Gibbs 吸附方程，它最早由 Gibbs 用热力学方法导出。以上我们所用的推导方法并非 Gibbs 的方法，主要参考了 Guggenheim 的处理方法。

若忽略活度系数的影响，则

$$a_B = b_B/b^\ominus \quad \text{或} \quad a_B = c_B/c^\ominus$$

代入上式，即相当于将上式中的活度换成浓度，于是

或

$$\left.\begin{array}{l}\Gamma = -\dfrac{b_B}{RT}\left(\dfrac{\partial \gamma}{\partial b_B}\right)_{T,p} \\[2mm] \Gamma = -\dfrac{c_B}{RT}\left(\dfrac{\partial \gamma}{\partial c_B}\right)_{T,p}\end{array}\right\} \tag{11-49}$$

此式是最常用的 Gibbs 吸附方程，它描述溶液浓度、表面张力和表面吸附量三者的关系，是表面和胶体科学的一个基本公式。

若加入溶质使溶液表面张力降低(图 11-24 中 Ⅱ 和 Ⅲ)，即 $(\partial \gamma/\partial c_B)_{T,p} < 0$，由 Gibbs 方程可知 $\Gamma > 0$，这种情况是正吸附；若加入溶质使溶液表面张力增大(图 11-24 中 Ⅰ)，即 $(\partial \gamma/\partial c_B)_{T,p} > 0$，则 $\Gamma < 0$，表现为负吸附。由此可见，能够降低表面张力的物质总是相对浓集于表面上，而使表面张力增大的物质相对浓集于体相内部。这是 Gibbs 函数减小原理的必然结果。

应用式(11-49)时，变化率 $(\partial \gamma/\partial b_B)_{T,p}$ 或 $(\partial \gamma/\partial c_B)_{T,p}$ 的值一般可通过两种方法求取：第一种方法是利用经验公式，有不少物质的稀水溶液，其 γ-c_B 关系已整理成经验公式。例如，

对于许多有机物的稀水溶液，Syszkowski 的经验公式为

$$\frac{\gamma^*(H_2O) - \gamma}{\gamma^*(H_2O)} = b\ln\left(\frac{c_B}{a} + 1\right) \tag{11-50}$$

其中 a 和 b 是经验常数。对于同系物，b 约略相同，a 随化合物而改变。将此经验公式对 c_B 微分即可求取 $(\partial\gamma/\partial c_B)_{T,p}$；第二种方法是直接测定多个浓度不同的溶液的 γ，然后绘图 $\gamma\text{-}c_B$，即可求出各浓度下的斜率 $(\partial\gamma/\partial c_B)_{T,p}$。

在一定温度（及压力）下，Gibbs 吸附方程描述 Γ 与 c_B 的关系，把这种关系画成曲线称为吸附等温线。将 Syszkowski 公式对 c_B 微分，得

$$-\left(\frac{\partial\gamma}{\partial c_B}\right)_{T,p} = \frac{b\gamma^*(H_2O)}{c_B + a}$$

即

$$-\left(\frac{\partial\gamma}{\partial c_B/c^\ominus}\right)_{T,p} = \frac{b\gamma^*(H_2O)}{c_B/c^\ominus + a/c^\ominus}$$

对任意浓度的溶液，记作

$$-\left(\frac{\partial\gamma}{\partial a_B}\right)_{T,p} = \frac{b\gamma^*(H_2O)}{a_B + a/c^\ominus}$$

代入 Gibbs 吸附方程式(11-48)，并令常数 $a/c^\ominus$ 为 a'，得

$$\Gamma = \frac{b\gamma^*(H_2O)}{RT} \cdot \frac{a_B}{a_B + a'}$$

显然，在一定温度下 $b\gamma^*(H_2O)/RT$ 是一个常数，令 $\Gamma_{max} = b\gamma^*(H_2O)/RT$，则上式写作

$$\Gamma = \frac{\Gamma_{max} a_B}{a_B + a'} \tag{11-51}$$

在稀溶液范围内，a_B（即 $c_B/c^\ominus$）值很小，即 $a_B + a' \approx a'$，此时式(11-51)为

$$\Gamma = \frac{\Gamma_{max}}{a'} a_B$$

即 $\Gamma\text{-}a_B$ 成直线关系。

当 c_B 值很大时，即浓溶液中，$a_B + a' \approx a_B$，此时式(11-51)为

$$\Gamma = \Gamma_{max}$$

这表明，当浓度很大以后，表面吸附量为常数，即不再随浓度而变化。表明吸附已达饱和，所以 Γ_{max} 通常叫做饱和吸附量，也叫最大吸附量。但应该指出，当达饱和吸附时，表面相中的溶剂分子也不可能全部被挤走。

以上讨论表明，式(11-51)的曲线（即吸附等温线）应为图 11-26 所示的图形。实验表明，许多极性有机物在水溶液表面上的吸附等温线与图 11-26 相符。

Gibbs 吸附方程是热力学的结果，因此是普遍适用的，不仅仅适用于溶液的表面。也就是说，对于液-液、固-液、固-气等界面，Gibbs 方程也可以应用。但应用于这些界面时，γ 不再是溶液的表面张力，而是相应的界面张力。但由于至今尚无测定固体 γ 的可靠方法，故不用 Gibbs 公式求算

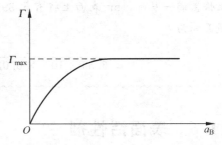

图 11-26 吸附等温线

吸附量。幸好固体表面的吸附量较容易直接实验测定,使这一问题得以解决。这方面的内容我们还将专门讨论。

例 11-2 19℃时丁酸水溶液的表面张力可以表达为 $\gamma = \gamma^*(H_2O) - a\ln(1+bc_B)$,其中 $\gamma^*(H_2O)$ 是纯水的表面张力,a 和 b 为常数。

(1) 试求此溶液中丁酸的表面吸附量 Γ 与浓度 c_B 的关系式;

(2) 若 $a = 0.0131 \text{N} \cdot \text{m}^{-1}$,$b = 0.01962 \text{m}^3 \cdot \text{mol}^{-1}$,试计算 $c_B = 200 \text{mol} \cdot \text{m}^{-3}$ 时的 Γ;

(3) 求饱和吸附量 Γ_{max},若此时表面层的丁酸分子成单分子层吸附,试计算丁酸分子(在液面上)的截面积。

解:(1) 因为在等温等压下
$$\gamma = \gamma^*(H_2O) - a\ln(1+bc_B)$$
所以
$$\left(\frac{\partial \gamma}{\partial c_B}\right)_{T,p} = -\frac{ab}{1+bc_B}$$
代入 Gibbs 方程得
$$\Gamma = -\frac{c_B}{RT}\left(\frac{\partial \gamma}{\partial c_B}\right)_{T,p} = \frac{abc_B}{RT(1+bc_B)}$$

(2) 当 $c_B = 200 \text{mol} \cdot \text{m}^{-3}$ 时
$$\Gamma = \frac{0.0131 \times 0.01962 \times 200}{8.314 \times 292.2 \times (1+0.01962 \times 200)} \text{mol} \cdot \text{m}^{-2}$$
$$= 4.30 \times 10^{-6} \text{mol} \cdot \text{m}^{-2}$$

(3)
$$\Gamma = \frac{abc_B}{RT(1+bc_B)}$$

当 c_B 很大时,$bc_B \gg 1$,即 $(1+bc_B) \approx bc_B$,此时 $\Gamma = a/RT$,表明 Γ 与 c_B 无关,即为饱和吸附,所以
$$\Gamma_{max} = \frac{a}{RT} = \frac{0.0131}{8.314 \times 292.2} \text{mol} \cdot \text{m}^{-2}$$
$$= 5.39 \times 10^{-6} \text{mol} \cdot \text{m}^{-2}$$

虽然 Γ 的原意是表面超量,但由于饱和吸附时,表面活性物质在表面层的浓度远较没有吸附时大,所以 Γ_{max} 也可当做单位表面上溶质的总物质的量。此结果表明,当丁酸分子在液面上恰盖满一层时,1m^2 表面上将有 $5.39 \times 10^{-6} \times 6.023 \times 10^{23}$ 个丁酸分子,所以丁酸分子的截面积为
$$\frac{1}{5.39 \times 10^{-6} \times 6.023 \times 10^{23}} \text{m}^2 = 3.08 \times 10^{-19} \text{m}^2$$

11.6 表面活性剂

表面活性剂是一类能够显著降低水表面张力的物质,其特点是加入量很小而降低表面张力的收效很大,如图 11-24Ⅲ所示。在许多工业生产中,表面活性剂都是不可缺少的化学

助剂。人们日常生活中所用的肥皂、洗衣粉等洗涤剂都是表面活性剂。特别在第二次世界大战以后，随着石油工业的发展兴起了合成表面活性剂的工业，进一步促进了表面活性剂在各个领域的应用。至今，人类生活和生产的各个部门几乎没有不应用表面活性剂的。本节将介绍有关表面活性剂的有关基本知识。

11.6.1 表面活性剂的分子结构

从结构上看，表面活性剂分子的两端是不对称的。分子的一端是极性的亲水基，而另一端是非极性的憎水基。图 11-27 是脂肪酸钠（即肥皂）的分子，它的一端是无极性的碳氢链，而另一端是可以电离的极性基。由分子结构的知识可知，水是极性溶剂，凡极性分子都易溶于水；非极性分子不溶于水而易溶于油，因此非极性分子也常称为亲油分子。例如玻璃和棉布都是极性固体，它们可被水润湿，称为亲水物质；像石蜡这类非极性固体，不被水润湿，称为憎水（或亲油）物质。

表面活性剂分子的不对称性决定了它的如下性质：

(1) 在相界面上的表面活性剂分子定向排列

任何相界面两侧的两相是极性不同的，例如水-苯系统，水相有极性而苯相无极性；水与水蒸气系统，水相极性较强而气相极性较弱，因此，在界面上的表面活性剂分子，其亲水的一端趋向于钻入水中，而憎水的一端则趋向于进入无极性或极性较小的一相中，例如水溶液表面上的表面活性剂分子，其极性基朝下，非极性基朝上，如图 11-28 所示。可见吸附在溶液表面上的分子是有一定取向的，正是由于分子的这种定向吸附，使得表面活性剂能改变表面的性能，例如润湿性能、乳化、起泡、消泡等。

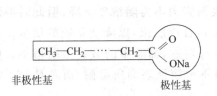

图 11-27 表面活性剂分子的不对称性

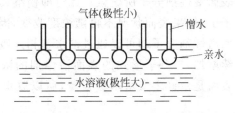

图 11-28 表面活性剂分子在表面上的定向排列

(2) 在溶液内部形成胶束

随浓度增大，溶液中表面活性剂分子的碰撞机会增多，当浓度增大到一定程度时，表面活性剂分子便在溶液内部缔合形成分子集团，称做胶束。因为胶束是表面活性剂分子的集合体，因此是有规律的，即非极性基相互靠近，极性基向着胶束外面的溶剂水。根据胶束的不同形状，分为球状、层状和棒状，如图 11-29 所示。可见胶束内部是非极性基，胶束外面是极性溶液，因此，溶液中的胶束实际上是在极性环境中存在的一个个非极性的局部。严格说，内部形成胶束的溶液已不是均相系统，但是由于胶束具有上述的特殊结构，即其亲水的极性基伸向水相，憎水的非极性基互相吸引（靠 Van der Waals 力，主要是色散力）而聚集成胶束，于是非极性基埋在胶束内部减少了它们与水相的接触，从而降低了系统的 Gibbs 函数值。因此，含有胶束的溶液与一般的多相系统（例如泡沫、雾等）不同，是热力学的稳定系统。

以上这些观点称为胶束理论,已被实验所证实。

  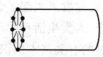

球状胶束　　　　层状胶束　　　　棒状胶束

图 11-29　各种形状的胶束

表面活性剂的水溶液中开始形成胶束时的浓度称为临界胶束浓度,通常用符号 CMC 表示。当溶液中开始形成胶束时,系统的许多物理性质(例如蒸气压、表面张力、电阻率和渗透压等)将发生突变。显然,我们可以通过任何性质的突变来确定 CMC,如图 11-30 所示。因为表面张力测定方便,因此是应用最广的方法。由图可以看出十二烷基磺酸钠的临界胶束浓度为 $0.008 \text{mol} \cdot \text{dm}^{-3}$。表 11-3 列出了某些表面活性剂的 CMC 值。

懂得了表面活性剂的上述两个性质,便可解释图 11-24 中 Ⅲ 的实验现象。在低浓度时,溶液中的表面活性剂分子是以单分子状态存在的。随着表面活性剂分子浓度的增加,溶液的表面吸

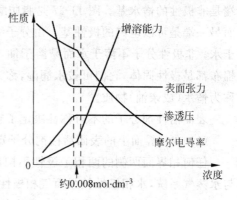

图 11-30　十二烷基磺酸钠水溶液的各种性质与浓度的关系

附也逐渐增加,表面张力逐渐下降,当浓度增大到一定程度时,溶液表面就被一层定向排列的表面活性剂分子所覆盖。此时即使继续增加浓度,表面上也挤不进更多的表面活性剂分子了,结果表面状况不再随浓度改变,因而表面张力不再随浓度下降,但此时溶液中的表面活性剂分子却可以通过憎水基相互吸引而缔合成胶束,以降低系统的能量。若浓度继续增加,单分子形式的表面活性剂的浓度不再增加,而胶束的数目不断增加。由于胶束表面是由许多亲水基覆盖着,所以胶束本身不被溶液表面所吸附,而总是处于溶液内部。

表 11-3　某些表面活性剂的临界胶束浓度

表面活性剂	CMC/(mol·dm^{-3})	表面活性剂	CMC/(mol·dm^{-3})
$C_{11}H_{23}COOK$	0.0234	$C_{14}H_{29}SO_4Na$	0.0016
$C_{11}H_{23}COONa$	0.024	$C_{16}H_{33}SO_4Na$	0.0004
$C_{13}H_{27}COONa$	0.06	$C_{12}H_{25}NH_2 \cdot HCl$	0.013
$C_{15}H_{31}COONa$	0.0015	$C_{12}H_{25}(CH_3)_3N \cdot Cl$	0.062
$C_{12}H_{25}SO_3Na$	0.0098	$C_8H_{17}O(C_2H_4O)_6H$	0.0098
$C_{14}H_{29}SO_3Na$	0.0027	$C_{10}H_{21}O(C_2H_4O)_6H$	0.0009
$C_{16}H_{33}SO_3Na$	0.00105	$C_{12}H_{25}O(C_2H_4O)_6H$	0.000087
$C_{12}H_{25}SO_4Na$	0.0065	$C_8H_{17}OCH_2CHOHCH_2OH$	0.025

11.6.2 表面活性剂的分类

表面活性剂是多种多样的,通常按照其在水中能否电离,分为离子型和非离子型两大类,如图 11-31 所示。离子型表面活性剂溶于水后电离成大小不同,电荷相反的两种离子,其中一种是与憎水基相连的具有表面活性的大离子。根据这种大离子的电性又可将它分为阴离子型和阳离子型两类。

表面活性剂也可按其亲水基的种类不同来分类。但按离子类型的分类方法不仅简单而且还有许多优点。例如,有时只要知道表面活性剂的离子类型,即可推测其应用的大致范围,例如,作为防静电剂,通常能导电的离子型表面活性剂就比非离子型的更为有效。

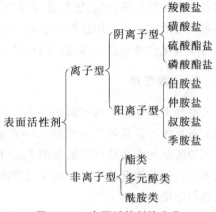

图 11-31 表面活性剂的分类

11.6.3 表面活性剂的应用举例

表面活性剂具有极其广泛的应用,下面仅举几个方面的实例予以说明。

1. 改变润湿程度

水或水溶液对于各种固体的润湿程度不同。人们根据不同的需要有时希望润湿程度增大,有时又希望润湿程度减小,通常可以利用表面活性剂来满足这种要求。

例如给植物喷洒农药,由于植物叶子都是非极性表面,不被农药液体润湿,结果不仅造成极大浪费而且杀虫效果很差。若往药液中加入少量表面活性剂,由于表面吸附作用致使农药液滴表面被一层表面活性剂分子所覆盖,且憎水基朝外,于是液滴表面成为非极性表面。当它落在植物叶子上时便会铺展开来,从而大大提高药液的杀虫效果。在这种情况下,加入表面活性剂后增大了润湿程度,因而这种场合的表面活性剂常称做润湿剂。

降低润湿程度的例子也很多,例如冶炼金属前的浮游选矿,开采来的粗矿中含部分有用的矿苗,同时含有大量无用的岩石。首先将粗矿磨碎成小颗粒,然后倾入水池中,结果矿苗颗粒与无用岩石一起沉入水底。如果加入某种合适的表面活性剂(此处常称做捕集剂和起泡剂),由于矿苗表面与岩石不同,它是极性的亲水表面,对于表面活性剂有较强的吸附作用,于是表面活性剂分子就被吸附在矿苗颗粒表面,且极性基朝向矿苗表面,而非极性基朝向水中。随表面活性剂的不断加入,最后吸附达到饱和,矿苗表面被一层表面活性剂分子所包围,且非极性基朝外,如图 11-32(a)所示,于是矿苗颗粒相当于一个个非极性憎水颗粒。然后从水池底部通入大量气泡,由于泡内气体的极性较水小得多,于是矿苗颗粒倾向于进入气泡,便附着在气泡上,见图 11-32(b),随气泡上升到水面上,最后在水面上被收集浓缩,而岩石等无用物质则留在水底而被除去。化工中的浮选分离过程就是利用上述

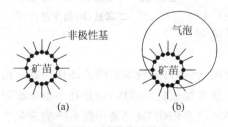

图 11-32 浮游选矿的原理

原理来实现的。

另外,人们所穿用的棉布,由于纤维中有醇羟基而呈亲水性,所以极易被水润湿,不可做雨衣用。若在其表面涂上胶或油,虽然可以防雨,但透气性差,穿上极不舒服。如果用合适的表面活性剂处理,使其极性基与棉布纤维上的醇羟基相结合,而其非极性基朝外,结果使棉布变成憎水物质。用这种方法处理过的棉布做成雨衣,既防雨又透气。实验证明,用季胺盐与氟氢化合物混合处理过的棉布经大雨淋 168h 而不漏水。

2. 增溶作用

室温下苯在水中的溶解度极小,100g 水中只能溶解约 0.07g 苯,致使人们认为苯与水完全不互溶。但是若往水中加入一些表面活性剂,却能溶解相当数量的苯,例如 100g 含 10% 油酸钠的水溶液可溶解苯约 7g。其他许多非极性碳氢化合物在水中的溶解也有类似现象。表面活性剂的这种作用叫做增溶作用,此时的表面活性剂常称为增溶剂,被增溶的有机物称做增溶物。

实验发现,在增溶过程中增溶物的蒸气压会下降,这表明增溶作用可使增溶物的化学势降低,从而使整个系统更趋稳定。

增溶作用与平常的溶解不同,平常的溶解过程会使溶液的凝固点降低,渗透压等依数性发生很大变化,但增溶过程却对依数性的影响很小。这就表明在增溶过程中增溶物并未以单分子形式溶入水中,水中的质点数目没有明显增加。

人们很早就发现了表面活性剂的增溶作用,但对增溶机理的正确解释却在胶束理论产生之后。当溶液中形成胶束以后,胶束内部相当于非极性"液相",从而为非极性有机物的溶解提供了"溶剂",结果发生增溶过程。可见增溶过程实际上是增溶物分子溶入胶束内部,而在水中的浓度并没增加。X 射线衍射的结果表明,增溶过程中球状胶束和棒状胶束的直径变大,层状胶束的厚度变大,这就足以证实对于增溶机理的上述解释。

具体来讲,随增溶剂和增溶物的不同结构,可能会出现不同的增溶方式,但最终都是由于胶束为增溶物提供增溶的客观条件。显然,表面活性剂溶液开始产生明显增溶作用时表面活性剂的浓度就是开始形成胶束时的浓度,即临界胶束浓度 CMC。因此可以用增溶现象的测定来确定 CMC。图 11-33 是实验测定的十二酸钾(A)对 2-硝基二苯胺(B)的增溶曲线。可以看出,在 c_A 很小的范围内没有增溶作用,表明尚无胶束产生。当 c_A 达 0.022mol·dm^{-3} 时,c_B 值骤增,即十二酸钾的临界胶束浓度为 CMC = 0.022mol·dm^{-3},此值与其他方法的测定结果相符。反过来,这一结果又证明了增溶确实是增溶物溶入胶束的过程。

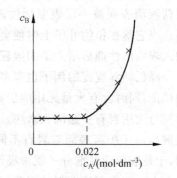

图 11-33　十二酸钾(A)对 2-硝基二苯胺(B)的增溶作用

增溶作用在生产、科研和人类生活中具有广泛应用,例如许多洗涤剂的去油作用就是由于表面活性剂的增溶作用。另外,人们食进的脂肪不能直接被机体吸收,而是在小肠中靠胆汁对脂肪的增溶作用而将其吸收。近些年来新发展的"胶束催化"就是使用胶束来加速化学反应,这可能是一个有前途的研究领域。

3. 起泡作用和消泡作用

泡沫是人们常遇到的一类系统，洗衣服时的肥皂泡就是最常见的一种。泡沫是由气体以肉眼可见的程度分散到液体（有时可以是固体）中所构成的系统。由于气体与液体的密度相差悬殊，因此泡沫中的气泡总是很快上升到液面，形成被一层由液膜隔开的气泡聚集体。通常所说的泡沫即是指这种比较稳定的，被液膜所隔开的气泡聚集体。

对人类来说，泡沫具有两重性。在前面所提到的浮选分离过程，就是利用泡沫使矿苗富集于水面；泡沫灭火器是利用 CO_2 泡沫将火源与空气隔绝。在这些情况下，人们希望泡沫能够稳定存在。而在其他一些场合，泡沫往往给人们造成许多麻烦。例如减压蒸馏、过滤等工艺中，泡沫的存在会引起操作困难甚至影响产品质量。煮牛奶时泡沫会使牛奶溢出，这时人们就希望泡沫能够尽快破坏。为了解决这些问题首先应了解泡沫的特性。

泡沫是具有巨大气-液界面的系统，在热力学上是不稳定的，因此泡沫的稳定存在是相对的和暂时的，最终总是要消失的。

图 11-34 是泡沫系统中任意两个大小不同的气泡，它们之间被一层液膜隔开。由 Young-Laplace 方程可知，小泡内的压力大于大泡压力，于是小泡内的气体将冲破液膜进入大泡，结果是大泡逐渐变大而小泡逐渐变小直至最终消失。以此类推，气泡的相互合并致使气泡数目越来越少，结果泡沫消失。如果相邻的气泡大小相同，如图 11-35(a) 所示，则泡间不存在压力差，压力均为 p。为了讨论问题方便，我们将泡间液膜放大，见图 11-35(b)。其中任意两个气泡间的液膜均是平膜，故膜内压力与泡中压力相等，也等于 p。而三个气泡的交界处（即图中的三角区域），由于界面呈凹面，其压力小于 p。于是由于膜内与三角区域的压力差异，三张膜内的液体均向三角区域流动，液膜的这种排液作用使得液膜厚度越来越薄，最终导致液膜破裂，泡沫消失。由此可见，(b) 中的三张液膜，犹如排液的三条通道，通常称 Plateau 通道，中间的三角区域称做 Gibbs 三角。以此来纪念这两位学者最早对此问题的分析。

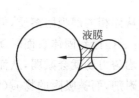

图 11-34 两个相邻的气泡

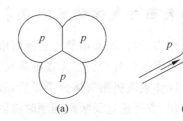

图 11-35 大小相等的相邻气泡

由以上分析可知，泡沫的消失是自发的，因为可以使系统的表面能降低。造成泡沫消失的原因不管是气体在泡间的流动还是液膜的排液过程，都是由表面张力所引起的。

应该指出，泡沫自发消失的原因除了表面张力的作用以外，重力的存在也是一个重要原因，因为重力会使液体下流，结果液膜变薄而最终破裂。

既然表面张力是导致泡沫消失的原因之一，所以通常可以通过加入表面活性剂，来降低表面张力，从而延长泡沫的寿命。这时的表面活性剂称起泡剂。大家熟知，干净的水不能形成泡沫（即所形成气泡的寿命很短），加入肥皂或洗衣粉后就能产生泡沫。

事实上,表面张力降低虽能提高泡沫的稳定性,但并不是决定泡沫稳定性的重要因素。之所以如此,是由于液体的表面张力不能像液-液界面张力那样降得很低,因此降低表面张力所起的作用总是有限的。实验证明,决定泡沫稳定性的关键因素是液膜的表面粘度与弹性。表面粘度大,液膜就不易受外界扰动而破裂,同时也会减缓液膜的排液速度和气体透过液膜的流动速度,这自然会提高泡沫的稳定性。为此,为了增强起泡效果在加入起泡剂的同时加入少量的稳定剂(极性有机物),以增加液膜的表面粘度和弹性从而大大延长泡沫寿命。

当泡沫对人们不利的时候就要设法将它破坏,称做消泡。消泡的方法有许多种,其中之一就是喷洒表面活性剂(即消泡剂),向泡沫喷洒消泡剂,能使液膜局部的表面张力很快降低,于是消泡剂在气泡表面迅速展开,同时会带走表面下的一层液体,使液膜局部厚度变薄而破裂,造成泡沫破坏。乙醚、硅油、异戊醇等就是经常使用的消泡剂。

11.7 固体表面

以上各节重点讨论了液体表面,不论纯液体还是溶液都能够自动地缩小表面积以降低表面能,同时溶液表面还能对溶液中的溶质产生表面吸附,以进一步使表面能降低。对于固体,以上两条是无法做到的,因为固体表面上的分子几乎是不能移动的。可以说固体表面上的原子和分子的位置就是在表面形成时它们所处的位置。不管经过多么精心磨光的固体表面,实际上仍是凹凸不平的,两片磨得很平的金属板压在一起,实际的接触面积却只有表观接触面积的千分之一左右。正是由于固体表面的这种不均匀性,使得表面上可能没有两个原子或分子所处的情况是完全一样的。固体表面的这种复杂情况,使得固体表面研究起来比较困难。

但是,固体表面与液体表面有一个重要的共同点,即表面上的力场都是不饱和的,表面分子都处于非均匀力场之中,因此表面张力的存在是共同的。固体的表面现象可能与液体表面不同,但它们的实质都是趋向于使表面能降到最低。

11.7.1 固体表面对气体的吸附现象

为了降低表面张力,固体表面虽然不能像溶液表面那样从体相内部吸附溶质,但却能够从表面外部空间中吸附气体分子。当无规则热运动的气体分子碰撞到固体表面时就有可能被吸附到表面上。固体表面吸附气体分子以后,表面上的不均匀力场就会减弱,从而使表面张力降低。为了方便,在讨论这类吸附问题时将固体叫做吸附剂,而被吸附的物质(气体)叫做吸附质。

吸附是表面效应,即吸附之后固体只改变表面性质,固相内部并不发生变化,这是本节所讨论的情况。此外,固体可能吸收气体,例如 Pd 可吸收 H_2;固体还可能与气体发生反应,例如 $CuSO_4$ 固体可与外界的水蒸气反应化合成 $CuSO_4 \cdot H_2O$, $CuSO_4 \cdot 3H_2O$ 和 $CuSO_4 \cdot 5H_2O$ 等。由于吸收和反应属于体相效应,即平衡后固相中的浓度是均一的,因此不属于本节讨论的对象。

固体表面的吸附作用广泛应用于解决许多实际问题,例如化学工业中常将固体作吸附剂进行催化反应、纯化气体、回收有机溶剂等。城市的环境保护、现代高层建筑和潜水艇的空气调节以及军用和民用的防毒面具等,都是吸附应用的例子。另外,固-气界面的吸附研究为人们了解固体表面情况(例如比表面、表面不均匀程度等)提供有益的信息,这类知识对于解决许多重要的理论问题和实际问题都是十分重要的。

固体表面吸附外界的气体分子,这只是问题的一个方面。在吸附的同时,有些已经被吸附的分子还可能脱离表面重新回到外部空间,这一过程称为脱附。脱附是吸附的逆过程,如图 11-36。我们把 $1m^2$ 表面上在 1s 内所吸附的气体量叫做吸附速率,用 $r_{吸}$ 表示;用 $r_{脱}$ 表示脱附速率。开始时,固

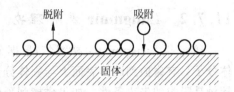

图 11-36 气体分子的吸附与脱附

体表面上被吸附的分子很少,这一阶段 $r_{吸} \gg r_{脱}$,即以吸附为主。随吸附不断进行,表面上的被吸附分子逐渐增多,脱附速率随之增大,当达到一定程度时 $r_{吸} = r_{脱}$,称为吸附平衡。在一定条件(如气体压力、温度等)下,一旦达到吸附平衡,固体表面上所吸附的气体的分子数就不再变化。

达到吸附平衡时,单位质量的固体所吸附的气体的物质的量或其在标准状况下所占有的体积叫吸附量,用符号 Γ 表示:

$$\Gamma = \frac{n}{m} \quad 或 \quad \Gamma = \frac{V}{m}$$

其中 m 是吸附剂的质量。Γ 的单位为 $mol \cdot kg^{-1}$ 或 $m^3 \cdot kg^{-1}$。

显然吸附量与气体的压力和温度有关:

$$\Gamma = f(p, T)$$

Γ, T, p 三者的函数关系一般可以由实验测定,将测量结果用图表示出来叫做吸附曲线。若指定温度,则 $\Gamma = f(p)$,表示此关系的 Γ-p 曲线叫做吸附等温线。它是在一定温度下分别测定不同压力下的吸附量而得到的,若指定压力,则 $\Gamma = f(T)$,曲线 Γ-T 叫做吸附等压线,若指定 Γ,则 $p = f(T)$,这种曲线叫做吸附等量线。使用最多的是吸附等温线。实验结果表明,等温线分为五种不同类型,如图 11-37,这些类型对于研究吸附机理是有帮助的。应该指出,固体对溶液中的许多物质也有吸附现象,本章所讨论的理论和观点对于这种吸附一般也能适用。

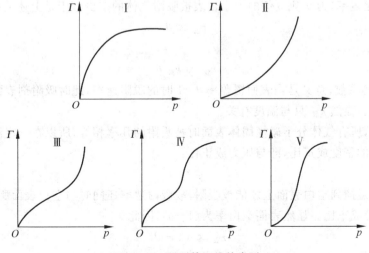

图 11-37 吸附等温线的类型

随着吸附理论的产生与发展,有些吸附等温线的方程已能从理论上导出,对于其中影响较大或使用较广的下面分别予以介绍。

11.7.2 Langmuir 吸附理论

1916 年 Langmuir(兰格缪尔)根据分子间力随距离的增加而迅速下降的事实,提出气体分子只有碰撞到固体表面上与固体分子相接触时才有可能被吸附,即气体分子与表面相接触是吸附的先决条件。如果碰撞到预先已被吸附的气体分子而未与固体表面直接接触,则不可能被吸附,只能发生弹性碰撞重新回到外部空间中去。基于这一观点,他提出如下假定:

(1) 气体只能在固体表面上呈单分子层吸附

既然认为不接触表面的气体分子不可能被吸附,因此不会有两个以上的分子重叠起来停留在表面上,即表面上的被吸附分子最多只能覆盖一层,如图 11-38 所示。

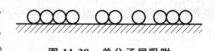

图 11-38　单分子层吸附

(2) 固体表面的吸附作用是均匀的

这就是说,表面上的任何位置对于吸附分子的作用力相同,即当一个气体分子与固体表面发生碰撞时,不论碰到什么位置,它被吸附的几率是完全相同的。一旦它被吸附,则吸附的牢固程度也完全相同。

(3) 被吸附的分子之间无相互作用

这表明被吸附在表面上的分子是相互独立的,因此每个分子的脱附都不受其邻近分子的影响,即它们逃离表面的可能性是完全相同的。

Langmuir 的观点被后人称为 Langmuir 单分子层吸附理论。上述三条基本假定为该吸附理论的定量化打下基础。以此为基础来研究吸附速率和脱附速率,就可以对二者进行定量描述。

因为表面上所有被吸附的分子的脱附是等几率的,所以在一定温度下脱附速率只决定于被吸附分子的数量且必与之成正比关系。设吸附剂表面被所吸附的气体分子覆盖的百分数(简称表面覆盖率)为 θ,则 θ 值的大小代表被吸附气体的多少。于是上述关系可表示为

$$r_{脱} \propto \theta$$

或

$$r_{脱} = k_{脱} \theta \tag{11-52}$$

其中 $k_{脱}$ 是比例系数,意义是当表面覆盖率 $\theta=1$ 时的脱附速率,此时吸附剂表面恰被一层吸附质分子盖满。显然 $k_{脱}$ 只与温度有关。

根据假定,所有气体分子碰撞固体表面时被吸附的几率相等,所以在一定温度下吸附速率与气体分子的密度成正比,即与压力成正比:

$$r_{吸} \propto p$$

因为分子只有碰撞到空白表面上才能被吸附,故吸附速率还同时与空白表面所占的比例(简称表面空白率)成正比。显然表面空白率为 $(1-\theta)$,因此

$$r_{吸} \propto (1-\theta)$$

由以上两式可得

$$r_{吸} = k_{吸}\, p(1-\theta) \tag{11-53}$$

其中 $k_{吸}$ 为比例系数,在一定温度下有定值。

若将吸附与脱附用类似反应方程式的形式表示出来,用 B(g) 代表任意吸附质,用 A 代表空白表面,它们分别用压力 p 和空白率 $(1-\theta)$ 描述,则

$$B(g) + A \rightleftharpoons AB$$
$$p \quad (1-\theta) \quad \theta$$

当吸附达平衡时

$$r_{吸} = r_{脱}$$

将式(11-52)和式(11-53)代入,得

$$k_{吸}\, p(1-\theta) = k_{脱}\, \theta$$

$$\theta = \frac{k_{吸}\, p}{k_{脱} + k_{吸}\, p} = \frac{\dfrac{k_{吸}}{k_{脱}} p}{1 + \dfrac{k_{吸}}{k_{脱}} p}$$

令 $k_{吸}/k_{脱} = b$,上式简写作

$$\theta = \frac{bp}{1+bp} \tag{11-54}$$

此式称做 Langmuir 吸附等温式,也称 Langmuir 方程。其中 b 叫做吸附系数,由其定义可知,b 只是温度的函数,而与吸附质的压力无关。在相同条件下,吸附系数越大,平衡时吸附的气体越多,所以吸附系数可以看做表面对气体吸附程度的量度,就好像一个化学反应的平衡常数是反应进行程度的标志一样。

在式(11-54)中,p 是达吸附平衡时的气体压力,而 θ 是达吸附平衡时的表面覆盖率,吸附量 Γ 当然与 θ 成正比,设比例系数为 Γ_{max},则

$$\Gamma = \Gamma_{max} \theta$$

$$\Gamma = \frac{\Gamma_{max} bp}{1+bp} \tag{11-55}$$

此处比例系数 Γ_{max} 代表 $\theta=1$(即固体表面吸附一层气体分子)时的吸附量,所以是最大吸附量,也称饱和吸附量。对于指定的吸附剂和吸附质,Γ_{max} 值决定于吸附剂的比表面(即单位质量的吸附剂所具有的表面积)。

在低压范围内,$bp \ll 1$,则上式记作

$$\Gamma = \Gamma_{max} bp$$

这表明吸附量与气体压力成正比。在高压范围内,$bp \gg 1$,则

$$\Gamma = \Gamma_{max}$$

这表明表面已被气体分子盖满,吸附量已达最大,即使继续增大压力也不可能再进行吸附。用曲线表示 Γ-p 关系,即得图 11-37 中第 I 种类型。所以 Langmuir 公式可以看做类型 I 等温线的方程。

通常情况下,吸附量 Γ 习惯用单位质量的吸附剂所吸附气体的体积(标准状况)来表示,即 $\Gamma = V/m$,则最大吸附量 Γ_{max} 即为 V_{max}/m。其中 V 是质量为 m 的吸附剂所吸附气体的体积,它可由吸附实验直接测定;V_{max} 代表吸附剂表面被一层气体分子覆盖时所需气体的体积。于是式(11-55)为

$$V = \frac{V_{\max}bp}{1+bp}$$

$$V + bpV = V_{\max}bp$$

上式两端同除以 $bVV_{\max}$ 并整理,得

$$\frac{p}{V} = \frac{p}{V_{\max}} + \frac{1}{bV_{\max}} \tag{11-56}$$

这种形式的 Langmuir 公式在处理实验数据时用得最多。此式描述吸附体积 V 与压力 p 的关系。若在一定温度下,实验测量不同压力时的吸附体积,则 p/V-p 图是一条直线,直线的斜率等于 $1/V_{\max}$,截距等于 $1/bV_{\max}$,由此就可求出吸附系数 b 和最大吸附体积 $V_{\max}$。

由吸附实验求取 b 和 $V_{\max}$,具有重要意义,对于实际生产过程和理论研究都有好处。b 代表固体表面对气体的吸附程度,其对于研究吸附的重要性不言自明。$V_{\max}$ 的用途可分为两个方面:① 若实验中选一定量的比表面已知的固体,则表面积 A 已知。由测得的最大吸附体积 $V_{\max}$ 可以计算出将表面盖满一层时所需要的气体分子数 N。于是 A/N 近似等于一个气体分子的截面积,从而可估算分子直径。分子的外形尺寸对于理论研究具有重要意义。② 若选用已知分子直径的气体进行吸附实验,由 $V_{\max}$ 求出分子数 N,从而估算出固体的表面积 A,最终求得比表面。比表面是衡量吸附剂的一个重要指标,对于吸附和催化过程的理论研究及实际效益都是有决定意义的。

倘若吸附质是气体 A 和 B 的混合物,则很容易导出 Langmuir 混合吸附公式:

$$\left. \begin{array}{l} \theta_A = \dfrac{b_A p_A}{1+b_A p_A + b_B p_B} \\[2mm] \theta_B = \dfrac{b_B p_B}{1+b_A p_A + b_B p_B} \end{array} \right\} \tag{11-57a}$$

其中 θ_A 和 θ_B 分别为 A 分子和 B 分子的表面覆盖率,p_A 和 p_B 为吸附平衡时 A 和 B 的分压,b_A 和 b_B 为吸附系数。若用 V_A 和 V_B 分别代表达混合吸附平衡时 A 和 B 的吸附体积(标准状况),$V_{\max,A}$ 和 $V_{\max,B}$ 分别为单独用 A 或 B 的分子将表面盖满时所需的气体的体积,则上式可写作

$$\left. \begin{array}{l} V_A = \dfrac{V_{\max,A} b_A p_A}{1+b_A p_A + b_B p_B} \\[2mm] V_B = \dfrac{V_{\max,B} b_B p_B}{1+b_A p_A + b_B p_B} \end{array} \right\} \tag{11-57b}$$

若有更多气体同时参与吸附,公式可用同样的方法类推。在研究表面上的化学反应时,混合吸附公式是很有用的。

总的说来,如果表面的吸附作用相当均匀,且吸附只限于单分子层,Langmuir 公式能够较好地代表实验结果。实践证明,Langmuir 理论较正确地解释和预测了一部分实验数据,获得了一定的成功。这个理论对于以后吸附理论的发展具有重要影响。

应该指出,Langmuir 的基本假定并不是严格的,例如相邻的被吸附分子无相互作用这就是不可能的,另外它也只能解决单分子层吸附的情况,无法解释第 Ⅱ 至 Ⅴ 类型的等温线,有很大的局限性。尽管如此,Langmuir 方程也不失为一个重要的公式。它的导出,是第一次对气-固吸附形象的描述,对后来吸附理论的进一步发展和某些等温式的建立起了奠基作用。

例 11-3 273.15K 时 1g 活性炭在不同压力下吸附 $N_2(g)$ 的体积（已换算成 273.15K，101325Pa）如下表：

p/Pa	523.9	1730.2	3057.9	4533.5	7495.5
V/mL	0.987	3.04	5.08	7.04	10.31

试证明 N_2 在活性炭上的吸附服从 Langmuir 等温式，并求常数 Γ_{max} 和 b。

解：根据以上实验数据，计算出不同压力下的 p/V 值如下：

p/Pa	523.9	1730.2	3057.9	4533.5	7495.5
$\frac{p}{V}$/(Pa·m^{-3})	5.308×10^8	5.691×10^8	6.019×10^8	6.440×10^8	7.270×10^8

绘图 p/V-p，得一直线，如图 11-39 所示。这表明该吸附服从 Langmuir 等温式(11-56)：

$$\frac{p}{V} = \frac{p}{V_{max}} + \frac{1}{bV_{max}}$$

由图求出该直线的斜率

$$\frac{1}{V_{max}} = 31250 \text{m}^{-3}$$

截距

$$\frac{1}{bV_{max}} = 5.157\times10^8 \text{Pa·m}^{-3}$$

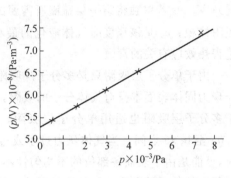

图 11-39　p/V-p 图

求得

$$V_{max} = 3.20\times10^{-5}\text{m}^3, \quad b = 6.06\times10^{-5}\text{Pa}^{-1}$$

Γ_{max} 是最大吸附量，所以

$$\Gamma_{max} = \frac{V_{max}}{m} = \frac{3.20\times10^{-5}}{10^{-3}} \text{m}^3 \cdot \text{kg}^{-1} = 3.20\times10^{-2} \text{m}^3 \cdot \text{kg}^{-1}$$

11.7.3 BET 吸附理论

在 Langmuir 单分子层吸附理论的基础上，由 Brunauer，Emmett 和 Teller 于 1938 年提出多分子层吸附理论，简称 BET 理论。

BET 理论接受 Langmuir 关于固体表面均匀以及被吸附分子间无相互作用的两个基本假定，即气体分子的吸附以及被吸附分子的脱附对不同分子都是等几率的。所不同的是 BET 理论的基本观点认为固体对气体的吸附是多分子层，且认为并不是第一层盖满之后才开始第二层，而是一开始就表现为多层，即被表面所吸附的气体分子还可能继续吸附外部空间的气体分子，如图 11-40。该理论认为，除第一层外，第一层对第二层的吸附、第二层对第三层的吸附等均是靠 Van der Waals 力，这些吸附就像气体液化一样。

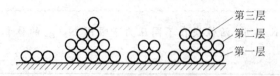

图 11-40 多分子层吸附

多层吸附使得许多分子在表面上堆积起来,被埋在里边的分子既不能再继续吸附也不可能脱附。每一层的吸附速率都正比于气体的压力和前一层所暴露在外面的表面积,而每一层的脱附速率都正比于该层尚未被覆盖的表面积。当吸附平衡时每一层的吸附速率等于该层的脱附速率,即所有各层均处在这样的动态平衡。以此为基础对吸附进行定量处理,结果得到下式:

$$V = \frac{CpV_{max}}{(p_v - p)[1 + (C-1)p/p_v]} \tag{11-58}$$

此式叫做 BET 公式或 BET 方程,其中 V 代表气体压力为 p 时所吸附气体的体积(标准状况);V_{max} 是若单独将第一层盖满所需要的气体的体积(标准状况),故也称单层最大(饱和)吸附体积;p_v 是该温度时气体液化的最小压力,即吸附质的饱和蒸气压;C 是一个与吸附过程热效应有关的常数。

由于单分子层吸附只是多分子层吸附的一种特殊情况,可以想象,当吸附量很小时主要表现为固体表面本身对气体分子的吸附,多层吸附就变成单层吸附了,所以 BET 公式适用于多分子层吸附也适用单分子层吸附。但实验发现,它的适用范围是相对压力 p/p_v 在 0.05 至 0.35 之间。当气体压力过小或过大时,其计算值与实验值呈现偏差。当压力太小时,可能是由于表面各部位的不均匀性不可忽略;当压力太高时,可能是由于分子的脱附受到邻近的其他被吸附分子的明显影响。这些实际情况都是与推导公式时的基本假定相矛盾的。可见 BET 公式与 Langmuir 公式一样也只能用来进行粗略的计算。

BET 公式的重要用途之一是测定固体的比表面。对固体比表面的测定虽然曾有过许多研究,提出过许多种方法,但大家公认的是 BET 法最为简单可靠,而且经过了许多实验的检验。

式(11-58)整理后可写成

$$\frac{p}{V(p_v - p)} = \frac{C-1}{V_{max}C} \cdot \frac{p}{p_v} + \frac{1}{V_{max}C} \tag{11-59}$$

在测定不同压力下的吸附体积以后,若以 $p/[V(p_v-p)]$ 对 p/p_v 绘图,得一直线,其斜率为 $(C-1)/(V_{max}C)$,截距为 $1/(V_{max}C)$,所以

$$V_{max} = \frac{1}{斜率 + 截距}$$

若已知被吸附气体分子的横截面积,则容易由 V_{max} 求出固体的比表面 A_m。在测定比表面时,通常使用 N_2 为吸附质,它的分子截面积 $A_c = 16.2 \times 10^{-20} \text{m}^2$。

例 11-4 对于微球硅酸铝催化剂,在 77.2K 时以 N_2 为吸附质,测得吸附量与氮气平衡压力的数据如下:

p/Pa	8700	13639	22112	29924	38910
$\Gamma/(\text{m}^3 \cdot \text{kg}^{-1})$	0.11558	0.12630	0.15069	0.16638	0.18442

已知 77.2K 时液氮的饱和蒸气压为 99125Pa，N_2 分子的截面积为 $16.2 \times 10^{-20} \text{m}^2$，试用 BET 公式计算该催化剂的比表面。

解：根据 BET 等温式(11-59)，因为 $V = \Gamma m = \Gamma \cdot 1\text{kg}$，所以可从 Γ 求得 V，于是从所给数据可得 $\dfrac{p}{V(p_v - p)}$ 及 $\dfrac{p}{p_v}$ 如下：

$\dfrac{p}{V(p_v - p)}/\text{m}^{-3}$	0.832	1.26	1.91	2.60	3.50
$\dfrac{p}{p_v}$	0.0878	0.1376	0.2231	0.3019	0.3925

由 $p/[V(p_v - p)]$ 对 p/p_v 绘图得一直线（图 11-41），由此求得：

$$\text{直线斜率} = \frac{C-1}{V_{\max}C} = 8.65 \text{m}^{-3}$$

$$\text{直线截距} = \frac{1}{V_{\max}C} = 0.130 \text{m}^{-3}$$

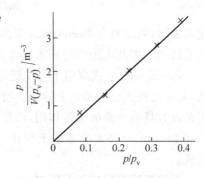

图 11-41　例 11-4 图示

所以单层最大吸附体积为

$$V_{\max} = \frac{1}{\text{斜率} + \text{截距}} = \frac{1}{8.65 + 0.13} \text{m}^3 = 0.114 \text{m}^3$$

故该催化剂的比表面为

$$\begin{aligned}
A_m &= V_{\max} \text{ 中的 } N_2 \text{ 分子数} \times N_2 \text{ 分子的截面积} \\
&= \frac{(V_{\max}/m)L}{22.4 \times 10^{-3} \text{m}^3 \cdot \text{mol}^{-1}} \cdot A_c(N_2) \\
&= \frac{(0.114/1) \times 6.023 \times 10^{23}}{22.4 \times 10^{-3}} \times 16.2 \times 10^{-20} \text{m}^2 \cdot \text{kg}^{-1} \\
&= 496000 \text{m}^2 \cdot \text{kg}^{-1}
\end{aligned}$$

由此可见，作为气相反应催化剂的固体，比表面是很大的。比表面是衡量催化剂性能的一个重要指标，一般的固体催化剂，1kg 的表面积在几百万（乃至几千万）平方米。否则，它就不可能具备好的催化作用。

式(11-58)具体叫做 BET 二常数公式。还有一个 BET 三常数公式，此处不再说明。在导出 BET 公式之后，Brunauer-Deming 夫妇和 Teller 又考虑到吸附时的毛细凝结现象，结果又导出了一个复杂的公式。虽然这个公式实用价值不大，但与 BET 二常数公式和三常数公式一起，第一次成功地解释了图 11-37 中的全部五种类型的吸附等温线，使人们对吸附的认识大大地深入了一步。与 Langmuir 理论一样，BET 理论也认为固体表面完全均匀，同一层被吸附分子间无横向相互作用。这不仅与事实不符，也有自相矛盾之处：①因为实际的固体表面总是不均匀的；②BET 理论假定多层吸附时相邻两层间靠的是 Van der Waals 引力，同时认为同一层被吸附分子间无相互作用，这本身是相矛盾的。因为我们没有理由认为只有上下分子间才有相互吸引而左右分子间毫无作用。这种情况使得 BET 公式的计算结果有时与实验事实不符(例如当 p/p_s 过大或过小时)。多年来,许多人想建立一个包括表面不均匀性和分子间有相互作用的吸附理论,但至今仍未取得满意的结果。因此,尽管 BET 理论还有种种缺点,但至今它应用最为广泛,仍不失为现今最成功的吸附理论。

*11.7.4　Freundlich 公式

Freundlich(弗伦德利希)吸附等温式将吸附量 Γ 与气体压力 p 描述成如下关系:

$$\Gamma = kp^{1/n} \tag{11-60}$$

其中 k 和 n 是经验常数,在一定温度下它们只与吸附剂和吸附质本身有关,一般情况下 n 大于 1。

Freundlich 公式还可写作

$$\lg\{\Gamma\} = \frac{1}{n}\lg\{p\} + \lg\{k\} \tag{11-61}$$

此式表明,对于符合 Freundlich 等温式的气-固吸附来说,$\lg\{\Gamma\}$ 对 $\lg\{p\}$ 作图应得一直线,且由直线的斜率和截距可分别求出常数 n 和 k。

Freundlich 公式应用十分广泛,此式正是由于这个原因而得名。开始它只是个经验公式,后来已被人们从理论上导出。有人考虑到固体表面的不均匀性,认为表面上优先进行吸附的地方具有较强的吸附作用,随覆盖率增大,所剩下的空白表面的吸附作用越来越弱,而后在 Langmuir 公式的基础上导出了式(11-60)。也有人从热力学角度导出了 Freundlich 公式。

其他吸附等温式还有很多,因为用得较少,且大多是纯经验公式,本书不再介绍。

固体不仅吸附气体,也能吸附溶液中的物质。固体自溶液中的吸附在工业上具有广泛的应用,如在水和废水的净化过程中,广泛应用活性炭作吸附剂,除去水溶液中的有机物。这类吸附的吸附量 Γ 用单位质量的固体所吸附的吸附质的物质的量表示,一般用 Langmuir 等温式(11-54)或 Freundlich 公式(11-60)定量处理,此时应把公式中的压力 p 换成吸附质的浓度 c。有时也出现多分子层吸附的情况,并能用 BET 公式处理。

11.7.5　吸附热力学

在吸附过程中,气体分子由三维空间转移到表面上,几乎失去了平动运动,所以伴随着熵的减少,$\Delta S < 0$。另外,由于吸附过程是自发过程,据 Gibbs 函数减少原理,$\Delta G < 0$。根据热力学公式 $\Delta G = \Delta H - T\Delta S$ 可知,吸附过程 $\Delta H < 0$,ΔH 称为吸附热。此结果表明,吸附过程是放热过程。一般说来,气体的吸附过程相当于蒸气的液化,所以总是放热的。

吸附平衡可以看做空间中的气体与表面上被吸附气体的平衡。在吸附量恒定的情况下,这一平衡服从克-克方程,记作

$$\left(\frac{\partial \ln\{p\}}{\partial T}\right)_\Gamma = \frac{-\Delta H_m}{RT^2} \tag{11-62}$$

其中 p 和 T 分别为平衡压力和平衡温度,ΔH_m 是等量吸附热。单位为 $J \cdot mol^{-1}$。此式表明,在保持吸附量不变的条件下,温度升高时压力增大,即当温度升高之后只有将气体压力增大才能保证吸附量不变。这是因为脱附过程是吸热过程,从平衡观点来看,提高温度对脱

附有利。而提高压力则对吸附有利,从而在提高温度的同时增大气体压力才能维持吸附量不发生变化。

吸附热可以由实验直接测定,也可由克-克方程进行计算。为此须将式(11-62)积分,整理得

$$\Delta H_m = \frac{RT_1 T_2}{T_2 - T_1} \ln \frac{p_1}{p_2}$$

p_1 和 p_2 分别是温度为 T_1 和 T_2 时使吸附量固定在某值时的压力,它们可以由不同温度下的吸附等温线得出。

表面对气体分子的吸附作用越强,吸附时就放热越多,因此吸附热是吸附强度的度量,人们通常用吸附热的大小表示吸附强度。实验测定和计算结果都表明,吸附热并不是常数,一般都随吸附量的增加而下降。这就说明了两个问题:①固体表面实际上是不均匀的,②表面上优先吸附的地方总是吸附强度较大的位置。吸附热数据为固体表面的研究和催化剂的研究提供了有益的依据。

11.7.6 吸附的本质——物理吸附和化学吸附

以上讨论了吸附的一般现象,为了进一步深入研究,就需要知道究竟是什么作用使气体分子可以吸附在固体表面上,这就是吸附现象的本质问题。按照被吸附分子与表面上固体分子或原子间的互相作用不同,可将吸附分作物理吸附和化学吸附两类。物理吸附实质是一种物理作用,在吸附过程中没有电子转换,没有化学键的生成与破坏,没有原子重排等等,而产生吸附靠的是 Van der Waals 引力,所以物理吸附类似于气体在表面上凝聚。化学吸附实质是一种化学反应,固体表面分子与被吸附分子之间形成了化学键。这是由于固体表面上的分子或原子与内部不同,它还有空余的成键能力,于是与被吸附分子形成化学键,所以化学吸附可以看做表面上的化学反应。

由于固体表面与被吸附分子间的相互作用力具有上述两种不同情况,决定了物理吸附与化学吸附如表 11-4 所示的不同。互相不接触的物质间是不可能发生化学反应的,所以化学吸附只能是单分子层的。可见服从 Langmuir 公式的吸附可能是物理吸附也可能是化学吸附。而 BET 理论只是物理吸附理论,它使人们对物理吸附有了较深入的了解。物理吸附无选择性,表面能吸附任何气体,当然不同气体的吸附量各不相同;化学吸附则具有高选择性,只有那些可能与表面成键的气体才可能被吸附。

表 11-4 物理吸附与化学吸附的比较

性　　质	物　理　吸　附	化　学　吸　附
吸附力	Van der Waals 引力	化学键力
吸附热	近于液化热	近于化学反应热
选择性	无	有
吸附层数	单层或多层	单层
稳定性	不稳定,易脱附	稳定,不易脱附
吸附速率	较快,不受温度影响	较慢,温度升高速率加快
吸附温度 T	$T \leqslant$ 吸附质沸点	$T \gg$ 吸附质沸点
吸满单层的压力	$p/p_v \approx 0.1$	$p/p_v \ll 0.1$

鉴于一般化学反应热都大于几十 kJ·mol^{-1}，远远大于液化热（几 kJ·mol^{-1}），所以吸附热是区别化学吸附和物理吸附的一个重要标志。人们常用吸附热来判断吸附种类。此外也还有其他办法，例如可以通过吸收光谱来观察吸附后的状态，在紫外、红外及可见光谱区，若出现新的特征吸收带，这是化学吸附的标志。物理吸附只能使原吸附分子的特征吸收带发生某些位移或者在强度上有所改变，而不会产生新的特征谱带。

应该指出的是，物理吸附本身与化学吸附不同，但两者是相关的。首先，两种吸附常是相伴发生的。例如氧在金属钨表面上的吸附同时有三种情况：①原子状态的氧被吸附，这无疑是化学吸附；②分子状态的氧被吸附，这显然是物理吸附；③还有的氧分子被吸附在氧原子上，形成多层吸附。另外，若详细地研究化学吸附的机理便会发现，气体分子总是首先物理吸附到表面上，然后再与表面发生反应。所以可以说物理吸附是化学吸附的前奏，如果没有物理吸附，许多化学吸附将变得很慢，因而实际上不会发生。

有时吸附温度的变化会改变吸附性质。例如 H_2 在 Ni 上的吸附等压线如图 11-42 的形状。在低温范围内，分子能量较低，化学吸附速率很低，主要表现为物理吸附。温度升高，对吸附不利，吸附量 Γ 减小，如图中 AB 段所示。越过最低点 B 后，由于分子能量增加使化学吸附速率提高，吸附量逐渐增加。当达到最高点 C 时化学吸附达到了平衡。但化学吸附是放热反应，故温度继续上升，平衡向脱附方向移动，吸附量又开始逐渐下降。由此看来，一般的吸附过程都不是单一的，因此常需要同时考虑两种吸附在整个吸附过程中的作用。

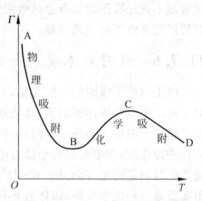

图 11-42　H_2 在 Ni 上的吸附等压线

11.8　胶体及其基本特征

以上各节讨论了液体表面、固体表面以及固-液界面的基本性质和有关知识。从本节开始介绍一类具有巨大界面的系统——胶体的一般性质。

11.8.1　分散系统的分类

一种或几种物质分散在另一种物质之中所形成的系统称为分散系统。人们每天所接触的各种溶液（如盐水、糖水等）就是最常见的分散系统。另外，水滴分散在空气中形成的云雾、颜料分散在油中形成的油漆、气体分散在液体中形成的泡沫以及固体颗粒分散在空气中形成的烟尘等都是分散系统的实例。为了便于讨论，我们将被分散的物质称做分散相，而另一种物质称做分散介质，因此，在分散系统中总是分散相被分散在分散介质之中。

分散系统具有广泛的含义，如果按照分散程度的高低（即分散相粒子的大小）来分类，则分散系统可分为如下三类：

(1) 分散相粒子的半径小于 10^{-9} m，相当于单个分子或离子的大小。这类分散系统分散程度最高，构成均相系统，这就是通常所说的溶液，也称为真溶液。有关这类分散系统的知识已在前面一些章节中较详细地介绍了。

(2) 分散相粒子的半径在 $10^{-9}\sim 10^{-7}$ m 范围内,比单个分子或离子要大得多,分散相的每一个粒子都是由许许多多分子或离子组成的集合体,这类分散系统称做胶体。用肉眼或普通显微镜来观察胶体,与真溶液一样透明,几乎二者没有区别,其实不然,在高倍显微镜下可以发现,胶体中的分散相和分散介质是不同的两相。换言之,胶体系统是一种高度分散的多相系统,人们将其中的分散相称为胶体粒子,也简称为胶粒。与水亲合力差的难溶性固体物质高度分散在水中所形成的胶体也常称为溶胶,例如 AgI 溶胶、SiO_2 溶胶、硫溶胶、金溶胶等,以下各节所讨论的胶体就是这种溶胶。

(3) 分散相粒子半径在 $10^{-7}\sim 10^{-5}$ m 之间,用普通显微镜甚至肉眼已能分辨出是多相系统,称为粗分散系统,例如泥浆、牛奶等就属于粗分散系统。

另外,还可以按照分散相与分散介质的不同聚集状态对分散系统进行分类,可将多相分散系统分为八种类型,如表 11-5 所示。

在分散系统中,胶体界于均相的分子分散系统与粗分散系统之间,它看似均匀而实际并不均匀,分散相特有的分散程度使得胶体具有许多独特性质。

表 11-5 多相分散系统的分类

分散相	分散介质	名称	实例
固体	液体	溶胶、悬浮液	AgI 溶胶、泥浆
液体	液体	乳状液	牛奶
气体	液体	泡沫	肥皂水泡沫
固体	固体	固溶胶	有色玻璃
液体	固体	凝胶	珍珠
气体	固体	固体泡沫	面包、泡沫塑料
液体	气体	气溶胶	云、雾
固体	气体	气溶胶	烟、尘

11.8.2 胶体的基本特征

胶体系统具有以下三个基本特征:

(1) 多相性

在胶体系统中,分散相粒子由众多分子或离子组成,粒子内部与外面分散介质的许多物理性质和化学性质都不相同,所以性质是不均匀的,因而是多相系统。一个系统的相数只能以有无性质突变的界面为判断依据,决不可凭直观的感觉。事实证明包围胶体粒子的界面是相界面。

(2) 高分散性

这一点是指胶体与一般的多相系统不同。一般的多相系统(例如气-液平衡系统、泥浆等)中的每一个相都是显而易见的,而胶体中的一相(例如溶胶中的固相)被细分到肉眼不可发现的程度,以至许多溶胶常被人误认作溶液。溶胶也常被称为胶体溶液,这里虽然引用了"溶液"二字,但系统并不是均相。

(3) 不稳定性

由于胶体是具有高分散程度的多相系统,因而具有很高的界面能,是热力学的不稳定系统。分散相粒子将自动地相互合并,小粒子变成大粒子而最终下沉,此时的系统就不再是胶体。由此可见,许多胶体虽然能稳定地存在相当长的时间,例如有的可长达几十年乃至更长,但这种稳定总是暂时的和相对的,最终它必然被一个能量较低的系统所取代。

胶体的许多性质,如光学性质、动力性质和电性质等都是由这三个基本特征引起的。高分子溶液本来是真溶液,但由于分子大小恰在胶体分散系统范围之内,故有许多性质与胶体相同,本书不具体介绍这方面的内容。

11.9 胶体的性质

胶体的性质可具体分为六个方面:①表面性质,由于胶体粒子半径在 $10^{-9} \sim 10^{-7}$ m 范围内,其内部必有很高的附加压力,所以胶体粒子实际上是高压粒子,同时,胶粒表面自动地将介质中能够使表面张力降低的离子吸附到表面上;②流变性质(即流动变形性质),主要指与胶体粘度相关的性质,它是评价胶体系统的一个重要指标;③光学性质;④动力性质;⑤电性质;⑥稳定性质。应该指出,胶体的上述六个性质并不是相互孤立的,它们往往相互关联,甚至有因果关系。以下分别对后四个性质进行简要的介绍。

11.9.1 胶体的光学性质

由于胶体粒子具有特定的大小,决定了它对可见光的强烈散射作用。另外,许多胶体溶液表现出对光的特殊吸收作用,使溶胶显示出丰富多彩的颜色。但由于对光的吸收作用主要取决于化学组成,并非胶体溶液的光学通性,所以我们主要介绍胶体对光的散射性质。

如果有一束可见光线通过胶体溶液,我们在与光束前进方向垂直的侧向上观察,可以看到溶胶中显出一个混浊发亮的光柱,如图 11-43 所示。这种乳光现象叫做 Tyndall(丁达尔)效应。

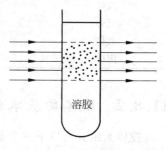

图 11-43 Tyndall 效应

Tyndall 效应的原因是由于胶体粒子对光的散射而引起的。当光线照射到不均匀的介质时,如果粒子直径大于光的波长,则粒子表面对光产生反射作用,例如粗分散的悬浮液就属于这种情况。如果粒子直径小于光的波长,则粒子对光产生散射作用。其实质是光是一种电磁波,在传播过程中入射光的电磁波使粒子中的电子发生与入射光同频率的强迫振动,致使粒子本身像一个新的光源一样向各个方向发出与入射光同频率的光波。由于胶体粒子的直径比可见光波要短,因而对入射光产生散射,我们所看到的溶胶中的发亮光柱正是这种光散射的结果。

Rayleigh(雷莱)曾提出散射光强度的定量关系式:

$$I = kI_0 = \frac{24\pi^3 \overline{N} V^2}{\lambda^4} \left(\frac{n^2 - n_0^2}{n^2 + 2n_0^2} \right)^2 I_0 \tag{11-63}$$

其中 I_0 和 I 分别为入射光和散射光的强度,λ 是入射光波长,n_0 和 n 分别为分散介质和分散相的折射率,$\overline{N}$ 是胶体粒子浓度(即单位体积的溶胶中的胶体粒子数),V 是单个粒子的体积。由上式可以看出,散射光强度与入射光波长的四次方成反比。因此波长越短的光散射越强。在可见光中,蓝光和紫光的波长最短,有较强的散射,而红光波长最大,散射较弱,大部分透过溶胶。因此,当用可见光照射无色溶胶时,在入射光的对面可以看到近于红色的光,而在侧面会观察到近于蓝紫色的光。对于纯液体,$n_0 = n$,由上式可知散射光强度 $I=0$,即可以认为纯液体对光无散射现象。对于真溶液,一则由于溶质有较厚的溶剂化层,使分散介质和分散相的折射率 n_0 和 n 相差不大,二则由于溶质粒子的体积 V 很小,所以散射光也相当微弱。只有溶胶,其 n_0 和 n 相差较大,且粒子体积 V 也有合适的大小,因此有较强的光散射现象,所以,Tyndall 效应是胶体特有的光学性质,它常被用于鉴别一个液体是溶胶还是真溶液。

胶体的光散射性质具有极重要的科学意义,从光散射的测量可以得到粒子的大小、质量以及扩散系数等许多有用性质。20 世纪 60 年代激光器问世以后,光散射领域又有了很大发展,目前,光散射方法已成为研究胶体及高分子溶液不可缺少的工具。

11.9.2 胶体的动力性质

在研究胶体时,胶体粒子的大小、质量甚至形状都是重要的资料。这些重要数据主要来源于胶体的动力性质。

在真溶液中,分散相粒子是溶质分子或离子,它们在溶液中做无规则热运动,在溶液中均匀分布。在粗分散系统(如泥浆)中,分散相粒子较大,若分散相密度大于分散介质,则在重力场中将表现为沉降运动,一杯泥浆静止一段时间后其中的泥沙便会沉到水底。而胶体粒子具有特定大小,介于真溶液和粗分散系统之间,从而热运动与沉降运动兼而有之。

1. 热运动

胶体粒子的热运动,在微观上表现为 Brown(布朗)运动,在宏观上表现为扩散。1826 年英国植物学家 Brown 在显微镜下观察悬在水中的花粉时,发现这些小颗粒在不停地乱动。后来发现不仅花粉如此,其他细粉(如煤、矿物等的粉末)也是如此,至 1903 年 Zsigmondy 发明了超显微镜,用于观察比花粉颗粒小得多的胶体粒子,同样发现胶体粒子在介质中作的无规则运动。对于一个粒子,若每隔一段时间记录它的位置,则可得到类似于图 11-44 所示的完全不规则的运动轨迹。这种运动叫做胶体粒子的 Brown 运动。

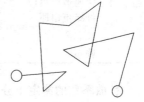

图 11-44 胶体粒子的 Brown 运动

若一个比胶体粒子大得多的固体颗粒处于水中,它每一时刻都将受到四周水分子来自各个方向的撞击。一是由于这种撞击的次数数以万计,不同方向的撞击力大体相互抵消,二则由于颗粒质量较大,致使水分子的撞击不至引起固体颗粒的明显运动,甚至根本不动,但是对于溶胶中的胶体粒子来说情况就不同了,首先由于粒子很小,每一时刻所受周围水分子的撞击次数明显减少,于是不能相互抵消,所以粒子不断地从不同方向受到不同的撞击力。这种撞击力足以推动质量不大的胶体粒子,因而形成了不停的无规则运动。可见,粒子的 Brown 运动是分子热运动的结果,它实际上是比分子大得多的胶体粒子的热运动。所以它不需要消耗能量,是系统中分子固有热运动的表现。借助超显微镜人们发现,Brown 运动的速度取决于粒子的大小,介质的温度和粘度等,粒子越小,温度越高,粘度越小则运动就越剧烈。

尽管 Brown 运动是粒子的无规则热运动,但 Einstein(爱因斯坦)利用统计的观点最终导出了有名的 Brown 运动公式,定量的描述了 Brown 运动平均位移与时间的关系,进而导出了运动的平均速度。有关这方面的内容本书从略。

既然胶体粒子有 Brown 运动,因此当有浓差存在时,它必然由高浓区域向低浓区域扩散。这是由于 Brown 运动和扩散运动是胶体粒子热运动的不同表现形式,两种运动具有内在联系,扩散是 Brown 运动的宏观表现,而 Brown 运动是扩散的微观基础。

胶体粒子的扩散速度服从 Fick(菲克)定律:

$$\frac{dN}{dt} = DA \frac{d\overline{N}}{dx} \qquad (11\text{-}64)$$

其中 dN/dt 为单位时间内通过截面积 A 的扩散量,$d\overline{N}/dx$ 为浓度梯度。Fick 定律表明单位时间的扩散量与截面积 A 和浓度梯度成正比。比例常数 D 称为扩散系数,意义是:当单位浓度梯度时,单位时间内通过单位截面的扩散量,其值与粒子半径 r、介质粘度 η 及温度 T 有关,Einstein 导出了如下关系:

$$D = \frac{kT}{6\pi\eta r} \qquad (11\text{-}65)$$

其中 k 为 Boltzmann 常数。此式只适用于球形粒子。

扩散系数 D 是溶胶动力性质的重要参数,它是扩散强弱的标志,其值可以用多种方法进行测量,表 11-6 列出了一些溶胶在 293K 时的扩散系数值。

表 11-6　293K 时的扩散系数

物　质	相对分子质量或粒子半径	$D \times 10^{10}/(\text{m}^2 \cdot \text{s}^{-1})$
核糖核酸酶	13683	1.068
胶态金	半径为 1.3×10^{-9}m	1.63
牛血清白蛋白	66500	0.603
纤维蛋白原	330000	0.197
胶态金	半径为 4.0×10^{-8}m	0.049
胶态硒	半径为 5.6×10^{-8}m	0.038

扩散系数的测定十分有用。由式(11-65)可知,对于球形粒子,当 D 值测定之后可以计算出粒子半径

$$r = \frac{kT}{6\pi\eta D} \qquad (11\text{-}66)$$

若分散相密度为 ρ,则单个胶体粒子的质量为

$$m = \frac{4}{3}\pi r^3 \rho$$

将式(11-66)代入并整理得

$$m = \frac{\rho}{162\pi^2}\left(\frac{kT}{\eta D}\right) \qquad (11\text{-}67)$$

在应用式(11-66)和式(11-67)计算胶体粒子半径和质量时应注意两点:①式中的 r 是指球形粒子的流体力学半径。所以在有溶剂化时,r 应当为溶剂化粒子的半径;②若胶体粒子的大小不同,称为多级分散溶胶,这样求出的 r 和 m 是平均值。除上述用途之外,还可由扩散系数估算最大溶剂化数,对非球形粒子还可确定其大致形状等,因此,测定扩散系数已成为研究溶胶的一个重要方法。

胶体粒子具有明显的热运动,在这一点上与真溶液中的溶质分子相同,所不同的是胶体粒子热运动的剧烈程度远比不上分子,Brown 运动的平均速度远小于分子热运动的速度。另外,从实际测量可知,一般情况下真溶液的扩散系数约为溶胶的几百倍。

2. 沉降

热运动是粒子本身所固有的无规则运动,而沉降运动则是在外力场作用下的运动,通常引起沉降的是重力场。溶液中的分子热运动十分剧烈,它足以克服重力的作用而不沉降。但胶体粒子是大量分子的集合体,且一般这种粒子的密度大于分散介质的密度,于是粒子在重力场作用下有向下沉降的趋势。沉降的结果使底部粒子浓度大于上部,即造成上下的浓差,而粒子的扩散将促使浓度趋于均一。由此可见,重力作用之下的沉降与浓差作用之下的扩散是两种效果相反的效应。作为沉降推动力的重力是不变的,而沉降过程中上下浓差逐渐增大,即扩散的推动力不断增大。当这两种效果相反的推动力等值时,粒子随高度的分布便形成一定的浓度梯度,并达到平稳状态,即一定高度处的粒子浓度不再随时间而变化,这种状态称为沉降平衡,如图 11-45 所示。因粒子在重力场中的分布服从 Boltzmann 分布,因此可用统计力学方法处理。若胶体粒子的半径为 r,粒子和分散介质的密度分别为 ρ 和 ρ_0,则在重力场作用下粒子所受到下沉的净力为

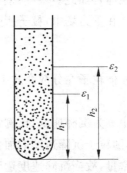

图 11-45 沉降平衡时浓度梯度确定

$$f_{沉} = \frac{4}{3}\pi r^3 (\rho - \rho_0) g \tag{11-68}$$

沉降平衡即是在此力场下粒子的平衡分布。若将溶胶中不同高度处粒子的沉降势能视为各种不同的能级,则 h_1 处的能级为

$$\varepsilon_1 = f_{沉} h_1 = \frac{4}{3}\pi r^3 (\rho - \rho_0) g h_1 \tag{11-69}$$

h_2 处的能级为

$$\varepsilon_2 = f_{沉} h_2 = \frac{4}{3}\pi r^3 (\rho - \rho_0) g h_2 \tag{11-70}$$

设 h_1 处的粒子浓度(即单位体积中包含的粒子数)为 $\overline{N}_1$,h_2 处为 $\overline{N}_2$。根据 Boltzmann 分布定律,$\overline{N}_1$ 与 $\overline{N}_2$ 之比等于相应两个能级上的 Boltzmann 因子之比:

$$\frac{\overline{N}_2}{\overline{N}_1} = \frac{\exp(-\varepsilon_2/kT)}{\exp(-\varepsilon_1/kT)}$$

即

$$\frac{\overline{N}_2}{\overline{N}_1} = \exp[-(\varepsilon_2 - \varepsilon_1)L/RT]$$

其中 L 为 Avogadro 常数。将式(11-69)和式(11-70)代入上式得

$$\boxed{\frac{\overline{N}_2}{\overline{N}_1} = \exp\left[-\frac{4}{3}\pi r^3 (\rho - \rho_0) gL(h_2 - h_1)/RT\right]} \tag{11-71}$$

此即胶体粒子的高度分布公式。此式和气体的高度分布公式完全相同,这表明气体分子的热运动与胶体粒子的 Brown 运动本质上是相同的。珀林曾制备大小均匀的藤黄溶胶,用超

显微镜观察在不同高度处的粒子数目,代入式(11-71)求得 $L=6.8\times 10^{23}\mathrm{mol}^{-1}$,他采用的高度差$(h_2-h_1)$只有 $10^{-4}\mathrm{m}$。后来 Westgren(韦斯特格林)用金溶胶进行类似的实验,但把高度差增加到 10^{-3} 米,求得 $L=6.05\times 10^{23}\mathrm{mol}^{-1}$,这些结果证明了式(11-71)是正确的。

对于一定的高度差(h_2-h_1),比值 $\overline{N_1}/\overline{N_2}$ 标志粒子浓度梯度的大小。由式(11-71)可知,胶体粒子越大,粒子与分散介质的密度差越大,则平衡时的粒子浓度梯度也越大。

如果粒子比较大,或以足够大的离心力来代替重力场以加大沉降力,以致 Brown 运动不足以克服沉降力作用时,便不可能达到沉降平衡,粒子将沉降到容器底部,例如粗分散的泥浆即是如此。

在重力场中,粒子所受到的沉降力由式(11-68)给出

$$f_{沉} = \frac{4}{3}\pi r^3(\rho-\rho_0)g$$

当胶体粒子在分散介质中沉降时必受阻力,实验表明,这种阻力与沉降速度成正比:

$$f_{阻} = fv \tag{11-72}$$

其中 v 为沉降速度,比例常数 f 称为阻力系数,意义是以单位速度沉降时的阻力。由此可见,随粒子沉降速度的加快,阻力 $f_{阻}$ 也将逐渐加大。由于沉降运动的推动力 $f_{沉}$ 是个不变的常量,故当沉降速度达到某个值时,两力达平衡:

$$f_{沉} = f_{阻}$$

即

$$\frac{4}{3}\pi r^3(\rho-\rho_0)g = fv \tag{11-73}$$

此时粒子受力平衡,将以恒定速度沉降。事实上,粒子到达这种恒定速度所用的时间极短,一般只需 $10^{-6}\sim 10^{-3}\mathrm{s}$。通常所说的沉降速度,即是指这种恒速沉降的速度。

由 Stodes(斯托克斯)定律知,对于半径为 r 的球形粒子,其阻力系数为

$$f = 6\pi\eta r$$

其中 η 是分散介质的粘度。可见粒子越大、介质粘度越大,则阻力越大,代入式(11-73):

$$\frac{4}{3}\pi r^3(\rho-\rho_0)g = 6\pi\eta rv$$

整理得

$$v = \frac{2r^2}{9\eta}(\rho-\rho_0)g \tag{11-74}$$

此即重力场中的沉降公式。此式表明:

(1) 沉降速度对粒子大小有明显的依赖关系。工业上用沉降分析法测定颗粒的粒度分布即以此为依据;

(2) 可以通过调节密度差$(\rho-\rho_0)$或介质粘度,人为地控制沉降速度,这在生产及分析过程中都有许多具体应用;

(3) 由于粒子的沉降速度可由实验测定,对于一个确定的系统可以通过测定 v 来求粒子大小(即粒子半径),进而还可求出粒子质量,即

$$r = \left(\frac{9v\eta}{2(\rho-\rho_0)g}\right)^{1/2}$$

$$m = \frac{4}{3}\pi r^3 \rho$$

一般说来，胶体粒子较小，在重力场中的沉降速度十分缓慢以致难于测定沉降速度。为此，可以利用超离心机所产生的离心力场代替重力场，它产生的离心力可以达到重力的数千倍乃至百万倍。将大大加速胶体粒子的沉降速度，便于测量。关于离心力场中粒子的沉降速度公式，此处不再介绍。

沉降分析是工业上常用的一种分析方法。将沉降天平的天平盘悬挂于分散系统的某一深度处，如图 11-46 所示。记录盘上沉积物的质量（P）随时间（t）的变化，将测定结果画成 P-t 图（称为沉降曲线）。

若分散相粒子均一，则所有粒子都以相同速度沉降，盘中的沉降量 P 将随时间均匀增加，沉降曲线如图 11-47(a)所示。其中折点处的时间 $t_{沉}$ 是沉降完全所需的时间，即最上层粒子沉降到盘上所用的时间。若盘的深度已知，设为 h，则粒子的沉降速度 $v = h/t_{沉}$。若粒子的大小不等，则沉降曲线如图 11-47(b)，表现为曲线。此时可按粒子大小将粒子分为几个等级，若将沉降曲线进行分段处理即可求得各个等级粒子的百分含量，由此也就知道了系统中粒子的大小分布情况。这是工业上常用的粒度分析方法。

以上重点介绍了粒子在重力场中的沉降运动。在有些分散系统中，分散相的密度比介质密度还小（即 $\rho < \rho_0$），此时表现为粒子上浮，规律与沉降类似，此处不再赘述。

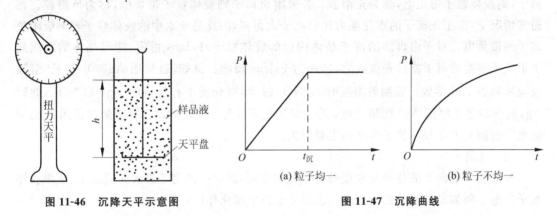

图 11-46　沉降天平示意图　　　　图 11-47　沉降曲线

11.9.3　胶体的电性质

1. 胶体粒子的带电特征

胶体是热力学的不稳定系统，有自发聚结最终下沉的趋势。但有的溶胶却能够稳定地存在很久，其主要原因之一是由于胶体粒子是带电颗粒，胶体粒子间的静电排斥力减少了它们相互碰撞的频率，使聚结的机会大大降低，从而增加了相对稳定性。所以胶体的带电性质，除了本身的许多实际应用之外，还为胶体稳定性理论的发展奠定了基础。

1803 年俄国科学家 Peucc 将两根玻璃管插到湿粘土团里，玻璃管中加上一些水并插上电极，通电之后发现粘土粒子朝正极方向移动，如图 11-48(a)。后来他又设法将粘土固定，通电时则介质（水）向负极方向移动，如图 11-48(b)。此实验结果表明，粘土粒子带负电，而介质水带正电。后来人们的进一步实验证明，不仅粘土，其他的悬浮粒子（包括胶体粒子）也都有类似的情况。所不同的是，有的粒子带负电，有的则带正电。总之，胶体粒子是带电颗粒，这是胶体的重要特征之一。

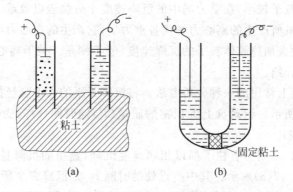

图 11-48　Peucc 实验

对于以水为分散介质的溶胶，引起胶体粒子带电的原因有以下两个。

(1) 吸附

胶体系统具有巨大比表面，因而胶体粒子有将介质中的 H^+，OH^- 或其他离子吸附到自己表面上的趋势。由于这种吸附有选择性，故吸附的结果使胶体粒子表面带电，若吸附正离子，则胶体粒子带正电，称为正溶胶；若吸附负离子则胶体粒子带负电，称为负溶胶。在通常情况下，由于正离子的水化能力比负离子大得多，因此悬于水中的胶体粒子容易吸附负离子而带负电。对于由难溶的离子晶体构成的胶体粒子，Fajans 指出，能与晶体的组成离子形成不溶物的离子将优先被吸附，这称为 Fajans 规则。例如，通常用 $AgNO_3$ 与 KI 溶液反应来制备 AgI 溶胶。若制备溶胶时 $AgNO_3$ 过量，则介质中有过量的 Ag^+ 和 NO_3^-，此时 AgI 胶体粒子将吸附 Ag^+ 而带正电；若过量的是 KI，则 AgI 胶体粒子将吸附过量的 I^- 而带负电。表面吸附是胶体粒子带电的主要原因。

(2) 电离

胶体粒子表面上的分子与水接触时会发生电离，其中一种离子进入介质水中，结果胶体粒子带电。例如硅溶胶的粒子(SiO_2)表面分子发生水化作用：

$$SiO_2 + H_2O = H_2SiO_3$$

若溶液显酸性，则

$$H_2SiO_3 \longrightarrow HSiO_2^+ + OH^-$$

生成的 OH^- 进入溶液，结果胶体粒子带正电。若溶液显碱性，则

$$H_2SiO_3 \longrightarrow HSiO_3^- + H^+$$

H^+ 进入溶液，结果胶体粒子带负电。

对有些高分子溶液，大分子本身往往含有可电离的基团，例如蛋白质分子中有可以离子化的羧基与胺基，在低 pH 值时胺基的离子化占优势，形成 $-NH_3^+$ 使蛋白质分子带正电；在高 pH 值时羧基的电离占优势，结果使蛋白质分子带负电。

由上述例子可以看出，当介质条件(如上例中的 pH)不同时胶体粒子的带电情况不同，即介质条件改变时胶体粒子的带电正负及带电程度都可能发生变化。在某个特定条件下，也可能不带电，此时称溶胶处在等电状态。一般情况下的溶胶都不是等电状态。

2. 胶体粒子的结构

以上所说的"胶体粒子"(即胶粒)并非单指固体颗粒,它由三部分组成:

(1) 胶核

它是构成胶粒的固体分子集合体,也就是通常所说的固体粒子,它是胶粒的中心部分。

(2) 表面吸附离子

它是胶核为了降低表面能而从介质中吸附的离子,这些被吸附离子紧紧贴在固体表面上,它们是粒子表面电荷的主要来源。这些离子的电荷总量叫做表面电量。

(3) 紧密层

表面带电的粒子将对其周围介质中电性相反的离子(称为反离子)产生静电引力,加上 Van der Waals 吸引作用,使得邻近胶核表面的那些反离子因受到强烈吸引而与表面牢固地结合在一起。另外,由于溶剂化效应还会有一层溶剂包围固体表面,该溶剂化层与上述邻近表面的反离子一起构成一层厚度约为两三个分子直径的壳层,称为紧密层。紧密层与固体粒子结合牢固,随固体一起运动。

胶核,吸附离子和紧密层一起构成胶粒,胶粒是溶胶中的独立运动单位。在一般情况下,由于紧密层中的反离子电荷总数小于表面吸附离子(即小于表面电量),所以作为整体的胶粒总是带电的。不难看出,胶粒带电的符号取决于被吸附离子的符号;而带电的程度则取决于表面吸附离子与紧密层中反离子的电荷之差。

由于胶粒带电,它还会吸引周围介质中的反离子,这些反离子所受的静电吸引与扩散到溶液中去的趋势呈平衡,因此胶粒周围的这层反离子是扩散地分布在紧密层之外,称扩散层。扩散层所带的电量等于胶粒的带电量,它并不跟随胶粒运动。胶粒与它外面的扩散层一起组成胶团,可见,胶团是电中性的,但它不是独立运动的实体。例如,在 KI 过量的条件下制备 AgI 溶胶,则胶粒结构如图 11-49 所示:固体的 AgI 粒子为胶核,I^- 是表面吸附离子,K^+ 与水组成紧密层,与外面的 K^+ 扩散层一起构成电中性的胶团。

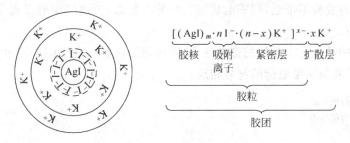

图 11-49　AgI 胶体粒子的结构

3. 电动现象及其理论分析

由于胶体粒子带电,因而在电场的作用下将定向移动,这种现象称为电泳。整个溶胶是电中性的,所以分散介质必带与分散相粒子等量的异号电荷,因此,在电场作用下,若将胶粒固定不动,则介质将定向移动,这种现象称为电渗。图 11-48 所示的 Peucc 实验现象就是电泳和电渗。

电泳和电渗现象是胶粒带电的最有力证明,而胶粒带电是产生电泳和电渗的根本原因。

电泳和电渗与电解质溶液中离子的电迁移都是带电物质在电场中的定向迁移,但它们并不完全相同:离子的电迁移是同一相中的不同离子分别向两极方向运动,而电泳或电渗却是固体与液体不同两相的相对运动。

电泳和电渗都是在电场作用下相互接触的固、液两相之间发生相对运动的现象,只不过电泳是固体粒子的运动,电渗则是固体不动而液体运动。可以想见,如果在外力作用下使溶胶中的固、液两相发生相对运动,则可能形成电场。1861 年 Quincke 发现,若用压力将液体挤过粉末压成的多孔塞,则在塞的两侧产生电位差,即所谓流动电势,是电渗的反过程。1880 年又发现电泳的反过程:粉末在液相中下沉时,在液体中产生电位降,称为沉降电势,或称 Dorn 效应。电泳、电渗、流动电势和沉降电势统称为电动现象。它们或是因电而动(电泳和电渗),或是因动而生电(流动电势和沉降电势),都是胶粒带电的必然结果。

胶核表面由于吸附或电离而带电,于是胶核表面上的电位与溶液内部不同,二者之差称为固体粒子的表面电位,用符号 χ 表示。χ 只与被吸附的或从表面电离下去的那种离子在溶液中的活度有关。因紧密层随固体粒子一起运动,所以胶粒的实际表面不在胶核表面处而是在紧密层的外沿,此处是胶粒与介质相对运动的界面,称滑移界面。滑移界面与溶液内部的电位差叫 ζ 电位,显然 ζ 电位决定着胶粒在电场中的运动。一般情况下滑移界面处的电位较固体表面处的电位更接近于溶液内部电位,所以一般 ζ 电位不等于表面电位 χ,而是的 χ 一部分。图 11-50 画出了正溶胶的表面电位 χ 和 ζ 电位。

介质中外加电解质的种类及浓度会明显影响 ζ 电位,不仅影响其大小,还会改变它的符号。ζ 电位具有以下几方面的意义:

(1) ζ 电位值的大小是胶粒带电程度的标志。ζ 值越大,表明滑移界面处的电位与溶液内部的差异越大,即胶粒带电量越大;反之,ζ 值越小,表明胶粒带电量越少。在图 11-51 中,$\zeta_1 > \zeta_2$,所以状态 1 的胶粒带电量多于状态 2。当 $\zeta = 0$ 时,表明滑移界面处的电位与溶液内部相等,此时胶粒不带电,即等电状态。在等电状态,紧密层中的反离子电荷等于表面吸附离子的电荷。

(2) ζ 电位的符号标志胶粒的带电性质(即电荷的正负)。在图 11-51 中,ζ_1 与 ζ_3 反号,表明两种状态下胶粒所带电荷的符号相反。

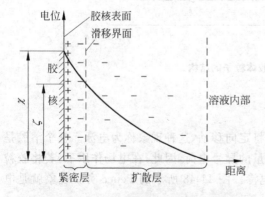

图 11-50 正溶胶的表面电位 χ 和 ζ 电位

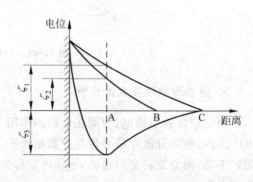

图 11-51 关于 ζ 电位的解释

(3) ζ电位值的大小还可反映扩散层的厚度。ζ值增大,则扩散层变厚;反之,则扩散层变薄。例如 $\zeta_2 < \zeta_1$,由图中不难看出状态 2 时的扩散层 AB 较状态 1 时 AC 更薄些。

由以上分析可知,在电场强度和介质条件固定的情况下 ζ 决定着胶粒的电泳速度 v。可以想象,ζ 值越大,v 必越大。Smoluchowski 和 Hückel 等人都从理论上证明了二者的正比关系,具体结果如下:

$$v = \frac{\varepsilon E \zeta}{K \eta} \tag{11-75}$$

其中 E 是电场强度,ε 是介质的介电常数,η 为粘度,K 是与胶粒形状有关的常数。电渗速度与 ζ 电位的关系也有类似式(11-75)的关系。上式不仅告诉人们电动速度对 ζ 电位的依赖关系,还为人们提供了一种测定 ζ 电位的方法:通过测定电泳或电渗的速度来求取 ζ 值。

关于流动电势和沉降电势与 ζ 电位的关系此书不再介绍。

11.9.4 胶体的稳定性质

在 11.8 节中曾指出,溶胶是热力学的不稳定系统,粒子间有相互聚结而降低其表面能的趋势,即具有聚结不稳定性。另一方面由于溶胶粒子很小,Brown 运动剧烈,因此在重力场中不易沉降,即具有动力稳定性。一个稳定的溶胶必须同时兼备聚结稳定性和动力稳定性。但其中聚结稳定性是决定溶胶能否稳定存在的关键。这是因为 Brown 运动固然使溶胶具有动力稳定性,但也促使粒子之间不断地相互碰撞,如果粒子一旦失去聚结稳定性,则互碰后就引起聚结,其结果是粒子因合并而长大,从而 Brown 运动速度降低,最终成为动力不稳定系统。本节将主要介绍如何使具有聚结不稳定性的溶胶变为具有聚结稳定性,以及如何使这种暂时的稳定性迅速破坏。

1. 胶体的老化与聚沉

以上提到,在热力学上,溶胶具有聚结不稳定性,其中包括两个含义:溶胶的老化和溶胶的聚沉。

(1) 老化现象

新制备的溶胶,固体颗粒极细。但静置一段时间后,颗粒便会自动长大。如果在高温下放置,这种现象尤为明显。例如由 $AgNO_3$ 与 KI 反应制备 AgI 溶胶,尽管 AgI 的固体粒子很小,但粒子半径不可能均一,粒子有大有小,如图 11-52 所示。图中粒子 1 和 2 是两个相邻粒子,设 $r_2 > r_1$,即粒子 2 比粒子 1 大。每一个粒子都被它的饱和溶液所包围。由弯曲表面现象可知,小粒子比大粒子有更大的溶解度,即 $c_1 > c_2$。由于这种浓差的存在,小粒子周围溶液(浓度为 c_1)中的 AgI 将朝大粒子周围溶液(浓度 c_2)中扩散,而溶剂水扩散的方向恰相反。扩散的结果使得小粒子周围溶液的浓度变稀而成为不饱和溶液,同时大粒子周围溶液的浓度增大而成为过饱和溶液,从而小粒子溶解,同时有 AgI 沉淀的到大粒子上。此种变化不断进行,小粒子越来越小,而大粒子越来越大,直至小粒子最后消失。这种靠小

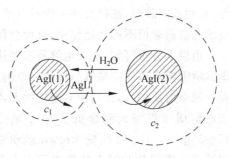

图 11-52 AgI 溶胶的老化

粒子溶解而使大粒子逐渐长大的过程称为老化。

老化的快慢取决于浓差扩散的速度。若升高温度，扩散速度加快，从而老化加快。严格说，只有多级分散溶胶（胶粒大小不均一）才有老化现象，但实际上几乎没有粒子完全均一的溶胶，因此老化是普遍现象。显然，老化过程会促使溶胶聚结，所以是聚结不稳定性的表现。然而老化不会无限制的进行下去，因为粒子长大到一定大小之后。尺寸的不同所引起的溶解度差异就微不足道了，老化过程也就趋于停止。

（2）聚沉现象

为了降低表面能，当两个或多个胶体粒子相互接触时合并成一个较大的颗粒，如此下去将使溶胶失去原来的表观均一性而沉淀，这一过程称为溶胶的聚沉。聚沉是胶体粒子的简单堆积过程，没有什么定量关系，因此与普通的沉淀反应不同。

聚沉和老化都是溶胶的聚结不稳定性，都是粒子长大的过程，但二者并不相同。聚沉过程中形成的固体颗粒是胶粒的集合体。在此集合体中原来的胶粒仍保持其独立性，稍加一些去聚沉剂，即可重新将其分散。而老化过程所形成的是一个大块整体，不能利用去聚沉剂将其重新分散。

聚沉是溶胶不稳定性的主要表现，为此本节将主要讨论聚沉作用。影响聚沉的因素是多方面的，例如电解质的作用、胶体的相互作用、溶胶的浓度及温度等。其中溶胶浓度和温度的增加将使粒子互碰频繁，显然将使聚沉加剧，即降低了溶胶的稳定性。以下只扼要介绍电解质以及胶体相互作用对于聚沉的影响。

2. 电解质对聚沉影响的两重性

外加电解质将改变胶体粒子的带电情况（即改变 ζ 电位），从而使溶胶的稳定性发生变化。电解质的这种影响具有两重性：当电解质的浓度较小时，胶核表面对离子的吸附还远没有饱和，电解质的加入为表面吸附提供了有利条件。结果使胶粒的带电程度提高，ζ 值增大，从而胶粒间的静电斥力增大而不易聚结，所以此时电解质对溶胶起稳定作用；当电解质的浓度足够大时，表面吸附已无多大变化，但进入紧密层的反离子却会大大增加，从而使 ζ 电位降低，扩散层变薄，胶粒间静电斥力减小而引起溶胶聚沉。正是因为电解质的这种两重性，在制备溶胶时，往往要加入少量电解质作稳定剂，但这种稳定剂却不可加得过多，因为大量的电解质非但不起稳定作用，反而会促使聚沉，使溶胶破坏。

由以上分析可知，外加电解质需要达到一定浓度时方能使溶胶聚沉。使溶胶发生明显聚沉所需要电解质的最低浓度称为电解质的聚沉值。聚沉值是电解质对溶胶聚沉能力的衡量。随电解质加入，开始使 ζ 电位增大，溶胶稳定性增强。继续加入时，ζ 电位便逐渐减小，当电解质浓度增大到聚沉值时，ζ 电位一般已降到 $25\sim30\text{mV}$ 左右。此时的 Brown 运动强度已足以克服胶粒间所剩余的很小的静电斥力而使粒子相碰后聚沉。当 $\zeta=0$ 时，即在等电状态，聚沉速度就达到最大，如图 11-53 所示。

电解质对于不同溶胶的聚沉值可由实验进行测定，表 11-7 和表 11-8 是一些聚沉值的测定值。由实验值可知，电解质对聚沉的影响具有如下实验规律：

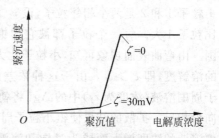

图 11-53 聚沉速度与电解质浓度的关系

(1) 起聚沉作用的主要是与胶粒带相反电荷的离子,称反离子。反离子的价数越高其聚沉能力越大,聚沉值越小。这一规律是由 Schulze(1882 年)和 Hardy(1900 年)分别研究而发现的,称为 Schulze-Hardy 规则。这一规则可由表 11-7 看出。

一般来讲,一价反离子的聚沉值约为 $25\sim150\ \text{mol}\cdot\text{m}^{-3}$,二价的为 $0.5\sim2\ \text{mol}\cdot\text{m}^{-3}$,三价的为 $0.01\sim0.1\ \text{mol}\cdot\text{m}^{-3}$,三类离子的聚沉值的比例大致符合 $1:(1/2)^6:(1/3)^6$,即聚沉值与反离子价数的六次方成反比。这只是个大致的数量关系,一般可用于估算聚沉能力的相对大小。

表 11-7　几种电解质的聚沉值　　　　　　　　　　　　　　　　$\text{mol}\cdot\text{m}^{-3}$

As_2S_3(负溶胶)		AgI(负溶胶)	
LiCl	58	$LiNO_3$	165
NaCl	51	$NaNO_3$	140
KCl	49.5	KNO_3	136
KNO_3	50	$RbNO_3$	126
$CaCl_2$	0.65	$Ca(NO_3)_2$	2.40
$MgCl_2$	0.72	$Mg(NO_3)_2$	2.60
$MgSO_4$	0.81	$Pb(NO_3)_2$	2.43
$AlCl_3$	0.093	$Al(NO_3)_3$	0.067
$\frac{1}{2}Al_2(SO_4)_3$	0.096	$La(NO_3)_3$	0.069
$Al(NO_2)_3$	0.095	$Ce(NO_3)_3$	0.069

(2) 同价反离子的聚沉值虽然相近,但依离子的大小不同其聚沉能力也略有差异。由表 11-8 可以看出,水化离子的半径越小,其聚沉值越小,聚沉能力越大,反之亦然。原因是水化层的存在削弱了静电引力,因此反离子的水化半径越大(即水化层越厚),其聚沉能力就相应减弱。根据实验结果可知,一价正离子的聚沉能力按以下顺序排列:

$$H^+ > Cs^+ > Rb^+ > NH_4^+ > K^+ > Na^+ > Li^+$$

即 H^+ 的聚沉能力最大,聚沉值最小,而一价负离子的顺序如下:

$$F^- > IO_3^- > H_2PO_4^- > BrO_3^- > Cl^- > ClO_3^- > Br^- > I^-$$

上述这种顺序称为感胶离子序。

表 11-8　离子半径对 AgI 负溶胶聚沉值的影响

电解质	聚沉值/($\text{mol}\cdot\text{m}^{-3}$)	正离子水化半径/($10^{-10}\ \text{m}$)
$LiNO_3$	165	2.31
$NaNO_3$	140	1.76
KNO_3	135	1.19
$RbNO_3$	126	1.13
$Mg(NO_3)_2$	2.6	3.32
$Zn(NO_3)_2$	2.5	3.26
$Ca(NO_3)_2$	2.4	3.00
$Sr(NO_3)_2$	2.38	3.00
$Ba(NO_3)_2$	2.26	2.78

应该指出,上述两条只是一般的实验规律。严格说,电解质对聚沉的影响是正、负离子作用的总和,有时与溶胶具有相同电荷的离子也会产生显著影响,只有在相同电荷离子的吸附作用极弱的情况下才能近似认为聚沉作用是反离子单独作用的结果,因此,电解质对溶胶聚沉的影响是十分复杂的,具体机理并不完全统一。其共同点是,不论何种电解质,只要浓度增大到一定程度,都会使溶胶发生聚沉。

3. 胶体的相互聚沉

实验证明,若将两种电性相反的溶胶混合,则发生聚沉,称为胶体的相互聚沉。聚沉的程度取决于两种溶胶的比例,若两种溶胶的用量悬殊,聚沉很不完全,这是由于其中用量较少的那种溶胶所带的电荷远不能中和掉另一种溶胶所带的电量。若两者用量恰能使总电量中和,则混合后两个溶胶均处于等电点,此时便完全聚沉。

实验发现,一般情况下,两种电性相同的溶胶没有上述的互沉作用,但有时也有少数例外,例如 As_2S_3 和 S 两种负溶胶即是如此,这是由于两种胶粒虽不能中和电性,但它们的稳定剂却能相互作用形成沉淀,从而破坏了胶体的稳定性。As_2S_3 溶胶的稳定剂 S^{2-} 和硫溶胶的稳定剂 $S_5O_6^{2-}$ 发生如下反应:

$$5S^{2-} + S_5O_6^{2-} + 12H^+ \longrightarrow 10S\downarrow + 6H_2O$$

胶体粒子之间存在着 Van der Waals 吸引作用,粒子在相互接近时会因带电而产生排斥作用,胶体的稳定性就取决于两种作用的相对大小。在 20 世纪 40 年代有人提出了关于各种形状粒子之间的相互吸引能与电排斥能的计算方法,并据此对溶胶的稳定性进行了定量处理,这就是关于胶体稳定性的 DLVO 理论,四个字母分别代表四位学者的名字。有关该理论的细节本书从略。

*11.10 胶体的制备与净化

上节介绍了胶体系统的基本性质,在此基础上,就不难理解应该如何制得稳定的胶体。在胶体系统中,分散相的粒子半径必须在 $10^{-9} \sim 10^{-7}$ m 范围内。显然,制备胶体有两条途径:将大块物质分割成胶体大小,称分散法;使分子或离子聚集成胶体粒子,称凝聚法。此外,为了得到稳定的胶体,还必须注意以下三点:①分散相在介质中的溶解度很小。因为介质中高浓度的带电离子将造成溶胶聚沉;②新制备的胶体,一般都含有过量电解质或杂质,应设法将其除掉,这一步骤称为胶体的净化;③应加入适量的稳定剂。以下分别介绍胶体的制备与净化。

11.10.1 胶体的制备

1. 分散法

可用机械的办法将粗粒磨碎,使用的设备叫胶体磨。它有两个十分坚硬的磨盘。当两个磨盘以高达 5000~10000 r/min 的速度反向转动时,便将夹在中间的粗粒磨碎。

人们也常利用超声波在物质中产生高频振动,从而使物质高度分散。

如果固体物质是刚生成不久的沉淀,例如 $Al(OH)_3$,$Fe(OH)_3$ 等。产生沉淀的原因是由于缺少稳定剂,故这些沉淀实际上是刚刚聚沉的溶胶,沉淀颗粒是胶粒的集合体。此时若加入少量电解质(此处称去聚沉剂),胶粒便因吸附离子而趋于稳定,在适当搅拌下沉淀便重新分散成溶胶。这种将沉淀转化成溶胶的方法称为胶溶。如果有的沉淀是由于电解质过量而聚沉所形成的,则可通过洗去过量电解质而发生胶溶。胶溶法制取溶胶,只适用于新形成的沉淀,若沉淀放置过久,便会老化,老化生成的大粒子不可用胶溶法重新将其分散。

2. 凝聚法

此法的原则是先形成分子分散的过饱和溶液,通过控制条件将溶质以胶粒大小析出。常用的方法是化学凝聚法,即借助化学反应来实现凝聚。在溶液中进行的氧化还原、水解、复分解等反应,只要有一个产物是难溶物,就可以控制反应条件使产物分子凝聚成胶体粒子。例如把几滴 $FeCl_3$ 溶液加到沸腾的蒸馏水中,便发生下述反应:

$$FeCl_3 + 3H_2O = Fe(OH)_3 + 3HCl$$

若趁热将生成的 HCl 除掉,就可得到稳定的 $Fe(OH)_3$ 溶胶。为使析出的粒子恰好在胶体范围之内,不致过大而发生聚沉,必须严格控制反应物浓度、介质 pH、温度、搅拌以及操作程序等反应条件。用化学凝聚法制备溶胶是一项技术性很强的工作,只有通过实践才能逐渐掌握。

有时也用物理手段实现凝聚。例如,若某物质在不同溶剂中溶解度相差很大,则可将其在一种溶剂中的高浓溶液滴加到另一种溶剂中。若控制好条件,在滴加后该物质就以胶体粒子析出。例如将松香的乙醇溶液滴入水中(松香难溶于水),可制取松香的水溶胶。这种方法较化学凝聚法操作简单,但得到的粒子较粗。

11.10.2 胶体的净化

不论用分散法还是凝聚法制备的溶胶,往往含有过量电解质或其他杂质,为使溶胶稳定性提高,需进行净化处理。

净化溶胶的目的是将其中的多余电解质及杂质除掉,最常用的方法是渗析。首先将待净化的溶胶装入用半透膜(例如火棉胶膜、醋酸纤维膜、动物膜、羊皮纸等)制成的口袋,然后将膜袋浸在水中。由于只有离子或小分子能通过半透膜,而胶体粒子不能通过,于是在浓差作用下溶胶中的电解质与小分子杂质便会透过膜进入水中。这一过程称为渗析。若不断地更换膜外的水,经过一定时间便将溶胶净化。为了加快渗析速度,可外加一电场,以提高离子的迁移速度,此即电渗析法。

净化溶胶也可用超过滤法,超过滤是用孔径极小而孔数极多的膜片作滤膜。在加压或吸滤的情况下,让介质连同其中的电解质或低分子杂质透过滤膜成为滤液,从而将胶粒与介质分开,达到净化的目的。净化后的胶粒,应立即分散在新的分散介质中,以免聚结成块。有时为了提高超过滤的效率,也增加一个电场,这样一则可降低超过滤的压力,二则可更快地除去多余的电解质。这种方法称为电超过滤,实际上是电渗析与超过滤同时进行。

*11.11 乳状液

前面几节介绍了胶体分散系统的基本知识,还有一类被称为乳状液的分散系统在工业生产和日常生活中经常遇到,本节将予以简单介绍。

当一种或几种液体以液珠的形式分散在另一种不相混溶的液体之中时所构成的分散系统,称为乳状液,也称乳浊液或乳胶。将苯和水放在试管里,无论怎样用力摇荡,静止后苯与水很快分离。但是,如果往试管里加入一些表面活性剂(例如肥皂),再摇荡时就会形成像牛奶一样的乳白液体。仔细观察,此时苯以很小的液珠的形式分散在水中,在相当长时间内保持稳定,这就是乳状液。可见,两个不相互溶的纯液体(例如苯和水)不能形成乳状液,要制备乳状液必须有第三者(例如肥皂)存在起稳定作用。这种起稳定作用的物质称为乳化剂。乳状液中的分散液珠直径一般大于 10^{-7} m,因此属于粗分散系统。

11.11.1 乳状液的类型与形成

乳状液中的分散相(液珠)也称为内相,分散介质称为外相。通常的乳状液,一相是水;另一相是极性小的有机液体,习惯上统称为油。根据内相与外相的区别,乳状液分为两种类型:一类是油分散在水中,如牛奶,简称水包油型乳状液,用符号 O/W 表示。其中 O 和 W 分别是油和水的缩写;另一类是水分散在油中,如原油,简称油包水型乳状液,用 W/O 表示。如图 11-54 所示。

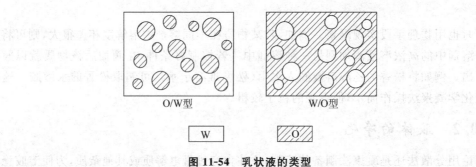

图 11-54 乳状液的类型

鉴于内相是不连续相,而外相是连续相,可以利用二者的这种差异用多种实验方法来确定一个乳状液是水包油,还是油包水。例如,多数油相是不良导体,而水相是良导体,所以通过测定乳状液的电导可以确定连续相。

对于指定的油和水而言,形成的乳状液究竟是水包油还是油包水,一般说来并不决定于两种液体的相对数量,主要决定于形成乳状液时所添加的乳化剂的性质。由此可见,乳化剂不仅使乳状液稳定存在,而且还决定乳状液的类型,乳化剂可以是某些表面活性剂,也可以是某些固体粉末,例如粘土和炭黑等。所有作为乳化剂的物质都能够在油-水界面上形成一层吸附膜,膜的一侧是水,另一侧是油,从而阻止内相液珠在相互碰撞时直接接触,防止内相聚结。若乳化剂是表面活性剂,则在界面处,极性基朝向水相,非极性基朝向油相,形成的吸附膜如图 11-55 所示。基于乳化剂在水、油两相中的溶解度不同,Bancroft 在实验基础上提出:在水、油两相中,对乳化剂溶解度大的一相是乳状液的外相。这是因为溶解度大表示乳化剂对该相的亲合力大,相应的界面张力必然较低。如果把膜的两侧分别看做它与水相和它与油相形成的两个界面,则它与外相形成的界面面积定大于它与内相的界面。显然,在这种情况下,只有溶解度较大的一相作外相才符合能量最低原则。若固体粉末作乳化剂,则形成乳状液的类型取决于两种液体对固体的润湿程度,润湿程度大的构成外相,形成的吸附膜如图 11-56(a)。这是因为固体颗粒必以其大部分伸向对其润湿程度大的液体,以使系统的总界面能最低,只有该液体作外相时形成的吸附膜才将内相完全包围起来,以保证内相液珠难以相互聚结。反之,若将润湿程度大的液体作内相,如图 11-56(b),则内相液体仍然会有相当部分未被吸附膜保护起来,因而乳状液不会稳定存在。

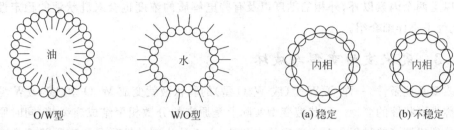

图 11-55　表面活性剂作乳化剂时的界面吸附膜

图 11-56　固体粉末作乳化剂时的界面吸附膜

11.11.2　乳状液的稳定

乳状液是具有巨大界面积的系统,是不稳定的,其稳定性是相对的和暂时的。由于油相与水相的密度不同,在重力作用下液珠将上浮或下沉,结果使乳状液分层,在一层中分散相相对浓集,而另一层则相反。例如牛奶分层后是上浓下稀,上层的浓乳状液就是奶油,含乳脂(分散相)约 38%,而下层却只有 8%。分层使得乳状液丧失了均匀性。在分散相浓集的一层中,液珠相互碰撞的机会增多,若吸附膜碰撞破裂,则会聚结。

影响乳状液稳定性主要有以下两个因素:

1. 界面张力

从热力学角度看,乳状液的不稳定性是由于它有很高的界面能 γA,所以油-水界面张力 γ 的降低会有助于乳状液的稳定。例如石蜡油分散在水中的乳状液,$\gamma = 41\,\mathrm{mN \cdot m^{-1}}$,这样的乳状液极不稳定。若往水相中加入 $10^{-3}\,\mathrm{mol \cdot dm^{-3}}$ 的少量油酸,γ 降至 $31\,\mathrm{mN \cdot m^{-1}}$,稳定情况有所好转,但仍不太稳定。若用 NaOH 将油酸中和成油酸钠,γ 降到 $7.2\,\mathrm{mN \cdot m^{-1}}$,乳状液变得很稳定。若在水相中另加入 NaCl,使其浓度为 $10^{-3}\,\mathrm{mol \cdot dm^{-3}}$,则 γ 降到 $0.01\,\mathrm{mN \cdot m^{-1}}$ 以下,此时乳状液十分稳定,静置相当长时间也不发生聚结。如果用橄榄油代替石蜡油,γ 可降到 $0.002\,\mathrm{mN \cdot m^{-1}}$ 以下,以致发生自发乳化。以上事实足以说明降低界面张力在形成稳定乳状液时的重要作用。

降低界面张力固然有利于乳状液的稳定,但通常情况下界面张力的降低程度是有限的,往往单靠降低界面张力不足以保证乳状液的稳定,除非 γ 值降至极小。例如戊醇能将油-水界面张力降至相当低,但却不能形成稳定的乳状液。而有些固体粉末的表面活性虽不高但却是效果极佳的乳化剂。可见还有其他因素影响乳状液的稳定性。

2. 吸附膜的强度

乳状液中的液珠由于 Brown 运动而频繁地相互碰撞,若吸附膜在碰撞时破裂,则液珠会相互聚结。如此下去,系统的界面能降低,最终导致乳状液的破坏。可见液珠的聚结是以吸附膜破裂为前提的,所以,吸附膜的机械强度是决定乳状液稳定性的主要因素之一。固体粉末的乳化作用主要是由于它能在油-水界面处形成坚固的吸附膜。实验结果表明,需要加入足够量的乳化剂才能有良好的乳化效果,主要是由于只有当乳化剂浓度高到一定程度后界面上才能形成比较紧密排列且具有一定强度的吸附膜。

除以上两个因素以外,外相的粘度以及有些电解质的浓度也会对乳状液的稳定性产生影响,此处不再详细介绍。

11.11.3 乳状液的变型与破坏

若改变某些条件,一种 O/W 型(或 W/O 型)的乳状液就变成 W/O 型(或 O/W 型),这种现象称为乳状液的变型。乳状液变型实际上是原来的分散相聚结成连续相,同时原来的连续相分裂成液滴的过程。对于确定的水和油,由于乳化剂的性质是决定乳状液类型的主要因素,所以使乳状液变型的途径有两种:①更换乳化剂;②改变原乳化剂的亲水与亲油性质。

乳状液在工农业生产和日常生活中具有广泛的应用。许多产生高聚物的聚合反应都是在乳状液中进行的。农药工业中为了节省药量、提高药效,常将农药制成乳状液使用,许多食品和化妆品也都制成乳状液的形式。但有时乳状液的形成反而有害,例如原油是油包水型乳状液,在加工之前必须将乳状液破坏,以达到两相分离的目的,这就是所谓破乳。原油脱水、从污水中除去油珠、从牛奶中提取奶油等都是破乳过程的实例。

根据内相和外相的性质,可采用不同方法实现破乳,例如离心破乳即是用离心方法将两相分离;若乳化剂是离子型表面活性剂,则可在高压电场中使带电液珠移向一侧,称为静电破乳;利用超声波加速液滴间的聚集,也是工业上常用的一种破乳手段。

另一类破乳方法,是设法破坏吸附在界面上的乳化剂,使其失去乳化能力,常用方法是加入破乳剂。破乳剂其实是某种表面活性剂,一方面它具有很高的表面活性,因此能将界面上原来的乳化剂赶走以取而代之,另一方面它的分子具有分支结构,不能在界面上紧密排列成坚固的吸附膜,从而使乳状液的稳定性大大降低。例如由环氧乙烷与环氧丙烷共聚而成的聚醚表面活性剂,就是一种常用的原油破乳剂。

对于以固体粉末为乳化剂的乳状液,若加入润湿剂(也是一种表面活性剂),使粉末粒子被一相完全润湿,从而脱离界面进入该相之中,使乳状液破坏。

由上述可以看出,乳状液的稳定与破坏往往都利用表面活性剂,因此本节内容也可认为是表面活性剂的一个具体应用。

习题

11-1 20℃,101325Pa 下,把半径为 1mm 的一个水滴分散成半径为 10^{-3}mm 的小水滴,问环境至少需做多少功?已知 20℃时水的表面张力为 0.07288N·m^{-1}。

11-2 25℃时水的表面张力 $\gamma=0.07197$N·m^{-1},$\left(\dfrac{\partial \gamma}{\partial T}\right)_{p,A}=-1.57\times 10^{-4}$N·m^{-1}·K^{-1}。在 25℃,101325Pa 下可逆增大 2cm^2 表面积,试求此程的 Q,W,ΔH,ΔG 和 ΔS。

11-3 已知 20℃水的表面张力为 0.07288N·m^{-1},如果把水分散成水小珠,半径分别为 10^{-3}、10^{-4} 和 10^{-5}cm 时,试计算曲面下的附加压力为多大?

11-4 水蒸气迅速冷却至 25℃时会发生过饱和现象。已知 25℃时水的表面张力为 $0.07197\text{N}\cdot\text{m}^{-1}$,当过饱和水蒸气压为水的平衡蒸气压的 4 倍时,试求算:

(1) 在此过饱和情况下,开始形成水滴的半径;

(2) 此水滴中的附加压力;

(3) 此水滴内含有多少个水分子。

11-5 已知 25℃时,$CaSO_4$ 在水中的正常溶解度为 $15.33\text{mol}\cdot\text{m}^{-3}$,半径为 $3\times10^{-5}\text{cm}$ 的 $CaSO_4$ 细晶溶解度为 $18.2\text{mol}\cdot\text{m}^{-3}$,$\rho(CaSO_4)=2960\text{kg}\cdot\text{m}^{-3}$,试求 $CaSO_4$ 与水之间的界面张力。从计算出的数据看,固体的比表面能比液体的大还是小?

11-6 20℃时,乙醚-水、汞-乙醚和汞-水的界面张力分别为 0.0107、0.379 和 $0.375\text{N}\cdot\text{m}^{-1}$,在乙醚与汞的界面上滴一滴水,试求其接触角。

11-7 20℃时,水的表面张力为 $0.07288\text{N}\cdot\text{m}^{-1}$,汞的表面张力为 $0.483\text{N}\cdot\text{m}^{-1}$,而汞-水的界面张力为 $0.375\text{N}\cdot\text{m}^{-1}$,请判断:

(1) 水能否在汞的表面上铺展开?

(2) 汞能否在水的表面上铺展开?

11-8 已知毛细管的半径为 $50\mu\text{m}$。将它插入盛有汞的容器中,在毛细管内汞面的下降高度为 11.20cm,汞与毛细管的接触角为 140°,汞的密度为 $13600\text{kg}\cdot\text{m}^{-3}$,试求汞在此实验温度下的表面张力。

11-9 在 273K 时,CO 在 3.022g 活性炭上的吸附数据如下:

p/kPa	13.33	26.66	39.99	53.32	66.65	79.98	93.31
V/cm^3	10.2	18.6	25.5	31.4	36.9	41.6	46.1

体积 V 已校正到标准状况。试证明它符合 Langmuir 公式,并求 b、V_{max} 和 Γ_{max}。

11-10 273K 时以 10g 炭黑吸附甲烷,不同平衡压力 p 下被吸附气体的体积 V(标准状况)如下:

p/kPa	13.33	26.66	39.99	53.32
V/cm^3	97.5	144	182	214

试问该吸附系统对 Langmuir 吸附公式和 Freundlich 吸附公式中的哪一个符合得更好些?

11-11 77K 时测得 N_2 在 TiO_2 上的吸附数据如下:

p/p_v	0.01	0.04	0.1	0.2	0.4	0.6	0.8
V/cm^3	1.0	2.0	2.5	2.9	3.6	4.3	5.0

p_v 为液态 N_2 在 77K 时的蒸气压,p 为吸附达平衡时 N_2 气的压力,V 为 1g TiO_2 所吸附 N_2 的体积(标准状况)。已知 N_2 分子的截面积为 $16.2\times10^{-20}\text{m}^2$,试用 BET 公式计算每克 TiO_2 固体的表面积。

11-12 在 25℃时用木炭吸附水溶液中的溶质 B。已知 Freundlich 公式 $\Gamma=kc^{1/n}$ 中的常数 $n=3.0$,$k=0.5\text{dm}\cdot\text{g}^{-1/3}$,$c$ 的单位是 $\text{g}\cdot\text{dm}^{-3}$。此式中吸附量 Γ 的物理意义是什么?

若 $1dm^3$ 溶液中最初含有 2gB,问用 2g 木炭可从该溶液中吸附多少克 B?

11-13 在某硬脂酸于水面铺展的表面平衡实验中。在宽 12.00cm,长 25.00cm 的水面上单分子膜铺展需用此硬脂酸 0.0636mg。已知该硬脂酸的相对分子质量为 284,密度为 $0.85g \cdot cm^{-3}$,试计算硬脂酸分子的截面积及膜的厚度。

11-14 已知水溶液中的蛋白质的相对分子质量为 60000,界面张力为 $0.070N \cdot m^{-1}$,设每个蛋白质分子面积的 25% 起疏水作用,蛋白质的比表面为 $1000m^2 \cdot g^{-1}$,试计算 1mol 蛋白质分子间疏水作用的 ΔG(疏水作用是指溶液中的蛋白质分子凝聚成纯蛋白质的变化过程)。

11-15 N_2 在活性炭上的吸附数据如下:

标准状况下吸附气体的体积/mL	0.145	0.894	3.468	12.042
194K 时的平衡压力/$p^\ominus$	1.5	4.6	12.5	66.4
273K 时的平衡压力/$p^\ominus$	5.6	35.4	150	694

计算 N_2 在活性炭上的吸附热。

11-16 下列数据是使用相同吸附剂在不同温度下为使被吸附气体在标准状况下的体积达到 10mL 所需要的 CO 的压力,试确定 CO 在该吸附剂上的吸附热:

T/K	200	210	220	230	240	250
p/Pa	4000	4946	6026	7199	8466	9733

11-17 21.5℃时,测得 β-苯基酸水溶液的表面张力 γ 和浓度 b 的数据如下:

$b/(g \cdot kg^{-1})$	0.5026	0.9617	1.5007	1.7506	2.3515	3.0024	4.1146	6.1291
$\gamma/(N \cdot m^{-1})$	69.00	66.49	63.63	61.32	59.25	56.14	52.46	47.24

试求当浓度为 $1.5g \cdot kg^{-1}$ 时溶液的表面吸附量。

11-18 乙醇溶液的表面张力符合公式:
$$\gamma/(N \cdot m^{-1}) = 0.072 - 5 \times 10^{-4} c/(mol \cdot m^{-3}) + 2 \times 10^{-8} (c/(mol \cdot m^{-3}))^2$$
其中 c 是乙醇的浓度,温度为 25℃,计算 $500mol \cdot m^{-3}$ 乙醇溶液的表面超量。

11-19 25℃时,用一机械小铲子刮去稀肥皂水液上很薄的表面层 $300cm^2$,这样得到 $2cm^3$ 溶液,发现其中肥皂量为 4.013×10^{-5}mol,而体相中同体积的溶液中含皂量为 4.000×10^{-5}mol。假设此稀溶液的表面张力与浓度 c 成直线关系,试计算该溶液的表面张力。已知 25℃时纯水的表面张力 $\gamma^* = 0.072N \cdot m^{-1}$。解题中做了哪些近似?

11-20 将 $12cm^3$ $0.02mol \cdot dm^{-3}$ 的 KCl 溶液和 $100cm^3$ $0.005mol \cdot dm^{-3}$ 的 $AgNO_3$ 溶液混合以制备溶胶。试写出这个溶胶的胶团式,并画出胶团的结构示意图。

11-21 今有某 0.2%(质量分数)的金溶胶,粘度为 $0.0010Pa \cdot s$,已知其粒子半径为 1.3×10^{-9}m,金的密度为 $19.3g \cdot cm^{-3}$,求此溶胶在 25℃时的渗透压及扩散系数。

11-22 已知水晶的密度为 $2.6g \cdot cm^{-3}$,20℃时蒸馏水的粘度为 $10.09 \times 10^{-4} Pa \cdot s$,试求 20℃时直径为 $10\mu m$ 的水晶粒子在蒸馏水中下降 50cm 所需要的时间。

11-23 有一20℃的汞溶胶,在某高度及比此高出0.1mm处1mL中分别含胶粒386个及193个。求出汞溶胶粒子的平均直径。所需数据请自己查阅。

11-24 粒子半径为$300\mu m$的金溶胶,在地心力场中达沉降平衡后,在高度相差0.1mm的某指定体积中,粒子数分别为277和166,已知20℃时金的密度为$19.3 g \cdot cm^{-3}$,分散介质密度为$10 g \cdot cm^{-3}$。试计算阿伏加德罗常数L。

11-25 电泳实验测得Sb_2S_3溶胶在电压为210V,两极间距离为38.5cm时,通电36min12s,引起溶胶界面向正极移动3.2cm,已知溶胶的介电常数81.1,粘度为$0.00103 Pa \cdot s$,计算此溶胶的ζ电位(胶粒常数为113)。

11-26 某$Al(OH)_3$溶胶,在加入KCl使其最终浓度为$80 \times 10^{-3} mol \cdot dm^{-3}$时恰能聚沉,加入$K_2C_2O_4$浓度为$0.4 \times 10^{-3} mol \cdot dm^{-3}$时恰能聚沉。问:

(1) $Al(OH)_3$溶胶的带电情况如何?

(2) 为使该溶胶聚沉,大约需要$CaCl_2$的浓度为多少?

11-27 在三个烧瓶中分别盛$20 cm^3$ $Fe(OH)_3$溶胶,各加入$NaCl, Na_2SO_4, Na_3PO_4$溶液使其聚沉,最少需加电解质的数量为:(1)$1 mol \cdot dm^{-3}$的NaCl $21 cm^3$;(2)$0.01 mol \cdot dm^{-3}$的$\frac{1}{2}Na_2SO_4$ $125 cm^3$;(3)$0.01 mol \cdot dm^{-3}$的$\frac{1}{3}Na_3PO_4$ $7.4 cm^3$。试计算各电解质的聚沉值和聚沉能力(用聚沉值的倒数表示)之比,并说明溶胶的带电符号。

11-28 对于混合等体积的$0.08 mol \cdot dm^{-3}$ KI和$0.1 mol \cdot dm^{-3}$ $AgNO_3$溶液所得的溶胶,试确定下述电解质中哪一个的聚沉能力最强?

(1) $CaCl_2$; (2) Na_2SO_4; (3) $MgSO_4$。

第12章 化学动力学基础

化学热力学圆满地解决了化学反应及有关物理过程中的能量转换、过程的方向、限度以及各种平衡性质的计算,从而对科学研究和工业生产起了重大作用。但是,关于化学反应,热力学还有以下两个问题没有解决:①化学反应的速率;②化学反应的机理。

化学反应的速率,即化学反应的快慢,是化学及化工工作者十分关心的问题。一个化学反应若以极缓慢的速率进行,实际上相当于此反应没有发生。例如,热力学的结果告诉人们:在常温常压下,氢气和氧气的混合物几乎可以完全反应变成水蒸气。但实际上,氢气和氧气在同一容器中存放很长时间而不发生变化,可见在常温常压下该反应的速率已小得使人无法觉察到反应的存在。如果在高温条件下,上述反应则以极高的速率进行,甚至引起爆炸发生。这类问题是热力学无法回答的,因为速率问题必与时间因素有关,而热力学只关心过程的初末状态和过程进行的方式(如等温等压),而不考虑时间因素。热力学中研究化学反应的方向时固然有定量的判据,但它与速率的大小无关。例如,由热力学计算得到 298K 时以下两个反应的 Gibbs 函数变分别为

$$H_2(g) + \frac{1}{2}O_2(g) \longrightarrow H_2O(l) \tag{1}$$

$$\Delta_r G_{m,1}^{\ominus} = -237.19 \text{kJ} \cdot \text{mol}^{-1}$$

$$HCl(sln) + NaOH(sln) \longrightarrow NaCl(sln) + H_2O(sln) \tag{2}$$

$$\Delta_r G_{m,2}^{\ominus} = -79.91 \text{kJ} \cdot \text{mol}^{-1}$$

因为 $\Delta_r G_{m,1}^{\ominus}$ 和 $\Delta_r G_{m,2}^{\ominus}$ 均为负值,所以两个反应在上述条件下都可自发进行。虽然 $\Delta_r G_{m,1}^{\ominus}$ 比 $\Delta_r G_{m,2}^{\ominus}$ 要负得多,但不能说反应(1)比(2)快得多。实际上,反应(1)慢得几乎没有发生,而反应(2)却是在瞬间内完成的快速中和反应。这足以说明,热力学中的判据与过程的速率毫不相干,$\Delta_r G_m$ 值很负的反应不一定是快速反应。

反应机理,也称反应历程,是指反应物究竟遵循什么具体途径,经过哪些步骤,才最终变成产物。热力学只管反应物与最终产物的状态以及反应过程的宏观条件(如温度、压力等),而不涉及反应途径的细节。反应机理是从微观角度研究反应的全过程,显然不属于热力学的范畴。

反应速率和反应机理是热力学没有解决的两个问题,但它们都是十分重要的。任何一个化工生产中的反应都必须以一定的速率进行,不讲速率的反应是没有生产价值的。对于热力学上 $\Delta_r G_m$ 小于 0 的化学反应,待解决的主要是速率问题。例如,工业生产中人们总希望在可能的条件下尽可能加快反应速率,从而缩短反应时间,提高产量。在有些场合,例如金属生锈、塑料老化等,人们又希望这些反应越慢越好。反应机理虽然属于微观内容,但它是从更高层次上研究反应过程,对于控制反应过程是有指导意义的。要想自如地控制反应速率,研究反应机理是十分必要的。解决以上两个重要问题是化学动力学的主要任务。

化学动力学的基本任务是研究各种反应条件(例如温度、压力、浓度、介质及催化剂等)对化学反应速率的影响,揭示化学反应的机理并研究物质结构与反应能力之间的关系。其

最终目的是为了控制化学反应过程,以满足生产和科学技术的要求。

化学动力学作为一门独立学科,至今已有近百年的历史,有关理论已有不小的发展。特别是近 30 多年来,微观反应动力学的建立和发展,将为动力学理论的进一步发展奠定基础。应该指出,目前动力学理论与热力学相比,尚有较大的差距,动力学理论的完善和实用还有待提高。

本章着重介绍各种人为控制条件对反应速率的影响,这部分内容称为化学动力学的唯象规律,它与化工生产紧密相关。同时简单介绍有关反应机理和反应速率理论的基本内容。

12.1 基本概念

12.1.1 化学反应速率

对于任意化学反应 $0 = \sum_B \nu_B B$,用单位时间内在单位体积中化学反应进度的变化来表示反应进行的快慢程度,称化学反应速率(简称反应速率),用符号 r 表示,即

$$r = \frac{d\xi}{dt} \frac{1}{V} \tag{12-1}$$

其中体积 V 的单位为 m^3,反应进度 ξ 的单位为 mol,时间 t 的单位为 s,所以反应速率 r 的单位为 $mol \cdot m^{-3} \cdot s^{-1}$。

由反应进度 ξ 的定义知,$d\xi$ 与任意物质 B 的 dn_B 的关系为

$$d\xi = dn_B / \nu_B$$

代入前式得

$$r = \frac{1}{\nu_B} \frac{dn_B}{dt} \frac{1}{V}$$

若反应在等容条件下进行,则可写作

$$r = \frac{1}{\nu_B} \frac{d(n_B/V)}{dt}$$

即

$$r = \frac{1}{\nu_B} \frac{dc_B}{dt} \tag{12-2}$$

此处 c_B 为物质 B 的物质的量浓度,单位为 $mol \cdot m^{-3}$。当物质 B 的分子式较复杂时为了书写方便,常将 c_B 记作 $[B]$。

式(12-1)叫做反应速率的定义式。而式(12-2)则是等容反应的反应速率定义,本章所讨论的反应均属于这种情况。dc_B/dt 代表每秒钟内物质 B 浓度的变化。对产物,dc_B/dt 和 ν_B 同时为正;对反应物 dc_B/dt 和 ν_B 同时为负,因此反应速率 $r = (dc_B/dt)/\nu_B$ 永远为正值。显然,反应速率与 B 具体选用哪种物质无关,但与方程式的写法有关。例如,在一定温度下某容器中合成氨反应

$$3H_2 + N_2 \longrightarrow 2NH_3 \tag{1}$$

的反应速率为 r_1,则

$$r_1 = \frac{1}{-3} \frac{d[H_2]}{dt} = -\frac{d[N_2]}{dt} = \frac{1}{2} \frac{d[NH_3]}{dt}$$

若将方程式写作

$$6H_2 + 2N_2 \longrightarrow 4NH_3 \tag{2}$$

设反应速率为 r_2，则

$$r_2 = \frac{1}{-6}\frac{d[H_2]}{dt} = \frac{1}{-2}\frac{d[N_2]}{dt} = \frac{1}{4}\frac{d[NH_3]}{dt}$$

因为容器中每发生 1mol 反应(1)，而反应(2)的进度却增加 0.5mol，所以 $r_1 \neq r_2$，而是 $r_1 = 2r_2$。因此在给出化学反应速率时，应该具体写出反应方程式。

对任意反应

$$a\text{A} + b\text{B} \longrightarrow c\text{C} + d\text{D} \tag{12-3}$$

则反应速率为

$$r = \frac{1}{-a}\frac{dc_A}{dt} = \frac{1}{-b}\frac{dc_B}{dt} = \frac{1}{c}\frac{dc_C}{dt} = \frac{1}{d}\frac{dc_D}{dt} \tag{12-4}$$

此式不仅表明可选用任意一种反应物或产物描述反应速率，而且表明了在反应过程中各种物质浓度随时间的变化率[①]之间所服从的关系。

关于速率的表示，有以下几个问题需要说明：

(1) 只有均相等容反应，其速率才可用式(12-2)表示，从而诸变化率有式(12-4)的关系。

(2) 实际上，如果反应(12-3)的机理中包括多步，即反应物 A 等先转化为一个或多个中间产物而不直接转化成产物，则此时 dc_A/dt 与 dc_D/dt 等的瞬时关系可能是复杂的，即式(12-4)的关系可能就不成立。但是如果在整个反应过程当中，所有中间产物的浓度都非常小，则它们对反应物和产物计量上的影响可以忽略，通常情况即是如此，所以式(12-4)的关系对于通常反应是适用的。

(3) 在理想气体混合物中，分压 p_B 与浓度 c_B 成正比，所以有时也用分压随时间的变化 $(1/\nu_B)(dp_B/dt)$ 来表示反应速率。这种表示方法本书不专门介绍。如遇到这类具体情况，读者很容易导出两种表示式之间的关系，例如

$$\frac{1}{\nu_B}\frac{dp_B}{dt} = \frac{1}{\nu_B}\frac{d(n_B RT/V)}{dt} = \frac{RT}{\nu_B}\frac{d(n_B/V)}{dt} = \frac{RT}{\nu_B}\frac{dc_B}{dt}$$

由速率定义式(12-2)可以看出，测定速率即是测定 dc_B/dt，所以通过测定不同时刻系统中某反应物或某产物的浓度 c，然后将测得的 c-t 关系画成如图 12-1 所示的曲线，由曲线上各点的斜率即可求出反应速率。由于用化学分析法测定不同时刻物质的浓度通常操作繁琐，人们往往通过测定某个与浓度成单值函数关系的物理量与时间的关系。例如气相反应时系统的压力常随时间变化，有离子参加的溶液反应其电导随时间变化等。像压力、电导等都是易于准确、快速、连续测定的物理量。这类方法称做物理法，在物理化学中较为多用。

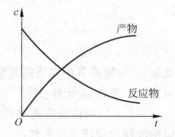

图 12-1 反应速率的测定

上述测定速率的方法只适用于一般进行不快的化学反应。对于快速反应，例如溶液中的酸碱中和反应，反应进行的时间往往与反应物相混合的时间(一般大于 1s)相当甚至更

[①] 在许多动力学书籍及文献中还存在如下定义：对反应物 B，将 $-dc_B/dt$ 称做 B 的消耗速率，对产物 B，将 dc_B/dt 称做 B 的生成速率。所以式(12-4)反映了化学反应速率、各种反应物消耗速率及各种产物生成速率之间的关系。

短,这种反应几乎是在反应物混合的同时就完成了,c_B-t 关系是无法测定的,所以快速反应要用特殊的方法进行测定。

12.1.2 元反应及反应分子数

通常的化学反应方程式只给出反应的初态和末态以及参加反应的各物质之间的计量关系,因此也称做反应计量式,但并不能给出反应是经过什么具体途径由初态变到末态的。例如合成 HBr 的气相反应,计量式为

$$H_2 + Br_2 \longrightarrow 2HBr$$

但它并不是通过一个氢分子与一个溴分子直接碰撞时实现的,所以方程式只表示反应物及产物的状态以及 H_2,Br_2,HBr 三者的计量关系,而不表明反应的机理,因此计量式也可写作

$$2H_2 + 2Br_2 \longrightarrow 4HBr$$

经研究发现,上述反应是分下列五个化学行为来完成的:

$$\left.\begin{aligned}&(1)\ Br_2 + M \longrightarrow 2Br\cdot + M\\&(2)\ Br\cdot + H_2 \longrightarrow HBr + H\cdot\\&(3)\ H\cdot + Br_2 \longrightarrow HBr + Br\cdot\\&(4)\ H\cdot + HBr \longrightarrow H_2 + Br\cdot\\&\qquad\qquad\vdots\\&(5)\ Br\cdot + Br\cdot + M \longrightarrow Br_2 + M\end{aligned}\right\} \tag{12-5}$$

这五个步骤就是 HBr 合成反应的机理,H· 和 Br· 是中间产物,在计量式中并不出现。机理中的每一步叫做一个元反应(也称基元反应或基元步骤),它代表由分子(粒子)直接碰撞而完成的一次化学行为。例如元反应(1)的意义是:一个溴分子与 M 粒子相碰撞而分解成两个自由基 Br·。M 可能是惰性分子或容器壁等,它在碰撞时将一定能量传给 Br_2 而使其分解,所以此处的 M 起到提供能量的作用,称 M 是能量供体。可见元反应代表着某一化学行为的实际情况,所以它的写法是唯一的。

在元反应中,直接发生碰撞的粒子数称反应分子数。对于非元反应,当然无反应分子数之说。按照反应分子数的不同,元反应分别叫做单分子反应、双分子反应和三分子反应。例如,一个孤立分子的分解反应

$$A \longrightarrow B + C$$

是单分子反应,此处 A 是激发态分子,因为一个孤立的处于基态的分子是不会分解的。在式(12-5)所示的机理中,(1)至(4)都是双分子反应,(5)是三分子反应。由于三个粒子同时碰撞的几率十分微小,所以三分子反应为数很少。至今人们尚未发现四分子反应。无论是气相反应还是液相反应,最常见的是双分子反应。

12.1.3 简单反应和复合反应

各个化学反应都有各自不同的机理,其中有的机理中只包括一个元反应,称为简单反应,而机理中包括两个或更多个元反应的称为复合反应或复杂反应。例如,丁二烯与乙烯合成环己烯的反应是一个双分子元反应,故为简单反应:

$$CH_2CHCHCH_2 + C_2H_4 \longrightarrow \text{环己烯}$$

而气相合成碘化氢的反应

$$H_2 + I_2 \longrightarrow 2HI$$

的机理由如下三步构成：

$$I_2 \rightleftharpoons 2I\cdot$$
$$2I\cdot + H_2 \longrightarrow 2HI$$

所以该反应为复合反应。

搞清楚一个反应的机理并不是一件容易的事情，往往需要长期的大量的动力学研究工作。例如上述合成 HI 的反应，在历史上曾被人们误认为是双分子反应，这种错误认识长达40年之久，至 1963 年以后，才有越来越多的实验的和理论的根据，确定了上述的反应机理。由于这方面工作的困难，至目前只有极少数化学反应的机理被人们搞清楚了。

12.2 物质浓度对反应速率的影响

影响化学反应速率的因素是多方面的，但其中最主要的是浓度、温度、催化剂和溶剂的影响。有些反应还与光的强度有关，例如植物在进行光合作用时发生的化学反应就是这类反应。以下将分别讨论上述这些因素对速率的影响。本节先介绍通常情况下如何描述物质浓度对反应速率的影响。

12.2.1 速率方程

实验发现，在一定温度及催化剂的条件下，大部分化学反应的速率都与反应物（或产物）的浓度有关。例如，三种卤化氢合成反应的速率与浓度有如下关系：

$$H_2 + I_2 \longrightarrow 2HI, \quad r = k[H_2][I_2]$$

$$H_2 + Cl_2 \longrightarrow 2HCl, \quad r = k[H_2][Cl_2]^{1/2}$$

$$H_2 + Br_2 \longrightarrow 2HBr, \quad r = \frac{k[H_2][Br_2]^{1/2}}{1 + k'[HBr]/[Br_2]}$$

这类描述速率与浓度的关系式称为化学反应的速率方程，其中 k 或 k' 均是经验常数。由上述实例可知，不同反应的速率方程互不相同，没有通式，所以对任意反应 $aA + bB + \cdots \longrightarrow cC + \cdots$，速率方程可记作

$$r = f(c_A, c_B, c_C, \cdots) \tag{12-6}$$

可见，速率方程(12-6)是个微分方程。在特定条件下，这类微分方程往往可以求解，结果得到物质浓度与时间的函数关系，例如

$$\left. \begin{array}{l} c_A = f(t) \\ c_B = F(t) \\ \vdots \end{array} \right\} \tag{12-7}$$

式(12-7)也称为速率方程。因此,速率方程具有微分式和积分式两种形式,两者是统一的,但在实际工作中,积分式往往用得更多。

化学反应的速率方程,对于化工生产设计和反应机理的研究都是十分有用的。但速率方程必须靠实验测定,需要测定大量的 c-t 数据,由此求出大量的 r-c 数据,最后从这些数据找到 r-c 函数关系,所以,速率方程是大量实验的结果,实际上是经验方程。

12.2.2 元反应的速率方程——质量作用定律

长期的实验结果表明,元反应的速率方程不仅形式简单且有统一规律。对于任意元反应

$$a\text{A} + b\text{B} \longrightarrow c\text{C} + d\text{D}$$

$$r = k c_\text{A}^a c_\text{B}^b \tag{12-8}$$

即元反应的速率与反应物浓度的乘积成正比,其中各浓度的方次恰是反应式中各相应物质计量数的绝对值。元反应的这个规律称为质量作用定律,其中比例常数 k 称做速率系(常)数,关于它的意义我们将在下面详细讨论。元反应服从质量作用定律,这是不奇怪的,因为它是在一次直接碰撞中完成的反应,其速率必与参与碰撞的每个分子的浓度成正比。例如 2A→C 是两个 A 分子相碰撞,所以 $r = k c_\text{A} c_\text{A} = k c_\text{A}^2$;而 2A+B→C 是两个 A 分子和一个 B 分子间的三分子碰撞,所以 $r = k c_\text{A} c_\text{A} c_\text{B} = k c_\text{A}^2 c_\text{B}$,因此元反应的速率方程可根据反应式直接写出,不必测定。

实际上,只有对理想反应系统(即理想气体、理想溶液、理想稀薄溶液等)在速率方程中应用浓度才是严格正确的。为了方便,在动力学中一般都将系统当做理想系统。对于非理想系统中的速率方程我们将在 12.9 节简单介绍。

12.2.3 反应级数与速率系数

从本质上说,一个反应的速率方程 $r = f(c_\text{A}, c_\text{B}, \cdots)$ 是由反应机理所决定的,所以各种反应速率方程的具体形式应是各式各样的。但由于绝大多数反应的机理至今人们还不清楚,于是在测定速率方程之前习惯令速率方程具有以下幂函数形式

$$r = k c_\text{A}^\alpha c_\text{B}^\beta c_\text{C}^\gamma \cdots \tag{12-9}$$

实验任务就是测定 k, α, β, γ 等这类经验常数。若多次实验后最终不能令人满意,则说明该反应的速率方程不具有上式的形式,例如 12.2.1 节中提及的 HBr 合成反应。实验表明,许多化学反应的速率方程都可表示成上式的具体形式。

式(12-9)中的 $\alpha, \beta, \gamma, \cdots$ 分别叫做反应对于物质 A,B,C,$\cdots$ 的分级数,它们分别代表各种物质的浓度对反应速率的影响程度。通常令

$$n = \alpha + \beta + \gamma + \cdots \tag{12-10}$$

n 叫做化学反应的总级数,简称反应级数。例如 HCl 气相合成反应的速率方程为 $r = k[\text{H}_2][\text{Cl}_2]^{1/2}$,即该反应对 H_2 为 1 级,对 Cl_2 为 0.5 级,而该反应为 1.5 级反应,此式表明 H_2 浓度对速率的影响比 Cl_2 大些。

反应级数是纯经验数字,它可以是整数,也可以是分数;可以是正数,也可以是负数,还可以是零。它与元反应的反应分子数从意义到数值特点都是不同的,但对于元反应而言,其反应级数恰等于反应分子数。

式(12-9)中的比例常数 k 称速率系数,它相当于系统中各物质的浓度均为 $1\text{mol} \cdot \text{m}^{-3}$

时的反应速率,其大小取决于反应温度、催化剂的种类和浓度以及溶剂性质等,而与反应系统中各物质的实际浓度无关。为了对不同反应或同一反应在不同条件下进行比较,通常所说的一个反应进行得"快"或"慢"均是指 k 值的大小而言,因此,要提高一个反应的速率,实际上是设法增大 k 值。搞清了速率系数的物理意义之后,在具体运用这个量时还要注意对于不同级数的反应,k 的单位不同。这是由于在速率方程中,k 具有导出单位,它的单位是由 $k=r/(c_A^\alpha c_B^\beta \cdots)$ 决定的。显然,对一级反应 k 的单位为 s^{-1},对二级反应为 $m^3 \cdot mol^{-1} \cdot s^{-1}$ 等。反过来,可以根据给定的速率系数来断定反应级数。例如若已知某反应的 $k=2.0 m^{2.1} \cdot mol^{-0.7} \cdot s^{-1}$,则该反应为 1.7 级反应。

只有当反应的速率方程可以表示成式(12-9)的幂函数形式时,才有级数和速率系数,否则,反应便无级数和速率系数可言。例如前面提到的 HBr 合成反应,其速率方程为

$$r = \frac{k[H_2][Br_2]^{1/2}}{1 + k'[HBr]/[Br_2]}$$

表明该反应无级数,其中的 k 和 k' 也不叫速率系数。

12.3 具有简单级数的化学反应

大部分化学反应都有级数,若速率方程 $r=kc_A^\alpha c_B^\beta \cdots$ 中的 α,β 等取值为 0,1,2,3 等,则速率方程表现为简单幂函数,称为具有简单级数的化学反应。以下分别讨论这类反应的特点。

12.3.1 一级反应

一级反应是常见的,例如许多物质的分解、原子蜕变、异构化等表现为一级反应。对于任意一级反应 $A \longrightarrow P$,由纯 A 开始,反应物 A 的起始浓度为 a,设反应进行过程中的任意时刻 t 反应物 A 的浓度降为 c_A,则记作

$$\begin{array}{rcl} A & \longrightarrow & P \\ t=0 & a & \\ t & c_A & \end{array}$$

于是化学反应速率 r 为

$$-\frac{dc_A}{dt} = kc_A \qquad (12\text{-}11)$$

$$\frac{dc_A}{c_A} = -kdt$$

将此式在 $t=0$ 到任意时刻 t 之间积分:

$$\int_a^{c_A} \frac{dc_A}{c_A} = -\int_0^t k dt$$

得

$$\ln\{c_A\} = -kt + \ln\{a\} \qquad (12\text{-}12)$$

式(12-11)和式(12-12)分别为上述一级反应速率方程的微分式和积分式。其中式(12-12)具体描述一级反应的反应物浓度随时间的变化关系。若反应进行了时间 t 后,A 的消耗百分数为 y,则

$$c_A = a(1-y) \tag{12-13}$$

将此式代入式(12-12)并整理,得

$$\ln\frac{1}{1-y} = kt \tag{12-14}$$

此式也常用于一级反应的计算。

由式(12-12)和式(12-14)可以看出一级反应具有以下两个特点:

(1) 用 $\ln\{c_A\}$ 对 t 作图,得一条直线,且直线的斜率等于 $-k$。这一特点常被用来确定某反应为一级反应;

(2) 反应物消耗掉一半所需的时间称为反应的半衰期,通常用 $t_{1/2}$ 表示。将 $y=1/2$ 代入式(12-14),即可求得一级反应的半衰期

$$t_{1/2} = \frac{\ln 2}{k} \tag{12-15}$$

可见,一级反应的半衰期与反应物的初始浓度无关,即不论反应物初始浓度多大,消耗一半所用的时间是相等的。

例 12-1 已知反应 $A + B \longrightarrow C + D$ 的速率方程为 $r = kc_A$,A 的初始浓度为 $300\,\text{mol}\cdot\text{m}^{-3}$,在 320 K 时的半衰期为 $2.16\times10^3\,\text{s}$。试求:

(1) 反应进行到 40 min 时的反应速率;

(2) A 反应掉 32% 所需要的时间。

解:(1) 由速率方程知该反应为一级反应,可以由半衰期求速率系数:

$$k = \frac{\ln 2}{t_{1/2}} = \frac{\ln 2}{2.16\times 10^3\,\text{s}} = 3.21\times 10^{-4}\,\text{s}^{-1}$$

当反应进行到 40 min 时,A 的浓度为 c_A,则

$$\ln\{c_A\} = -kt + \ln\{a\}$$
$$\begin{aligned}c_A &= a\exp(-kt) \\ &= 300\times\exp(-3.21\times10^{-4}\times 40\times 60)\,\text{mol}\cdot\text{m}^{-3} \\ &= 139\,\text{mol}\cdot\text{m}^{-3}\end{aligned}$$
$$\begin{aligned}r &= kc_A \\ &= 3.21\times 10^{-4}\times 139\,\text{mol}\cdot\text{m}^{-3}\cdot\text{s}^{-1} \\ &= 4.46\times 10^{-2}\,\text{mol}\cdot\text{m}^{-3}\cdot\text{s}^{-1}\end{aligned}$$

(2) A 消耗 32%,即 $y = 0.32$,据式(12-14)

$$\ln\frac{1}{1-y} = kt$$
$$\ln\frac{1}{0.68} = (3.21\times 10^{-4}\,\text{s}^{-1})t$$
$$t = 1200\,\text{s} = 20\,\text{min}$$

即 A 反应掉 32% 需 20 min 的时间。

例 12-2 偶氮异丙烷的分解反应

$$C_6H_{14}N_2(g) \longrightarrow N_2(g) + C_6H_{14}(g)$$

为一级反应。若分解反应在一恒容容器中进行,初始压力为 101325Pa,容器压力 p 随反应进行而逐渐增大,显然 dp/dt 与反应速率有关。

(1) 试表示出反应速率 r 与 dp/dt 的关系;

(2) 在反应过程中测量了一系列的 p-t 数据,如何由这些数据求算速率系数 k?

解:(1)

$$\begin{array}{llll} & C_6H_{14}N_2(g) \longrightarrow & N_2(g) & + C_6H_{14}(g) \\ t=0 & 101325\text{Pa} & 0 & 0 \\ t & 101325\text{Pa}-p(N_2) & p(N_2) & p(N_2) \end{array}$$

总压 $p = 101325\text{Pa} + p(N_2)$,即

$$p(N_2) = p - 101325\text{Pa} \qquad ①$$

则反应速率 r 为

$$r = \frac{d[N_2]}{dt} = \frac{d\left[\dfrac{p(N_2)}{RT}\right]}{dt}$$

整理此式得

$$r = \frac{1}{RT}\frac{dp(N_2)}{dt} \qquad ②$$

由式①知,$dp(N_2) = dp$,代入式②即得欲求的关系:

$$r = \frac{1}{RT}\frac{dp}{dt}$$

可见 dp/dt 与 r 只差常数(即 RT)倍,即 dp/dt 的大小可表示反应的快慢程度,而 dp/dt 是极容易测量的。

(2) p-t 数据直接告诉我们总压以及分压随时间的变化,因此应将原速率方程换算成用分压表示的速率方程。已知

$$-\frac{d[C_6H_{14}N_2]}{dt} = k[C_6H_{14}N_2]$$

将

$$[C_6H_{14}N_2] = \frac{p(C_6H_{14}N_2)}{RT}$$

代入前式并整理得

$$-\frac{dp(C_6H_{14}N_2)}{dt} = kp(C_6H_{14}N_2) \qquad ③$$

此式即是用分压表示的速率方程,且此处 k 就是原速率方程中的速率系数,这也是一级反应所具有的特点。对于其他级数的反应,用分压表示速率时的速率系数与用浓度表示的不同,本书中所求的都是后者,若用分压表示速率,应读者自己进行换算。

以下求 $C_6H_{14}N_2$ 的分压 $p(C_6H_{14}N_2)$ 与测量的总压 p 之间的关系。

$$\begin{array}{llll} & C_6H_{14}N_2(g) \longrightarrow & N_2(g) & + & C_6H_{14}(g) \\ t=0 & 101325\text{Pa} & 0 & & 0 \\ t & p(C_6H_{14}N_2) & 101325\text{Pa}-p(C_6H_{14}N_2) & & 101325\text{Pa}-p(C_6H_{14}N_2) \end{array}$$

总压 $p = 202650\text{Pa} - p(\text{C}_6\text{H}_{14}\text{N}_2)$,即
$$p(\text{C}_6\text{H}_{14}\text{N}_2) = 202650\text{Pa} - p$$

代入式③：
$$-\frac{\mathrm{d}(202650\text{Pa} - p)}{202650\text{Pa} - p} = k\mathrm{d}t$$

积分：
$$\int_{101325\text{Pa}}^{p} \frac{\mathrm{d}(202650\text{Pa} - p)}{202650\text{Pa} - p} = -\int_0^t k\mathrm{d}t$$
$$\ln\frac{202650\text{Pa} - p}{101325\text{Pa}} = -kt$$
$$\ln(202650 - p/\text{Pa}) = -kt + \ln 101325$$

由此可见，利用 p-t 数据，将 $\ln(202650 - p/\text{Pa})$ 对 t 绘图必得一条直线，该直线的斜率 $=-k$，由此求得速率系数 k。

由速率方程 $r = kc_A$ 可知，随反应进行，反应物的浓度 c_A 逐渐减小，从而反应速率逐渐变慢。当 c_A 变得十分微小时，$r \to 0$。因此由动力学观点来看，反应"完成"与"达平衡"所需要的时间无限长。除零级反应以外，其他具有正级数的反应皆是如此。但这并不意味着欲测定最后平衡浓度要等无限长的时间，实际上，只要不能觉察到浓度的变化即可。

12.3.2 二级反应

对于二级反应
$$a\text{A} + b\text{B} \longrightarrow \text{P} \tag{1}$$

速率方程可能为
$$r = kc_A c_B \quad \text{或} \quad r = kc_A^2 \quad \text{或} \quad r = kc_B^2$$

对于二级反应
$$a'\text{A} \longrightarrow \text{P} \tag{2}$$

速率方程为
$$r = kc_A^2$$

若反应(1)中的 A=B，则就是反应(2)，所以反应(2)可看做反应(1)的特例，于是只讨论反应(1)就可以了。由反应(1)的速率方程可以看出，二级反应的速率方程可分为两种类型：第一种类型是反应对两个反应物各为 1 级；第二种类型是反应对一个反应物为 2 级。以下我们分别予以讨论。为了简单，我们只讨论 A 和 B 的计量系数相同的反应，这类反应可写作

$$\text{A} + \text{B} \longrightarrow \text{P}$$

若由反应物开始，设 A 和 B 的初始浓度分别为 a 和 b，反应过程中任意时刻 t 时 A 减少的浓度为 x，即

$$\begin{array}{cccc} & \text{A} & + & \text{B} & \longrightarrow & \text{P} \\ t=0 & a & & b & & 0 \\ t & a-x & & b-x & & x \end{array}$$

则速率方程为

$$-\frac{d(a-x)}{dt} = k(a-x)(b-x)$$

即

$$\frac{dx}{dt} = k(a-x)(b-x) \tag{12-16}$$

若 A 和 B 的初始浓度相同，$a=b$，则速率方程的形式与上述的第二种类型相同；若 $a \neq b$，则速率方程就是上述的第一种类型。

1. $a=b$

若 $a=b$，则式(12-16)变为

$$\frac{dx}{dt} = k(a-x)^2$$

$$\frac{dx}{(a-x)^2} = kdt$$

在 $t=0$ 至 t 之间积分：

$$\int_0^x \frac{dx}{(a-x)^2} = \int_0^t kdt$$

$$\boxed{\frac{1}{a-x} = kt + \frac{1}{a}} \tag{12-17}$$

此式是这类反应速率方程的积分式，由此可以看出这类二级反应具有以下两个特点：

(1) 反应物浓度的倒数与时间成线性关系，即 $\frac{1}{a-x}$-t 是一条直线，且直线的斜率等于速率系数 k。

(2) 设反应物消耗 50%，即 $x=a/2$，代入式(12-17)求出反应的半衰期

$$\boxed{t_{1/2} = \frac{1}{ka}} \tag{12-18}$$

此式表明，二级反应的半衰期与反应物的初始浓度成反比。

2. $a \neq b$

若 $a \neq b$，则式(12-16)不可进一步化简。

$$\frac{dx}{(a-x)(b-x)} = kdt$$

$$\int_0^x \frac{dx}{(a-x)(b-x)} = \int_0^t kdt$$

解得

$$\boxed{\ln \frac{(a-x)}{(b-x)} = (a-b)kt + \ln \frac{a}{b}} \tag{12-19}$$

其中 $(a-x)$ 和 $(b-x)$ 分别为反应过程中任意时刻 A 和 B 的浓度。所以上式表明 $\ln(c_A/c_B)$-t 成直线，直线的斜率$=(a-b)k$。这就是这类二级反应的特点。由于 A 和 B 的初始浓度不同，而二者的消耗速率相同，使得在整个反应过程中它们的消耗百分数总是不同，所以对整个反应不存在半衰期。实际上，对于由多种反应物开始的任意化学反应，只有当反应物按照

计量比投料时才有半衰期。

例 12-3 溴代异丁烷与乙醇钠在乙醇溶液中按下式反应：
$$i\text{-}C_4H_9Br + C_2H_5ONa \longrightarrow NaBr + i\text{-}C_4H_9OC_2H_5$$
溴代异丁烷的初始浓度 $a = 50.5 \text{mol} \cdot \text{m}^{-3}$，乙醇钠的初始浓度 $b = 76.2 \text{mol} \cdot \text{m}^{-3}$。在 95.15℃时测得反应在不同时刻溶液中乙醇钠的浓度如下：

t/min	0	5	10	20	30	50
$[C_2H_5ONa]/(\text{mol} \cdot \text{m}^{-3})$	76.2	70.3	65.5	58.0	53.2	45.1

(1) 试求该二级反应的速率系数 k；
(2) 反应 1h 后溶液中溴代异丁烷的浓度为多少？
(3) 溴代异丁烷反应掉 50% 所需要的时间为多少？

解：(1) 此反应是 $a \neq b$ 类型的二级反应，乙醇钠的浓度即是 $(b-x)$，溴代异丁烷的浓度即为 $(a-x)$。由测定的 $(b-x)$ 值很容易计算出 $(a-x)$ 值，进而计算 $\ln\dfrac{a-x}{b-x}$，结果如下：

t/min	0	5	10	20	30	50
$(b-x)/(\text{mol} \cdot \text{m}^{-3})$	76.2	70.3	65.5	58.0	53.2	45.1
$(a-x)/(\text{mol} \cdot \text{m}^{-3})$	50.5	44.6	39.8	32.3	27.5	19.4
$\ln\dfrac{a-x}{b-x}$	-0.3998	-0.4551	-0.4984	-0.5854	-0.6600	-0.8436

以 $\ln\dfrac{a-x}{b-x}$ 对 t 作图，得一直线如图 12-2，由图求得直线斜率为 $-8.645 \times 10^{-3} \text{min}^{-1}$，即

$$(a-b)k = -8.645 \times 10^{-3} \text{min}^{-1}$$

所以

$$k = \frac{8.645 \times 10^{-3} \text{min}^{-1}}{b-a}$$

$$= \frac{8.645 \times 10^{-3}}{76.2 - 50.5} \text{m}^3 \cdot \text{mol}^{-1} \cdot \text{min}^{-1}$$

$$= 3.364 \times 10^{-4} \text{m}^3 \cdot \text{mol}^{-1} \cdot \text{min}^{-1}$$

(2) 当 $t = 60$ min 时，据式 (12-19)

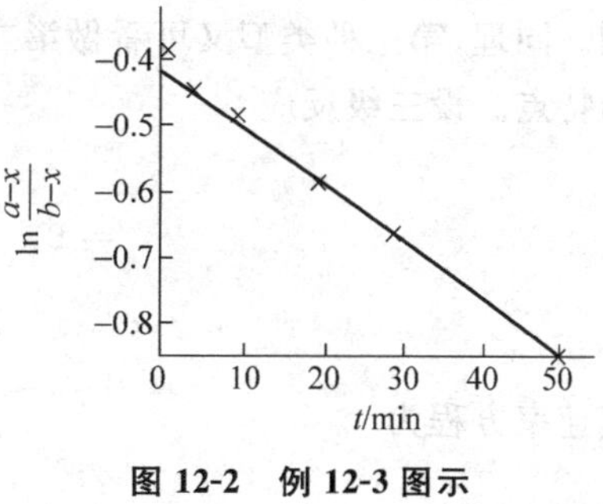

图 12-2 例 12-3 图示

$$\ln\frac{a-x}{b-x} = (a-b)k \cdot 60\text{min} + \ln\frac{a}{b}$$

$$= (50.5 - 76.2) \times 3.364 \times 10^{-4} \times 60 + \ln\frac{50.5}{76.2}$$

解得

$$x = 33.7 \text{mol} \cdot \text{m}^{-3}$$

所以溴代异丁烷的浓度为

$$a - x = 50.5 - 33.7 = 16.8 \text{mol} \cdot \text{m}^{-3}$$

(3) 当溴代异丁烷消耗 50% 时
$$a - x = 0.5a$$
$$x = 0.5a = 0.5 \times 50.5 \text{mol} \cdot \text{m}^3 = 25.25 \text{mol} \cdot \text{m}^{-3}$$

代入速率方程(12-19)：
$$\ln \frac{25.25}{76.2 - 25.25} = [(50.5 - 76.2) \times 3.364 \times 10^{-4} \text{min}^{-1}]t + \ln \frac{50.5}{76.2}$$

解得
$$t = 33.6 \text{min}$$

即反应进行 33.6min 后溴代异丁烷消耗一半。

12.3.3 三级反应和零级反应

以上详细讨论了一、二级反应及其特点，所运用的方法是，先列出速率方程(微分方程)，然后解出它的积分形式，最后根据积分式讨论其特点。原则上讲，这种处理问题的基本方法也适用于其他任意级数的化学反应。以下利用同样的方法简单讨论三级反应和零级反应。

1. 三级反应

三级反应可能有三种类型，在许多情况下它们的计量方程及速率方程如下：

$$A + B + C \longrightarrow P, \quad r = kc_A c_B c_C$$
$$2A + B \longrightarrow P, \quad r = kc_A^2 c_B$$
$$3A \longrightarrow P, \quad r = kc_A^3$$

反应方程式中的计量数实际上可能是多种多样的，为简单起见，我们写作以上形式。在上述三类三级反应中，第二种类型最为常见。若第一种类型中的 A 和 C 相同或二者的初始浓度相同，即 $a = c$，则其速率方程就变为第二种类型，所以第二种类型可看做第一种类型的特例。同理，第三种类型又可看做第二种类型的特例，以下仅以第二种类型为例讨论三级反应的特点。设三级反应

$$\begin{array}{cccc} & 2A & + & B & \longrightarrow & P \\ t = 0 & a & & b & & 0 \\ t & a - x & & b - \dfrac{x}{2} & & \end{array}$$

其速率方程为
$$\frac{1}{-2} \frac{dc_A}{dt} = kc_A^2 c_B$$

即
$$-\frac{d(a-x)}{dt} = 2k(a-x)^2 \left(b - \frac{x}{2}\right)$$

若反应物 A 和 B 按照计量比投料，$a = 2b$，则
$$a - x = 2\left(b - \frac{x}{2}\right)$$

于是上述速率方程变为

$$-\frac{\mathrm{d}(a-x)}{\mathrm{d}t} = k(a-x)^3$$

$$-\frac{\mathrm{d}(a-x)}{(a-x)^3} = k\mathrm{d}t$$

将此式在 0 至 t 之间积分得

$$\frac{1}{(a-x)^2} = 2kt + \frac{1}{a^2} \tag{12-20}$$

此即速率方程的积分形式,由此可知这类三级反应具有以下两个特点:

(1) $1/c_A^2$ 与 t 成直线关系,且直线 $1/c_A^2$-t 的斜率等于 $2k$。

(2) 设反应进行到时刻 t 后,A 的消耗百分数为 y,即 $a-x=(1-y)a$,代入式(12-20)并整理得

$$\frac{y(2-y)}{(1-y)^2} = 2ka^2 t$$

若 $y=1/2$,则可求得半衰期

$$t_{1/2} = \frac{3}{2ka^2} \tag{12-21}$$

即此三级反应的半衰期与初始浓度的平方成反比。这就是这类三级反应的第二个特点。

气相中的三级反应是少见的,至目前仅有下面五个气相反应被确定为三级反应:

$$2NO + H_2 \longrightarrow N_2O + H_2O$$
$$2NO + O_2 \longrightarrow 2NO_2$$
$$2NO + Cl_2 \longrightarrow 2NOCl$$
$$2NO + Br_2 \longrightarrow 2NOBr$$
$$2NO + D_2 \longrightarrow N_2O + D_2O$$

严格讲,在气相中的许多游离原子的化合反应属于三级反应,例如

$$X + X + M \longrightarrow X_2 + M$$

其中 X 可能是 I,Br,H 等原子,M 的作用是接受 X 原子化合时放出的能量从而使 X_2 能够稳定存在,所以 M 也称为能量受体,实际上它并不参与化学反应。M 可能是第三种惰性分子或容器壁等,一般其浓度不发生变化,所以这类反应通常表现为二级反应。

液相中的三级反应多一些,例如环氧乙烷在水溶液中与氢溴酸的反应:

$$\underset{H_2C\text{——}CH_2}{\overset{O}{\triangle}} + H^+ + Br^+ \longrightarrow HOCH_2CH_2Br$$

其速率方程为

$$r = k[C_2H_4O][H^+][Br^-]$$

其他三级反应还有不少。

2. 零级反应

零级反应是不受浓度影响的反应,若反应

$$A \longrightarrow P$$

为零级反应,则反应速率为

$$-\frac{\mathrm{d}c_A}{\mathrm{d}t} = k \tag{12-22}$$

解得

$$c_A = -kt + a \tag{12-23}$$

其中 a 是 A 的初始浓度。由此可以看出零级反应具有以下特点：

(1) c_A 对 t 作图，得一直线，直线的斜率等于 $-k$。

(2) 若 $c_A = a/2$，代入式(12-23)可求得半衰期

$$t_{1/2} = \frac{a}{2k}$$

因此，零级反应的半衰期与反应物的初始浓度成正比。

(3) 由于零级反应的速率完全不受浓度影响，由式(12-22)可知，在确定温度和催化剂的情况下其速率等于常数（即速率系数 k），因此，零级反应就好像物理运动学中的匀速运动一样，在整个过程中速率是不变的，由此决定了零级反应的另一个特点：反应进行完全所需要的时间是有限的，显然这个时间是 a/k。

实际上，零级反应并不多见。至目前，已知的零级反应中大多数是在表面上发生的复相反应。例如，高压下氨在钨表面上的分解反应 $2NH_3 \longrightarrow N_2 + 3H_2$ 即是如此。这些反应之所以是零级的，是由于它们都是在金属催化剂表面上发生的，真正的反应物是吸附在固体表面上的原反应物分子，因此反应速率取决于表面上反应物的浓度。如果金属表面对气体分子的吸附已达饱和，再增加气相浓度也不能明显改变表面上的浓度，此时反应速率就不再依赖于气相浓度，即表现为零级反应。

以上分别介绍了几种具有简单级数的化学反应，这些都是动力学的基本知识。为了便于读者进行比较和记忆，将有关内容列于表12-1。从中可以看出如下几点：

(1) 零级反应，c_A-t 具有直线关系；

一级反应，$\ln\{c_A\}$-t 具有直线关系；

二级反应，若 $a=b$，$1/c_A$-t 具有直线关系；

若 $a \neq b$，$\ln(c_A/c_B)$-t 具有直线关系；

三级反应，若 $a=2b$，$1/c_A^2$-t 具有直线关系。

表 12-1 几种具有简单级数的反应

级数 n	反应类型	速率方程（微分式）	速率方程（积分式）	半衰期
0	$A \longrightarrow P$	$-\dfrac{dc_A}{dt} = k$	$a - c_A = kt$	$t_{1/2} = \dfrac{a}{2k}$
1	$A \longrightarrow P$	$-\dfrac{dc_A}{dt} = kc_A$	$\ln\dfrac{a}{c_A} = kt$	$t_{1/2} = \dfrac{\ln 2}{k}$
2	$A+B \longrightarrow P$ ($a=b$) 或 $A \longrightarrow P$	$-\dfrac{dc_A}{dt} = kc_A c_B = kc_A^2$	$\dfrac{1}{c_A} = kt + \dfrac{1}{a}$	$t_{1/2} = \dfrac{1}{ka}$
	$A+B \longrightarrow P$ ($a \neq b$)	$-\dfrac{dc_A}{dt} = kc_A c_B$	$\ln\dfrac{c_A}{c_B} = (a-b)kt + \ln\dfrac{a}{b}$	无
3	$2A+B \longrightarrow P$ ($a=2b$)	$\dfrac{1}{-2}\dfrac{dc_A}{dt} = kc_A^2 c_B = \dfrac{1}{2}kc_A^3$	$\dfrac{1}{c_A^2} = 2kt + \dfrac{1}{a^2}$	$t_{1/2} = \dfrac{3}{2ka^2}$

(2) 就半衰期来看

零级反应，$t_{1/2}$ 与 a 成正比；

一级反应，$t_{1/2}$ 与 a 无关；

二级反应，$t_{1/2}$ 与 a 成反比；

三级反应，$t_{1/2}$ 与 a^2 成反比。

很容易证明，对于任意级数的反应，其半衰期与初始浓度的关系可以写成通式

$$t_{1/2} = Aa^{1-n} \tag{12-24}$$

其中 A 是与反应级数和速率系数有关的常数。所以上式表明，对于任意反应，半衰期与初始浓度的 $(1-n)$ 次方成正比。以上总结的简单级数反应的半衰期规律实际上是式(12-24)的具体应用。

(3) 零级反应，k 的单位是 $\text{mol} \cdot \text{m}^{-3} \cdot \text{s}^{-1}$；

一级反应，k 的单位是 s^{-1}；

二级反应，k 的单位是 $\text{m}^3 \cdot \text{mol}^{-1} \cdot \text{s}^{-1}$；

三级反应，k 的单位是 $\text{m}^6 \cdot \text{mol}^{-2} \cdot \text{s}^{-1}$。

0—3 级反应的以上动力学特征，常被用来确定一个反应的级数。

上述各级反应的速率方程和半衰期公式都是与特定的反应类型相对应的。对于同一级数的反应，若反应类型不同，速率方程及半衰期公式有可能不同。另外即使对同一反应类型，速率的描述方法不同，得出的公式也可能有不同的表观形式。例如，我们只介绍了 $a=2b$ 时的 $2A+B \longrightarrow P$ 型三级反应，得到公式(12-20)和式(12-21)。若反应仍为三级（对 A 为二级、对 B 为一级），但反应类型为 $A+2B \longrightarrow P$，即

$$\begin{array}{cccc} & A & + & 2B & \longrightarrow & P \\ t=0 & a & & b & & 0 \\ t & a-x & & b-2x & & \end{array}$$

则

$$-\frac{dc_A}{dt} = kc_A^2 c_B$$

即

$$-\frac{d(a-x)}{dt} = k(a-x)^2(b-2x)$$

若 A 和 B 按计量比投料，$2a=b$，则 $2(a-x)=(b-2x)$，所以速率方程为

$$-\frac{d(a-x)}{dt} = 2k(a-x)^3$$

解得

$$\frac{1}{(a-x)^2} = 4kt + \frac{1}{a^2}$$

$$t_{1/2} = \frac{3}{4ka^2}$$

显然以上二式与前面所讨论的三级反应公式(12-20)和式(12-21)不同。

如果反应类型同为 $2A+B \longrightarrow P$，且 $a=2b$，但选用 B 描述此反应，即

$$-\frac{dc_B}{dt} = kc_A^2 c_B$$

则

$$-\frac{d\left(b-\frac{x}{2}\right)}{dt} = k(a-x)^2\left(b-\frac{x}{2}\right)$$

因为

$$a - x = 2\left(b - \frac{x}{2}\right)$$

所以

$$\frac{-d\left(b-\frac{x}{2}\right)}{dt} = 4k\left(b-\frac{x}{2}\right)^3$$

解得

$$\frac{1}{\left(b-\frac{x}{2}\right)^2} = 8kt + \frac{1}{b^2}$$

$$t_{1/2} = \frac{3}{8kb^2}$$

此结果与式(12-20)和式(12-21)虽然实质没有区别但二者的表观形式不同。由此看来,对具有简单级数的反应,在记忆各级反应的动力学特征的同时,重点要掌握上述处理问题的基本方法,即正确列出并求解微分方程,这样就可以正确处理各种具有级数的反应。

12.4 反应级数的测定

确定一个反应的速率方程对于工程设计和科学研究都有重要意义,而确定速率方程的关键是确定级数。反应级数是化学反应工程中反应器设计的基础数据,若不知反应级数,设计工作便成为无本之木。严格说,反应级数是由反应机理所决定的,但大多数反应机理至今还未搞清。为了搞清楚一个反应的机理,首先要参考速率方程,可见反应级数可为反应机理的研究提供信息。鉴于这种状况,人们还无法由理论算出反应的级数,而要靠具体的实验测定。

12.4.1 几点说明

实验测定反应级数,具体的测量手段是多种多样的。一般来说,从制订实验方案、确定测定方法,到最后处理实验数据,每一步都有大量的工作。作为确定反应级数的全过程,有以下三点须予以说明。

(1) 两种实验方案

确定级数可采用两种不同的实验方案:一种是通过对单一样品的测定来确定级数,以下简称方案1;另一种是通过多个样品的测定来确定级数,一般应配制五个以上的样品,以下简称方案2。一般来说,方案2的实验工作量比方案1的大。

(2) 一种测定方法

不论采用哪种实验方案,具体测定的都是浓度与时间的对应关系,即 c-t 数据,我们称为一种测定方法。通常为了更快速准确地测定浓度,往往把 c 转变成电信号、体积、压力等。不论把 c 变成什么物理量,但实验数据本质上仍反映 c-t 关系。

(3) 两种数据处理方法

由同样的实验数据,一般可用积分法或微分法进行数据处理,从而确定反应级数。积分法是以速率方程的积分式为依据处理数据;微分法则是以速率方程的微分式为依据处理数据。有的实验数据既可以用积分法处理也可用微分法处理,但有的实验数据只适于用一种方法,这取决于具体的实验方案。

上述三点只是测定级数的一般原则。若对速率方程进行具体分析,可知速率方程分为两大类:一类是 $r=kc_A^n$,即速率只与一种反应物浓度有关,速率是浓度的一元函数,此时只需测定一个指数 n;另一类为 $r=kc_A^\alpha c_B^\beta c_C^\gamma \cdots$,即速率与多种物质浓度有关,表现为多元函数,此时需测定 α,β,γ 等多个指数。下面就两种情况分别予以讨论。

12.4.2 $r=kc_A^n$ 型反应级数的测定

设反应 A ⟶ P 的速率方程为 $r=kc_A^n$,为了测定级数 n,可采用以下两种实验方案:

1. 方案 1

一个实验样品,初始浓度为 a。分别测定不同时刻反应物 A(也可是其他参与反应的物质)的浓度,设测得如下数据:

t	0	t_1	t_2	t_3	t_4	⋯
c_A	a	c_1	c_2	c_3	c_4	⋯

对上述实验数据可用积分法或微分法进行处理。

1) 积分法

此法以速率方程的积分式为基础,具体又可分为作图法、尝试法和半衰期法三种。

(1) 作图法:根据各级反应的特点,分别利用实验数据作图。若 c_A 对 t 作图,得一直线,则为零级反应,$n=0$。若 c_A-t 不成直线,再作图 $\ln\{c_A\}$-t,若得直线,则为一级反应,$n=1$。若仍不成直线,再作图 $1/c_A$-t,若得直线,则 $n=2$。若不得直线则需继续作图,一直到得直线为止。

(2) 尝试法:其实上面介绍的作图法就是一种尝试法,此处所说的尝试法是指直接用实验数据进行尝试。据零级反应的速率方程 $c_A=-kt+a$,则

$$k=\frac{a-c_A}{t}$$

将各组数据分别代入,求得

$$k_1=\frac{a-c_1}{t_1}$$

$$k_2=\frac{a-c_2}{t_2}$$

$$k_3=\frac{a-c_3}{t_3}$$

$$k_4 = \frac{a - c_4}{t_4}$$
$$\vdots$$

若以上各 k 值近似等于常数，则反应为零级，且速率系数为以上各 k 的平均值。若各 k 值有较大差异，应继续试一级反应，即

$$k = \frac{1}{t}\ln\frac{a}{c_A}$$

若各组 k 值近似为常数，则为一级反应，且速率系数取各 k 的平均值。否则，应继续尝试二级、三级反应等。

作图法和尝试法实际上是同一种方法，都是以各级反应速率方程的积分式为基础逐个地进行尝试。这种尝试往往带有盲目性，它只适用于那些具有简单级数的反应。例如，某反应是 1.6 级，此级数就难以用作图法或尝试法求取，而下面介绍的半衰期法却可以克服上述缺点。

(3) 半衰期法：据式(12-24)，对任意级数反应，

$$t_{1/2} = Aa^{1-n}$$

两端取对数，得

$$\lg\{t_{1/2}\} = (1-n)\lg\{a\} + \lg\{A\} \tag{12-25}$$

此式表明，对于任意级数反应，$\lg\{t_{1/2}\}$-$\lg\{a\}$ 一定成直线关系，由直线的斜率即可求出级数：

$$斜率 = 1 - n$$
$$n = 1 - 斜率$$

式(12-25)描述半衰期与初始浓度的关系。若配制多个初始浓度不同的样品，分别测定其半衰期，即可由直线 $\lg\{t_{1/2}\}$-$\lg\{a\}$ 求得级数，但这样需要测定许多实验样品，工作量很大。实际上，对一个样品，若有较多而且较为密集的实验数据，同样可以发现 $t_{1/2}$ 与 a 的关系，而且这种方法往往减少实验工作量。

例 12-4 298K 时测得溶液中某分解反应 $2A \longrightarrow B+C$ 的如下数据：

t/s	0	12	29	41	58	83
$c_A/(\text{mol}\cdot\text{m}^{-3})$	4	3.2	2.4	2.0	1.6	1.2

试求该反应的级数。

解：由以上数据可找到三个半衰期，如下所示：

$c_A/(\text{mol}\cdot\text{m}^{-3})$	4	3.2	2.4	2.0	1.6	1.2
t/s	0	12	29	41	58	83

从 4→2.0：$t_{1/2}$；从 3.2→1.6：$t'_{1/2}$；从 2.4→1.2：$t''_{1/2}$

可以看出,半衰期 $t_{1/2}=41\text{s}$,初始浓度为 $4\text{mol}\cdot\text{m}^{-3}$;$t'_{1/2}=46\text{s}$,初始浓度为 $3.2\text{mol}\cdot\text{m}^{-3}$;$t''_{1/2}=54\text{s}$,初始浓度为 $2.4\text{mol}\cdot\text{m}^{-3}$。列表如下:

$t_{1/2}/\text{s}$	41	46	54
$a/(\text{mol}\cdot\text{m}^{-3})$	4	3.2	2.4
$\lg(t_{1/2}/\text{s})$	1.61	1.66	1.73
$\lg(a/(\text{mol}\cdot\text{m}^{-3}))$	0.602	0.505	0.380

据以上数据,$\lg(t_{1/2}\text{s})$ 对 $\lg(a/\text{mol}\cdot\text{m}^{-3})$ 作图,得如图 12-3 所示的直线,该直线的斜率为 -0.5,即
$$1-n=-0.5$$
$$n=1+0.5=1.5$$
即该反应为 1.5 级反应。

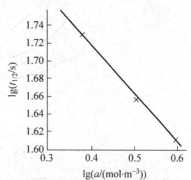

图 12-3 例 12-4 图示

2) 微分法

此方法以速率方程的微分式为基础,具体处理过程分两步进行。第一步,将实验数据 c_A 直接对 t 作图,由 $c_\text{A}\text{-}t$ 曲线上各点处的斜率求得一系列的反应速率,如 r_0,r_1,r_2,r_3,r_4 等,见图 12-4(a);第二步,由于 $r=kc_\text{A}^n$,所以
$$\lg\{r\}=n\lg\{c_\text{A}\}+\lg\{k\}$$
于是将第一步中求得的一系列速率及相应的浓度分别取对数,作图 $\lg\{r\}\text{-}\lg\{c_\text{A}\}$,可得一直线,见图 12-4(b),则该直线的斜率等于反应级数。可见,用微分法处理数据,需要作两张图,一般说来比积分法的处理工作量大一些。

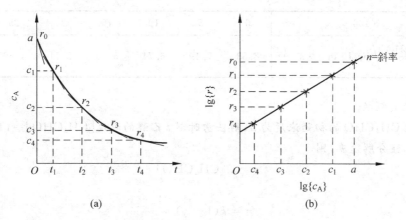

图 12-4 微分法求取反应级数

2. 方案 2

多个实验样品,初始浓度分别为 $a_1,a_2,a_3,\cdots$。对于每一个样品,分别测定 c_A 随 t 的变化。这样,有几个样品,就得到几个 $c_\text{A}\text{-}t$ 数据群。

用微分法处理数据。首先将每个样品的 c_A-t 数据分别画成曲线,然后由曲线起点处的斜率分别求出各样品的初始速率,如 $r_{0,1}$, $r_{0,2}$, $r_{0,3}$ 等,见图 12-5(a)。再将初始速率的对数对初始浓度的对数作图,可得一条直线,见图 12-5(b),则该直线的斜率等于反应级数。

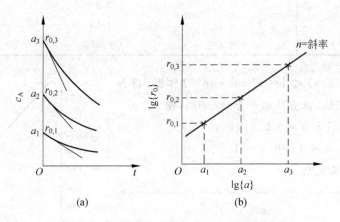

图 12-5 用微分法处理多个样品的实验数据

当用多个样品进行测定时,为了简化数据处理程序,可采用"加倍法"配制样品。例如,配制样品时使第二个样品的初始浓度恰是第一个样品的二倍,即 $a_2 = 2a_1$。当做出(a)图之后,若 $r_{0,2} = r_{0,1}$,表明初始浓度对初始速率无影响,则 $n=0$;若 $r_{0,2} = 2r_{0,1}$,则 $n=1$;若 $r_{0,2} = 4r_{0,1}$,则 $n=2$;……。可见,"加倍法"配制样品会使数据处理过程大为简化。

例 12-5 在某温度下测定乙醛分解反应,整理实验数据,发现乙醛的消耗速率与其消耗百分数 y 的关系如下:

$y \times 100$	0	5	10	15	20	25	30
$-\dfrac{d[CH_3CHO]}{dt}$ / (mol·m^{-3}·s^{-1})	8.53	7.49	6.74	5.90	5.14	4.69	4.31

试求该反应的级数。

解:设 CH_3CHO 的初始浓度为 a,则任意时刻 t 乙醛的浓度 $[CH_3CHO] = (1-y)a$,若以 r 代表乙醛分解速率,则

$$r = k[CH_3CHO]^n$$

即

$$r = k(1-y)^n a^n$$

两端取对数:

$$\lg\{r\} = n\lg\{1-y\} + \lg\{ka^n\}$$

可见,$\lg\{r\}$ 对 $\lg(1-y)$ 作图必得直线,且斜率 $= n$。由所给数据算得 $\lg\{r\}$ 和 $\lg(1-y)$ 如下:

$y \times 100$	0	5	10	15	20	25	30
$r/(\mathrm{mol \cdot m^{-3} \cdot s^{-1}})$	8.53	7.49	6.74	5.90	5.14	4.69	4.31
$\lg(r/(\mathrm{mol \cdot m^{-3} \cdot s^{-1}}))$	0.931	0.875	0.829	0.771	0.711	0.671	0.634
$\lg(1-y)$	0	−0.022	−0.046	−0.071	−0.097	−0.125	−0.155

将 $\lg(r/(\mathrm{mol \cdot m^{-3} \cdot s^{-1}}))$-$\lg(1-y)$ 数据作图,得如图 12-6 的直线,斜率约为 1.98,即 $n \approx 2$。因此,乙醛分解反应为二级反应。

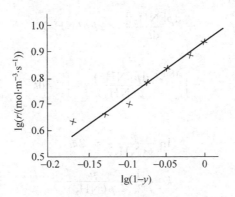

图 12-6 例 12-5 图示

例 12-6 856℃时,氨在钨丝上的催化分解反应中,反应器的起始压力 $p_0 = 27.46\mathrm{kPa}$,总压 p 随反应时间 t 而变化,测得数据如下:

t/s	200	400	600	1000
p/kPa	30.40	33.33	36.40	42.40

求反应级数和速率系数。

解:NH_3 分解反应的速率与其分压 $p(NH_3)$ 随时间的变化率有关,所以先由计量方程导出 $p(NH_3)$ 与 p 的关系。

$$2NH_3 \longrightarrow N_2 + 3H_2$$

$t = 0$ 时 p_0 , 0 , 0

t 时 $p(NH_3)$, $\dfrac{1}{2}[p_0 - p(NH_3)]$, $\dfrac{3}{2}[p_0 - p(NH_3)]$

所以总压

$$p = p(NH_3) + \frac{1}{2}[p_0 - p(NH_3)] + \frac{3}{2}[p_0 - p(NH_3)]$$

$$p = 2p_0 - p(NH_3)$$

$$p(NH_3) = 2p_0 - p$$

对 n 级反应

$$\frac{1}{-2}\frac{\mathrm{d}[NH_3]}{\mathrm{d}t} = k[NH_3]^n$$

由理想气体状态方程得

$$[NH_3] = \frac{p(NH_3)}{RT}$$

代入速率方程并整理得

$$-\frac{dp[NH_3]}{dt} = \frac{2k}{(RT)^{n-1}} p^n(NH_3)$$

以下用尝试法求解。

若 $n=1$，则速率方程为

$$-\frac{dp[NH_3]}{dt} = 2kp(NH_3)$$

在 0 至 t 之间积分：

$$-\int_{p_0}^{p(NH_3)} \frac{dp(NH_3)}{p(NH_3)} = \int_0^t 2k\,dt$$

解得

$$\ln\frac{p_0}{p(NH_3)} = 2kt$$

$$k = \frac{1}{2t}\ln\frac{p_0}{p(NH_3)}$$

将 $p(NH_3)=2p_0-p$ 代入，得

$$k = \frac{1}{2t}\ln\frac{p_0}{2p_0-p}$$

按此式计算 k 值如下：

t/s	200	400	600	1000
p/kPa	30.40	33.33	36.40	42.40
k/s^{-1}	2.831×10^{-4}	3.007×10^{-4}	3.283×10^{-4}	3.927×10^{-4}

可见，几个 k 值相差较大，显然不是一级反应。

若 $n=0$，则速率方程为

$$-\frac{dp(NH_3)}{dt} = 2kRT$$

即

$$-dp(NH_3) = 2kRT\,dt$$

在 0 至 t 之间积分：

$$-\int_{p_0}^{p(NH_3)} dp(NH_3) = 2kRT\int_0^t dt$$

$$p_0 - p(NH_3) = 2kRTt$$

$$k = \frac{p_0 - p(NH_3)}{2RTt}$$

将 $p(NH_3)=2p_0-p$ 代入，得

$$k = \frac{p-p_0}{2RTt}$$

按此式计算得 k 值如下:

t/s	200	400	600	1000
p/kPa	30.40	33.33	36.40	42.40
k/(mol·m^{-3}·s^{-1})	7.83×10^{-4}	7.82×10^{-4}	7.94×10^{-4}	7.95×10^{-4}

可见所得的 k 近似为常数,所以该反应为零级反应,且速率系数

$$k = \bar{k} \approx 7.9 \times 10^{-4} \text{mol} \cdot \text{m}^{-3} \cdot \text{s}^{-1}$$

12.4.3 $r = kc_A^\alpha c_B^\beta \cdots$ 型反应级数的测定

如果速率方程形式为 $r = kc_A^\alpha c_B^\beta \cdots$,即反应速率与多个反应物的浓度有关,$r$ 是浓度的多元函数。一般情况下,需要逐个测定分级数 $\alpha, \beta, \cdots$,然后可由 $n = \alpha + \beta + \cdots$ 求出总级数。对于多元函数,如果几个变量同时变化,情况将是十分复杂的,所以处理这类问题的指导思想是:在特定条件下将多元函数简化作一元函数。具体实验方案也有两种,下面以测分级数 α 为例进行讨论。

1. 方案 1

配制一个实验样品,反应物 A,B,C 的初始浓度分别为 a, b, c。为了测定对 A 的分级数 α,要使得样品中 A 的浓度远远小于其他反应物,即 $b \gg a$ 且 $c \gg a$,一般使 b 和 c 比 a 大几十倍到几百倍,结果使得在整个反应过程当中 B 和 C 的浓度近似保持常数,即速率方程 $r = kc_A^\alpha c_B^\beta c_C^\gamma$ 近似为

$$r = k' c_A^\alpha$$

其中 $k' = kc_B^\beta c_C^\gamma$。此式表明,在这种特定条件下 r 是 c_A 的一元函数。这类反应级数的测定已在上面详细介绍,不再赘述。同样,若 $a \gg b$ 且 $c \gg b$,则可测定 β;若 $a \gg c$ 且 $b \gg c$,可测定 γ。

2. 方案 2

配制多个样品,它们的区别只是 A 的初始浓度不同,即

样品 1: a_1 b c
样品 2: a_2 b c
样品 3: a_3 b c
⋮

各样品初始速率的差别只是因 a 不同而引起的。在这种情况下,初始速率变成 a 的一元函数

$$r_0 = k' a^\alpha$$

其中 $k' = kbc$ 为常数。

显然,在测定每个样品的 c_A-t 数据之后,可由 c_A-t 图分别求得各样品的初始速率:

$r_{0,1}, r_{0,2}, r_{0,3}, \cdots$。然后以 $\lg\{r_0\}$ 对 $\lg\{a\}$ 作图,所得直线的斜率即等于 α,这方面的内容已在前面详述。同样,可测定 β 和 γ。

对于多元函数的情况,为使情况简化,以利于测定级数,制备样品的方法具有多种。除以上介绍的方法以外,还经常采用按计量比配料的方法,例如,反应

$$2NO_2 + F_2 \longrightarrow 2NO_2F$$

初始浓度为　　a　　b　　0

若使得 $a = 2b$,则反应过程中始终存在关系

$$[NO_2] = 2[F_2]$$

此时速率方程

$$r = k[NO_2]^\alpha [F_2]^\beta$$

即简化成

$$r = \frac{k}{2^\beta}[NO_2]^n = k'[NO_2]^n$$

或

$$r = k 2^\alpha [F_2]^n = k''[F_2]^n$$

可见,通过对该样品的实验测定可求得总级数 n。

由以上讨论可以看出,对于 $r = k c_A^\alpha c_B^\beta \cdots$ 型反应,通过一个样品最多只能确定一个数字(即一个分级数或总级数),欲用一个样品同时测定几个级数是不可能的。

例 12-7 设气相反应 $H_2 + Br_2 \longrightarrow 2HBr$ 的速率方程服从

$$\frac{1}{2}\frac{d[HBr]}{dt} = k[H_2]^\alpha [Br_2]^\beta [HBr]^\gamma$$

在某温度下,测得如下数据:

序号	$[H_2]/(mol \cdot m^{-3})$	$[Br_2]/(mol \cdot m^{-3})$	$[HBr]/(mol \cdot m^{-3})$	$\frac{1}{2}\frac{d[HBr]}{dt}$
①	100	100	2000	r_1
②	100	400	2000	$8r_1$
③	200	400	2000	$16r_1$
④	100	200	3000	$1.88r_1$

试求各分级数,该反应为几级反应?

解:样品①和②只是 $[Br_2]$ 不同,所以

$$\frac{r_2}{r_1} = \frac{400^\beta}{100^\beta}$$

即

$$8 = 4^\beta$$
$$\beta = 1.5$$

同理

$$\frac{r_3}{r_2} = \frac{200^\alpha}{100^\alpha}$$

即

$$2 = 2^\alpha$$
$$\alpha = 1$$
$$\frac{r_1}{r_4} = \left(\frac{1}{2}\right)^\beta \left(\frac{2}{3}\right)^\gamma$$

即
$$\frac{1}{1.88} = \left(\frac{1}{2}\right)^{1.5} \left(\frac{2}{3}\right)^\gamma$$

解得
$$\gamma = -1$$

因此反应级数为
$$n = \alpha + \beta + \gamma = 1.5$$

关于反应级数,有以下两点需要说明:

(1) 一个反应的级数是有条件的,即反应条件改变可能引起级数改变。有些反应的级数随温度、压力、浓度及溶剂的性质而变,所以不能认为一个反应级数是一成不变的。

例如由实验得知某气相反应 $2A + B \longrightarrow P$ 的精确速率方程为
$$r = \frac{k_1 c_A^2 c_B}{k_2 + k_3 c_A}$$

其中 k_1, k_2 和 k_3 均是常数。显然,在一般条件下此反应无级数可言。但反应若在很高的压力范围内进行,c_A 大得使 $k_3 c_A \gg k_2$,则
$$k_2 + k_3 c_A \approx k_3 c_A$$

速率方程变为
$$r = \frac{k_1}{k_3} c_A c_B$$

即
$$r = k c_A c_B$$

所以,在高压下反应为 2 级。若在很低的压力下反应,则 $k_2 \gg k_3 c_A$,使得
$$k_2 + k_3 c_A \approx k_2$$

于是速率方程为
$$r = k c_A^2 c_B$$

其中 $k = k_1/k_2$,因此,在低压下该反应为 3 级。由此可见,该气相反应的速率方程随压力而变化。

另外,在某些条件下,反应还可能表现为假级数。例如,在酸作催化剂时的蔗糖水解反应
$$C_{12}H_{22}O_{11} + H_2O \xrightarrow{H^+} C_6H_{12}O_6(\text{葡萄糖}) + C_6H_{12}O_6(\text{果糖})$$

人们发现速率方程为 $r = k[C_{12}H_{22}O_{11}]$,即为 1 级。但更精确的实验发现 $[H_2O]$ 和 $[H^+]$ 的变化都会改变反应速率,且速率为 $r = k'[C_{12}H_{22}O_{11}][H_2O]^6[H^+]$ 即该反应实际为 8 级反应。但在通常情况下 H_2O 的浓度很高,以致在反应过程中 $[H_2O]$ 几乎不变,同时在一次实验中 $[H^+]$ 为常数,所以 $[H_2O]^6[H^+]$ 可与速率系数 k' 合并,写作 k,这就是人们通常所测得的速率系数。为此,有人称蔗糖水解为假 1 级反应,也有人称准 1 级反应。此处,H_2O 的高

浓度和[H^+]不变就是 $n=1$ 的条件。

（2）测定反应级数的两种实验方案不同，所得级数的含义不同。方案1只用一个样品，所测得的级数是在时间进程中表现出来的，称为对时间而言的级数，用符号 n_t 表示。一般情况下，速率方程 $r=kc_A^n$ 或 $r=kc_A^\alpha c_B^\beta\cdots$ 都是由实验测定的经验方程，其中的浓度都是反应物浓度。在反应过程中，如果某个产物的浓度也影响反应速率，例如某些自催化反应就是如此，这种影响将算到反应物级数的账上，可见，级数 n_t 往往包含着产物对速率的影响。方案2使用多个样品，通过测定各样品的初始速率求取反应级数。由于初始速率不受产物影响，所以这样得到的级数真正代表着反应物浓度对速率的影响，因而称为对浓度而言的级数，用符号 n_c 表示。因为 n_c 真正代表级数本身的含义，所以人们也常称 n_c 为真正级数。显然，对不存在产物影响的反应，n_t 和 n_c 的值是相同的，但对于存在产物影响的反应，n_t 和 n_c 不仅含义不同，而且数值也不相等。为了便于读者复习，将测定反应级数的主要实验方法和数据处理方法总结于图12-7中。不难看出，测 n_t 实验量较小，而测 n_c 实验量较大。

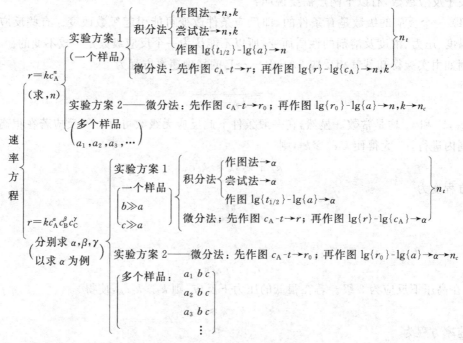

图 12-7　反应级数的测定总结

12.5　温度对反应速率的影响

温度对化学反应速率的影响是早已被人们所了解的事实。一般来说，温度对速率的影响程度较浓度的影响要大得多。若一个反应具有级数，其速率方程为 $r=kc_A^\alpha c_B^\beta\cdots$，显然温度对速率 r 的影响具体表现为对速率系数 k 的影响。

12.5.1　经验规则

大部分化学反应的速率随温度升高而增大，但也有例外。严格说来温度对速率的影响是个复杂问题，速率系数对温度的具体关系至目前已经发现如图12-8所示的五种类型，其中第Ⅰ种类型最为常见,研究得最多。在大量实验基础上,人们得到了许多经验性的规律,van't Hoff 规则就是其中之一。该规则写作

$$\frac{k_{T+10n\text{K}}}{k_T} = 2^n \sim 4^n \tag{12-26}$$

其中 n 为 $1,2,3,\cdots$ 正整数,k_T 和 $k_{T+10n\text{K}}$ 分别代表温度为 T 和 $T+10n\text{K}$ 时的速率系数。若令 $n=1$,则上式为

$$\frac{k_{T+10\text{K}}}{k_T} = 2 \sim 4$$

此结果表明:温度每升高 10K,反应速率增加 $2 \sim 4$ 倍。人们常将这个结论称做 van't Hoff 规则。该规则向人们大致描述了温度对一般反应速率的影响程度,但若用作定量计算未免过于粗糙。后来 Arrhenius 提出了一个用于定量计算的公式。

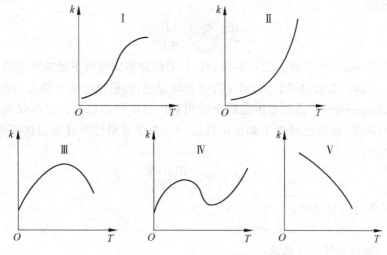

图 12-8　温度对速率影响的几种类型

12.5.2　Arrhenius 公式

1889 年,Arrhenius(阿累尼乌斯)总结了大量的实验事实,提出如下经验公式:

$$k = A\exp\left(-\frac{E}{RT}\right) \tag{12-27}$$

人们称此式为 Arrhenius 公式。其中 E 称为反应的阿氏活化能,简称活化能。活化能的单位为 $\text{J} \cdot \text{mol}^{-1}$。$A$ 称为指前因子,与 k 有相同的量纲,可以认为 A 是升高温度时 k 的极限值。对于一个反应来说,E 和 A 实际上是两个经验常数。

Arrhenius 公式一方面具体描述了反应速率系数与温度的定量关系;另一方面又表示,一个反应的速率系数 k 可以用反应的 E 和 A 两个参量来表示。E 和 A 在动力学中起着重要作用,称为化学反应的动力学参量。在化学动力学的研究中,一个十分重要的工作就是求取反应的 E 和 A 值,并对其加以理论解释。表 12-2 列出了一些反应的动力学参量。

表 12-2　一些一级反应的动力学参量

反　　应	$E/(kJ \cdot mol^{-1})$	A/s^{-1}
$NH_4CNO(aq) \longrightarrow NH_2CONH_2(aq)$	97.1	3.98×10^{12}
$N_2O_5(g) \longrightarrow N_2O_4(g) + \frac{1}{2}O_2(g)$	103.3	5.01×10^{13}
$CH_3N_2CH_3(g) \longrightarrow C_2H_6(g) + N_2(g)$	219.7	3.16×10^{13}
$\begin{array}{c} CH_2-CH_2(g) \longrightarrow CH_3CHCH_2(g) \\ \diagdown CH_2 \diagup \end{array}$	272.0	1.58×10^{12}

若将式(12-27)两端取对数,得

$$\ln\{k\} = -\frac{E}{RT} + \ln\{A\} \tag{12-28}$$

两端对温度求导

$$\frac{d\ln\{k\}}{dT} = \frac{E}{RT^2} \tag{12-29}$$

以上两式也叫 Arrhenius 公式。式(12-28)表明,若测定不同温度下的速率系数,以 $\ln\{k\}$ 对 $1/T$ 作图得一直线。实验结果证实,对于许多化学反应,在温度变化不很大的范围内都能较好地服从 Arrhenius 公式,这也是该公式至今仍被广泛应用的原因。它不仅表明反应速率随温度升高而加快,而且还解决了如何由反应的动力学参量计算任意温度下的速率系数。若将式(12-29)写作

$$E = RT^2 \frac{d\ln\{k\}}{dT} \tag{12-30}$$

此式也称为活化能的定义式。

例 12-8　实验测得二级反应

$$C_2H_5I + OH^- \longrightarrow C_2H_5OH + I^-$$

在 288.3K 时的速率系数为 $5.030 \times 10^{-8} m^3 \cdot mol^{-1} \cdot s^{-1}$。若该反应的活化能为 $8.838 \times 10^4 J \cdot mol^{-1}$,试求 363.6K 时的速率系数。

解：设 $T_1 = 288.3K$,$k_1 = 5.030 \times 10^{-8} m^3 \cdot mol^{-1} \cdot s^{-1}$,$T_2 = 363.6K$。据 Arrhenius 公式

$$\ln\frac{k_2}{k_1} = \frac{E}{R}\left(\frac{1}{T_1} - \frac{1}{T_2}\right)$$

即

$$\ln\frac{k_2/(m^3 \cdot mol^{-1} \cdot s^{-1})}{5.030 \times 10^{-8}} = \frac{8.838 \times 10^4}{8.314}\left(\frac{1}{288.3} - \frac{1}{363.6}\right)$$

解得

$$k_2 = 1.19 \times 10^{-4} m^3 \cdot mol^{-1} \cdot s^{-1}$$

即 363.6K 时速率系数为 $1.19 \times 10^{-4} m^3 \cdot mol^{-1} \cdot s^{-1}$,比 288.3K 时提高了四个数量级。

Arrhenius 公式给出了速率系数与反应温度的定量关系,但要具体搞清楚温度如何影响一个反应的速率系数,还必须考虑化学反应的 E 和 A。尤其是 E,由于在指数项上,必对

k 产生重要影响,下面我们专门讨论这个问题。

12.6 活化能及其对反应速率的影响

在化学动力学中,各种理论及观点都承认活化能参量的存在,但对于活化能的含义和数值的认识,各种理论却不尽相同。由于这是个在理论上还没完全解决的问题,所以本节所介绍的只是其中的某些观点。

12.6.1 元反应的活化能

元反应是由反应粒子直接碰撞而发生的一次化学行为。因此,表征元反应的动力学参量 E 有明确的物理意义。

例如元反应 A+B $\longrightarrow$ P。若把相互碰撞的一对 A-B 分子看成一组,则在发生碰撞的各组 A-B 分子中,一般来说它们的能量不同。显然,并非所有的碰撞分子都能发生反应。因为如果所有碰撞都能引起反应,由物理学中的碰撞频率可知,气体分子的互碰频率是个巨大的数字,于是所有气体反应都会在瞬间完成,显然这与实际情况相矛盾。实际上只有少数能量较大的分子组(对两分子也可称分子对)碰撞后才可能引起化学反应。这种能量较大的分子组叫做活化分子,也称为活化态的分子。

Tolman(托尔曼)曾指出:元反应的活化能是指 1mol 活化分子的平均能量比普通分子的平均能量的超出值。若用 ε_R 代表一组普通反应物分子的平均能量,用 $\varepsilon^{\neq}$ 代表一组活化态分子的平均能量,则可记作

$$E = (\varepsilon^{\neq} - \varepsilon_R)L \tag{12-31}$$

其中 L 是 Avogadro 常数。所以,活化能是两个统计平均能量的差值,如图 12-9 所示。根据这种观点,活化能是一个统计量。

因为只有活化分子才有可能变成产物,普通分子只有获得相当于 E 的能量后方可反应,因此活化能是 1mol 普通反应物分子发生反应所需要的能量。可见 E 相当于处在反应物与产物之间的一个能垒,只有那些能够越过这个能垒的反应物分子才有资格发生反应。从这个意义上讲,一个反应的

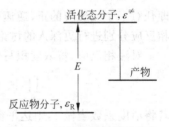

图 12-9 元反应活化能的意义

活化能较高,能越过能垒的分子越少,反应速率就越慢;反之,活化能越低,分子就越容易越过能垒,反应速率越快。这与 Arrhenius 公式的结果是一致的。

12.6.2 微观可逆性原理及其推论

微观可逆性原理是力学中的一个原理,它来源于经典的和量子的力学方程。在力学方程中若把时间变量 t 用 $-t$ 代替,同时速度 v 用 $-v$ 代替,则力学方程不变,这称做力学方程的时间反演对称性。时间反演对称性意味着力学过程是可逆的。这里的"可逆"不是热力学上的含义,而是指过程可以逆转。即对于每一个力学过程,例如分子的碰撞,存在着一个完全逆转的过程,在逆过程中系统经历正过程中的所有状态,不过运动方向恰好相反。这好像一部电影倒过来放映。

从力学角度看,元反应是反应物分子的一次碰撞行为,因而它服从力学定律。把微观可逆性原理应用于元反应,可以叙述为:一个元反应的逆反应也必是元反应,而且正反应和逆反应通过相同的过渡态。这就是化学动力学中微观可逆性原理的表述,其中的"过渡态"是指过程中间系统所经历的所有状态。

微观可逆性原理具有以下两个推论:

1. 推论 1

对元反应

$$A + B \underset{k_2}{\overset{k_1}{\rightleftharpoons}} P$$

其中 k_1 和 k_2 分别为正、逆元反应的速率系数。设正反应的速率为 r_1,逆反应为 r_2,根据质量作用定律

$$r_1 = k_1 c_A c_B$$
$$r_2 = k_2 c_P$$

当反应达到平衡时

$$r_1 = r_2$$
$$k_1 c_A c_B \xlongequal{eq} k_2 c_P$$
$$\frac{k_1}{k_2} \xlongequal{eq} \frac{c_P}{c_A c_B}$$

可以证明,对于任意元反应 $0 = \sum_B \nu_B B$,上式写作

$$\frac{k_1}{k_2} \xlongequal{eq} \prod_B c_B^{\nu_B} \tag{12-32}$$

即任意一个元反应的正、逆速率系数之比等于平衡时的浓度积。以下我们对液相反应和气相反应分别进行更深入的讨论。

对液相反应,将浓度积写作

$$\prod_B c_B^{\nu_B} = \prod_B \left(\frac{c_B}{c^\ominus} c^\ominus\right)^{\nu_B} = \prod_B \left(\frac{c_B}{c^\ominus}\right)^{\nu_B} \prod_B (c^\ominus)^{\nu_B}$$

若将活度系数当做 1,则达平衡时 $\prod_B (c_B/c^\ominus)^{\nu_B} = K^\ominus$,所以上式为

$$\prod_B c_B^{\nu_B} = K^\ominus (c^\ominus)^{\sum_B \nu_B}$$

代入式(12-32),得

$$\frac{k_1}{k_2} = K^\ominus (c^\ominus)^{\sum_B \nu_B} \tag{12-33a}$$

其中 $K^\ominus$ 是液相反应的平衡常数,$c^\ominus$ 是标准浓度,习惯取 $c^\ominus = 1000 \text{mol} \cdot \text{m}^{-3}$,指数 $\sum_B \nu_B$ 是元反应方程式中各物质的化学计量数的代数和,所以对于指定的元反应,$(c^\ominus)^{\sum_B \nu_B}$ 是常数。式(12-33a)表明,液相元反应的正、逆速率系数之比与平衡常数成正比。此式把 k_1 和 k_2 这两个动力学量与热力学量 $K^\ominus$ 联系起来,具有重要意义。

对气相反应,$c_B = p_B/RT$,所以

$$\prod_B c_B^{\nu_B} = \prod_B \left(\frac{p_B}{RT}\right)^{\nu_B} = \prod_B \left(\frac{p_B}{p^\ominus}\right)^{\nu_B} \left(\frac{p^\ominus}{RT}\right)^{\nu_B}$$

$$= \prod_B \left(\frac{p_B}{p^\ominus}\right)^{\nu_B} \prod_B \left(\frac{p^\ominus}{RT}\right)^{\nu_B}$$

若气体为理想气体,则达平衡时 $\prod_B (p_B/p^\ominus)^{\nu_B} = K^\ominus$,所以上式为

$$\prod_B c_B^{\nu_B} = K^\ominus \left(\frac{p^\ominus}{RT}\right)^{\sum_B \nu_B}$$

代入式(12-32),得

$$\frac{k_1}{k_2} = K^\ominus \left(\frac{p^\ominus}{RT}\right)^{\sum_B \nu_B} \tag{12-33b}$$

其中 $K^\ominus$ 是气相反应的平衡常数,$p^\ominus$ 是标准压力,习惯取 $p^\ominus = 101325\text{Pa}$。式(12-33b)表明,气相元反应的正、逆速率系数之比与平衡常数之间具有确定的关系,在一定温度下两者成正比。

由以上讨论可知,元反应的 k_1/k_2 与 $K^\ominus$ 成正比,对液相反应比例系数为 $(c^\ominus)^{\sum_B \nu_B}$,对气相反应比例系数为 $(p^\ominus/RT)^{\sum_B \nu_B}$。这就是由微观可逆性原理得出的第一个推论。

2. 推论2

根据微观可逆性原理,正元反应与逆元反应具有相同的活化态,设两者的活化能分别为 E_1 和 E_2,如图 12-10 所示。由元反应活化能的意义:

$$E_1 = (\varepsilon^\neq - \varepsilon_R)L$$
$$E_2 = (\varepsilon^\neq - \varepsilon_P)L$$

两式相减得

$$E_1 - E_2 = (\varepsilon_P - \varepsilon_R)L$$

此结果表明,元反应中正、逆过程的活化能之差等于 1mol 产物分子的平均能量与 1mol 反应物分子的平均能量之差。这就是 $(E_1 - E_2)$ 的物理意义。为了用可测定的宏观量表示 $(E_1 - E_2)$,我们进行如下讨论。

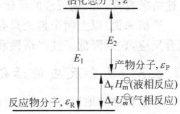

图 12-10 元反应中正、逆反应活化能的关系

据活化能的定义式(12-30)可知

$$E_1 = RT^2 \frac{\text{d}\ln\{k_1\}}{\text{d}T}$$

$$E_2 = RT^2 \frac{\text{d}\ln\{k_2\}}{\text{d}T}$$

$$E_1 - E_2 = RT^2 \frac{\text{d}\ln\{k_1/k_2\}}{\text{d}T} \tag{12-34}$$

对液相反应,将式(12-33a)代入上式,得

$$E_1 - E_2 = RT^2 \frac{\text{d}\ln\{K^\ominus (c^\ominus)^{\sum_B \nu_B}\}}{\text{d}T}$$

$$= RT^2 \left[\frac{\text{d}\ln K^\ominus}{\text{d}T} + \sum_B \nu_B \frac{\text{d}\ln\{c^\ominus\}}{\text{d}T}\right]$$

$$= RT^2 \left[\frac{\Delta_r H_m^\ominus}{RT^2} + 0\right]$$

即
$$E_1 - E_2 = \Delta_r H_m^\ominus \tag{12-35a}$$

所以,液相反应的 $E_1 - E_2$ 等于反应的标准焓变。

对气相反应,将式(12-33b)代入式(12-34),得

$$E_1 - E_2 = RT^2 \frac{\mathrm{d}\ln\{K^\ominus (p^\ominus/RT)^{\sum_B \nu_B}\}}{\mathrm{d}T}$$

$$= RT^2 \left[\frac{\mathrm{d}\ln K^\ominus}{\mathrm{d}T} + \sum_B \nu_B \frac{\mathrm{d}\ln\{p^\ominus/R\}}{\mathrm{d}T} - \sum_B \nu_B \frac{\mathrm{d}\ln\{T\}}{\mathrm{d}T} \right]$$

$$= RT^2 \left[\frac{\Delta_r H_m^\ominus}{RT^2} + 0 - \frac{\sum_B \nu_B}{T} \right]$$

$$= \Delta_r H_m^\ominus - \sum_B \nu_B \cdot RT$$

即
$$E_1 - E_2 = \Delta_r U_m^\ominus \tag{12-35b}$$

所以,气相反应的 (E_1-E_2) 等于反应的标准内能变。

式(12-35a)适用于液相反应,但对液相反应总有 $\Delta_r H_m^\ominus \approx \Delta_r U_m^\ominus$,这就变成了式(12-35b)。从这个意义上讲,式(12-35b)适用于任意元反应。在等容条件下,$\Delta_r U_m^\ominus$ 近似等于反应热,所以上述结果表明:正、逆反应的活化能之差等于反应热。这就是微观可逆性原理的第二个推论。

严格来说,以上两个推论只有对元反应才是正确的。但人们有时也把它们应用于一些复合反应,这就降低了其严格性和准确性。

12.6.3 复合反应的活化能

以上较详细地讨论了元反应的活化能。对于复合反应,例如碘化氢的气相合成反应
$$H_2 + I_2 \longrightarrow 2HI$$

其机理为

$$I_2 \underset{k_{-1}}{\overset{k_1}{\rightleftharpoons}} 2I\cdot \qquad \text{快}$$

$$H_2 + 2I\cdot \overset{k_2}{\longrightarrow} 2HI \qquad \text{慢}$$

第二步慢反应生成 HI,其速率为

$$\frac{1}{2}\frac{\mathrm{d}[HI]}{\mathrm{d}t} = k_2[H_2][I\cdot]^2$$

由于第二步是慢反应,所以第一步的快速可逆步骤近似维持动态平衡,即可认为

$$k_1[I_2] = k_{-1}[I\cdot]^2$$

$$\frac{k_1}{k_{-1}} = \frac{[I\cdot]^2}{[I_2]}$$

或

$$[I\cdot]^2 = \frac{k_1}{k_{-1}}[I_2]$$

将此结果代入前面的速率表示式,得

$$\frac{1}{2}\frac{\mathrm{d}[HI]}{\mathrm{d}t} = \frac{k_1 k_2}{k_{-1}}[H_2][I_2]$$

这是由反应机理推导出的速率方程。而实验测得的速率方程为

$$\frac{1}{2}\frac{d[HI]}{dt} = k[H_2][I_2]$$

比较以上两个方程,可知

$$k = \frac{k_1 k_2}{k_{-1}}$$

这说明实验测定的表观速率系数是由机理中各元反应的速率系数所决定的。由 Arrhenius 公式

$$k = A\exp\left(-\frac{E}{RT}\right)$$

$$k_1 = A_1 \exp\left(-\frac{E_1}{RT}\right)$$

$$k_{-1} = A_{-1} \exp\left(-\frac{E_{-1}}{RT}\right)$$

$$k_2 = A_2 \exp\left(-\frac{E_2}{RT}\right)$$

将这些关系代入前式并整理,得

$$A\exp\left(-\frac{E}{RT}\right) = \frac{A_1 A_2}{A_{-1}} \exp\left(-\frac{E_1 + E_2 - E_{-1}}{RT}\right)$$

所以

$$A = \frac{A_1 A_2}{A_{-1}}$$

$$E = E_1 + E_2 - E_{-1}$$

由此可见,对复合反应,Arrhenius 公式中的活化能是表观活化能,它是机理中各元反应活化能的代数和。所以复合反应的活化能已无明确的物理意义,它不再是反应物与产物之间的能垒。有少数复合反应的活化能甚至是负值,此时它只表明该反应的速率有负的温度系数(即温度升高,速率下降,例如图 12-8Ⅴ),除此之外没有其他意义。

12.6.4 活化能对反应速率的影响

在 Arrhenius 公式(12-27)中,由于活化能在指数项上,所以它对 k 具有显著影响。这种影响包括两个方面:

(1) 活化能越高,速率系数越小;反之,速率系数越大。此结果的意义已在前面解释了。通常情况下,一般反应的活化能为 $60\sim 250 \text{kJ}\cdot\text{mol}^{-1}$,若 $E<40\text{kJ}\cdot\text{mol}^{-1}$,则称快速反应。

(2) 活化能的大小是速率系数对温度敏感程度的标志。由 Arrhenius 公式

$$\frac{d\ln\{k\}}{dT} = \frac{E}{RT^2}$$

可知,E 值越大,$d\ln\{k\}/dT$ 就越大,表明 k 对 T 的敏感程度越大。对于活化能较高的反应,虽然反应速率较慢,但当温度变化时其速率的变化却更剧烈。在生产中,常利用这一原理来抑制副反应。例如反应物 A 和 B 同时存在如下两个反应:

$$A + B \xrightarrow{E} P(产物)$$

$$A + B \xrightarrow{E'} D(副产物)$$

若 $E \gg E'$，提高温度虽然会同时加速两个反应，但生成产物 P 的速率将增加得更多。可见提高温度相当于抑制副反应。反之，若 $E \ll E'$，则降低温度会抑制副反应。

以上只是定性讨论了如何通过改变反应温度来抑制副反应。在具体生产过程中，除了抑制副反应以外，还会遇到如必须保证产物 P 以一定的速率生成等其他问题。所以任何一个生产过程都要综合考虑各种因素，即应该选择最适宜的反应温度，而不应单纯为了抑制副反应无限制地提高或降低反应温度。

*12.6.5 Arrhenius 公式的修正

根据 Arrhenius 公式，E 和 A 是常数，所以 $\ln\{k\}$ 对 $1/T$ 作图得直线。后来人们进一步的实验结果表明，在温度变化不超过 100K 的情况下，一般反应的 $\ln\{k\}$-$1/T$ 都能较好地成直线关系。当温差进一步增大时开始出现明显偏差，当 $\Delta T > 500K$ 时 $\ln\{k\}$-$1/T$ 已不可视为直线，即温度变化超过 500K 时 Arrhenius 公式不再适用。这表明 Arrhenius 公式具有误差，只不过在温差不很大时这种误差不够明显。通过更准确的实验，发现一部分反应的 $\ln\{k/\sqrt{T}\}$-$1/T$ 有较好的直线关系，在温度差足够大的情况下这种关系仍能保持。于是人们把这部分反应的 Arrhenius 公式修正为

$$k = AT^{1/2} \exp\left(-\frac{E_{\text{const}}}{RT}\right) \tag{12-36}$$

其中 A 和 E_{const} 均为经验常数。此式两端取对数：

$$\ln\{k\} = \ln\sqrt{\{T\}} - \frac{E_{\text{const}}}{RT} + \ln\{A\} \tag{12-37}$$

即

$$\ln\{k/\sqrt{T}\} = -\frac{E_{\text{const}}}{RT} + \ln\{A\} \tag{12-38}$$

此式表明 $\ln\{k/\sqrt{T}\}$ 与 $1/T$ 呈直线关系。与 Arrhenius 公式相比，以上三式更符合实际情况。

将式(12-38)对 T 微分：

$$\frac{d\ln\{k\}}{dT} - \frac{1}{2T} = \frac{E_{\text{const}}}{RT^2}$$

整理得

$$\frac{d\ln\{k\}}{dT} = \frac{E_{\text{const}} + \frac{1}{2}RT}{RT^2}$$

据活化能的定义

$$\frac{d\ln\{k\}}{dT} = \frac{E}{RT^2}$$

对比以上两式，得

$$E = E_{\text{const}} + \frac{1}{2}RT \tag{12-39}$$

其中 E_{const} 是经验常数。此结果表明，活化能与温度有关。而在 Arrhenius 公式中把 E 作为

常数，这是 Arrhenius 公式造成误差的主要原因之一。在温度变化不很大的情况下，式(12-39)中的 $(1/2)RT$ 项的变化对 E 值影响不大，因为对一般反应 E 值高达 $60\sim250\text{kJ}\cdot\text{mol}^{-1}$。若温差很大，则 $(1/2)RT$ 项的影响就不可忽略，否则会引起较大误差。

为了对 Arrhenius 公式进行普遍化修正，人们在足够准确的实验中常用下面的三参量公式代替式(12-36)：

$$k = AT^n \exp\left(-\frac{E_{\text{const}}}{RT}\right)$$

其中 n 是要由实验确定的常数。实验表明，对于一部分反应，特别是溶液中的一些反应，n 值可能很大(例如有的 $n=6$)或很小(例如有的 $n=-34.3$)。

在一般动力学测量准确度下，很难区别公式(12-27)和式(12-36)。因此，除非要求实验准确度很高或 E 值很小，一般不考虑温度对活化能的影响，而仍使用 Arrhenius 公式。

12.6.6 活化能的求取

从动力学角度考虑，活化能越低对反应越有利，因此活化能数据在动力学中十分有用。但到目前为止，人们还无法完全从理论上计算反应的活化能，主要靠实验测定。

1. 利用 Arrhenius 公式求取活化能

根据

$$\ln\{k\} = -\frac{E}{RT} + \ln\{A\}$$

通过测定不同温度下的速率系数，以 $\ln\{k\}$ 对 $1/T$ 作图，得一直线，该直线的斜率 $=-E/R$，所以

$$E = -R \times 斜率$$

若只测定 T_1 和 T_2 两个温度下的速率系数 k_1 和 k_2，显然不必作图，可直接由公式

$$\ln\frac{k_2}{k_1} = \frac{E}{R}\left(\frac{1}{T_1} - \frac{1}{T_2}\right) \tag{12-40}$$

计算 E。直接用公式(12-40)固然简单，但只要两个速率系数中有一个未测准，则求得的 E 就毫无意义。所以欲获得活化能的准确值，就应该由多组 k-T 数据利用上述作图法求得。

利用实验数据由 Arrhenius 经验公式求取的活化能只是表观活化能。一方面由于在公式中，除活化能以外，指前因子实际上也与温度有关，因此 $\ln\{k\}$ 对 $1/T$ 作图常显示轻度弯曲；另一方面由于许多反应情况复杂，曲线可能变得复杂。例如有的存在一个甚至多个副反应，由于温度对速率的影响不同，可能某一反应在低温下占优势，另一反应在高温下占优势，在这种情况下整个曲线可能出现转折，如图 12-11 所示。

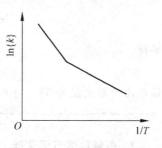

图 12-11 反应优势发生转化

例 12-9 用两个完全相同的样品分别在不同温度下进行实验。样品 1 在 120℃下进行，实验测得当反应物消耗 70% 时需要时间 10min；样品 2 在 20℃下进行，反应物消耗 70% 时需要 7d。试求该反应的活化能。

解：由 Arrhenius 公式可知，要求 E 需首先求出两个温度下的速率系数比 k_1/k_2。题中给出了两温度下的速率，由此出发求出 k_1/k_2。设反应为 n 级，

$$\begin{array}{ccc} & A & \longrightarrow & P \\ t=0 & a & & 0 \\ t & 0.3a & & 0.7a \end{array}$$

$T_1 = 393\text{K}$，

$$-\frac{dc_A}{dt} = k_1 c_A^n$$

$$-\frac{dc_A}{c_A^n} = k_1 dt$$

$$-\int_a^{0.3a} \frac{dc_A}{c_A^n} = \int_0^{t_1} k_1 dt$$

同理，$T_2 = 293\text{K}$，则

$$-\int_a^{0.3a} \frac{dc_A}{c_A^n} = \int_0^{t_2} k_2 dt$$

由于两温度下的初始浓度相同，且进行程度相同，所以上面两式左端的两个积分值必相同，因此得

$$k_1 t_1 = k_2 t_2$$

或

$$\frac{t_2}{t_1} = \frac{k_1}{k_2} \tag{12-41}$$

此式的意义是：对于同一个样品，反应进行到相同程度所需要的时间与其速率系数成反比，所以

$$\frac{k_1}{k_2} = \frac{24 \times 60 \times 7}{10} = 1008$$

由 Arrhenius 公式

$$\ln \frac{k_1}{k_2} = \frac{E}{R}\left(\frac{1}{T_2} - \frac{1}{T_1}\right)$$

$$\ln 1008 = \frac{E/(\text{J}\cdot\text{mol}^{-1})}{8.314}\left(\frac{1}{293} - \frac{1}{393}\right)$$

解得

$$E = 66.2 \times 10^3 \text{J}\cdot\text{mol}^{-1}$$

该反应的活化能为 $66.2\text{kJ}\cdot\text{mol}^{-1}$。

2. 由键能估算活化能

元反应是反应物分子在碰撞中使原化学键断开，所以元反应的活化能可由反应物中需要断开的化学键的键能进行估算。在这方面，人们得到如下经验规则：

（1）对元反应

$$A_2 + B_2 \longrightarrow 2AB$$

需要断开的化学键为 A—A 和 B—B，它们的键能之和为 $\varepsilon_{A-A}+\varepsilon_{B-B}$，实验表明，这类元反应的活化能约等于键能的 30%，即

$$E = 0.3(\varepsilon_{A-A}+\varepsilon_{B-B})$$

(2) 对于由一个自由基与一个分子作用生成一个新自由基的反应

$$A\cdot + BC \longrightarrow AB + C\cdot$$

由于其中一个反应物是高活性的自由基（或原子），若反应为放热反应，所需的活化能约为断开化学键键能的 5.5%，即

$$E = 0.055\varepsilon_{B-C}$$

(3) 对分子裂解为自由基的反应

$$A_2 + M \longrightarrow 2A\cdot + M$$

因只需断开化学键 A—A，而无新键形成，所以其活化能约等于键能，即

$$E = \varepsilon_{A-A}$$

(4) 对自由基化合反应

$$2A\cdot + M \longrightarrow A_2 + M$$

因为自由基十分活泼，在化合时不需要破坏任何化学键，所以

$$E = 0$$

对复合反应，由于不是直接断开反应物中化学键的简单过程，所以不能用以上规则进行估算。即使对元反应，上述估算方法也只是经验性的，所得结果也很粗糙。尽管如此，在分析反应速率问题时，估算出的活化能仍然是有启发和帮助的。

*12.7 元反应速率理论

元反应是一步完成的反应，它的初始状态是彼此远离的反应物分子。当反应物分子相互接近到价电子可能相互作用的距离时，原子便重新排列，结果是反应物分子转变为产物分子。产物分子彼此远离后即是元反应的末态。元反应速率理论就是描述元反应的上述全过程，并根据反应系统的已知物理和化学性质，定量地计算反应速率（严格说是速率系数），从而对元反应的动力学特征做出理论上的解释和预测。关于元反应的速率理论，本节主要介绍碰撞理论和过渡状态理论。

12.7.1 碰撞理论

碰撞理论以气体分子的相互碰撞为基础，所解决的是双分子气相反应的速率系数如何计算的问题。

1. 碰撞理论要点

碰撞理论主要有以下三个要点：
(1) 反应物分子只有碰撞才能发生反应。
(2) 只有那些激烈碰撞才属于反应碰撞。详细分析两个分子的碰撞过程，可分为三种不同的情况：一种是弹性碰撞，碰撞后两个分子重新分开，此过程动量守恒，分子的内部运动没发生变化；另一种是非弹性碰撞，不遵守动量守恒，碰撞前分子的一部分动能在碰撞时

转化为分子的内部运动(例如转动和振动)。碰撞后,分子的转动和振动虽然加剧,但分子本身的组成及结构均未发生变化;最后一种是通过碰撞使原子重新排列,结果是分子本身发生变化。显然,前两种碰撞是物理过程,称为物理碰撞,第三种是化学过程,称为反应碰撞。碰撞理论认为,只有那些激烈的碰撞才能引起化学反应,即对于反应才是有效的,为此也将反应碰撞叫做有效碰撞。显然有效碰撞只占全部碰撞的一部分。在动力学中,碰撞的激烈程度是用碰撞分子的相对平动能来描述的:

$$E_t = \frac{1}{2} M^* v_r^2 \tag{12-42}$$

其中 E_t 是相对平动能,单位 $J \cdot mol^{-1}$;M^* 是约化摩尔质量:

$$M^* = \frac{M_A M_B}{M_A + M_B}$$

M_A 和 M_B 分别为分子 A 和 B 的摩尔质量,单位为 $kg \cdot mol^{-1}$;v_r 是两分子的相对速度,单位 $m \cdot s^{-1}$。由以上讨论可知,对指定的反应,只有那些相对平动能大于某个值的碰撞才是有效的,这个值称为临界能,用符号 E_c 表示,所以 E_c 实际上是区分物理碰撞与反应碰撞的分水岭。显然,对于指定的反应,E_c 是一个与温度无关的常数。

(3) 分子是无结构的硬球。这一观点显然不符合实际情况,只是为了使问题简化所做的假设。

2. 气体分子的相互碰撞频率

分子的热运动是无规则的。在同一时刻,各分子的运动速度(大小和方向)互不相同。因此,对于大量的气体分子只能用平均速度代替它们的速度。所谓平均速度是指大量气体分子速度的算术平均值:

$$\bar{v} = \frac{1}{N} \sum_{i=1}^{N} v_i$$

由分子物理的知识可知,平均速度 $\bar{v}$ 与气体的温度 T 和分子质量 m 有关,它的大小为

$$\bar{v} = \sqrt{\frac{8kT}{\pi m}} \tag{12-43}$$

在室温下,气体分子的热运动速度是很大的,平均速度 $\bar{v}$ 可达几百 $m \cdot s^{-1}$。但是在离我们几米远处打开一瓶挥发性很强的酒精,酒精味并不立刻嗅到,而要经过几秒钟乃至更长的时间才能嗅到。这一现象似乎与气体分子运动速度相矛盾。但仔细分析一下会发现,二者并不矛盾。分子运动速度虽然很大,但在单位体积中气体的分子数巨大。在标准状况(273.15K,101325Pa)下,1mL 的气体中所含分子可达 10^{19} 个之多,所以,一个分子在前进过程中,势必与其他分子发生频繁的碰撞。每发生一次碰撞,分子运动速度的方向及大小均要发生变化,因此它走过的是一系列曲折的道路,这就是我们要经过较长时间才能闻到酒精气味的原因。

我们把单位时间单位体积内分子相互碰撞的次数称为分子的互碰频率。用符号 Z 表示,其单位是 $m^{-3} \cdot s^{-1}$。分子的互碰频率是关系到气体的扩散、热传导、粘滞性以及气相化学反应速率等物理化学过程的一个重要物理量。

分子的每一次碰撞,都是两个分子先相互接近而后再散开的过程。在两种不同气体的

混合物中，A 和 B 分别代表两个不同种类的互碰分子。我们把分子近似视为球体，如图 12-12 所示。当 A 和 B 相距很近时，分子间表现为斥力。随分子间距离变小，斥力急剧增加。一旦斥力变得很大，分子便改变原来的运动方向而相互远离，这就完成了一次碰撞过程。相互碰撞时，两个分子的质心所能达到的最小距离为

$$d_{AB} = \frac{d_A}{2} + \frac{d_B}{2}$$

d_{AB} 称做碰撞直径，其值等于两项之和，其中 d_A 和 d_B 分别叫做分子 A 和 B 的有效直径，而 $d_A/2$ 和 $d_B/2$ 是它们的有效半径，显然其值大于 A 和 B 本身的半径。

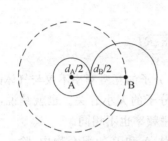

图 12-12　分子的相互碰撞及碰撞直径

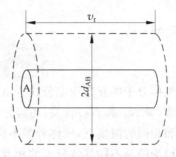

图 12-13　分子碰撞频率的推导

为了求取不同气体分子的互碰频率 Z_{AB}，先看一个 A 分子在单位时间内与其他 B 分子的碰撞次数。为使问题简化，我们假设：① 分子 A 是一个以 A 的质心为球心，以碰撞直径 d_{AB} 为半径的球体，而 B 的所有分子均视为质点。如图 12-12 中的虚线部分视为分子 A，而以 B 的质心来代表分子 B；② 分子 A 以它与分子 B 的相对速度 v_r 运动 1s 而其他分子都静止不动。则在此 1s 内，分子 A 在空间"扫"过的体积是以 d_{AB} 为半径，长度为 v_r 的圆柱体，如图 12-13 所示。圆柱体的底面积为 πd_{AB}^2 叫做碰撞截面，而圆柱体的体积为 $\pi d_{AB}^2 v_r$。不难理解，在此时间内，凡是质心落在此圆柱体内的分子 B 均与 A 发生了碰撞。由前面假设知，分子 B 都是静止的，所以圆柱体内含有 $\overline{N}_B \pi d_{AB}^2 v_r$ 个 B 分子。其中 $\overline{N}_B$ 是 B 的分子浓度，单位为 m^{-3}（即单位体积中包含的 B 分子数）。这就是说，在单位时间内一个 A 分子与 B 种分子相互碰撞 $\overline{N}_B \pi d_{AB}^2 v_r$ 次。设 A 的分子浓度为 $\overline{N}_A$，则在单位时间单位体积中 A，B 分子的碰撞次数，即不同气体分子的互碰频率为

$$Z_{AB} = \overline{N}_A \overline{N}_B \pi d_{AB}^2 v_r \tag{12-44}$$

式中 v_r 是 A 和 B 分子的相对运动速度。混合气体中 $\overline{N}_A$ 和 $\overline{N}_B$ 都是庞大数字，即使我们把两种气体分子的运动速度分别视为它们的平均速度，即认为所有 A 分子均以平均速度 $\overline{v}_A$ 运动而所有 B 分子均以平均速度 $\overline{v}_B$ 运动，A 和 B 分子的相对运动也是一个复杂问题。任意两个分子的运动可能同向、可能反向、也可能呈其他任意角度。因此，平均说来，可以认为分子以 90°角相互碰撞，如图 12-14，则 A 和 B 分子的相对运动速度为

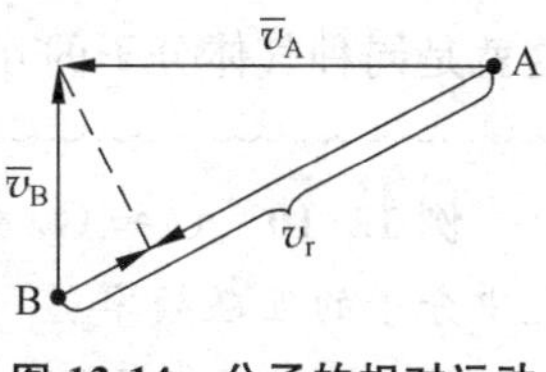

图 12-14　分子的相对运动

$$v_r = \sqrt{\overline{v}_A^2 + \overline{v}_B^2}$$

将式(12-43)代入上式，得

$$v_r = \sqrt{\frac{8kT}{\pi m_A} + \frac{8kT}{\pi m_B}} = \sqrt{\frac{8RT}{\pi M_A} + \frac{8RT}{\pi M_B}}$$

其中 M_A 和 M_B 分别为气体 A 和 B 的摩尔质量，单位为 $kg \cdot mol^{-1}$，于是

$$v_r = \sqrt{\frac{8RT}{\pi}\left(\frac{1}{M_A} + \frac{1}{M_B}\right)} = \sqrt{\frac{8RT}{\pi M_A M_B/(M_A + M_B)}}$$

其中 $M_A M_B/(M_A+M_B)$ 是约化摩尔质量，以符号 M^* 表示，单位 $kg \cdot mol^{-1}$。于是上式化简为

$$v_r = \sqrt{\frac{8RT}{\pi M^*}} \tag{12-45}$$

代入式(12-44)，得

$$Z_{AB} = \overline{N}_A \overline{N}_B d_{AB}^2 \sqrt{\frac{8\pi RT}{M^*}} \tag{12-46}$$

此即不同气体分子的互碰频率公式。由此可以看出，分子的互碰频率不仅与气体的温度、气体分子浓度（即 $\overline{N}_A$ 和 $\overline{N}_B$）有关，还与分子的质量及分子的大小有关。也就是说，在相同的分子浓度和相同的温度下，气体种类不同，分子的互碰频率也不相同。

以上讨论的是不同气体分子的相互碰撞。在气体 A 和 B 的混合物中，除 A 和 B 的分子相互碰撞外，A-A 分子及 B-B 分子也发生相互碰撞，叫做同种气体分子的相互碰撞。对于纯气体中的分子碰撞，当然属于这种情况。通过与上述相同的处理方法，可以得到同种分子的互碰频率公式。对于同种分子碰撞，以 A-A 碰撞为例，式(12-46)中的 $\overline{N}_A \overline{N}_B$ 应改为 $\overline{N}_A^2$，碰撞直径 d_{AB} 应改为 A 分子的有效直径 d_A，而同种气体的约化摩尔质量 M^* 根据定义

$$M^* = \frac{M_A M_A}{M_A + M_A} = \frac{M_A}{2}$$

即应为气体摩尔质量的一半。必须注意的是，每一次碰撞涉及两个 A 分子。而在互碰频率公式(12-46)推导过程中，先求出一个 A 分子在单位时间内与其他分子的碰撞次数，然后乘以 A 的分子浓度 $\overline{N}_A$。如果是同种分子相碰，这种处理方法势必将同一次碰撞计算成两次。因此应将式(12-46)的计算结果扣去一半。于是式(12-46)便改写为

$$Z_{AA} = \left[\overline{N}_A^2 d_A^2 \sqrt{\frac{8\pi RT}{M_A/2}}\right]\frac{1}{2}$$

即

$$Z_{AA} = 2\overline{N}_A^2 d_A^2 \sqrt{\frac{\pi RT}{M_A}} \tag{12-47}$$

这就是同种气体分子的互碰频率公式。

例 12-10 已知 O_2 分子的有效直径为 3.57×10^{-10} m，试计算 298.15K，101325Pa 的氧气中分子的互碰频率。

解：根据理想气体状态方程

$$pV = N_A kT$$

于是

$$\overline{N}_A = \frac{N_A}{V} = \frac{p}{kT} = \frac{101325}{1.3806 \times 10^{-23} \times 298.15}\text{m}^{-3} = 2.461 \times 10^{25}\text{m}^{-3}$$

又知
$$d_A = 3.57 \times 10^{-10} \text{m}$$
$$M_A = 32.0 \times 10^{-3} \text{kg} \cdot \text{mol}^{-1}$$

根据式(12-47)，互碰频率为
$$Z_{AA} = 2 \times (2.461 \times 10^{25})^2 \times (3.57 \times 10^{-10})^2$$
$$\times \sqrt{\frac{3.14 \times 8.314 \times 298.15}{32.0 \times 10^{-3}}} \text{m}^{-3} \cdot \text{s}^{-1}$$
$$= 7.61 \times 10^{34} \text{m}^{-3} \cdot \text{s}^{-1}$$

由此可见，在常温常压下，在 1m^3 的氧气中，1s 内分子便会发生 7.61×10^{34} 次相互碰撞。因此，在一般情况下，气体分子的碰撞频率是一个非常大的数字。需要说明的是，分子的互碰频率是变化的。用式(12-46)和式(12-47)计算的只是互碰频率的平均值，因此 Z_{AB} 和 Z_{AA} 也叫做气体分子的平均互碰频率。

3. 速率系数的计算

对双分子气相反应 A+B⟶P，设反应物分子的互碰频率为 Z_{AB}，其中有效碰撞分数为 q，则在 1s 内 1m^3 中有 $Z_{AB}q$ 上述单元的反应发生。据反应速率的定义，得
$$r = \frac{Z_{AB}q}{L} \tag{12-48}$$
其中 L 是 Avogadro 常数。

同理，对双分子反应 2A⟶P，反应速率为
$$r = \frac{Z_{AA}q}{L} \tag{12-49}$$

由以上两式可以看出，不论对不同气体的双分子反应还是同种气体的双分子反应，为了求出化学反应速率 r，都需求出分子互碰频率 Z_{AB}（或 Z_{AA}）及有效碰撞分数 q。Z_{AB} 和 Z_{AA} 已由式(12-46)和式(12-47)给出，以下求有效碰撞分数 q。

设在某段时间内系统中相互碰撞的反应物分子对总数为 N，其中参与有效碰撞（相对平动能大于临界能）的为 N^*，显然有效碰撞分数为 $q = N^*/N$，如图 12-15 所示。

由 Maxwell 速度分布定律以及由它所得出的能量分布公式可知，能量在 dE 区间内的分子分数为
$$\frac{1}{RT}\exp(-E/RT)dE$$
由此可知能量大于 E_c 的分子对所占的分数，即有效碰撞分数为
$$q = \frac{N^*}{N} = \int_{E_c}^{\infty} \frac{1}{RT}\exp(-E/RT)dE$$
即

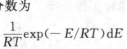

图 12-15 q 的意义

$$q = \exp(-E_c/RT) \tag{12-50}$$

因此有效碰撞分数就是 Boltzmann 因子 $\exp(-E_c/RT)$，这表明平衡态的 Boltzmann 分布定律对反应系统仍能适用。显然，只有当反应速率比分子间传能速率慢得多的时候这个结论才是正确的。

将式(12-46)和式(12-50)代入式(12-48)，得反应 A+B ⟶ P 的反应速率为

$$r = \frac{1}{L}\bar{N}_A \bar{N}_B d_{AB}^2 \sqrt{\frac{8\pi RT}{M^*}}\exp\left(-\frac{E_c}{RT}\right)$$

由于 $\bar{N}_A$ 和 $\bar{N}_B$ 分别为在 1m^3 中 A 和 B 的分子数，所以

$$\bar{N}_A = c_A L, \quad \bar{N}_B = c_B L$$

代入前式并整理，得

$$r = Ld_{AB}^2 \sqrt{\frac{8\pi RT}{M^*}}\exp\left(-\frac{E_c}{RT}\right)c_A c_B$$

由质量作用定律，反应 A+B ⟶ P 的反应速率为

$$r = kc_A c_B$$

比较以上两式，得

$$k = Ld_{AB}^2 \sqrt{\frac{8\pi RT}{M^*}}\exp\left(-\frac{E_c}{RT}\right) \tag{12-51}$$

此式即为碰撞理论计算双分子气相反应 A+B ⟶ P 的速率系数的公式。

同样将式(12-47)和式(12-50)代入式(12-49)，整理后即可得到计算双分子气相反应 2A ⟶ P 的速率系数公式：

$$k = 2Ld_A^2 \sqrt{\frac{\pi RT}{M_A}}\exp\left(-\frac{E_c}{RT}\right) \tag{12-52}$$

在应用式(12-51)和式(12-52)时应注意以下三个问题。

(1) 公式只适用于双分子气相反应，其中各量均用 SI 单位，k 是化学反应速率系数。

(2) 若将式(12-51)写作

$$k = BT^{1/2}\exp\left(-\frac{E_c}{RT}\right)$$

其中

$$B = Ld_{AB}^2 \sqrt{\frac{8\pi R}{M^*}}$$

对指定反应，B 是与温度无关的常数。前式两端取对数：

$$\ln\{k\} = \ln\{B\} + \frac{1}{2}\ln\{T\} - \frac{E_c}{RT}$$

因为 B 和 E_c 均与 T 无关，所以两端对 T 微分得

$$\frac{d\ln\{k\}}{dT} = \frac{1}{2T} + \frac{E_c}{RT^2}$$

即

$$\frac{d\ln\{k\}}{dT} = \frac{E_c + \frac{1}{2}RT}{RT^2}$$

与 Arrhenius 公式比较，得

$$E = E_c + \frac{1}{2}RT \tag{12-53}$$

此式一方面表明活化能与温度有关,与式(12-39)相似;另一方面具体描述了临界能 E_c 与活化能的关系,提供了求算临界能的方法,即

$$E_c = E - \frac{1}{2}RT$$

在温度不太高的情况下,一般反应的 E 要比 $\frac{1}{2}RT$ 大得多,所以通常可用 E 近似 E_c,即

$$E_c \approx E \tag{12-54}$$

显然,式(12-53)和式(12-54)也适用于同种气体分子的反应,此处不再赘述。但应该指出,在一般情况下,即活化能不很小且温度不很高的情况下,虽然 E_c 与 E 近似相等,但它们的意义是不同的:E 是两个平均能量的差值,而 E_c 是反应所需要的最小相对平动能值。

(3) 对一部分反应,碰撞理论计算出的 k 值与实验结果的符合是满意的。但对大量反应二者是不符合的,其中除个别反应外,大多数的计算值都比实验值大得多。为此,引入校正因子 P 来修正这种偏差,于是将碰撞理论公式(12-51)和式(12-52)分别改写作

$$k = PLd_{AB}^2 \sqrt{\frac{8\pi RT}{M^*}} \exp\left(-\frac{E_c}{RT}\right) \tag{12-55}$$

和

$$k = 2PLd_A^2 \sqrt{\frac{\pi RT}{M_A}} \exp\left(-\frac{E_c}{RT}\right) \tag{12-56}$$

P 常叫做方位因子,其取值可从 1 到 10^{-9},表 12-3 列出了一些反应的 P 值。P 值对 1 的偏离代表了碰撞理论的假设所引起的全部误差。P 值小于 1,表明以 Boltzmann 分布定律为依据算出的有效碰撞分数 q 大于实际的有效碰撞分数,即有些能量高于 E_c 的碰撞实际上并未发生反应。这种情况显然不是由于碰撞能量不够,而很可能是由于分子碰撞时在空间相互取向的不合适而引起的。在这种情况下,反应分子的相对平动能可能并不是发生反应的唯一判据。也就是说,即使两个分子碰撞时的能量达到要求,但由于相互碰撞的方位不合适,这样的碰撞仍然不是有效的。因此,P 实质上不是一个能量因素,而是与分子构型有关的方位因素,这就是 P 被称为方位因子的原因。

表 12-3 298K 时一些反应的方位因子 P

反 应	$E/(\text{kJ} \cdot \text{mol}^{-1})$	P
$Br + H_2 \longrightarrow HBr + H$	73.6	0.12
$2NO_2 \longrightarrow 2NO + O_2$	111.3	0.038
$NO + O_3 \longrightarrow NO_2 + O_2$	9.6	0.008
$CH_3 + H_2 \longrightarrow CH_4 + H$	41.8	9.5×10^{-4}
$F_2 + ClO_2 \longrightarrow FClO_2 + F$	36.0	7.5×10^{-4}
$CH_3 + CHCl_3 \longrightarrow CH_4 + CCl_3$	24.3	8.3×10^{-5}
2-环戊二烯 $\longrightarrow$ 二聚物	60.7	3.0×10^{-7}

碰撞理论是元反应速率理论,即使对元反应,其计算结果也时常很不理想。鉴于多数反应的机理至今尚不清楚,所以人们也时常用碰撞理论来处理一些实际上具有复杂机理的反

应。严格说,这种处理是没有意义的。

碰撞理论有两个问题没有解决：一个是无法从理论上给出 E_c 值；另一个是无法解释和预测一个反应的 P。这是由于碰撞理论把分子当做硬球,不考虑分子的内部结构,因而它不可能得出与价电子相互作用有关的反应所需要能量的临界值,所以在计算中不得不用 E 值代替 E_c。同样,正是由于不考虑分子的结构,就无法说明分子碰撞的合适取向,从而不能解决 P 的量级。碰撞理论是 20 世纪初建立起来的,尽管存在上述弱点,但它为双分子反应描绘了一张清晰的图像,在理论上是有意义的。

例 12-11 在 556K 时碘化氢的分解反应

$$2HI \longrightarrow H_2 + I_2$$

已知反应的活化能为 177.8kJ·mol^{-1},HI 分子直径为 3.5×10^{-10} m,HI 的相对分子质量为 127.9。若方位因子为 1,试计算速率方程

$$-\frac{d[HI]}{dt} = k[HI]^2$$

中的 k 值。

解：欲求的 k 是 HI 的消耗速率系数,它等于该化学反应速率系数的 2 倍。设化学反应速率系数为 k',则 $k = 2k'$,据碰撞理论公式

$$k' = 2Ld^2 \sqrt{\frac{\pi RT}{M}} \exp\left(-\frac{E_c}{RT}\right)$$

其中,$d = 3.5 \times 10^{-10}$ m,$M = 127.9 \times 10^{-3}$ kg·mol^{-1},$E_c \approx E = 177.8$ kJ·mol^{-1},所以

$$\begin{aligned}
k &= 4Ld^2 \sqrt{\frac{\pi RT}{M}} \exp\left(-\frac{E_c}{RT}\right) \\
&= 4 \times (6.023 \times 10^{23}) \times (3.5 \times 10^{-10})^2 \\
&\quad \times \sqrt{\frac{3.14 \times 8.314 \times 556}{127.9 \times 10^{-3}}} \exp\left(-\frac{177.8 \times 10^3}{8.314 \times 556}\right) \text{m}^3 \cdot \text{mol}^{-1} \cdot \text{s}^{-1} \\
&= 1.96 \times 10^{-9} \text{ m}^3 \cdot \text{mol}^{-1} \cdot \text{s}^{-1}
\end{aligned}$$

12.7.2 势能面和反应坐标简介

从分子角度来说,化学反应是某些化学键断裂和某些新键生成的过程,具体表现为原子间相互作用的变化,因此要了解化学反应步骤的动力学实质(例如活化能),就必须研究原子间的相互作用。

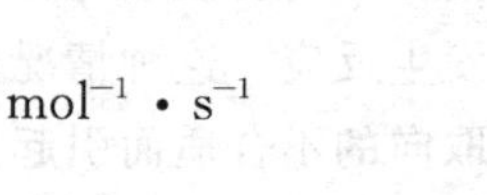

原子间相互作用表现为原子间势能 E_p 的存在。对双原子分子 AB,设核间距为 r,如图 12-16,势能 E_p 是 r 的函数：

图 12-16 双原子分子

$$E_p = f(r) \tag{12-57}$$

根据量子力学的结果,将这种函数关系画成曲线,称势能曲线,如图 12-17 所示。图中 r_0 为分子的平衡核间距。可以看出,当 $r = r_0$ 时,势能最低。在所有其他核间距 r 时势能都升高,因为当 $r > r_0$ 时,需对抗原子间的化学键能而做功;而当 $r < r_0$ 时,要对抗核间斥力而做功。当 $r \to \infty$ 时,$E_p = 0$,可见式(12-57)是以 $r \to \infty$ 为势能零点的。

对三原子系统,设分别为 A,B,C,则系统的势能由 A-B,B-C 和 A-C 三个核间距决定:

$$E_p = f(r_{AB}, r_{BC}, r_{AC}) \tag{12-58}$$

三个核间距的意义如图 12-18 所示。这个三元函数也可选 AB 与 BC 的键角 φ 代替 r_{AC} 作为变量,这样就有

$$E_p = F(r_{AB}, r_{BC}, \varphi) \tag{12-59}$$

不论用哪种坐标形式,要想把三原子系统的势能 E_p 用图表示出来,都是四维空间图形,这是不可能画出来的。

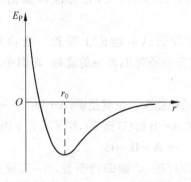

图 12-17 双原子分子的势能曲线

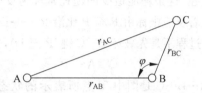

图 12-18 三原子系统的核间距

我们感兴趣的主要是原子间能发生化学反应的系统的势能。下面以一个原子 A 和一个分子 BC 间的反应

$$A + BC \longrightarrow AB + C$$

为例,来讨论反应过程中的势能变化。这是个三原子系统,为简单起见我们只讨论线性三原子系统,此时式(12-59)中的 $\varphi = \pi$,则

$$E_p = F(r_{AB}, r_{BC}) \tag{12-60}$$

于是,该系统的势能可以用三维空间的曲面来表示,称做势能面,若利用量子力学中三原子系统的势能公式,算出各种 r_{AB}, r_{BC} 给定值时的 E_p 值,即可画出势能面。这是个立体图形,画起来和看起来都不方便。为此,我们将这种立体的势能面投影到 r_{AB} 和 r_{BC} 所确定的平面上,把势能相同的各点用一条线连起来称为等势能线。这就像在地图上用等高线来表示地形高低一样。图 12-19 就是上述线性三原子系统势能面的投影图。因为文献上经常使用的

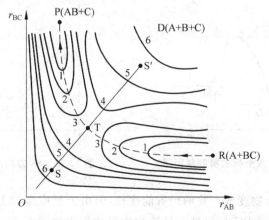

图 12-19 线性三原子系统 A+BC ⟶ AB+C 的势能面

就是这种势能面的投影图,所以一般也称做势能面。图中等势能线旁标出的势能值是相对的,数值越大,表示势能越高。等势能线的密集程度代表势能变化的陡度。例如,当 r_{AB} 和 r_{BC} 都很小时,如图中 S 点,随核间距变小势能急剧升高,相应一个陡峭的势能峰;当 r_{AB} 和 r_{BC} 都很大时,势能变化缓慢,相当于一个势能的平缓高原。D 点处在高原顶端,它所代表的状态是三个孤立的原子;R 点代表 A 远离 BC 的状态,即反应物,显然它处于势能深谷之中;同理,P 点代表产物,处于另一个势能深谷之中。这也表明,相对来说,反应物和产物都是处于势能较低的稳定状态,而三个孤立原子(A+B+C)是势能较高的不稳定状态。

下面借助势能面来讨论化学反应过程。如果我们从势能面上寻找一条由反应物 R(A+BC)变为产物 P(AB+C)的反应途径,无疑应是一条耗能最少的途径,即图中虚线所示的途径,这条耗能最少的途径常称为反应坐标。

沿着反应坐标由 R 至 P 比沿 R——→D——→P 途径耗能少。也就是说,A+BC——→AB+C 的反应过程不是先破坏 B—C 键(R 至 D),然后再形成 A—B 键(D 至 P),而是沿下面途径:

$$A+B-C \longrightarrow A\cdots B\cdots C \longrightarrow A-B+C$$

其中 A⋯B⋯C 是图中 T 点所表示的状态。此状态时,B—C 键即将断裂,A—B 键即将生成,一般称为反应的过渡状态。可见该反应的具体情况为:A,B,C 三个原子始终处在一条直线上,当 A 原子向 B—C 分子靠近时,B—C 间的化学键逐渐松弛,同时开始逐渐形成新的 A—B 键,到达过渡状态。此后,B—C 键断裂,同时原子 C 逐渐远离 A—B 分子,到达末态 P。

沿反应坐标的上述过程,通过势能剖面图可以看得很清楚。如果以反应坐标为横坐标,沿此坐标的势能为纵坐标作图,也就是沿反应坐标做出势能面的一个剖面,就得到图 12-20 所示的图形。可以看出,反应坐标上存在一个势垒 E_b,过渡状态就是势垒的顶点,所以是不稳定的构型。在这一点上,过渡状态不同于一般所说的中间产物。作为反应的中间产物,不论其寿命长或短,它们总是处于相对的深或浅的势能谷中的构型。另一方面如果在过渡状态处垂直于反应坐标方向上画一个势能剖面,即沿图 12-19 中 SS′ 取截面,则过渡状态却是势能的最低点,如图 12-21 所示。就整体来看,在过渡状态附近的势能面类似一个马鞍形,因此过渡状态又称鞍点。如果把过渡状态看做一个分子,它沿着反应坐标是不稳定的,而沿着其他坐标则是相对稳定的,这就是它的两重性。

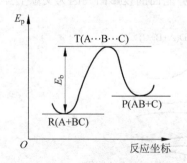

图 12-20　沿反应坐标的势能剖面图

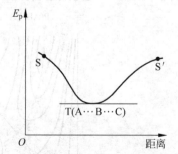

图 12-21　SS′方向的势能剖面图

反应坐标是由反应物变成产物的最省能途径,但由于反应坐标上存在势垒,如图 12-20 中的 E_b,所以反应物 A+BC 必须具有足够的能量才能克服势垒 E_b 变为产物 AB+C。反应势垒的存在是活化能这个物理量的实值。

以上利用势能面,从能量角度描述了元反应的全过程。原则上讲,可以用量子力学的计算方法得到任意系统的势能面,从而确定过渡状态的构型和势垒高度 E_b,最终计算出活化能,但实际上,对稍复杂的反应系统,量子力学还无法进行准确计算。

12.7.3 过渡状态理论

过渡状态理论是以势能面为基础的。它将任意元反应 R ⟶ P 的全过程记作

$$R \underset{k_2}{\overset{k_1}{\rightleftharpoons}} M^{\neq} \overset{k_3}{\longrightarrow} P \tag{12-61}$$

$M^{\neq}$ 是过渡状态,把 $M^{\neq}$ 看做一种分子,称活化配合物。据微观可逆性原理,元反应 R ⟶ P 的逆反应也是元反应,且也有同样的过渡状态。过渡状态理论认为:① 不论对正反应还是逆反应,过渡状态 $M^{\neq}$ 都是一个"不折回点"。意思是,反应物 R 一旦到达 $M^{\neq}$ 就一定会分解成产物 P;而逆反应中 P 一旦到达 $M^{\neq}$,就一定转化成 R。式(12-61)中的 k_2 即代表逆反应中由 $M^{\neq}$ 转化成 R 的过程,而其中的 R $\overset{k_1}{\longrightarrow}$ $M^{\neq}$ $\overset{k_3}{\longrightarrow}$ P 代表正反应的全过程,k_1 步称反应物 R 的活化步骤。② k_3 步是 $M^{\neq}$ 分解成产物的过程,由于 $M^{\neq}$ 的特殊构型,其中待分解的那个化学键(例如反应 A+BC ⟶ AB+C 中的 B—C 键)只要振动一次即可断裂,所以 k_3 值很大。③ k_1 步与 k_2 步可维持平衡。

以上介绍了过渡状态理论大意,下面以反应 A+BC ⟶ AB+C 为例推导过渡状态理论计算反应速率系数的公式。据过渡状态理论,上述元反应的全过程写作

$$A + BC \underset{k_2}{\overset{k_1}{\rightleftharpoons}} M^{\neq} (A\cdots B\cdots C) \overset{k_3}{\longrightarrow} AB + C$$

      平衡   快

该反应的速率为

$$r = \frac{d[AB]}{dt}$$

或

$$r = \lim_{\Delta t \to 0} \frac{\Delta[AB]}{\Delta t} \tag{12-62}$$

其中 $\Delta[AB]$ 是在 Δt 时间内因 $M^{\neq}$ 分解所生成 AB 的浓度。设 B—C 键的振动频率为 ν,则振动一次所需要的时间为 $1/\nu$,由于通常 ν 值很大,所以可近似认为 $1/\nu \to 0$。取 $\Delta t = 1/\nu$,此时间内每个 B—C 键均振动了一次,即所有 A⋯B⋯C 分子中的 B—C 键均在 $1/\nu$ 时间内断开,所以 $\Delta[AB]$ 恰等于系统中 $M^{\neq}$ 的浓度,即

$$\Delta[AB] = [M^{\neq}]$$

代入式(12-62)得

$$r = \frac{[M^{\neq}]}{1/\nu} = \nu[M^{\neq}]$$

一个振动自由度的能量为 $\varepsilon = h\nu$,于是上式记作

$$r = \frac{\varepsilon}{h}[M^{\neq}]$$

由能量均分原理,振动能 ε 中包括振动动能和振动势能且二者均为 $\frac{1}{2}k_B T$(此处 k_B 为

Boltzmann 常数,加下标 B 是为了与速率系数相区别),所以

$$\varepsilon = \frac{1}{2}k_B T + \frac{1}{2}k_B T = k_B T$$

代入前式得

$$r = \frac{k_B T}{h}[M^{\neq}] \tag{12-63}$$

其中 k_B 和 h 分别为 Boltzmann 常数和 Planck 常数。浓度 $[M^{\neq}]$ 虽然难于测定,但由于 $M^{\neq}$ 与反应物 A+BC 维持平衡:

$$\frac{k_1}{k_2} \xrightarrow{eq} \frac{[M^{\neq}]}{[A][BC]}$$

$$[M^{\neq}] = \frac{k_1}{k_2}[A][BC]$$

代入式(12-63),得

$$r = \frac{k_B T}{h}\frac{k_1}{k_2}[A][BC]$$

据质量作用定律,元反应 A+BC ⟶ AB+C 的化学反应速率为

$$r = k[A][BC]$$

比较以上两式,得速率系数为

$$k = \frac{k_B T}{h}\frac{k_1}{k_2} \tag{12-64}$$

此式虽由指定反应 A+BC ⟶ AB+C 为例导出,但它适用于任何元反应。其中 k_1/k_2 等于任意元反应中活化步骤

$$\text{反应物} \underset{k_2}{\overset{k_1}{\rightleftharpoons}} M^{\neq}$$

的平衡浓度积,即

$$\frac{k_1}{k_2} \xrightarrow{eq} \prod_B c_B^{\nu_B}$$

设

$$K^{\neq} \xrightarrow{eq} \prod_B \left(\frac{c_B}{c^{\ominus}}\right)^{\nu_B}$$

则

$$\frac{k_1}{k_2} = K^{\neq} (c^{\ominus})^{\sum_B \nu_B}$$

即

$$\frac{k_1}{k_2} = K^{\neq} (c^{\ominus})^{1-n}$$

其中 n 是反应分子数。将此结果代入式(12-64)得

$$k = \frac{k_B T}{h}K^{\neq} (c^{\ominus})^{1-n} \tag{12-65}$$

此式是过渡状态理论的基本公式。它适用于求取 n 分子反应的速率系数,其中 $K^{\neq}$ 是反应物与活化配合物间呈平衡时的相对浓度积,$c^{\ominus}$ 是标准浓度,习惯取 $c^{\ominus} = 1000 \text{mol} \cdot \text{m}^{-3}$。

应用式(12-65)时主要困难是如何求 $K^{\neq}$。由于 $M^{\neq}$ 的浓度难于测定,所以不宜用求平衡活度积的方法求 $K^{\neq}$,一般用统计方法和热力学方法。下面分别介绍这两种方法:

1. 统计方法

对于理想气体反应,设反应物与活化配合物之间维持平衡

$$\text{反应物} \underset{}{\overset{k^{\neq}, K^{\ominus}}{\rightleftharpoons}} M^{\neq}$$

由 $K^{\neq} \stackrel{\text{eq}}{=\!=\!=} \prod_B \left(\dfrac{c_B}{c^{\ominus}}\right)^{\nu_B}$, $K^{\ominus} \stackrel{\text{eq}}{=\!=\!=} \prod_B \left(\dfrac{p_B}{p^{\ominus}}\right)^{\nu_B}$。因为 $c_B = p_B/RT$,于是很容易导出 $K^{\neq}$ 与 $K^{\ominus}$ 的关系为

$$K^{\neq} = K^{\ominus} \prod_B \left(\dfrac{p^{\ominus}}{c^{\ominus} RT}\right)^{\nu_B} \tag{12-66}$$

$K^{\ominus}$ 是平衡常数,据式(7-38)

$$K^{\ominus} = \prod_B \left(\dfrac{q'^{\ominus}_B}{N}\right)^{\nu_B} \cdot \exp\left[-\dfrac{\Delta_r U_m^{\ominus}(0K)}{RT}\right]$$

代入前式,得

$$K^{\neq} = \prod_B \left(\dfrac{q'^{\ominus}_B p^{\ominus}}{N c^{\ominus} RT}\right)^{\nu_B} \cdot \exp\left[-\dfrac{\Delta_r U_m^{\ominus}(0K)}{RT}\right] \tag{12-67}$$

此式即用统计方法求 $K^{\neq}$ 的公式。对溶液反应的公式此处不再列出。

由此可以看出,用统计方法求 $K^{\neq}$,进而求 k,主要需要计算各反应物和活化配合物的标准配分函数 $q'^{\ominus}$ 以及 $\Delta_r U_m^{\ominus}(0K)$。反应物的 $q'^{\ominus}$ 可自光谱数据用统计方法计算。由于至今还无法得到 $M^{\neq}$ 的光谱数据,所以它的 $q'^{\ominus}$ 还不能用此法求出,但是如果能够做出真实、准确的反应势能面,则过渡状态的构型和振动频率等原则上均可自势能面求出,因此 $q'^{\ominus}$ 也可以求出。此外,从势能面上沿反应坐标的势垒高和零点能还可求出 $\Delta_r U_m^{\ominus}(0K)$。因此,不依赖于化学动力学的数据而算出速率系数的理论值,至少在原则上是可行的。从这个意义上讲,过渡状态理论有时也被叫做绝对速率理论。

2. 热力学方法

对于任意元反应,为了求反应物活化步骤

$$\text{反应物} \longrightarrow M^{\neq}$$

的 $K^{\neq}$,我们设 $\Delta^{\neq} G_m$,$\Delta^{\neq} S_m$ 和 $\Delta^{\neq} H_m$ 为反应物和 $M^{\neq}$ 的浓度均为 $1000 \text{mol} \cdot \text{m}^{-3}$ 时上述步骤的热力学函数变,分别叫做活化 Gibbs 函数、活化熵和活化焓。由热力学知识可以证明

$$\Delta^{\neq} G_m = -RT \ln K^{\neq} = \Delta^{\neq} H_m - T \Delta^{\neq} S_m$$

$$K^{\neq} = \exp\left(-\dfrac{\Delta^{\neq} G_m}{RT}\right) = \exp\left(\dfrac{T \Delta^{\neq} S_m - \Delta^{\neq} H_m}{RT}\right)$$

即

$$K^{\neq} = \exp\left(\dfrac{\Delta^{\neq} S_m}{R}\right) \exp\left(-\dfrac{\Delta^{\neq} H_m}{RT}\right) \tag{12-68}$$

将此结果代入基本公式(12-65),得

$$k = \dfrac{k_B T}{h} (c^{\ominus})^{1-n} \exp\left(\dfrac{\Delta^{\neq} S_m}{R}\right) \exp\left(-\dfrac{\Delta^{\neq} H_m}{RT}\right) \tag{12-69}$$

此式是过渡状态理论的基本公式用热力学方法处理后所得的结果,通常直接利用此式,它比由统计方法所得结果有用得多。

下面讨论式(12-69)中活化焓 $\Delta^{\neq}H_m$ 的值与 E 的关系。将基本公式

$$k = \frac{k_B T}{h} K^{\neq} (c^{\ominus})^{1-n}$$

两端取对数

$$\ln\{k\} = \ln\{T\} + \ln K^{\neq} + \ln\left\{\frac{k_B}{n}(c^{\ominus})^{1-n}\right\}$$

对 T 微分,得

$$\frac{d\ln\{k\}}{dT} = \frac{1}{T} + \frac{d\ln K^{\neq}}{dT} \tag{12-70}$$

对气相反应,由式(12-66)可以求得

$$\frac{d\ln K^{\neq}}{dT} = \frac{\Delta^{\neq} U_m}{RT^2}$$

此时式(12-70)为

$$\frac{d\ln\{k\}}{dT} = \frac{1}{T} + \frac{\Delta^{\neq} U_m}{RT^2}$$

$$\frac{d\ln\{k\}}{dT} = \frac{\Delta^{\neq} U_m + RT}{RT^2} \tag{12-71}$$

对活化过程

$$\text{反应物} \xrightarrow{\Delta^{\neq} U_m, \Delta^{\neq} H_m} M^{\neq}$$

$$\Delta^{\neq} H_m = \Delta^{\neq} U_m + \sum_B \nu_B \cdot RT$$

$$\Delta^{\neq} H_m = \Delta^{\neq} U_m + (1-n)RT \tag{12-72}$$

其中 n 为元反应的反应分子级。将此式代入式(12-71),并整理得

$$\frac{d\ln\{k\}}{dT} = \frac{\Delta^{\neq} H_m + nRT}{RT^2} \tag{12-73}$$

此式与 Arrhenius 公式

$$\frac{d\ln\{k\}}{dT} = \frac{E}{RT^2}$$

相比较,可以看出,对 n 分子气相反应:

$$E = \Delta^{\neq} H_m + nRT \tag{12-74}$$

此式表明,气相反应的活化能比活化焓大 nRT。

对液相反应,$K^{\neq}$ 和 $\Delta^{\neq} H_m$ 分别是反应物活化步骤的平衡常数和标准焓变,所以

$$\frac{d\ln K^{\neq}}{dT} = \frac{\Delta^{\neq} H_m}{RT^2}$$

此时式(12-70)为

$$\frac{d\ln\{k\}}{dT} = \frac{1}{T} + \frac{\Delta^{\neq} H_m}{RT^2}$$

$$\frac{d\ln\{k\}}{dT} = \frac{\Delta^{\neq} H_m + RT}{RT^2} \tag{12-75}$$

此式与 Arrhenius 公式相比较,得

$$E = \Delta^{\neq} H_m + RT \tag{12-76}$$

所以,液相反应的活化能比活化焓大 RT。

由以上讨论可知,气相反应的 $\Delta^{\neq} H_m$ 比 E 小 nRT,液相反应的 $\Delta^{\neq} H_m$ 比 E 小 RT。由于反应分子数 n 不超过 3,所以任意反应的 $\Delta^{\neq} H_m$ 与 E 的差异不会超过 $3RT$。在 E 不很小且 T 不很高的情况下,nRT 与 E 相比应略掉 nRT。因此,在一般情况下,可近似认为

$$\Delta^{\neq} H_m \approx E \tag{12-77}$$

即对通常温度下的一般反应,可用活化能来近似代替活化焓。

在式(12-69)中,除 $\Delta^{\neq} H_m$ 之外还有 $\Delta^{\neq} S_m$。要对 $\Delta^{\neq} S_m$ 进行定量理论计算,首先要有真实、准确的势能面,搞清过渡状态的构型,然后用统计热力学方法计算 $\Delta^{\neq} S_m$ 值。由于稍复杂系统的势能面迄今还搞不清楚,所以对大多数反应,这种计算方法还不可行。近些年来新发展的热化学动力学,利用大量官能团的热力学数据,根据推测的过渡状态构型来计算 $\Delta^{\neq} S_m$。

总之,过渡状态理论以势能面为基础,实际上是以量子力学为基础的理论。它提供了完全由理论计算速率系数的可能性,而且对一些简单系统已经获得了成功。但对多数反应目前还是做不到的,另外也不能从理论本身获得 $\Delta^{\neq} H_m$ 值,而只能借助 E 来求 $\Delta^{\neq} H_m$。这些都是此理论的不足,其次,人们有时利用过渡状态理论处理和讨论复合反应,这样得到的结果是无意义的。

例 12-12 双环[2,1]戊-2-烯的异构化是单分子反应,已知其速率系数 k 与温度的关系服从

$$\ln(k/s^{-1}) = 32.73 - \frac{1.124 \times 10^5 \text{J} \cdot \text{mol}^{-1}}{RT}$$

试求反应的 E 和 323K 时的 $\Delta^{\neq} S_m$。

解：

$$\ln(k/s^{-1}) = 32.73 - \frac{1.124 \times 10^5 \text{J} \cdot \text{mol}^{-1}}{RT}$$

即为 Arrhenius 公式,所以

$$E = 112.4 \text{kJ} \cdot \text{mol}^{-1}$$

据过渡状态理论,

$$k = \frac{k_B T}{h}(c^{\ominus})^{1-n} \exp\left(\frac{\Delta^{\neq} S_m}{R}\right) \exp\left(-\frac{\Delta^{\neq} H_m}{RT}\right)$$

对单分子反应 $n=1$,

$$\Delta^{\neq} H_m = E - RT$$

所以前式为

$$k = \frac{e k_B T}{h} \exp\left(\frac{\Delta^{\neq} S_m}{R}\right) \exp\left(-\frac{E}{RT}\right)$$

$$\Delta^{\neq} S_m = \frac{E}{T} + R \ln \frac{kh}{e k_B T}$$

当 $T=323$K 时,

$$\ln(k/\mathrm{s}^{-1}) = 32.73 - \frac{1.124 \times 10^5}{8.314 \times 323}$$

解得
$$k = 1.085 \times 10^{-4}\,\mathrm{s}^{-1}$$

所以
$$\Delta^{\neq} S_m = \left(\frac{1.124 \times 10^5}{323} + 8.314\ln\frac{1.085 \times 10^{-4} \times 6.626 \times 10^{-34}}{2.718 \times 1.3806 \times 10^{-23} \times 323}\right)\mathrm{J \cdot K^{-1} \cdot mol^{-1}}$$
$$= 18.2\,\mathrm{J \cdot K^{-1} \cdot mol^{-1}}$$

因该反应的 $E = 112.4\,\mathrm{kJ^{-1} \cdot mol^{-1}}$，此值不很小，且 $T = 323\,\mathrm{K}$ 不很高，所以可近似 $\Delta^{\neq} H_m \approx E$，于是

$$k = \frac{k_B T}{h}\exp\left(\frac{\Delta^{\neq} S_m}{R}\right)\exp\left(-\frac{E}{RT}\right)$$

$$\Delta^{\neq} S_m = \frac{E}{T} + R\ln\frac{kh}{k_B T}$$

$$= \left(\frac{1.124 \times 10^5}{323} + 8.314\ln\frac{1.085 \times 10^{-4} \times 6.626 \times 10^{-34}}{1.3806 \times 10^{-23} \times 323}\right)\mathrm{J \cdot K^{-1} \cdot mol^{-1}}$$
$$= 26.5\,\mathrm{J \cdot K^{-1} \cdot mol^{-1}}$$

由于活化熵值很小，所以近似法具有较大误差。在单分子反应中，反应物分子与过渡状态在构型上差异较小，所以单分子反应的 $\Delta^{\neq} S_m$ 都很小。

12.7.4 两个速率理论与 Arrhenius 公式的比较

Arrhenius 公式是经验公式，记作
$$k = A\exp\left(-\frac{E}{RT}\right)$$

碰撞理论为
$$k = PLd_{AB}^2\sqrt{\frac{8\pi RT}{M^*}}\exp\left(-\frac{E_c}{RT}\right)$$

和
$$k = 2PLd_A^2\sqrt{\frac{\pi RT}{M_A}}\exp\left(-\frac{E_c}{RT}\right)$$

而过渡状态理论公式的热力学形式为
$$k = \frac{k_B T}{h}(c^{\ominus})^{1-n}\exp\left(\frac{\Delta^{\neq} S_m}{R}\right)\exp\left(-\frac{\Delta^{\neq} H_m}{RT}\right)$$

我们从以下三个方面对它们进行比较。

(1) 在 Arrhenius 公式中，指前因子 A 被视为与温度无关的常数，而两个速率理论表明 A 与温度有关。现以与碰撞理论比较为例说明 Arrhenius 公式的这一偏差。为便于比较，将碰撞理论公式中的 E_c 用 E 表示，即

$$E_c = E - \frac{1}{2}RT$$

所以
$$k = PLd_{AB}^2 \sqrt{\frac{8e\pi RT}{M^*}} \exp\left(-\frac{E}{RT}\right) \tag{12-78a}$$

将此式与 Arrhenius 公式相比较,得
$$A = PLd_{AB}^2 \sqrt{\frac{8e\pi RT}{M^*}} \tag{12-78b}$$

这就表明 A 实际上与 T 有关,这一结论已被实验结果证实。

若将式(12-78b)进一步改写作
$$A = \frac{P\sqrt{e}}{L}\left[L^2 d_{AB}^2 \sqrt{\frac{8\pi RT}{M^*}}\right]$$

据式(12-46)可知,上式中的 $L^2 d_{AB}^2 \sqrt{\frac{8\pi RT}{M^*}}$ 在数值上恰等于当 $\overline{N}_A = \overline{N}_B = 6.023 \times 10^{23}\ \mathrm{m}^{-3}$ 时的分子碰撞频率,即气体浓度 c_A 和 c_B 均为 $1\mathrm{mol \cdot m}^{-3}$ 时的碰撞频率。这表明指前因子与单位浓度时的碰撞频率有关,所以 A 也称为频率因子。这样,碰撞理论不仅指明 Arrhenius 公式中的 A 应与 T 有关,而且还解释了 A 的物理意义。

(2) Arrhenius 公式中, E 被视为与 T 无关的常数,而两个速率理论都表明 E 与温度有关。碰撞理论引出临界能 E_c,过渡状态理论引出势垒 E_b,这就进一步揭示了活化能这个量的实质。

(3) 两个速率理论相比较。碰撞理论由于把分子当做硬球,无法解释式中因子 P 的意义,更无法预测 P 的量级。但过渡状态理论解决了这个问题。现以气相反应为例加以说明。

对双分子气相反应,过渡状态理论的热力学形式为
$$k = \frac{k_B T}{h}(c^{\ominus})^{-1} \exp\left(\frac{\Delta^{\neq} S_m}{R}\right) \exp\left(-\frac{\Delta^{\neq} H_m}{RT}\right)$$

由于
$$\Delta^{\neq} H_m = E - 2RT$$

所以上式为
$$k = \frac{k_B T e^2}{h c^{\ominus}} \exp\left(\frac{\Delta^{\neq} S_m}{R}\right) \exp\left(-\frac{E}{RT}\right) \tag{12-78c}$$

将此式与改写后的碰撞理论公式(12-78a)相比较,得
$$PLd_{AB}^2 \sqrt{\frac{8e\pi RT}{M^*}} = \frac{k_B T e^2}{h c^{\ominus}} \exp\left(\frac{\Delta^{\neq} S_m}{R}\right) \tag{12-78d}$$

实际计算结果表明,对许多双分子气相反应,上式左端的 $Ld_{AB}^2 \sqrt{\frac{8e\pi RT}{M^*}}$ 与右端的 $\frac{k_B T e^2}{h c^{\ominus}}$ 有大致相同的数量级,因此, P 与 $\exp\left(\frac{\Delta^{\neq} S_m}{R}\right)$ 的数值相当,即
$$P \approx \exp\left(\frac{\Delta^{\neq} S_m}{R}\right) \tag{12-78e}$$

这说明方位因子 P 与活化熵有关。两个气体分子形成活化配合物,类似于聚合或化合, $\Delta^{\neq} S_m$ 一般为负值,因此相对地减少了 $M^{\neq}$ 形成的机会,从而降低了生成产物的速率。这样,

过渡状态理论比较合理地解释了碰撞理论中的因子 P。由上式计算因子 P 虽然粗糙,但毕竟提出了用过渡状态理论公式的统计力学表示式近似估计 P 的一种方法。

由上述可知,碰撞理论能揭示 Arrhenius 公式中的指前因子与碰撞频率密切相关,能解释作为经验规则的 Arrhenius 公式成立的原因,因此碰撞理论比 Arrhenius 公式前进了一步;而过渡状态理论因克服了碰撞理论中把分子看做无结构、无内部运动的硬球的缺点,正确地考虑了分子的内部结构与运动,因此能较正确地估算并解释碰撞理论中的因子 P。可以认为过渡状态理论比碰撞理论又前进了一步,因此,两个速率理论的应用虽然都有很大的局限性,其本身也还有许多问题没有解决,用以解决实际问题还不得心应手,但它们为从理论上最终较好地解决反应速率奠定了基础。

12.8　反应机理

本节讨论有关反应机理的问题。首先介绍几种具有特殊机理的复合反应,在掌握它们的特点的基础上,讨论由反应机理推导速率方程的基本方法,然后介绍如何推测反应机理以及微观反应动力学的发展简况。

复合反应的机理是多种多样的,可能包含许多元反应。若仔细观察便会发现,机理中的元反应主要有以下三种不同的基本组合方式。

(1)
$$A \underset{k_2}{\overset{k_1}{\rightleftharpoons}} B$$

两个元反应互为逆反应,这种反应组合称为对峙反应,也称可逆反应。

(2)
$$A \begin{array}{c} \overset{k_1}{\longrightarrow} B \\ \underset{k_2}{\longrightarrow} C \end{array}$$

相同的反应物能同时进行多个相互独立的反应,这些反应具有不同的产物,这种反应组合称为平行反应。

(3)
$$A \xrightarrow{k_1} B \xrightarrow{k_2} C$$

一个反应的产物是另一个反应的反应物,这种组合称为连续反应,也叫连串反应。

机理中元反应的其他关系一般是以上三种组合方式的组合。例如,反应
$$A \underset{k_{-1}}{\overset{k_1}{\rightleftharpoons}} B \underset{k_{-2}}{\overset{k_2}{\rightleftharpoons}} C$$

实际上是连续反应与对峙反应的组合,称为连续对峙反应。因此,分别研究以上三类组合的特点和规律,对我们认识复合反应的机理是必要的。

12.8.1　对峙反应

对峙反应中的正反应和逆反应可能级数相同,也可能级数不同。下面以 1-1 级型的对峙反应为例讨论这类反应的动力学规律。为了方便,只讨论化学计量数的绝对值为 1 的情

况,例如 1-1 级反应

$$A \underset{k_2}{\overset{k_1}{\rightleftharpoons}} B$$

$$
\begin{array}{lcc}
t=0 & a & 0 \\
t & a-x & x
\end{array}
$$

由于正反应的速率为 $k_1(a-x)$,同时逆反应的速率为 k_2x,所以净反应速率为

$$\frac{\mathrm{d}x}{\mathrm{d}t} = k_1(a-x) - k_2 x \tag{12-79a}$$

此式即是上述 1-1 级对峙反应的速率方程(微分式)。将此式整理后积分:

$$\int_0^x \frac{\mathrm{d}x}{k_1 a - (k_1+k_2)x} = \int_0^t \mathrm{d}t$$

$$\ln \frac{k_1 a}{k_1 a - (k_1+k_2)x} = (k_1+k_2)t \tag{12-79b}$$

此即速率方程的积分形式,它描述产物浓度 x 与时间的关系。

若正反应比逆反应快得多,$k_1 \gg k_2$,则 $k_1+k_2 \approx k_1$,此时式(12-79b)变为

$$\ln \frac{a}{a-x} = k_1 t$$

此即一级反应的速率方程。此结果表明,若对峙反应中的两个反应快慢悬殊,即可略去慢反应而直接当做单向反应处理。这是对峙反应的一个重要特点,通常的单向反应实际上就属于这种情况。

若要真正应用式(12-79b),就必须事先求出其中的两个速率系数 k_1 和 k_2。为此,我们把此式改写成另外的形式,具体做法如下:

当反应达平衡时,产物 B 的浓度不再随时间而变化,$\mathrm{d}x/\mathrm{d}t=0$。由式(12-79a)得

$$k_1(a-x^{\mathrm{eq}}) = k_2 x^{\mathrm{eq}} \tag{12-80}$$

$$k_1 a = (k_1+k_2)x^{\mathrm{eq}} \tag{12-81}$$

其中 x^{eq} 代表 B 的平衡浓度,将此式代入式(12-79b)并整理得

$$\ln \frac{x^{\mathrm{eq}}}{x^{\mathrm{eq}}-x} = (k_1+k_2)t \tag{12-82}$$

由此可见,只要测定一系列的 t-x 数据和平衡浓度 x^{eq},即可根据式(12-82)将 $\ln[x^{\mathrm{eq}}/(x^{\mathrm{eq}}-x)]$ 对 t 绘图,得一直线。该直线的斜率即为 (k_1+k_2);然后再将平衡浓度代入式(12-80),求得 k_1/k_2。最后将求得的 (k_1+k_2) 与 k_1/k_2 联立,便可得到 k_1 和 k_2。

除上述方法外,也可用下面方法求 k_1 和 k_2:用多个初始浓度不同的样品重复进行上述测定,用其中任一样品的 t-x 数据都可按上述方法求出 (k_1+k_2)。所不同的是,需要将每个样品的初始速率 r_0 求出,由于 $t=0$ 时只有正反应,所以 $r_0=k_1 a$,于是将多个样品的 r_0 对 a 绘图,即可由直线的斜率求出 k_1。然后可由 (k_1+k_2) 值求出 k_2。

对峙反应在实际工作中是常遇到的。有时需要按照人为的意志加强反应的一方或控制另外一方,往往可通过改变反应温度来达到目的。若对峙反应吸热,即 $\Delta H>0$(或 $\Delta U>0$),由 $K^{\ominus}$ 与温度的关系可知

$$\frac{\mathrm{d}\ln K^{\ominus}}{\mathrm{d}T} = \frac{\Delta_r H_{\mathrm{m}}^{\ominus}}{RT^2} > 0$$

所以升高反应温度，$K^{\ominus}$ 值增大。由式(12-33a)和式(12-33b)可知，对 1-1 级对峙反应有 $K^{\ominus}=k_1/k_2$，所以上式为

$$\frac{\mathrm{d}\ln(k_1/k_2)}{\mathrm{d}T}>0$$

即

$$\frac{\mathrm{d}(k_1/k_2)}{\mathrm{d}T}>0$$

因此随温度升高 k_1/k_2 值增大，意味着 k_1 比 k_2 增大得更多。所以升温对正反应有利；反之，对放热的对峙反应，升温对逆反应有利。掌握了对峙反应的这一规律，对分析实际问题是有益的。

对于其他类型的对峙反应，也可照上面的方法进行处理，当然它们的速率方程与 1-1 级的不同，但基本规律却是相同的。

12.8.2 平行反应

我们只讨论由两个反应组成的 1-1 级平行反应。为了方便，只讨论化学计量数的绝对值为 1 的情况，设反应为

$$A \begin{array}{c} \xrightarrow{k_1} B \\ \xrightarrow{k_2} C \end{array}$$

	A	B	C
$t=0$	a	0	0
t	$a-x-y$	x	y

由此可以列出三个速率方程：

反应 1 的速率为

$$\frac{\mathrm{d}x}{\mathrm{d}t}=k_1(a-x-y) \tag{12-83}$$

反应 2 的速率为

$$\frac{\mathrm{d}y}{\mathrm{d}t}=k_2(a-x-y) \tag{12-84}$$

因为反应 1 以速率 $k_1(a-x-y)$ 消耗 A，同时反应 2 以速率 $k_2(a-x-y)$ 消耗 A，所以 A 的净消耗速率为

$$-\frac{\mathrm{d}(a-x-y)}{\mathrm{d}t}=k_1(a-x-y)+k_2(a-x-y)$$
$$=(k_1+k_2)(a-x-y) \tag{12-85}$$

将此式积分，即得

$$\ln\frac{a}{a-x-y}=(k_1+k_2)t \tag{12-86}$$

此结果与一级反应的速率方程形式相似，所不同的是其中的速率系数换成了 (k_1+k_2)。这表明，1-1 级平行反应，对反应物来说相当于一个以 (k_1+k_2) 为速率系数的一级反应。

若取式(12-83)与式(12-84)之比，得

$$\frac{\mathrm{d}x}{\mathrm{d}y} = \frac{k_1}{k_2}$$

解此微分方程,得

$$\frac{x}{y} = \frac{k_1}{k_2} \tag{12-87}$$

此式的意义是,在反应过程中两个产物的浓度比不变,始终等于两个反应的速率系数之比。也就是说,随反应进行,x 和 y 都逐渐增加,但 x 总保持在 y 的 k_1/k_2 倍,如图 12-22 所示,图中 $k_1/k_2 = 2$。在一定温度下,产物的浓度比等于常数,这就是平行反应的重要特点。

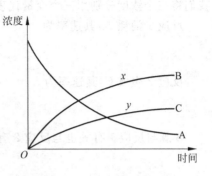

图 12-22 平行反应的浓度-时间图

在具体处理平行反应时,重要问题是必须知道两个速率系数 k_1 和 k_2。为此,要做实验分别测定不同时刻系统中产物 B 和 C 的浓度,即 x 和 y 值。然后根据式(12-86),以 $\ln[a/(a-x-y)]$ 对 t 作图,由所得直线的斜率求出 (k_1+k_2);再由每一组 x,y 值之比求出 k_1/k_2。最后将求出的 (k_1+k_2) 与 k_1/k_2 联立,就可求得 k_1 和 k_2。

对于平行反应,往往其中的一个反应是人们所需要的主反应,而另一个是不需要的副反应。例如上述反应中若 B 是产物而 C 是副产物,为了进一步提高 B 的比例,即提高 x/y,由平行反应的特点可知必须设法提高比值 k_1/k_2。若两反应的活化能差别较大,则可通过改变温度达到目的。这一内容已在讨论活化能对反应速率的影响时介绍过。若 $E_1 > E_2$,则改变温度时 k_1 和 k_2 将按图 12-23 所示发生变化,其中(a)为 $A_1 > A_2$;(b)为 $A_1 < A_2$。不论哪种情况,由于 k_1 对温度更为敏感,提高温度时比值 k_1/k_2 都将增大,即升高温度将增大产物 B 的比例。若 $E_1 < E_2$,要提高 B 的含量则应降低温度。

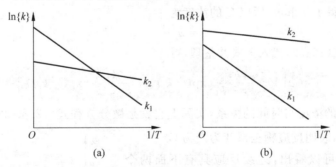

图 12-23 对 $E_1 > E_2$ 的平行反应,比值 k_1/k_2 随温度升高而增大

12.8.3 连续反应

现以 1-1 级连续反应为例进行讨论。设反应为

$$A \xrightarrow{k_1} B \xrightarrow{k_2} C$$

B 是中间产物,C 是最终产物,显然整个连续反应的速率只能用 C 的生成速率表示。设各物质的浓度情况如下:

$$A \xrightarrow{k_1} B \xrightarrow{k_2} C$$

$$\begin{array}{llll} t=0 & a & 0 & 0 \\ t & x & y & z \end{array}$$

很明显,x,y,z 这三个浓度中只有两个是独立的,它们满足 $x+y+z=a$。但为了书写方便,我们将三个浓度分别用三个变量代表。由质量作用定律可写出以下三个速率方程:

反应 1 消耗 A,其速率为

$$-\frac{\mathrm{d}x}{\mathrm{d}t} = k_1 x \tag{12-88}$$

反应 2 生成 C,其速率为

$$\frac{\mathrm{d}z}{\mathrm{d}t} = k_2 y \tag{12-89}$$

B 既与反应 1 有关也与反应 2 有关,其浓度随时间的变化率为

$$\frac{\mathrm{d}y}{\mathrm{d}t} = k_1 x - k_2 y \tag{12-90}$$

解式(12-88)得

$$\ln \frac{a}{x} = k_1 t$$

$$x = a\exp(-k_1 t) \tag{12-91}$$

此式是一级反应速率方程的另一种写法,它表明反应物浓度随时间呈指数方式衰减。

若将式(12-91)代入式(12-90),整理后为

$$\frac{\mathrm{d}y}{\mathrm{d}t} + k_2 y - k_1 a\exp(-k_1 t) = 0$$

这是一个一阶线性微分方程,它的解为

$$y = \frac{k_1 a}{k_2 - k_1}[\exp(-k_1 t) - \exp(-k_2 t)] \tag{12-92}$$

以上分别求得了 x 和 y,所以 C 的浓度为

$$z = a - x - y$$

将式(12-91)和式(12-92)代入上式并整理,得

$$z = a\left[1 - \frac{k_2}{k_2 - k_1}\exp(-k_1 t) + \frac{k_1}{k_2 - k_1}\exp(-k_2 t)\right] \tag{12-93}$$

此式即为产物 C 的浓度与时间的关系,实际上它就是微分方程式(12-89)的解。可以看出,当 $t \to \infty$ 时,$z=a$,表明反应物全部变为产物 C。

由以上结果可以看出,连续反应具有下面两个特点。

(1) 若两个速率系数 k_1 和 k_2 可以比较,即二者不是相差悬殊,画出式(12-91)~式(12-93)的三条曲线,即得到如图 12-4 所示的图形。

由图可以看出,反应物和产物的浓度对时间有单调关系:反应物浓度 x 随时间单调减少,产物浓度 z 随时间单调增加,这是与一般反应相同的正常规律。

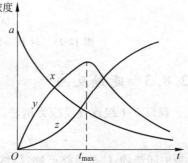

图 12-24 连续反应的浓度-时间图

但中间产物 B 的浓度则是先增加后减少，在曲线上出现极大点。在 k_1 和 k_2 可以比较时，中间产物的浓度在反应过程中存在极大值，这是连续反应的一个重要特征。

将式(12-92)求导，并令 $dy/dt=0$，则可求得出现极大值的时间为

$$t_{\max} = \frac{\ln(k_2/k_1)}{k_2 - k_1} \tag{12-94}$$

将此式代入式(12-92)，便求得浓度极大值

$$y_{\max} = a\left(\frac{k_1}{k_2}\right)^{k_2/(k_2-k_1)} \tag{12-95}$$

因此，要计算 $t_{\max}$ 和 $y_{\max}$，需要知道 k_1 和 k_2。显然，通过测定反应过程中 t-x 数据，即可求得 k_1；若直接拿纯中间产物做实验，则只有 B $\xrightarrow{k_2}$ C 一个反应，测定 t-y 或 t-z 数据均可求得 k_2（关于速率系数的测定方法已在前面详细介绍）。反之，式(12-94)和式(12-95)还表明，若能够对连续反应的中间产物进行跟踪，测得 $t_{\max}$ 和 $y_{\max}$，则可由此求出 k_1 和 k_2。

由于中间产物的浓度具有极大值，所以如果中间产物是所希望的产品，则应选择合适的反应时间（即 $t_{\max}$）以保证产品含量最高。这对生产具有实际意义。

(2) 上面讨论了一般连续反应的特点，即 k_1 与 k_2 接近或相差不很大的情况。现在看 k_1 与 k_2 相差悬殊的情况。由于整个连续反应的速率用最终产物的生成速率表示：

$$r = k_2 y$$

将式(12-92)代入，得

$$r = \frac{ak_1 k_2}{k_2 - k_1}[\exp(-k_1 t) - \exp(-k_2 t)] \tag{12-96}$$

若 $k_1 \gg k_2$，则 $k_2 - k_1 \approx -k_1$，且 $\exp(-k_1 t) - \exp(-k_2 t) \approx -\exp(-k_2 t)$，于是式(12-96)可写作

$$r \approx -ak_2[-\exp(-k_2 t)]$$
$$r = ak_2 \exp(-k_2 t) \tag{12-97}$$

表明整个反应速率只与 k_2 有关。

同理，若 $k_2 \gg k_1$，则

$$r = ak_1 \exp(-k_1 t) \tag{12-98}$$

表明此时整个反应速率只与 k_1 有关。

以上两式表明，若连续反应中的一步比其他步骤慢得多，则整个反应的速率主要由其中最慢的一步所决定。也可以说，整个连续反应的速率由其中最慢的步骤所控制。通常把这最慢的步骤叫做"决速步"或"速控步"，意思是说它在整个反应速率中起主要作用。这是不难理解的，因为连续反应中的每一步（第一步除外）都以前一步的产物为原料，整个反应就好像一条生产流水线。若其中最慢的一步得不到改善，整个速率是不会明显提高的；反之，若最慢步骤的速率加快，则整个反应随之加快。

就一个具有复杂机理的反应来说，机理中会出现多个中间产物，前面步骤生成的中间产物必是后面步骤的反应物。所以就机理中的某个局部来看，情况可能是多种多样的，但就整体而言却类似于一个单向连续反应。在这种情况下，最慢步也必是决速步。讨论反应速率就必须抓住决速步这个主要矛盾。

以上我们分别讨论了对峙反应、平行反应和连续反应三种典型复合反应的动力学特征。

虽然都是以 1-1 级的简单情况为例,而且所使用的方法都是先列出微分方程;然后解微分方程;最后讨论特点。这个方法具有普遍意义,其他非 1-1 级的情况可同样处理。尽管具体细节可能不同,但基本特征与 1-1 级的相同。

12.8.4 链反应

动力学中有这样一类化学反应,一旦由外因(例如加热)诱发系统中产生高活性的自由基(或自由原子),反应便自动地连续不断地进行下去,称为链反应。在链反应中,开始诱发出的自由基虽然在反应中被消耗,但反应本身能够不断再生自由基,就像链条一样,一环后面又产生新的一环。自由基的不断再生,是链反应得以自动连续进行的根本原因。例如,HCl 的合成反应 $H_2 + Cl_2 \longrightarrow 2HCl$ 就是链反应,其机理如下:

$$\text{I} \quad Cl_2 \xrightarrow{k_1} 2Cl\cdot$$

$$\text{II} \quad Cl\cdot + H_2 \xrightarrow{k_2} HCl + H\cdot$$

$$\text{III} \quad H\cdot + Cl_2 \xrightarrow{k_3} HCl + Cl\cdot$$

$$\vdots$$

$$\text{IV} \quad 2Cl\cdot + M \xrightarrow{k_4} Cl_2 + M$$

在第 I 步产生自由基 Cl· 后,第 II 步在消耗 Cl· 的同时产生新的自由基 H·,第三步在消耗 H· 的同时又重新生成 Cl·。如此不断地进行下去,不断生成 HCl。

由于链反应是一类很普遍的反应,所以研究它具有重要意义。

1. 链反应的特点

链反应的每一步都与自由基(或自由原子)有关。由于自由基本身具有未成对电子,所以它是高活性粒子,能引起稳定分子间难以发生的反应。正是由于高活性,新生成的自由基在与分子或其他自由基碰撞时极易被消耗,因而自由基一定是短寿命的。

在非链反应中,外因也可能诱发出像自由基这样的中间产物,但一旦将诱发的外因撤除,反应亦将停止。而链反应开始之后,系统中的自由基主要靠反应本身产生。

2. 链反应的步骤

任意链反应的机理,具体情况可能是复杂的,但就整个反应过程而言都可分为三步:链引发、链传递和链终止。

1) 链引发

此步是链反应的开始,通过加热、光照、辐射、加入引发剂等外界作用在系统中产生自由基。HCl 合成反应机理中的第 I 步就是链引发步骤。在此步中需将反应物分子的化学键断开,因而活化能较大,约等于键能。

2) 链传递

在链传递的每一步一般总是由一个自由基与一个分子反应。它有两个特点:一是由于高活性的自由基参加反应,反应很容易进行,所以此步的活化能较小,约等于断开键键能的 5.5%,一般不超过 $40 \text{kJ} \cdot \text{mol}^{-1}$,而两个分子的反应一般为 $100 \sim 400 \text{kJ} \cdot \text{mol}^{-1}$;二是由一个自由基参加反应,必定会产生一个或多个新的自由基。链传递步骤的这两个特点一方面使得链反应本身能够得以持续发展,另一方面也说明使反应按链式历程进行比按分子反应历程有较大的优势,这也是链反应普遍存在的原因。正因为如此,链式机理的发现,在历史上曾大大促进了动力学的发展。HCl 合成反应机理中的第Ⅱ和第Ⅲ步即为链传递步骤,一个自由基消失同时产生一个新的自由基。

3) 链终止

链终止也称为断链,这是自由基销毁的步骤。在 HCl 合成反应的第Ⅳ步中,两个 Cl· 结合成稳定分子,是链终止步骤。虽然系统中还可能有 2H·→H_2 和 H·+Cl·→HCl 的链终止情况,但与实验结果相比较可知,反应Ⅳ是主要的断链方式。由于自由基是高活性粒子,它们的结合不需要破坏任何化学键,所以链终止步骤不需要活化能,即活化能等于零。

应该指出,除上面所述的自由基化合的断链方式以外,在低压时还有器壁断链方式

$$Cl· + 器壁 \longrightarrow 断链$$

器壁效应是链反应的一个特点,通过改变反应器形状或内表层涂料等来观察反应速率的变化情况,往往有助于判断反应是否链反应。

链反应都分作如上三个步骤,例如反应 $H_2 + Br_2 \longrightarrow 2HBr$ 的机理如下:

$$Br_2 \xrightarrow{k_1} 2Br· \qquad 链引发$$

$$\left. \begin{array}{l} Br· + H_2 \xrightleftharpoons[k_{-2}]{k_2} HBr + H· \\ H· + Br_2 \xrightarrow{k_3} HBr + Br· \end{array} \right\} 链传递$$

$$2Br· \xrightarrow{k_4} Br_2 \qquad 链终止$$

3. 直链反应和支链反应

按照链传递步骤的不同,链反应可分为直链反应和支链反应两类。直链反应在链传递时,一个自由基消失的同时产生另一个自由基,像一根链条一样,一个环节接着一个环节,如图 12-25(a)所示;而在支链反应的链传递步骤中,一个自由基参加反应生成两个新自由基,如图 12-25(b)。

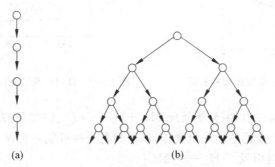

图 12-25 直链反应和支链反应

在链反应中多数是直链反应,在链传递过程中自由基数目不变,所以直链反应开始后很快便达到稳定,此时链引发速率与断链速率相等。以上所举的 HCl 以及 HBr 的合成反应都是直链反应的实例。对这类链反应,常引用链长这个名词,其定义为

$$\text{链长} = \frac{\text{链反应速率}}{\text{链引发速率}} \tag{12-99}$$

由于稳定后链引发速率与断链速率相等,因此上述定义的意义是,引发出的自由基直至其真正消亡,这个过程中所消耗的反应物或生成的产物的数量,因而链传递的次数越多,链越长,所消耗的反应物或生成的产物就越多,反应速率也就越快。因此,链长可以用来度量链反应速率。由于在同一反应中,实际上各条链长并不一样,所以式(12-99)所定义的是平均链长。

支链反应虽然为数较少,但它所代表的是一类特殊反应——爆炸,下面我们简单介绍这方面的内容。

由动力学角度,爆炸是速率大得无法控制的化学反应,即 $r \to \infty$ 时表现为爆炸。就引起爆炸的原因分析,可分为两种:一种是放热反应,若导热不良则温度升高,温度升高会使反应速率以指数规律增大,于是以更大的速率生热,如此恶性循环很快使反应速率几乎无止境的增加下去,$r \to \infty$,这种爆炸称为热爆炸;另一种是支链反应,在链传递反应中自由基倍增,称为链支化,若断链速率不够大,则系统中的自由基会越来越多,反应速率越来越快,最终 $r \to \infty$,这种爆炸称为支链爆炸。

在爆炸反应中,H_2-O_2 爆炸人们研究得最多,以下讨论此例。在一定温度下用爆鸣气(即 $n(H_2)/n(O_2)=2:1$)做实验,发现其反应速率随初始总压的变化如图12-26所示。当 $p<p_1$ 时,r 随压力升高逐渐增大;当 $p_2<p<p_3$ 时,同样 r 随 p 逐渐增大;当 $p_1<p<p_2$ 或 $p>p_3$ 时反应总是以爆炸形式进行。p_1,p_2,p_3 分别称为第一、二、三爆炸界限。进一步实验表明,温度不同时爆炸界限也不同,若以爆炸界限对温度绘图,得图12-27所示的图形。此图表明,降低温度第一、二界限逐渐趋近,在733K时二者重合;升高温度第二、三界限逐渐趋近,至873K时二者重合。这条爆炸界限曲线将坐标平面分为两部分,左边是稳定区,右边是爆炸区。

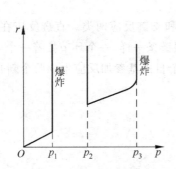

图 12-26 H_2-O_2 系统的爆炸界限

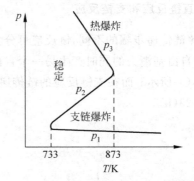

图 12-27 H_2-O_2 系统爆炸界限与温度的关系

为了解释上述实验规律,需分析反应 $2H_2 + O_2 \longrightarrow 2H_2O$ 的机理。该反应的机理十分复杂。其中有些细节至今尚不能完全确定,以下只是一种可能的机理:

$$\text{链引发} \quad H_2 \longrightarrow 2H\cdot \tag{1}$$

$$\text{直链传递} \begin{cases} H\cdot + O_2 + H_2 \longrightarrow H_2O + OH\cdot & (2) \\ OH\cdot + H_2 \longrightarrow H_2O + H\cdot & (3) \end{cases}$$

$$\text{链支化} \begin{cases} H\cdot + O_2 \longrightarrow OH\cdot + O\cdot & (4) \\ O\cdot + H_2 \longrightarrow OH\cdot + H\cdot & (5) \end{cases}$$

气相断链 $\begin{cases} 2H\cdot + M \longrightarrow H_2 + M & (6) \\ OH\cdot + H\cdot + M \longrightarrow H_2O + M & (7) \end{cases}$

器壁断链 $\begin{cases} H\cdot \longrightarrow 器壁 & (8) \\ OH\cdot \longrightarrow 器壁 & (9) \end{cases}$

由机理分析,是否发生爆炸决定于系统中的自由基数目是否增加,所以我们关心系统中自由基的变化。(1),(4),(5)三个反应产生自由基,它们的总和表现为自由基有增殖速率 r_i;(6)和(7)在气相中链终止,表现为自由基有气相销毁速率 r_g;(8)和(9)为器壁断链,表现为自由基有器壁销毁速率 r_s。若系统中自由基的总销毁速率为 r_d,则 $r_d = r_g + r_s$,即

链引发
链支化 $\Big\}r_i$(增殖速率)

气相断链: r_g
器壁断链: r_s $\Big\}r_d$(销毁速率)

显然,若 $r_i > r_d$,发生爆炸;若 $r_i \leqslant r_d$,则不会发生爆炸。

自由基增殖速率 r_i 与温度和压力有关:温度升高,r_i 将增大;压力增大,即浓度增大,自由基与分子的碰撞频率增加,r_i 将增大。自由基销毁速率 r_d 也与温度和压力有关:与 r_i 相比,温度对 r_d 的影响要小一些,这是由于在任何情况下系统中的自由基数目都比分子数目少得多;压力增大,气相销毁速率 r_g 将增大,但器壁销毁速率 r_s 却减小,若压力减小则情况相反。因此,自由基的销毁速率 r_d 主要受压力影响,当压力改变时 r_d 是增大还是减小要取决于 r_g 和 r_s 的变化哪个占优势。

由以上分析不难看出,当升高温度时,r_i 增大,同时由于 $2H_2 + O_2 \longrightarrow 2H_2O$ 是放热反应,放热速率将随之加快,因而支链爆炸和热爆炸的可能性都将增大。所以不论压力如何,当温度升高到某个值(此值不超过873K)时必然发生爆炸,如图12-27所示。再看压力的影响:在一定温度(733~873K)下,若气体压力小于 p_1,$p < p_1$,此时自由基器壁销毁速率 r_s 很大,使得 $r_d \geqslant r_i$,不会发生爆炸;当压力升高到 $p_1 < p < p_2$ 时,r_s 减小但 r_i 增加,但由于此时 r_g 还不是太大,结果 $r_i > r_d$,发生爆炸;继续升高压力,至 $p_2 < p < p_3$,此时 r_g 已变得很大,结果 $r_d \geqslant r_i$,无爆炸发生;当压力升至 $p > p_3$ 时,将发生热爆炸。

以上讨论的是爆鸣气的情况,对其他比例的 H_2-O_2 混合气体也可能发生爆炸。实际上还有另外一种爆炸界限,按照 H_2 在 H_2-O_2 混合物中所占的体积分数划分。实验表明 H_2 含量为 4%~94% 的 H_2-O_2 混合气,遇到火种均可能发生爆炸。4% 和 94% 分别称为 H_2 在 O_2 中的爆炸低限和爆炸高限。在低限至高限之间属于爆炸区,在此范围之外是无爆炸危险的。

测定各种易燃气体在空气中的爆炸界限,对化工生产和实验室的安全具有重要意义,表12-4列出了一些气体的数据。

表12-4 一些气体在空气中的爆炸界限

气体	爆炸界限	气体	爆炸界限
H_2	4%~74%	CS_2	1.25%~44%
NH_3	16%~27%	C_2H_2	2.5%~80%
CO	12.5%~74%	C_2H_4	3.0%~29%
CH_4	5.3%~14%	CH_3OH	7.3%~36%
C_2H_6	3.2%~12.5%	C_2H_5OH	4.3%~19%

12.8.5 稳态假设与平衡假设

以上我们分别讨论了对峙反应、平行反应和连续反应,它们的机理都不很复杂,所列出的速率方程都能够严格求解,但对于许多机理比较复杂的反应,机理中会出现许多中间产物,例如上面所讨论的链反应,要对它们进行动力学处理,就要列出许多个微分方程。从数学上严格求解许多联立的微分方程,从而求出反应过程中出现的各个物质的浓度,是十分困难的,甚至是不可能的。为了由较复杂的机理推导出反应的速率方程,动力学中常采取两种近似方法,分别称为稳态假设和平衡假设。用这两种方法能够以解代数方程代替解微分方程,从而极简单地求出许多中间产物的浓度的近似值。下面我们分别介绍稳态假设和平衡假设的内容,以及如何利用它们由反应机理推导速率方程。

1. 稳态假设

由前面讨论知道,连续反应

$$A \xrightarrow{k_1} B \xrightarrow{k_2} C$$
$$x \qquad y \qquad z$$

在 k_1 与 k_2 可比较时,中间产物的浓度在反应过程中有极大值

$$y_{\max} = a\left(\frac{k_1}{k_2}\right)^{k_2/(k_2-k_1)}$$

设想在 k_1 不变的情况下 k_2 逐渐增大,即第二步反应逐渐加快,表明 B 的活性增加。当 $k_2 \gg k_1$ 时,B 为高活性中间产物,此时上式变为

$$y_{\max} \approx a\left(\frac{k_1}{k_2}\right) \tag{12-100}$$

由于其中 $(k_1/k_2) \ll 1$,所以此式表明,对高活性中间产物,浓度极大值 $y_{\max}$ 微不足道,即 y-t 曲线变化平缓。图 12-28 是 $k_1/k_2 = 5$ 和 $k_1/k_2 = 1/10$ 时连续反应的浓度-时间曲线。由图可以看出,$k_1/k_2 = 1/10$ 时的 y-t 曲线比 $k_1/k_2 = 5$ 时平缓得多。

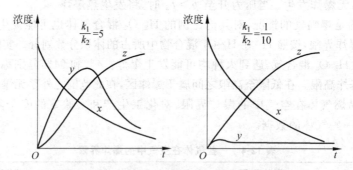

图 12-28 k_1/k_2 值对连续反应浓度-时间曲线的影响

在 $k_2 \gg k_1$ 时 y-t 曲线变化平缓,表明连续反应中高活性中间产物的浓度随时间变化缓慢。为了进一步搞清 y 随 t 的变化情况,我们将式(12-91)和式(12-92)同时代入式(12-90),得

$$\frac{dy}{dt} = k_1 a \exp(-k_1 t) - \frac{k_2 k_1 a}{k_2 - k_1}[\exp(-k_1 t) - \exp(-k_2 t)] \tag{12-101}$$

这是任意情况下连续反应 $A \longrightarrow B \longrightarrow C$ 中变化率 dy/dt 与时间的关系。若 $k_2 \gg k_1$,则

$k_2-k_1\approx k_2$,$\exp(-k_1t)-\exp(-k_2t)\approx\exp(-k_1t)$,所以,式(12-101)变为

$$\frac{\mathrm{d}y}{\mathrm{d}t}\approx k_1a\exp(-k_1t)-k_1a\exp(-k_1t)$$

即

$$\frac{\mathrm{d}y}{\mathrm{d}t}\approx 0 \tag{12-102}$$

此结果的意义是:高活性中间产物的浓度近似不随时间变化,但这并不是说中间产物的浓度是常数,例如反应刚开始时 B 必逐渐增加。另外,在整个反应过程中反应物浓度因消耗逐渐减少,产物浓度逐渐增加,显然 y 和 $\mathrm{d}y/\mathrm{d}t$ 也随时间 t 变化。所以式(12-102)只说明,在 $k_2\gg k_1$ 时,第二个反应比第一个快得多,由第一个反应产生的 B 能被第二个反应及时地消耗掉,因而在反应过程中 y 始终很小,相对于 x 和 z 而言,其值微乎其微,所以 y 随时间的变化幅度就十分微小了。以上分析可知,"当反应达到稳定之后,高活性中间产物的浓度不随时间而变",这种说法只是一种近似,或一种假设,所以称为稳态假设。

对于许多机理复杂的反应,例如直链反应,从整体看类似于连续反应,有时也称为复杂连续反应,其中的高活性中间产物(例如自由基)也服从稳态假设。但应指出,像爆炸这样的反应,由于在系统中根本就不存在稳态,所以不能对这种反应使用稳态假设。

稳态假设为由复杂机理推导速率方程提供了一种可行的方法,对复合反应的动力学处理具有重大意义。

例 12-13 已知气相合成反应 $H_2+Cl_2\longrightarrow 2HCl$ 的机理如下:

$$Cl_2 \xrightarrow{k_1} 2Cl\cdot \qquad E_1=243\mathrm{kJ\cdot mol^{-1}}$$
$$Cl\cdot+H_2 \xrightarrow{k_2} HCl+H\cdot \qquad E_2=25\mathrm{kJ\cdot mol^{-1}}$$
$$H\cdot+Cl_2 \xrightarrow{k_3} HCl+Cl\cdot \qquad E_3=12.6\mathrm{kJ\cdot mol^{-1}}$$
$$2Cl\cdot+M \xrightarrow{k_4} Cl_2+M \qquad E_4=0$$

试由此机理导出合成反应的速率方程。

解:由机理知,只有第二步反应消耗 H_2,所以可由该步写出 HCl 合成反应的速率方程,即

$$-\frac{\mathrm{d}[H_2]}{\mathrm{d}t}=k_2[Cl\cdot][H_2]$$

由于 $[Cl\cdot]$ 是难于测定的量,所以应该用反应物(或产物)的浓度取代速率方程中的 $[Cl\cdot]$。根据稳态假设

$$\frac{\mathrm{d}[Cl\cdot]}{\mathrm{d}t}=0,\quad \frac{\mathrm{d}[H\cdot]}{\mathrm{d}t}=0$$

即

$$\begin{cases}\dfrac{\mathrm{d}[Cl\cdot]}{\mathrm{d}t}=2k_1[Cl_2]-k_2[Cl\cdot][H_2]+k_3[H\cdot][Cl_2]-2k_4[Cl\cdot]^2=0 & (1)\\[2mm] \dfrac{\mathrm{d}[H\cdot]}{\mathrm{d}t}=k_2[Cl\cdot][H_2]-k_3[H\cdot][Cl_2]=0 & (2)\end{cases}$$

这是一个关于 $[Cl\cdot]$ 和 $[H\cdot]$ 的代数方程组,将(2)代入(1)解得

$$[\text{Cl}\cdot] = \left(\frac{k_1}{k_4}\right)^{1/2}[\text{Cl}_2]^{1/2} \tag{3}$$

此式表明了 $[\text{Cl}\cdot]$ 与反应物 Cl_2 的浓度之关系，代入原速率方程，得

$$-\frac{d[\text{H}_2]}{dt} = k_2\left(\frac{k_1}{k_4}\right)^{1/2}[\text{Cl}_2]^{1/2}[\text{H}_2]$$

这就是 HCl 合成反应的速率方程，可简写作

$$-\frac{d[\text{H}_2]}{dt} = k[\text{Cl}_2]^{1/2}[\text{H}_2]$$

这表明该反应为 1.5 级，与实验结果一致，同时还表明实验测定的表观速率系数 k 与几个元反应的速率系数的关系为

$$k = k_2\left(\frac{k_1}{k_4}\right)^{1/2}$$

根据以上例题导出的关系，我们可对上述机理进一步分析。由 Arrhenius 公式

$$k = A\exp\left(-\frac{E}{RT}\right), \quad k_2 = A_2\exp\left(-\frac{E_2}{RT}\right)$$

$$k_1 = A_1\exp\left(-\frac{E_1}{RT}\right), \quad k_4 = A_4\exp\left(-\frac{E_4}{RT}\right)$$

将此四式代入前面关系式，得

$$A\exp\left(-\frac{E}{RT}\right) = A_2\left(\frac{A_1}{A_4}\right)^{1/2}\exp\left[-\frac{E_2 + \frac{1}{2}(E_1 - E_4)}{RT}\right]$$

所以

$$A = A_2\left(\frac{A_1}{A_4}\right)^{1/2}$$

$$E = E_2 + \frac{1}{2}(E_1 - E_4)$$

$$= 25\text{kJ}\cdot\text{mol}^{-1} + \frac{1}{2}\times(243-0)\text{kJ}\cdot\text{mol}^{-1}$$

$$= 146.5\text{kJ}\cdot\text{mol}^{-1}$$

假设 HCl 合成反应是由分子 H_2 和 Cl_2 直接碰撞来完成的，从速率方程来说，它应该是 2 级反应，这与实验不符；以能量角度说，则所需要的活化能不是 $146.5\text{kJ}\cdot\text{mol}$，而应近似服从 30% 规则，即

$$E = 0.3(\varepsilon_{\text{H-H}} + \varepsilon_{\text{Cl-Cl}})$$

$$= 0.3\times(435.1 + 242.7)\text{kJ}\cdot\text{mol}^{-1} = 203\text{kJ}\cdot\text{mol}^{-1}$$

此值大于 $146.5\text{kJ}\cdot\text{mol}^{-1}$。两种机理相比，显然链式反应机理是个省能途径，所以这个反应不可能不走这样的捷径。

近些年来电子计算机的迅速发展，使得过去不能严格求解的复杂联立微分方程可以较快地求出解答，这将为稳态假设提供一个检验其是否正确的方法。不过在一般的复杂反应动力学处理中，从计算所需的时间和工作量来说，稳态假设仍是有优越性的。试想在上面的例题中若不用稳态假设而直接由 $d[\text{Cl}\cdot]/dt$ 和 $d[\text{H}\cdot]/dt$ 等求解 $[\text{Cl}\cdot]$，那将是十分困难的。

2. 平衡假设

在反应机理中,若其中一步比其他各步慢得多,则该最慢的一步是决速步,意义是:最慢的一步是决定总反应速率的关键。除此之外,决速步在动力学中还有两个引申的意义:①决速步之后的步骤不影响总反应速率;②决速步之前的对峙步骤保持平衡。例如,实验测得溶液反应

$$A + B + C \xrightarrow{H^+ (催化剂)} P + Q \tag{12-103}$$

的速率方程为

$$r = k[A][B][H^+] \tag{12-104}$$

即该反应为三级,且速率与反应物 C 无关。设反应机理如下:

$$\text{I} \qquad A + B \underset{k_{-1}}{\overset{k_1}{\rightleftharpoons}} AB \qquad \text{快}$$

$$\text{II} \qquad AB + H^+ \xrightarrow{k_2} M + P \qquad \text{慢(决速步)}$$

$$\text{III} \qquad M + C \xrightarrow{k_3} H^+ + Q \qquad \text{快}$$

其中 AB 和 M 是高活性中间产物,反应 II 是决速步。按照以上观点,①反应 III 在决速步之后,它不影响总反应的速率,即表观速率系数 k 中不包括 k_3。一般来说,决速步之后的元反应的反应物是决速步的产物,所以它们必受决速步的制约,它们的速率完全由决速步决定,因此决速步之后的各步对总反应速率不产生影响是合乎道理的。②反应 I 是决速步之前的对峙步骤,它保持平衡。这一条的正确性值得研究。粗想起来,由于 II 步很慢,使得 I 步中的正、逆反应有足够时间达到平衡。但仔细分析,在一个正在进行的化学反应中,是不可能存在平衡的。只要 II 和 III 在进行,I 就不可能保持真正的平衡。严格来说,这种平衡只能是近似的,所以称为平衡假设。与稳态假设一样,它也是对复合反应进行动力学处理的一种近似方法。例如,可由上述反应的机理推导其速率方程如下:

因为只有反应 II 生成产物 P,所以可由该步写出总反应的速率方程,即

$$\frac{d[P]}{dt} = k_2[AB][H^+]$$

为了求出中间产物浓度[AB],应用平衡假设。由平衡假设可知,I 保持平衡,即

$$k_1[A][B] = k_{-1}[AB]$$

$$[AB] = \frac{k_1}{k_{-1}}[A][B]$$

将此结果代入速率方程,得

$$\frac{d[P]}{dt} = \frac{k_1 k_2}{k_{-1}}[A][B][H^+] \tag{12-105}$$

写作

$$\frac{d[P]}{dt} = k[A][B][H^+]$$

其中 $k = k_1 k_2 / k_{-1}$。此结果与实验相符合,并且表明 k 中不包括决速步之后的 k_3,与前面①中的分析一致。进一步分析可知,速率方程中之所以不包括[C],是由于反应物 C 只出现在不影响反应速率的步骤 III 中。

在上例中,平衡假设认为步骤Ⅰ保持平衡。但决不能以热力学中化学平衡的观点看待步骤Ⅰ,不能认为Ⅰ中的各物质的量都不再随时间而变化。如果是这样的话,反应Ⅰ即停止,表明 A 和 B 的消耗速率均等于零,这显然是错误的。实际上,由于 A 和 B 的消耗速率等于产物 P(或 Q)的生成速率,所以每当决速步Ⅱ(或步骤Ⅲ)的元反应进行 1mol 时,Ⅰ中必同时发生了 1mol 朝正方向的净变化。因此,平衡假设只能理解为:在处理决速步时,可把其前面的对峙步骤视为平衡,即对于决速步而言,其前面的对峙步骤保持平衡;而对于对峙步骤自己本身而言却并不平衡。这就是说,平衡假设不仅是一种近似,同时还具有相对性。在具体应用时应该注意。

在上面的例子中,若用稳态假设推导速率方程,则先由Ⅱ列出速率方程:

$$\frac{d[P]}{dt} = k_2[AB][H^+]$$

据稳态假设

$$\frac{d[AB]}{dt} = k_1[A][B] - k_{-1}[AB] - k_2[AB][H^+] = 0$$

解此代数方程,得

$$[AB] = \frac{k_1[A][B]}{k_{-1} + k_2[H^+]}$$

将此结果代入前面的速率方程,得

$$\frac{d[P]}{dt} = \frac{k_2 k_1[A][B][H^+]}{k_{-1} + k_2[H^+]} \tag{12-106}$$

此式即由稳态假设导出,若考虑到第Ⅱ步是决速步,即 $k_2 \ll k_{-1}$,因而 $k_2[H^+] \ll k_{-1}$,$k_{-1} + k_2[H^+] \approx k_{-1}$,于是式(12-106)简化为

$$\frac{d[P]}{dt} = \frac{k_1 k_2}{k_{-1}}[A][B][H^+]$$

此式与由平衡假设导出的式(12-105)相同。这表明,稳态假设和平衡假设作为两种处理方法,二者是统一的;对存在决速步且其前面有对峙步骤的反应,既可以用平衡假设也可以用稳态假设。从这个意义上讲,稳态假设包括平衡假设或比平衡假设的适用范围更宽,而平衡假设只是稳态假设的一种特例。由两种假设的上述关系可知,相比起来,稳态假设是基础,具有更大的重要性。

3. 由反应机理推导速率方程时应该注意的问题

以上介绍了推导速率方程的两种近似方法,在实际应用时还有一些具体问题应该注意。由反应机理推导速率方程是动力学的重要内容之一,同时也是一项技巧性较高的工作。对于复杂的机理,如果不假思索地盲目推导,往往会事倍功半,甚至可能得出错误结果。在推导速率方程时,应注意以下三个问题:

(1) 对一些反应,如爆炸反应,其中不存在近似的稳定和平衡,所以对这类反应不可使用稳态假设和平衡假设。

(2) 对存在决速步的反应,若稳态假设和平衡假设都可以使用,一般情况下使用平衡假设会使推导过程简单些,所以应该优先考虑使用平衡假设。

(3) 一个反应的速率有多种表示形式。原则上讲,用计量方程式中任一物质的浓度随

时间的变化率都可表示速率,但在由复杂机理推导速率方程时具体选用哪一种物质,却应该具体分析。若物质选择适当,会使推导过程大大简化。一般要综合考虑以下两方面的问题:①看决速步,因为决速步是决定总反应速率的关键,所以一般应选择出现在该步骤中的反应物或产物来描述反应速率;②看各种反应物和产物在机理中出现的次数,一般应选用出现次数较少的物质描述反应速率,因为这样会使列出的速率方程中项数较少,处理起来有时会简单一些。

以上所提及的三个应注意的问题,是顺利导出速率方程的具体措施,第一条非照办不可,后两条则属于技巧问题。

例 12-14 若分解反应 $2N_2O_5 \longrightarrow 4NO_2 + O_2$ 的机理如下:

$$N_2O_5 \underset{k_{-1}}{\overset{k_1}{\rightleftharpoons}} NO_2 + NO_3 \qquad 快$$

$$NO_2 + NO_3 \overset{k_2}{\longrightarrow} NO + O_2 + NO_2 \qquad 慢$$

$$NO + NO_3 \overset{k_3}{\longrightarrow} 2NO_2 \qquad 快$$

试导出该反应的速率方程,并说明表观速率系数与各元反应速率系数的关系。

解:由机理看出,该反应存在决速步。在 N_2O_5,NO_2 和 O_2 三种物质中,O_2 出现在决速步中且它在机理中只出现了一次,而 N_2O_5 和 NO_2 都在多个反应中出现,所以速率方程为

$$\frac{d[O_2]}{dt} = k_2[NO_2][NO_3]$$

根据平衡假设

$$k_1[N_2O_5] = k_{-1}[NO_2][NO_3]$$

所以

$$[NO_2][NO_3] = \frac{k_1}{k_{-1}}[N_2O_5]$$

代入速率方程,得

$$\frac{d[O_2]}{dt} = \frac{k_1 k_2}{k_{-1}}[N_2O_5]$$

写作

$$\frac{d[O_2]}{dt} = k[N_2O_5]$$

所以该反应为一级,表观速率系数 $k = k_1 k_2 / k_{-1}$。

在此例中若不用平衡假设而用稳态假设,或用 $\frac{1}{4} d[NO_2]/dt$ 或 $-\frac{1}{2} d[N_2O_5]/dt$ 来表示速率方程,都将比以上方法繁琐得多,请读者自己验证。

*12.8.6 反应机理的推测

一个化学反应速率方程的形式如何,从本质上取决于反应机理。从这个角度说,速率方程是微观机理的宏观表现。所以,要从更高层次上了解化学反应的规律,掌握各种化学反应其速率方程千差万别的内在原因,就必须研究反应机理。如能正确地掌握一个反应的机理,

就会对更有效地控制化学反应速率提出指导性意见。

正确地推测反应机理,是件难度很大的工作,它与许多新的实验技术以及有关物质结构的知识密切相关。到目前为止,人们对反应机理的认识还是十分肤浅的,还有待于随着科学技术的发展进一步提高,本书只简单介绍推测反应机理的一般步骤。专门从事反应机理研究的专家和学者至今曾提出了许多拟定反应机理的具体规则,但这些规则一般都是纯经验性的。有关这方面的内容本书不再介绍,有兴趣者可查阅专著和文献。

一般来说,推测一个反应的机理可分为准备工作和拟定机理两个阶段:

1. 准备工作

首先查阅资料和文献,了解前人在反应机理方面所做的工作。在此基础上还需要做实验,目的是确定反应的速率方程,一般主要是确定级数和速率系数;搞清速率系数随温度的变化关系,确定反应的表观活化能。这是最基本的准备工作,即搞清反应的宏观规律。

为了给拟定机理提供更详尽的资料,还要有目的、有计划地进行化学分析和仪器分析实验,主要目的是获得一些与反应机理本身有直接关系的信息,一般包括以下几个方面:

(1) 通过各种方法,如化学分析、吸收光谱、顺磁、纸上色层、质谱、极谱、电泳等手段,以检测反应过程中可能出现的中间产物。应该指出,即使通过大量的实验工作,也难以发现所有的中间产物。

(2) 利用示踪原子技术判断反应过程中部分化学键的断裂位置。

(3) 向反应系统中加入少量 NO 等具有未成对电子的、易于捕获自由基的物质,观察反应速率是否下降,以判断反应是否可能是链反应。

(4) 判断反应是否由于光照而引发的,并确定所用光的频率以及这种频率的光能够破坏的是什么化学键。

通过以上准备工作,掌握了反应的宏观特征,同时获得了部分微观的信息,为推测反应机理提供了依据。

2. 拟定反应机理

根据在准备阶段获得的知识,对反应机理提出假定。首先,这种假定必须考虑如下几个因素:

(1) 速率因素:按所假定的机理推导出的速率方程必须与实验结果相一致。

(2) 能量因素:就元反应而言,活化能可用化学键的键能估算,如果同一个组分有多个反应的可能,则以活化能最低者发生的几率最大。就总反应而言,按假定机理求出的表观活化能必须与实验活化能相一致。

(3) 结构因素:所假定机理中的所有物质及元反应都应与结构化学的规律相符合。

所假定的机理必须满足上述三个因素才有可能正确,也就是说,不满足的一定是不正确的。例如,在本章开始就提到的 HI 合成反应并非一个简单反应,经研究才提出了如下机理:

$$I_2 \underset{k_{-1}}{\overset{k_1}{\rightleftharpoons}} 2I\cdot$$

$$H_2 + 2I\cdot \xrightarrow{k_2} 2HI$$

该机理与前述的三个因素相符,因此目前得到了较广泛的承认。

例 12-15 乙烷裂解反应

$$C_2H_6 \longrightarrow C_2H_4 + H_2$$

的机理推测过程如下:

(1) 经实验测定,该反应为一级,速率方程为

$$\frac{d[H_2]}{dt} = k[C_2H_6]$$

并测定活化能 $E = 292 \text{kJ} \cdot \text{mol}^{-1}$;用质谱法证明反应系统中存在 $CH_3 \cdot$,$C_2H_5 \cdot$ 等中间产物;加入易于捕获自由基的 NO 后,反应受到抑制,进一步证明该反应是链反应。

(2) 经研究,假定反应机理如下:

$$C_2H_6 \xrightarrow{k_1} 2CH_3 \cdot \qquad E_1 = 351.5 \text{kJ} \cdot \text{mol}^{-1}$$

$$CH_3 \cdot + C_2H_6 \xrightarrow{k_2} CH_4 + C_2H_5 \cdot \qquad E_2 = 33.5 \text{kJ} \cdot \text{mol}^{-1}$$

$$C_2H_5 \cdot \xrightarrow{k_3} C_2H_4 + H \cdot \qquad E_3 = 167.4 \text{kJ} \cdot \text{mol}^{-1}$$

$$H \cdot + C_2H_6 \xrightarrow{k_4} H_2 + C_2H_5 \cdot \qquad E_4 = 29.3 \text{kJ} \cdot \text{mol}^{-1}$$

$$H \cdot + C_2H_5 \cdot \xrightarrow{k_5} C_2H_6 \qquad E_5 = 0$$

其中各元反应的活化能是由键能数据算出的。以下验证该机理是否合理。

先由机理推导速率方程。由反应 4 知

$$\frac{d[H_2]}{dt} = k_4[H \cdot][C_2H_6] \tag{12-107}$$

根据稳态假设

$$\begin{cases} \dfrac{d[H \cdot]}{dt} = k_3[C_2H_5 \cdot] - k_4[H \cdot][C_2H_6] - k_5[H \cdot][C_2H_5 \cdot] = 0 \\ \dfrac{d[C_2H_5 \cdot]}{dt} = k_2[CH_3 \cdot][C_2H_6] - k_3[C_2H_5 \cdot] + k_4[H \cdot][C_2H_6] - k_5[H \cdot][C_2H_5 \cdot] = 0 \\ \dfrac{d[CH_3 \cdot]}{dt} = 2k_1[C_2H_6] - k_2[CH_3 \cdot][C_2H_6] = 0 \end{cases}$$

解此联立方程组,得

$$[H \cdot] = \left(\frac{k_1 k_3}{k_4 k_5}\right)^{1/2}$$

将此结果代入速率方程(12-107),得

$$\frac{d[H_2]}{dt} = \left(\frac{k_1 k_3 k_4}{k_5}\right)^{1/2} [C_2H_6]$$

简写作

$$\frac{d[H_2]}{dt} = k[C_2H_6]$$

导出的速率方程与实验结果相符合,且表观速率系数 k 为

$$k = \left(\frac{k_1 k_3 k_4}{k_5}\right)^{1/2}$$

为进一步检验上述机理,将 Arrhenius 公式代入上式,得

$$A\exp\left(-\frac{E}{RT}\right) = \left(\frac{A_1 A_3 A_4}{A_5}\right)^{1/2} \exp\left[-\frac{\frac{1}{2}(E_1 + E_3 + E_4 - E_5)}{RT}\right]$$

比较两端,得

$$E = \frac{1}{2}(E_1 + E_3 + E_4 - E_5)$$
$$= \frac{1}{2} \times (351.5 + 167.4 + 29.3 - 0) \text{kJ} \cdot \text{mol}^{-1} = 274 \text{kJ} \cdot \text{mol}^{-1}$$

这表明,由机理算出的活化能为 $274\text{kJ} \cdot \text{mol}^{-1}$,与实验值 $292\text{kJ} \cdot \text{mol}^{-1}$ 相比,二者很接近。

通过以上的验证,可以认为上述假定的机理可能是正确的。

应该指出的是,在拟定反应机理过程中,如果由假定的机理导出的速率方程和由此计算出的活化能与实验结果相符合,只能说明此机理有可能正确,而不能得出肯定的结论;但是若与实验结果不符合,则可以肯定该机理是不正确的。从这个意义上讲,肯定一个反应机理要比否定一个机理困难得多,因为要否定一个反应机理只要有足够的实验证据即可;而要肯定一个机理却需要考虑并否定其他任何的可能性。在动力学的发展史上往往发生两种现象:一种是有些反应机理在提出的当时与实验事实相符合,并认为是正确的,但是随着科学理论与实验技术的进一步发展,往往发现以前的机理是错误的,于是代之以新的反应机理;另一种现象是,有时有几个不同的反应机理同时都能解释一个反应的许多实验事实,长期不能得到一个公认的比较合理的反应机理。此时只能说这几个反应机理中最多只能有一个是正确的,也可能都不正确。因此,曾经流传的一句话"我们不能证明一个反应机理的成立,只能反证一个反应机理的不成立。"才真正反映了动力学上的这种状况。然而,近些年来微观反应动力学理论的发展、分子束等实验技术的应用,为直接证明反应机理带来了希望,反应机理之谜是一定能揭开的。

*12.8.7 微观反应动力学简介

微观反应动力学,也称做分子反应动态学,是在分子水平上研究元反应的微观机理。它主要研究反应物分子如何碰撞,如何进行能量交换;碰撞时的反应几率与碰撞角度、相对平动能等的关系以及产物分子在它的各种平动、转动、振动量子态上如何分布。

微观反应动力学最早建立于 20 世纪 30 年代,但是直到 60 年代,分子束和激光等新的实验技术以及电子计算机的应用发展之后才得到了可靠的知识,逐渐成为动力学的一个分支。也就是说,近些年来微观反应动力学的发展,在很大程度上是与分子束技术和激光技术的应用和改进分不开的。

要从分子水平研究元反应 A+B ⟶ P,最好是选给定量子态的 A,B 分子,让它们相互碰撞生成一定量子态的产物分子 P,这种反应称为态对态反应。这样,A,B 的反应几率只取决于碰撞角度。但在一般的动力学实验中,这是办不到的,反应物分子总是处在 Boltzmann 平衡分布,而产物分子由于与周围分子的碰撞达到给定温度下的热平衡。因而所测的速

率系数 k 对参与反应的物质而言是一个统计平均值。要真正研究元反应的机理，就必须改变这种状况，实现态对态反应。分子束的实验方法为实现这一目标向前迈进了一大步。

分子束是指在高真空中飞行的一束分子，以下介绍交叉分子束实验。先把反应物 A 放入一个束源中（一般是高温加热炉），由束源射出的 A 分子经过狭缝后变为平行分子束，如图 12-29 所示。若使高压气通过狭缝突然以超声速向真空腔膨胀，可以获得较大动能，但因温度降得很低使转动和振动处于基态。分子束的速度可根据需要选择，从而给定分子平动能；振动态也可用激光的共振吸收把分子激发到某一给定振动态；分子的转动和取向也可通过外加的电场和磁场来控制。这样，至少在原则上有希望制备出处于给定态的分子 A。这样的 A 分子束与从另一个沿垂直方向射来的 B 分子束在散射中心 O 发生碰撞。产物分子 P 被散射到各个角度 θ，可用检测器从各个方向进行检测。由于整个操作全部在高真空中，所以由 O 点散射出的产物分子可以不经碰撞地到达检测器，这样检测到的产物分子是初生量子态的分子。

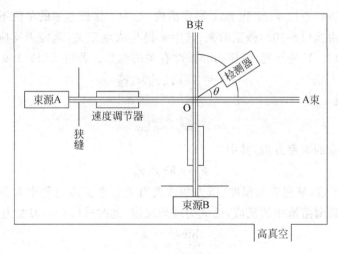

图 12-29　交叉分子束实验

在分子束实验中，主要测量的是产物分子的速度分布及角度分布（即产物分子流与角度 θ 的关系）。从这两个量，可以得到一些由经典动力学实验不能得到的关于元反应微观机理的情况。由于技术上的原因，迄今能用分子束法进行实验的反应还属少数，但分子束技术对于动力学发展的作用却是不可低估的。

*12.9　非理想反应与快速反应

在前面各节中所讨论的都是等容反应，在此前提下还有两个条件：反应系统是理想系统；反应不是太快。能满足这两个条件的反应是很多的，但也有部分反应系统不理想程度很高或速率很快。对于这类反应，以上各节所介绍的基本概念原则上是适用的，但有些处理方法却不相同。例如，非理想反应的速率方程、快速反应的测定方法等都与前面所介绍的完全不同，下面予以简单介绍。

12.9.1 非理想元反应的速率方程

对理想系统的任意元反应 $aA+bB \longrightarrow P$ 其速率方程为

$$r = kc_A^a c_B^b \tag{12-108}$$

而对非理想系统，实验结果表明，在一定温度下 $r/c_A^a c_B^b$ 不等于常数，即上式中的 k 不是常数。这表明上式不适用于非理想反应系统。在 20 世纪 20 年代，人们曾一度认为，若将式中的浓度改写成活度就可适用于非理想反应。后来，许多水溶液中反应的动力学实验数据清楚地证明，这种认识是完全错误的。于是，对非理想系统，将式(12-108)中的浓度改写成活度的同时，还必须引入一个校正因子 Y。即非理想反应的速率为

$$r = Yk(\gamma_A c_A)^a (\gamma_B c_B)^b \tag{12-109}$$

其中 γ_A 和 γ_B 是反应物 A 和 B 的活度系数，$\gamma_A c_A$ 和 $\gamma_A c_B$ 是校正浓度，它们与活度的关系为

$$\gamma_A c_A = c^\ominus a_A$$

$$\gamma_B c_B = c^\ominus a_B$$

式(12-109)中之所以不把 $\gamma_A c_A$ 和 $\gamma_B c_B$ 写作活度，是为了保证速率的单位不变。

式(12-109)由式(12-108)修正而来，其中 k 仍与浓度无关，是理想反应的速率系数，也称为真正速率系数。Y 是与温度、压力和浓度有关的参数。若将式(12-109)写作

$$r = (kY\gamma_A^a \gamma_B^b) c_A^a c_B^b$$

为了方便，简写成

$$r = k' c_A^a c_B^b \tag{12-110}$$

这就是非理想反应的速率方程，其中

$$k' = kY\gamma_A^a \gamma_B^b \tag{12-111}$$

k' 称做表观速率系数，显然它与温度、压力和浓度有关。在反应过程中 k' 并非常数，而随浓度变化。对无限稀薄溶液中的反应，已成为理想反应，此时式(12-110)变为式(12-108)，即

$$\lim_{\substack{c_A \to 0 \\ c_B \to 0}} k' = k \tag{12-112}$$

或

$$\lim_{\substack{c_A \to 0 \\ c_B \to 0}} (kY\gamma_A^a \gamma_B^b) = k$$

由溶液的知识知道，当 $c_A \to 0$ 并 $c_B \to 0$ 时，活度系数 γ_A 和 γ_B 均趋于 1，因此上式暗示

$$\lim_{\substack{c_A \to 0 \\ c_B \to 0}} Y = 1 \tag{12-113}$$

由此看来，校正因子 Y 随浓度的变化情况类似于活度系数。后来确实有人证明，Y 等于元反应 $aA+bB \longrightarrow P$ 中过渡状态 $M^{\neq}$ 的活度系数的倒数，即 $Y=1/\gamma^{\neq}$。

对非理想反应，表观速率系数 k' 是可以测定的。由式(12-112)可知，真正速率系数 k 可以由测定 k' 随浓度的变化关系并外推到无限稀释而确定。而活度系数 γ_A 和 γ_B 也可实验测量。至此，式(12-111)中除 Y 之外均已测出，于是便可求出校正因子 Y。由此可以认为，这也是测定过渡状态活度系数的一种方法。

不难看出，非理想反应的动力学处理要比理想反应复杂得多，加上动力学中的测量准确度还不够高，所以除了浓离子溶液中的反应之外，把其他的反应一般都当做理想反应处理。

12.9.2 快速反应的测定方法

以前各节所介绍的测定速率系数(或级数)的方法只适用于不太快的反应。对于快速反应,若用一般方法测定,会遇到以下两个问题:①快速反应一般在 1s 甚至远远小于 1s 的时间内完成,而反应物的混合时间最少也得 1s,于是无法确定反应的起始时间;②由于反应时间小于混合所需要的时间,即反应物还未混合均匀时反应就已完成,所以反应过程的 c-t 关系中的浓度 c 是不均一的,因而 c 的数值没有意义。

由以上分析可知,要解决快速反应的测定,一种办法是设法缩短反应物的混合时间。例如利用射流技术可使混合时间降到只有千分之一秒,对一般的快速反应这样短的时间基本可以忽略;另一种解决办法是避免混合过程,即实验过程中免去混合操作。例如,许多反应都存在逆反应(从化学平衡角度来说,任何反应都有逆反应),即对峙反应。测定快速对峙反应的速率系数时常用的弛豫方法,就是一种"回避混合"的办法。以下详细介绍这种方法。

对峙反应包含正、逆两个方向的反应,但净变化是趋向平衡,在动力学中将这种趋向平衡的过程称为弛豫过程。例如 1-1 级对峙反应

$$A \underset{k_2}{\overset{k_1}{\rightleftharpoons}} B$$

据式(12-82),其速率方程为

$$\ln \frac{x^{eq}}{x^{eq} - x} = (k_1 + k_2)t$$

其中 x 是任意时刻 t 时 B 的浓度,x^{eq} 是 B 的平衡浓度。若反应物 A 的初始浓度为 a,则

$$x = a - c_A$$

$$x^{eq} = a - c_A^{eq}$$

其中 c_A^{eq} 是 A 的平衡浓度,将此关系代入前式得

$$\ln \frac{a - c_A^{eq}}{c_A - c_A^{eq}} = (k_1 + k_2)t \tag{12-114}$$

此式仍然是对峙反应的速率方程积分式,因为对峙反应过程实际上是弛豫过程,所以此式也称为弛豫过程方程,$k_1 + k_2$ 也称为弛豫速率系数。式(12-114)也可写作

$$c_A - c_A^{eq} = (a - c_A^{eq}) \exp[-(k_1 + k_2)t] \tag{12-115}$$

从式(12-114)和式(12-115)看,它们与单向一级反应的速率方程形式相似,只是以 $(a - c_A^{eq})$ 代替了单向反应中的初始浓度,以 $(c_A - c_A^{eq})$ 代替任意浓度,以 $(k_1 + k_2)$ 代替速率系数。所不同的是:单向反应以 k_1 为速率系数,极限浓度 $c_A \rightarrow 0$;弛豫过程以 $(k_1 + k_2)$ 为速率系数,极限浓度 $c_A \rightarrow c_A^{eq}$。

设上述对峙反应是快速反应。为了对它进行测量,先在一定条件下让反应达到平衡,然后给系统一个突然的扰动,例如利用高功率的超短脉冲激光可在 $10^{-9} \sim 10^{-12}$ s 的时间内使系统温度突然变化,称做温度跳跃。利用其他扰动手段还可使系统产生压力跳跃、浓度跳跃等。由于这些跳跃是在极短的时间内完成的,反应情况还来不及变化,结果使反应偏离了平衡。于是在新的条件下系统发生弛豫过程,以使反应到达新的平衡。此时可用不同的方法测定弛豫时间,由此即可求出 k_1 和 k_2。这种方法避开了反应物的混合,称为弛豫方法。

在扰动后的新条件下,弛豫过程方程(12-115)仍然成立,如果令其中 c_A^{eq} 代表新条件下

A 的平衡浓度，则 $(a-c_A^{eq})$ 为初始扰动时(计为 $t=0$)A 与平衡浓度的偏差，而 $(c_A-c_A^{eq})$ 为弛豫过程中任意时刻 t 时 A 与平衡浓度的偏差。设初始偏差 $a-c_A^{eq}=\Delta c_{A,0}$，任意偏差 $c_A-c_A^{eq}=\Delta c_A$，则式(12-115)可简写作

$$\Delta c_A = \Delta c_{A,0} \exp[-(k_1+k_2)t] \tag{12-116}$$

此式表明，在扰动后的整个弛豫过程中，A 与平衡浓度的偏差由 $\Delta c_{A,0}$ 开始，逐渐减小，最终趋于 0，过程衰减呈指数形式。若定义偏差由 $\Delta c_{A,0}$ 衰减到 $\Delta c_{A,0}/e$ 所需要的时间为弛豫时间(其中 e 是自然对数的底)，用符号 τ 表示，则 $t=\tau$ 时 $\Delta c_A=\Delta c_{A,0}/e$，代入式(12-116)，得

$$\frac{1}{e}\Delta c_{A,0} = \Delta c_{A,0} \exp[-(k_1+k_2)\tau]$$

$$\tau = \frac{1}{k_1+k_2} \tag{12-117}$$

再代入式(12-116)，得

$$\Delta c_A = \Delta c_{A,0} \exp\left(-\frac{t}{\tau}\right) \tag{12-118}$$

弛豫时间 τ 的测定方法很多，利用此式就是其中的一种，即只要设法监测 Δc_A 随时间 t 的变化，就可求出 τ，从而由式(12-117)求得 (k_1+k_2)。再配合 1-1 级反应平衡常数 $K^{\ominus}=k_1/k_2$ 的测定，就可分别求出 k_1 和 k_2。

式(12-118)对 1-1 级对峙反应是严格正确的。但对非 1-1 级对峙反应，当扰动微小时，即由扰动产生的最大偏差 $|\Delta c_{A,0}|$ 不超过 A 浓度的 5%，式(12-118)近似成立(此结论的证明从略)。因此，在微扰的情况下，非 1-1 级对峙反应的 Δc_A 也呈指数衰减，所不同的是，对不同类型反应 τ 的表达式不同。最常见的对峙反应是 2-2 级型

$$A+B \underset{k_2}{\overset{k_1}{\rightleftharpoons}} C+D$$

其弛豫时间为

$$\tau = \frac{1}{k_1(c_A^{eq}+c_B^{eq})+k_2(c_C^{eq}+c_D^{eq})} \tag{12-119}$$

其中 $c_A^{eq}, c_B^{eq}, c_C^{eq}$ 和 c_D^{eq} 分别为弛豫过程结束时 A，B，C 和 D 的平衡浓度。对 1-2 级对峙反应

$$A \underset{k_2}{\overset{k_1}{\rightleftharpoons}} C+D$$

弛豫时间为

$$\tau = \frac{1}{k_1+k_2(c_C^{eq}+c_D^{eq})} \tag{12-120}$$

其他类型对峙反应可以类推。即在微扰的情况下，式(12-118)是具有普遍意义的，可通过实验测定 τ 和 $K^{\ominus}$，即可求得 k_1 和 k_2。

例 12-16 用温度跳跃技术测量水的离解反应

$$H_2O \underset{k_2}{\overset{k_1}{\rightleftharpoons}} H^+ + OH^-$$

在 298K 时的弛豫时间为 3.7×10^{-5} s，已知该反应为 1-2 级对峙反应，试求 k_1 和 k_2 各等于多少？

解：由 298K 时水的离子积知，H^+ 和 OH^- 的平衡浓度为

$$[H^+]^{eq} = [OH^-]^{eq} = 10^{-7} \text{mol} \cdot \text{dm}^{-3} = 10^{-4} \text{mol} \cdot \text{m}^{-3}$$

且

$$[H_2O]^{eq} = 55555 \text{mol} \cdot \text{m}^{-3}$$

据速率系数与平衡常数的关系

$$\frac{k_1}{k_2} = K^\ominus (c^\ominus)^{\sum_B \nu_B} = K^\ominus (c^\ominus)^1$$

$$= \frac{[H^+]^{eq}/c^\ominus \cdot [OH^-]^{eq}/c^\ominus}{[H_2O]^{eq}/c^\ominus} \cdot c^\ominus$$

$$= \frac{[H^+]^{eq}[OH^-]^{eq}}{[H_2O]^{eq}} = \frac{10^{-4} \times 10^{-4}}{55555} \text{mol} \cdot \text{m}^{-3}$$

$$= 1.8 \times 10^{-13} \text{mol} \cdot \text{m}^{-3} \tag{1}$$

对 1-2 级对峙反应，弛豫时间表达式为

$$\tau = \frac{1}{k_1 + k_2([H^+]^{eq} + [OH^-]^{eq})}$$

$$k_1 + k_2([H^+]^{eq} + [OH^-]^{eq}) = \tau^{-1}$$

即

$$k_1 + (2 \times 10^{-4} \text{mol} \cdot \text{m}^{-3})k_2 = \frac{1}{3.7 \times 10^{-5} \text{s}} \tag{2}$$

解(1)和(2)联立的方程组得

$$k_1 = 2.4 \times 10^{-5} \text{s}^{-1}$$

$$k_2 = 1.4 \times 10^8 \text{m}^3 \cdot \text{mol}^{-1} \cdot \text{s}^{-1}$$

其中 k_2 是酸碱中和反应的速率系数，它是目前已知的最大的速率系数。

12.10 催化剂对反应速率的影响

催化剂是影响化学反应速率的重要因素之一。对具有级数的反应，$r = kc_A^\alpha c_B^\beta \cdots$，催化剂对反应速率 r 的影响，显然表现为它对速率系数 k 的影响。据统计，80%～90%的化工生产过程都与催化剂有关。可以说，如果没有催化剂，大部分化学反应将无法转化成工业生产。以 $H_2 + O_2$ 系统为例，在无催化剂时，只有在高温下才能以可观的速率进行，在常温常压下几乎不能觉察到产物的生成，但加入少量的铂黑，该反应在一刹那即告完成。催化剂不仅能提供更多的产品，而且还能提高生产效率、产品质量和能源的利用率。为此，近几十年来，寻找新催化剂的研究十分活跃，致使催化剂的种类增加了很多。关于催化机理和催化理论的研究至今也取得了很大发展，但就目前状况而言，还远不能满足实际生产需要。特别对于许多催化剂的催化机理还没搞清，不必说定量计算，就连定性解释还做不到。这方面的工作还有待进一步发展。在 12.10 节～12.12 节中只简单介绍有关催化剂和催化作用的基本知识。

12.10.1 催化剂和催化作用

催化剂是众所周知的。概括说来，催化剂是指这样一种物质，加入少量的这种物质能引

起反应速率的显著变化,而当反应结束时,这种物质的数量和化学性质均不发生改变。少量催化剂能使反应速率明显变化的这种作用,称为催化作用。

具体来说,若催化剂使反应速率加快,称正催化剂;若使反应速率减慢,则叫负催化剂。人们一般感兴趣的是正催化剂,所以通常所说的催化剂是指这一种。然而负催化剂有时也有重要意义,例如橡胶和塑料的防老化、金属的防腐、副反应的抑制、燃烧反应中的防爆等。

有些反应的产物就是该反应的催化剂,称为自催化作用。例如用 $KMnO_4$ 滴定草酸时,开始几滴 $KMnO_4$ 溶液加入时并不立即褪色,但到后来褪色显著变快,这是由于产物 Mn^{2+} 对 $KMnO_4$ 还原反应有催化作用。乙酸甲酯水解生成乙酸,也是自催化的例子。

催化作用可分作如下三类:

$$\text{催化作用}\begin{cases}\text{均相催化}\\\text{复相催化}\\\text{酶催化}\end{cases}$$

在均相催化反应中,催化剂与反应物在同一相中;在复相催化反应中,催化剂与反应物是不同的相,例如气-固催化反应,催化剂为固相,反应物为气相,反应在界面上发生;酶催化近些年发展迅速,可以说是介于均相催化与复相催化之间。由于反应发生的部位不同,各种催化反应都有各自的特点。

12.10.2 催化机理

催化剂种类很多,具体的催化机理各不相同,并且还有许多催化反应的实际步骤至今尚未确定。所以我们在此不谈论催化作用的具体细节,只笼统地说明催化剂是通过什么途径产生催化作用的。

在催化反应之后,催化剂的数量及化学性质不发生变化,即催化剂作为一种物质其结构组成及数量没变,但这并不表明催化剂不参加反应。由化学反应机理来看,如果机理中的任何一步都不包括催化剂的话,则催化剂就不可能对反应产生任何影响,当然也不可能加快反应速率。也就是说,从动力学角度来看,催化剂一定参加了化学反应;反应之后其数量没有增加或减少,只能用"它在反应过程中被重新再生"来解释,因此,在催化反应的机理中,催化剂在其中某一步(也可能多步)参加了反应,而在其后面的某一步(也可能多步)又被重新生成。

有催化剂参与的反应称催化反应,无催化剂的反应称非催化反应,由上面讨论可知二者的反应机理不同,因而活化能也不相同。许多研究结果表明,催化剂正是通过参加反应,改变反应机理,降低反应活化能,从而使反应加速的。设非催化反应的活化能为 $E_\text{非}$ 而催化反应的为 $E_\text{催}$,则 $E_\text{催} < E_\text{非}$。催化剂虽有多种,它们具体的催化机理并不相同,但原则上,一般是通过上述途径来加速反应的。表 12-5 列出了一些反应在有催化剂和无催化剂时的活化能。由表中查得,HI 分解反应在没有催化剂时活化能为 $184.1 \text{kJ} \cdot \text{mol}^{-1}$,当以 Au 作催化剂时活化能降为 $104.6 \text{kJ} \cdot \text{mol}^{-1}$。则在 503K 时

$$\frac{k_\text{催}}{k_\text{非}} = \frac{A_\text{催} \exp[-104.6 \times 10^3/(8.314 \times 503)]}{A_\text{非} \exp[-184.1 \times 10^3/(8.314 \times 503)]}$$

假定两种机理下的指前因子相同,于是

$$\frac{k_\text{催}}{k_\text{非}} = 1.7 \times 10^7$$

即有催化剂时反应速率增大 1000 万倍。

表 12-5　催化反应和非催化反应的活化能

反应	$E_{非}/(\text{kJ}\cdot\text{mol}^{-1})$	$E_{催}/(\text{kJ}\cdot\text{mol}^{-1})$	催化剂
$2HI \longrightarrow H_2+I_2$	184.1	104.6	Au
$2H_2O \longrightarrow 2H_2+O_2$	244.8	136.0	Pt
蔗糖在 HCl 溶液中分解	107.1	39.3	转化酶
$2SO_2+O_2 \longrightarrow 2SO_3$	251.0	62.76	Pt
$3H_2+N_2 \longrightarrow 2NH_3$	334.7	167.4	Fe-Al_2O_3-K_2O

为了更清楚地表明催化剂通过改变反应机理来降低反应活化能的情况，我们以反应
$$A+B \longrightarrow AB$$
为例来讨论。设在无催化剂时该反应为简单反应
$$A+B \xrightarrow{k_{非},E_{非}} AB$$
当以 K 作催化剂时反应机理变为
$$A+K \underset{k_{-1}}{\overset{k_1}{\rightleftharpoons}} AK \quad 快$$
$$AK+B \xrightarrow{k_2} AB+K \quad 慢$$
则反应速率为
$$\frac{\mathrm{d}c_{AB}}{\mathrm{d}t} = k_2 c_{AK} c_B$$
根据平衡假设
$$c_{AK} = \frac{k_1}{k_{-1}} c_A c_K$$
代入前式，得
$$\frac{\mathrm{d}c_{AB}}{\mathrm{d}t} = \frac{k_1 k_2}{k_{-1}} c_A c_B c_K$$
因为在反应过程中催化剂浓度 c_K 为常数，所以将 c_K 与速率系数写在一起，即
$$\frac{\mathrm{d}c_{AB}}{\mathrm{d}t} = \frac{k_1 k_2 c_K}{k_{-1}} c_A c_B$$
这就是有催化剂时的速率方程，可简写作
$$\frac{\mathrm{d}c_{AB}}{\mathrm{d}t} = k_{催} c_A c_B$$
其中表观速率系数为
$$k_{催} = \frac{k_1 k_2 c_K}{k_{-1}} = \frac{A_1 A_2 c_K}{A_{-1}} \exp\left(-\frac{E_1 + E_2 - E_{-1}}{RT}\right)$$
设催化反应的表观活化能为 $E_{催}$，则
$$E_{催} = E_1 + E_2 - E_{-1}$$

图 12-30 画出了上述非催化反应和催化反应两种机理中能量变化的情况。由图可以看出：①$E_{催} < E_{非}$，由于活化能对速率影响很大，所以 $k_{催} \gg k_{非}$。更确切地说，非催化反应需要克服一个高大的能垒（即 $E_{非}$），而催化反应只需克服两个矮小的能垒；②当系统中有催化剂存在时，催化与非催化两种反应必同时存在，严格说，总反应速率等于二者之和。但由于催化反应具有省能的机理，所以从统计观点来看，非催化反应的几率很小，反应按催化机理进行。

设 $r_{非}$ 和 $r_{催}$ 分别代表非催化反应和催化反应的速率,则总反应速率为

$$r = r_{非} + r_{催} = k_{非} c_A c_B + k_{催} c_A c_B$$

即

$$r = (k_{非} + k_{催}) c_A c_B \tag{12-121}$$

因为 $k_{催} \gg k_{非}$,即 $k_{非} + k_{催} \approx k_{催}$,所以式(12-121)为

$$r = k_{催} c_A c_B = r_{催}$$

这表明,当系统中有催化剂存在时,应略掉非催化反应。

关于催化反应还有以下两点应该指出:①上述催化机理只是一般情况,也有少数催化反应是通过增大指前因子来加速反应的。曾发现有些催化反应活化能降低得不多,而速率却改变很大。有时也发现同一个反应在不同催化剂作用下进行,其活化能相差不大,而反应速率却相差很大。例如乙烯的加氢反应,若分别以 W 和 Pt 作催化剂,其活化能相等,但在 Pt 催化剂上的反应速率却大得多,这只能用指前因子 A 的增大来解释;②因为催化剂改变了化学反应的机理,所以催化反应与非催化反应可能有不同形式的速率方程,两者的反应级数可以不同。

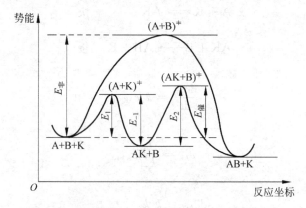

图 12-30 非催化机理(上)与催化机理(下)中的能量变化

12.10.3 催化剂的一般性质

催化剂的一般性质如下。

(1) 在反应前后,催化剂的数量和化学性质虽不变,但某些物理性质(例如光泽、颗粒度等)却有可能改变。例如 $KClO_3$ 分解时所用的块状 MnO_2 催化剂,在反应之后变成了粉状。反应之后催化剂物理性质发生变化,是催化剂参与反应的有力证据。

(2) 催化剂不可改变化学反应的方向和限度。也就是说,不能用催化剂解决热力学问题,这包括两个方面的内容。

一方面,催化剂不能使 $\Delta_r G_m > 0$ 的反应发生。因为

$$\Delta_r G_m = \Delta_r G_m^{\ominus} + RT \ln J$$

其中活度积 J 只取决于反应物和产物的状态而与催化剂无关,所以催化剂不可能将 $\Delta_r G_m > 0$ 的反应变成 $\Delta_r G_m < 0$。因此,当为一个反应寻找催化剂之前,首先应估算在该条件下这个反应在热力学上是否可行。若在热力学上是不可能发生的化学反应,寻找催化剂是徒劳的;若在热力学上是可能的,表明是由于动力学因素使反应不能发生,此时才可能通过寻找合适的催化剂使反应以可观的速率进行。

另一方面,催化剂不能改变化学反应的平衡位置,只能缩短达到平衡所需的时间。也就是说,催化剂能明显提高反应速率,却不能改变平衡常数。由 $k_1/k_2 = K^{\ominus}(c^{\ominus})^{\sum \nu_B}$ 和 $k_1/k_2 = K^{\ominus}(p^{\ominus}/RT)^{\sum \nu_B}$ 可知,既然催化剂不能改变 $K^{\ominus}$,那么它就应当对正反应(k_1)和逆反应(k_2)都有加速作用,因此,正反应的催化剂在同样条件下也必然是逆反应的催化剂。事实正是如此,许多脱氢催化剂同时也是加氢催化剂。这一规律为寻找一些难于进行实验的反应的催化剂提供了方便。例如 CO 与 H_2 在高压下合成 CH_3OH 的反应是一个很有经济价值的反应,若在高压下进行催化剂实验,操作难度较大,但若找到在常压下促使甲醇分解反应的催化剂,实验就容易得多。

(3) 催化剂具有特殊的选择性。催化剂的选择性具有两方面的含义:第一,不同类型的反应需要选择不同的催化剂。即使是同一类反应,其催化剂也不一定相同,例如 SO_2 的氧化用 V_2O_5 作催化剂,而乙烯氧化却用 Ag 作催化剂;第二,同一种催化剂只能对一个或少数几个反应具有催化作用。也就是说,当我们说某物质是催化剂时,是对某个反应而言的,因为它对其他反应并无催化作用。催化剂的这种性质常使寻找催化剂变得困难,但人们也常利用这种选择性来抑制副反应。

*12.11 均相催化反应和酶催化反应

12.11.1 均相催化反应

在均相催化反应中,往往把反应物称为底物,用 S 表示。对较简单的均相催化反应 S⟶B,一般可将其机理模式化为

$$\underset{(\text{反应物})}{S} + \underset{(\text{催化剂})}{K} \underset{k_{-1}}{\overset{k_1}{\rightleftharpoons}} \underset{(\text{中间产物})}{X} \overset{k_2}{\longrightarrow} \underset{(\text{产物})}{B} + K$$

其反应速率

$$\frac{dc_B}{dt} = k_2 c_X$$

由稳态假设

$$\frac{dc_X}{dt} = k_1 c_S c_K - k_{-1} c_X - k_2 c_X = 0$$

解得

$$c_X = \frac{k_1}{k_{-1} + k_2} c_S c_K$$

代入速率方程,得

$$\frac{dc_B}{dt} = \frac{k_1 k_2}{k_{-1} + k_2} c_S c_K \tag{12-122}$$

所以,对均相催化反应的数学处理,与 12.8 节所介绍的复杂反应的处理方法相同。

若均相催化反应发生在气相中,则称气相催化反应,例如乙醛热分解反应

$$CH_3CHO \longrightarrow CH_4 + CO$$

若用碘蒸气作催化剂,即可大大加速此反应,其机理可能为

$$I_2 \rightleftharpoons 2I \cdot$$

$$I\cdot + CH_3CHO \longrightarrow HI + CH_3\cdot + CO$$
$$CH_3\cdot + I_2 \longrightarrow CH_3I + I\cdot$$
$$CH_3\cdot + HI \longrightarrow CH_4 + I\cdot$$
$$CH_3I + HI \longrightarrow CH_4 + I_2$$

真正典型的气相催化反应为数不多。

若均相催化反应发生在溶液中,则称液相催化反应,其中以酸碱催化反应和配位催化反应为最多,以下分别加以简单的介绍。

1. 酸碱催化反应

酸碱催化反应是溶液中最重要和最常见的一种催化反应。其中有的反应受 H^+ 催化,有的反应受 OH^- 催化,有的既受 H^+ 催化也受 OH^- 催化。

设溶液中的任意反应 S⟶B,当无催化剂时其速率方程为

$$r_0 = k_0[S] \tag{12-123}$$

当以 H^+ 作催化剂时,据式(12-122),反应速率为

$$r(H^+) = k(H^+)[S][H^+] \tag{12-124}$$

当以 OH^- 为催化剂时,反应速率为

$$r(OH^-) = k(OH^-)[S][OH^-] \tag{12-125}$$

所以,对任意酸碱催化反应,速率方程可写作如下通式:

$$r = k_0[S] + k(H^+)[S][H^+] + k(OH^-)[S][OH^-]$$
$$= (k_0 + k(H^+)[H^+] + k(OH^-)[OH^-])[S]$$

于是速率系数 k 的通式可表示为

$$k = k_0 + k(H^+)[H^+] + k(OH^-)[OH^-] \tag{12-126}$$

其中 k_0 是非催化剂反应的速率系数,$k(H^+)$ 叫做酸催化系数,$k(OH^-)$ 叫做碱催化系数,它们都只与温度有关。一般情况下并不是上述三项同时有贡献,而是其中某一项起主要作用,这取决于反应本身和溶液的 pH。利用这一规律可分别求得上式中的 k_0、$k(H^+)$ 和 $k(OH^-)$。

若将溶液中的 H^+ 和 OH^- 的浓度之积写作 $K = [H^+][OH^-]$,则式(12-126)可写作

$$k = k_0 + k(H^+)[H^+] + k(OH^-)K/[H^+] \tag{12-127}$$

此式表明,对同一个反应,在一定温度下速率系数 k 取决于 pH。在 298K 时,$K = 10^{-8} mol^2 \cdot m^{-6}$,将不同类型的酸碱催化反应的 $\lg\{k\}$-pH 关系画成示意图,可得图 12-31 的曲线。其中曲线 a 是只受 H^+ 催化的反应,这类反应在式(12-127)中无第三项。在曲线左端的斜线部分,$k(H^+)[H^+]$ 是主要的,而水平部分 k_0 是主要的。由曲线的这两部分可分别求出 $k(H^+)$ 和 k_0 值。例如烷基原醋酸酯的水解即属于这种类型;曲线 b 是只受 OH^- 催化的情形,式(12-127)中无第二项,曲线的水平部分 k_0 起主要作用,右端斜线部分 $k(OH^-)K/[H^+]$ 占优势。例如亚硝酸酰胺的分解即属于这种类型;曲线 c 和 d 是既受 H^+ 催

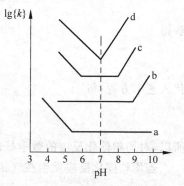

图 12-31 pH 对酸碱催化反应速率系数的影响

化也受 OH^- 催化的反应。其中 c 存在水平段,在强酸溶液中,$k(H^+)[H^+]$ 项占优势,对应于左端斜线部分。在强碱性溶液中,$k(OH^-)K/[H^+]$ 占优势,对应于右端斜线部分。中间一段成水平直线,表明在酸性或碱性不很强的情况下 k_0 项占优势,所以这类反应的 $k(H^+)$ 和 $k(OH^-)$ 值都不很大。例如 α-葡萄糖变成 β-葡萄糖的旋光致变反应即属于这类反应;而曲线 d 所代表的反应中,$k(H^+)$ 和 $k(OH^-)$ 都很大,在任何情况下式(12-127)中的 k_0 项的贡献都可以忽略。如果 $k(H^+)=k(OH^-)$,则在 pH=7 时速率系数有一极小值,此时不能得到没有催化剂的速率系数 k_0。例如酯的水解反应即属于这种类型。

应该指出,溶液中的酸碱催化反应不只是以上几种情况。后来,Bronsted 又定义了广义酸和广义碱,即凡能提供质子 H^+ 的物质(即质子供体)都称为酸;凡能接收质子的物质(质子受体)都称为碱。例如未离解的 HAc 和 NH_4^+ 等都是酸,而 Ac^- 和 NH_3 等都是碱。这样,人们将除了 H^+ 和 OH^- 以外的酸性或碱性物质所催化的反应称为广义酸碱催化反应。不难理解,凡是反应物需要获得质子的反应,都可能被广义酸催化,而且其催化能力与其提供质子的能力成正比;同理,凡是反应物需要失去质子的反应,都可能被广义碱催化,而且其催化能力与其接受质子的能力成正比。例如,亚硝酸胺的分解反应

$$NH_2NO_2 \longrightarrow N_2O + H_2O$$

即可被 Ac^- 催化,其机理为

$$NH_2NO_2 + Ac^- \longrightarrow NHNO_2^- + HAc$$

$$NHNO_2^- + HAc \longrightarrow N_2O + H_2O + Ac^-$$

显然这是个广义碱催化的例子。

2. 配位催化反应

配位均相催化近几十年来有了较大的发展,催化剂是以过渡金属的化合物为主体的。在配位催化过程中,或者催化剂本身是配合物,或是反应历程中催化剂与反应物生成配合物。因此,在研究配位催化反应时,除了利用前面介绍过的催化作用基本规律外,还需要应用配合物化学的理论和方法。

由于配位催化具有速率高、选择性好的优点,目前已在聚合、氧化、异构化、羟基化等反应中得到广泛应用。

12.11.2 酶催化反应

酶是一种蛋白质分子,是由氨基酸按一定顺序聚合起来的大分子,有些酶还结合了一些金属,例如催化 CO_2 分解的酶中含有铬,固氮酶中含有铁、钼、钒等金属离子。

许多生物化学反应都是酶催化反应。由于酶分子的大小在 $3\sim100nm$,因此就催化剂的大小而言,酶催化反应处于均相催化与复相催化之间。

酶催化反应具有以下四个特点:

(1) 具有高选择性。就选择性而言,酶超过了任何一种人造催化剂。例如脲酶仅能催化尿素转化为氨和二氧化碳的反应,而对其他任何反应都无催化作用。

(2) 具有高效性。就催化效果而言,酶比一般的无机或有机催化剂高得多,有时高出成亿倍,甚至十万亿倍。例如,一个过氧化氢分解酶分子,能在 1s 内分解十万个过氧化氢分子;而石油裂解中使用的硅酸铝催化剂,在 773K 时约 4s 才分解一个烃分子。

(3) 催化条件容易满足,一般在常温常压下即可。例如,工业合成氨反应必须在高温、高压下的特殊设备中进行,且生成氨的效率只有 7%～10%；而在植物茎部的固氮酶能在常温常压下固定空气中的氮,且将它还原成氨。

(4) 催化机理复杂。其具体表现为酶催化反应的速率方程复杂,对酸度和离子强度敏感,与温度关系密切等。这就增加了研究酶催化反应的困难性。

目前,酶催化的研究是个十分活跃的领域,但至今酶催化理论还很不成熟,就连应该如何模拟自然界的生物酶催化剂,还是当前的一大课题。

最简单的酶催化机理是 Michaelis 和 Menton 提出来的,他们将这种催化机理简化成与均相催化机理相似。对反应 S ⟶ B,主要步骤是反应物 S 先与酶 E 生成配合物 ES,然后 ES 分解为产物：

$$E + S \underset{k_{-1}}{\overset{k_1}{\rightleftharpoons}} ES \xrightarrow{k_2} B + E \tag{12-128}$$

显然,整个催化反应速率为

$$r = k_2 c_{ES} \tag{12-129a}$$

根据稳态假设

$$\frac{dc_{ES}}{dt} = k_1 c_E c_S - k_{-1} c_{ES} - k_2 c_{ES} = 0$$

解得

$$c_{ES} = \frac{k_1}{k_{-1} + k_2} c_E c_S \tag{12-129b}$$

其中 c_E 是反应过程中酶的浓度。通常我们知道的是反应前系统中酶的浓度 $c_{E,0}$,反应过程中一部分酶以配合物 ES 形式存在,所以 c_E 具体为多大是不知道的。酶作为催化剂,用量很少,浓度 $c_{E,0}$ 很小,所以不能用 $c_{E,0}$ 来近似 c_E。根据关系

$$c_{E,0} = c_E + c_{ES}$$

$$c_E = c_{E,0} - c_{ES}$$

代入式(12-129b),得

$$c_{ES} = \frac{k_1}{k_{-1} + k_2}(c_{E,0} - c_{ES})c_S$$

解得

$$c_{ES} = \frac{\dfrac{k_1}{k_{-1} + k_2} c_{E,0} c_S}{1 + \dfrac{k_1}{k_{-1} + k_2} c_S}$$

此式用 $c_{E,0}$ 和 c_S 表示出配合物浓度,将此式代入速率方程(12-129a)：

$$r = \frac{\dfrac{k_1 c_S}{k_{-1} + k_2} \cdot k_2 c_{E,0}}{1 + \dfrac{k_1 c_S}{k_{-1} + k_2}} = \frac{k_2 c_{E,0}}{\dfrac{k_{-1} + k_2}{k_1 c_S} + 1}$$

为书写方便,令

$$k_2 c_{E,0} = a \tag{12-130}$$

$$\frac{k_{-1}+k_2}{k_1}=K_M \tag{12-131}$$

则 a 和 K_M 都是常数，代入前式，得

$$r=\frac{a}{1+(K_M/c_S)} \tag{12-132}$$

由式(12-129a)和式(12-130)可知：a 是当 $c_{ES}=c_{E,0}$（即系统中的酶全部以 ES 形式存在）时的反应速率，且该速率为反应的最大速率，即 $c_{ES}=c_{E,0}$ 时，

$$a=r_{max} \tag{12-133}$$

这就是常数 a 的物理意义。

由式(12-132)可知，当 $c_S=K_M$ 时

$$r=\frac{a}{2}$$

即

$$r=\frac{r_{max}}{2}$$

反过来，此式可叙述为：K_M 是当反应速率为最大速率的一半时系统中反应物的浓度。K_M 与 a 一样，在一定温度下是一个特性常数，并被命名为 Michaelis 常数。若将 r 对 c_S 画图，得一曲线，a 和 K_M 的物理意义在图 12-32 中可以看出。

为了求常数 a 和 K_M，将式(12-132)两端取倒数，得

$$\frac{1}{r}=\frac{K_M}{a}\frac{1}{c_S}+\frac{1}{a} \tag{12-134}$$

此式表明，只需根据实验数据将 $1/r$ 对 $1/c_S$ 作图，即得一直线，该直线的斜率等于 K_M/a，截距等于 $1/a$，从而求得 a 和 K_M。这种方法是由 Lineweaver 和 Burk 提出的，所以曲线 $1/r$-$1/c_S$ 通常称为 Lineweaver-Burk 图，如图 12-33 所示。

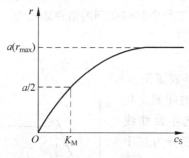

图 12-32 a 和 K_M 的物理意义

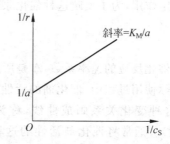

图 12-33 Lineweaver-Burk 图

实际上，上述酶催化反应机理过于简化，即使最简单的酶催化反应也比上述情况复杂得多，且在机理中还存在着多种阻化历程。因此，彻底搞清一个酶催化反应的机理，是一件不容易的工作。

均相催化和酶催化虽然具有高效率、高选择性等优点，但催化剂不易回收和循环利用。由于这个原因，目前均相催化和酶催化还远不如复相催化应用广泛。

12.12 复相催化反应

复相催化在化学工业中所占的地位比均相催化重要得多。最常见的复相催化是催化剂为固体而反应物为气体或液体。特别是气体在固体催化剂上的反应,最重要的化学工业部门如合成氨、硫酸工业、硝酸工业、原油裂解工业及基本有机合成工业等,几乎都属于这种类型的复相催化。为此,迄今人们对气-固复相催化做了大量的工作,得到了相当丰富的实践经验。但由于复相催化系统本身比较复杂,影响因素也比较多,因此至今不仅还未建立一个比较统一的复相催化理论,而且关于如何建立这种理论尚未取得一致意见。本节就气-固催化的基本知识予以简单介绍。

12.12.1 催化剂的活性与中毒

关于固体催化剂的选择、制备、使用及再生等,人们已经积累了大量的经验,并对许多金属催化剂、半导体催化剂和绝缘体催化剂的催化原理给予了部分定性的解释。下面就使用固体催化剂过程中人们所关心的两个问题,即催化剂的活性与中毒,分别予以说明。

1. 催化剂的活性

在使用固体催化剂时,人们常用催化活性(简称活性)来表示催化剂的催化能力。但活性的表示方法却不相同,在工业上常用单位质量的催化剂在单位时间内所生产出产品的质量来表示。设 a 代表催化剂的活性,m_C 和 m_P 分别代表所用催化剂和生产出的产品的质量,则

$$a = \frac{m_P}{t m_C} \tag{12-135}$$

这种表示方法意义直观,使用方便。

科学研究表明,固体催化剂的催化作用是通过其表面来实现的,而且表面的性质对催化过程起决定作用,为了反映这种催化原理,在科研工作中将催化剂的活性表示为

$$a = \frac{k}{A} \tag{12-136}$$

其中 k 是催化反应的速率系数,A 是所用催化剂的表面积。

在实际使用过程中,催化剂的活性是随使用时间而变化的,若将这种变化关系画成曲线,称为催化剂的生命曲线(图12-34)。通常将催化剂活性的这种变化过程分为三个时期:

(1) 成熟期。在开始使用时,催化剂活性逐渐增大,经过一段时间后活性达到最大,此时称催化剂达到成熟,这段时间称为成熟期。

(2) 稳定期。待催化剂成熟后,活性先稍有下降,然后维持不变,称稳定期。这段稳定期的长短叫做催化剂的寿命。一个催化剂的寿命取决于催化剂本身的性质与使用的条件,有的只有几分钟,而有的可达数年之久。

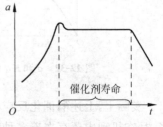

图 12-34 催化剂的生命曲线

(3) 老化期。当稳定期过后,催化剂活性便逐渐下降,这种现象称为催化剂老化。当催化剂开始老化之后,活性即将消失,此时应该进行再生处理,若不能再生则应该弃旧换新。

影响固体催化剂活性的因素主要有以下三个:

(1) 制备方法。固体催化剂都具有巨大的比表面,因此通常呈多孔结构,制备过程的温度等操作条件会直接影响催化剂的活性。

(2) 分散程度。通常分散度越大,活性越大。

(3) 使用温度。由于温度会影响催化剂的表面结构,所以一般催化剂都有适宜的使用温度范围,温度过高或过低都会使活性降低。

2. 催化剂的中毒现象

有时反应系统中含有少量杂质就能使催化剂的活性严重降低甚至完全丧失,这种少量的杂质称为催化毒物,这种现象称为催化剂中毒。例如合成氨原料中的 O_2,$H_2O(g)$,CO,CO_2,C_2H_2,PH_3,As,S 及其化合物等都是催化剂 Fe 的毒物。

中毒现象可分为暂时中毒和永久中毒两类。暂时中毒后,只要不断用纯净的原料气吹过中毒催化剂的表面,即可除去毒物,使催化剂活性重新恢复。例如合成氨中的 O_2,H_2O,CO,CO_2 等都属于造成暂时中毒的毒物;永久中毒的催化剂不可用上述方法恢复活性,必须用化学方法方能除去毒物。例如合成氨中的 S 和 PH_3 即属于这种类型。

固体催化剂的催化作用是通过其表面来实现的。实际上催化毒物是一些极易被催化剂表面吸附的物质,一旦表面被毒物占据,催化剂便失去活性。可以推想,暂时中毒现象属于物理吸附;而永久中毒现象则属于化学吸附,由于毒物分子与催化剂表面分子以化学键力相结合,所以吸附强度要比物理吸附大得多,这就是永久中毒的催化剂比暂时中毒的催化剂难于恢复活性的原因。

了解催化剂的活性和中毒现象之后,就不难理解应如何评价催化剂的优劣。一个优秀的催化剂,当然要具备多方面的条件,但一般来说,除了易于制备,成本低廉以外,主要有三个条件:①催化活性高,选择性好;②使用寿命长,容易再生;③有较高的抗毒物能力。

*12.12.2 催化剂表面活性中心的概念

上面曾提到,固体催化剂的催化作用是通过其表面来实现的,但是并没有涉及固体催化剂究竟是如何加速反应的这一根本问题。这是个催化理论问题。几十年来,人们总结了有关气-固催化的丰富感性材料,在此基础上也提出过不少的催化理论,但是每一种理论都只能解释一部分复相催化现象,而且这些理论对复相反应机理尚存在不同的看法。本书不去逐一介绍各种催化理论,主要介绍对复相催化的共同认识,特别是关于表面活性中心的概念。

大量的实验事实表明,固体催化剂的活性与表面性质有关。各种各样的气-固催化反应,其具体情况千差万别,但每一种催化剂都对至少一种反应物具有明显吸附作用,这就是气-固催化的共性。进一步分析便会发现,如果这种吸附属于化学吸附才是更合理的。这是由于在化学吸附中被吸附的反应物分子与催化剂表面发生了类似化学反应的相互作用,即形成了表面化合物,使反应物分子发生了变形,因而使反应物分子的化学活性由于吸附显著升高,从而加速了反应的进行。

Taylor(泰勒)于 1926 年提出,催化剂表面是不均匀的,其中只有一小部分叫做表面活性中心的地方吸附了反应物之后才有催化作用。这一观点被后来的大量实验所证明。吸附热的测定结果表明,在吸附的开始阶段,吸附热很大,随后逐渐减小。这说明催化剂表面的吸附能力是不均匀的,那些优先吸附的地方的化学吸附能力特别强,其他地方化学吸附能力较弱甚至不能化学吸附。这些吸附能力特别强的地方,实际上就是 Taylor 所说的表面活性中心。化学吸附首先在这些活性中心的位置处发生,这些位置一般来说也具有较高的催化活性。催化剂的中毒实验有力地支持了这种论点,因为人们发现只需极少量的催化毒物就能使催化剂的活性大大降低甚至全部丧失。可是如果把这些催化毒物铺在催化剂表面上,只不过覆盖了催化剂表面的一小部分。这就证明并不是整个催化剂表面都有活性,只一小部分表面才有活性,即表面活性中心。催化毒物只要将占催化剂表面一小部分的这些活性中心全部盖住即可使催化剂的活性丧失。

在固体催化剂表面存在活性中心这一概念目前已被人们所公认。致于更深一步的问题,例如活性中心是催化剂表面的什么位置?它的结构如何?活性中心是固定不变的还是可以移动的等,现在还有不同的看法。Taylor 在提出表面活性中心概念的同时,曾认为固体的棱上和其他表面上的突出部分是活性中心,原因是这些位置处的价键具有较大的不饱和性。这一观点至今尚未找到足够的实验证据。

12.12.3 气-固复相催化反应的一般步骤

气-固催化反应的具体机理可能是复杂的,而且不同的反应其机理并不相同,但一般来说,气-固催化反应过程可分作五步:

(1) 反应物分子扩散到催化剂表面。

(2) 反应物被催化剂表面吸附。这一步属于化学吸附,若有两种反应物,可能是两种都被吸附,也可能只有一种被吸附。

(3) 被吸附分子在催化剂表面上进行反应。这一步称做表面反应。这种表面反应可能发生在被吸附的相邻分子之间,也可能发生在被吸附分子和其他未吸附的分子之间。催化剂表面是这一步骤进行的场所。

(4) 产物分子从催化剂表面脱附。

(5) 产物分子扩散离开催化剂表面。

以上五个步骤构成了气-固催化反应的全过程。这五步实际上是五个阶段,每一步又都有它自己的机理。其中(1)和(5)是扩散过程,所以属于物理过程;(2),(3)和(4)三步都是反应分子在表面上的化学变化,通称为表面化学过程,是复相催化动力学所研究的重点内容。

显然,以上各步都影响催化反应的速率。若各步的速率差别较大,则最慢的一步就决定了总反应速率。如果扩散过程的速率最慢,称为扩散控制反应,在这种情况下,首先应当选择有利于扩散进行的反应条件,以使扩散速率加快。相反,此时在提高催化剂活性上所作的努力对加快反应速率是无济于事的。但是,如果表面化学过程中的某一步最慢,称为动力学控制反应,则必须通过提高催化剂活性来解决。以下只讨论动力学控制反应。

例如气-固催化反应

$$A + B \xrightarrow{\text{催化剂 S}} P$$

若只有 A 被催化剂表面吸附,则表面化学过程写为

$$A + |\underset{S}{} \xrightarrow{k_1} |\underset{S}{\overset{A}{|}} \quad 反应物吸附$$

$$|\underset{S}{\overset{A}{|}} + B \xrightarrow{k_2} |\underset{S}{\overset{P}{|}} \quad 表面反应$$

$$|\underset{S}{\overset{P}{|}} \xrightarrow{k_3} P + |\underset{S}{} \quad 产物脱附$$

其中 S 代表表面活性中心,即空白表面;A—S 和 P—S 为表面化合物,都是中间产物,也可将它们分别理解为被 A 和 P 覆盖的催化剂表面。

若 A 和 B 均被催化剂表面吸附,则表面化学过程写作

$$A + B + -S-S- \xrightarrow{k_1} -\overset{A}{\underset{S}{|}}-\overset{B}{\underset{S}{|}}- \quad 反应物吸附$$

$$-\overset{A}{\underset{S}{|}}-\overset{B}{\underset{S}{|}}- \xrightarrow{k_2} -\underset{S-S}{\overset{P}{\triangle}}- \quad 表面反应$$

$$-\underset{S-S}{\overset{P}{\triangle}}- \xrightarrow{k_2} P + -S-S- \quad 产物脱附$$

*12.12.4 催化作用与吸附的关系

由以上气-固催化反应历程可知,催化反应与催化剂表面对反应物的吸附紧密相关。在表面化学过程的三个步骤中,反应物吸附是第一步,所以吸附情况必对后面步骤产生影响,进而影响整个催化反应。一般说来,吸附本身主要从两个方面影响催化作用:一是吸附速率,吸附速率越高,在单位时间内为表面反应提供的反应物越多,对催化反应有利。反之,对催化反应不利;二是吸附强度,吸附强度过大,则形成的表面化合物稳定性高,从而使表面反应难以进行。若吸附强度过小,则被吸附分子重新脱附回到气相中的几率增加,减小了表面化合物的浓度,从而使表面反应减速。可见,吸附强度过大或过小都对催化反应不利。原则上讲,要求催化剂对反应物有较快的吸附速率,同时具有适中的吸附强度。

催化反应的速率与吸附的速率和强度有关,若不满足以上要求,则吸附过程将成为影响反应速率的主要障碍。但在对一个催化反应进行动力学处理时,具体可能遇到以下四种情况:①表面反应是决速步;②反应物的吸附是决速步;③产物的脱附是决速步;④不存在决速步。以下通过一个简单的气-固催化反应

$$A \xrightarrow{催化剂 S} B$$

分别讨论在以上四种情况下如何导出催化反应的速率方程以及吸附情况对速率方程的影响。

1. 表面反应是决速步

由于表面反应速率比其他步骤慢得多,所以相对于表面反应而言,其他步骤均近似保持

平衡,于是催化历程写作

$$A + S \underset{k_{-1}}{\overset{k_1}{\rightleftharpoons}} \overset{A}{\underset{S}{|}}$$

$$\overset{A}{\underset{S}{|}} \overset{k_2}{\longrightarrow} \overset{B}{\underset{S}{|}} \quad \text{决速步(慢)}$$

$$\overset{B}{\underset{S}{|}} \underset{k_{-3}}{\overset{k_3}{\rightleftharpoons}} B + \underset{S}{|}$$

在动力学中,可将催化反应中的每一步都当做反应处理,且将质量作用定律推广到表面过程,因此催化反应速率可表示为

$$r = k_2 \theta_A \tag{12-137}$$

其中 θ_A 是 A 在催化剂表面的覆盖率,它实际上表示表面化合物 A—S 的浓度大小,因此也称为表面浓度。显然 θ_A 是步骤1中吸附平衡时的表面覆盖率,根据 Langmuir 吸附方程

$$\theta_A = \frac{b_A p_A}{1 + b_A p_A} \tag{12-138}$$

其中 b_A 是吸附系数,$b_A = k_1/k_{-1}$,在一定温度下为一常数。由于产物 B 的脱附很快,此处假定 B 对 A 的吸附无影响。将式(12-138)代入式(12-137),得

$$r = k_2 \frac{b_A p_A}{1 + b_A p_A} \tag{12-139}$$

其中 k_2 和 b_A 为常数,反应物的压力 p_A 可以测量。此式即表面反应为决速步时上述催化反应的速率方程。

(1) 若反应物 A 在催化剂表面的吸附程度很小,则 b_A 很小,$b_A p_A \ll 1$,$1 + b_A p_A \approx 1$,此时式(12-139)变为

$$r = k_2 b_A p_A$$

即

$$r = k p_A$$

这表明反应为一级。这是由于当 A 的吸附程度很小时,表面化合物 A—S 在表面上的浓度很小,当气相中 p_A 增大时,步骤1的吸附平衡右移,结果使 A—S 的表面浓度增大,从而加快了表面反应速率,即表现为 r 与 p_A 成正比。例如反应 $2N_2O \xrightarrow{Au} 2NO + O_2$ 和 $2HI \xrightarrow{Pt} H_2 + I_2$ 即属于这种情况。但这两个气相反应在无催化剂时都是典型的二级反应。

(2) 若反应物 A 在催化剂表面的吸附程度很大,则 $b_A p_A \gg 1$,$1 + b_A p_A \approx b_A p_A$,此时式(12-139)变为

$$r = k_2$$

即反应为零级。这是由于当 A 的吸附程度很大时,表面几乎达到饱和,气相中压力 p_A 的变化几乎不影响 A—S 的表面浓度,所以速率几乎不受 p_A 影响。例如反应 $2NH_3 \xrightarrow{W} N_2 + 3H_2$ 和 $2HI \xrightarrow{Au} H_2 + I_2$ 即属于这类反应。由以上可以看出,同是 HI 的气相分解反应,以 Pt 为催化剂时为一级,而以 Au 为催化剂时为零级,这是由于 HI 在两个固体表面的吸附不

同所致。HI 在 Pt 上的吸附程度小,而在 Au 上的吸附程度大。

(3) 若反应物 A 在催化剂表面的吸附属于中等程度,式(12-139)不能进一步变化,即反应无级数可言。但实验结果表明,在中等程度吸附时,反应有时表现为分数级数,这是由于这种吸附往往服从 Freundlich 吸附等温式(11-60)的缘故。例如反应 $2SbH_3 \xrightarrow{Sb} 2Sb + 3H_2$ 即属于这种类型,其反应级数 $n=0.6$。

以上讨论的几种情况,都是假定产物 B 不影响反应物 A 的吸附。如果这种假定不成立,即相对于 A 来说,B 在催化剂表面上的吸附不可忽略,此时 A 和 B 同时在表面上吸附。据 Langmuir 混合吸附方程

$$\theta_A = \frac{b_A p_A}{1 + b_A p_A + b_B p_B}$$

其中 p_B 代表产物分压,b_B 为产物吸附系数,代入式(12-137),得出速率方程

$$r = \frac{k_2 b_A p_A}{1 + b_A p_A + b_B p_B} \tag{12-140}$$

与式(12-139)相比可以看出,当产物被表面吸附时会降低反应的速率,这是由于 B—S 占据了部分表面,使得 A—S 的表面浓度降低,因而阻碍了催化作用,阻碍作用的大小取决于 $b_B p_B$ 相对于 $(1+b_A p_A)$ 的大小。

若产物吸附程度很大,且反应物吸附程度较小,则 $1+b_A p_A+b_B p_B \approx b_B p_B$,则式(12-140)变为

$$r = \frac{k_2 b_A p_A}{b_B p_B}$$

简写作

$$r = k \frac{p_A}{p_B} \tag{12-141}$$

即对反应物为一级,对产物为负一级。

若产物和反应物的吸附程度都很大,而式(12-140)变为

$$r = \frac{k_2 b_A p_A}{b_A p_A + b_B p_B} \tag{12-142}$$

若产物为中等吸附,而反应物的吸附程度很小,则式(12-140)变为

$$r = \frac{k_2 b_A p_A}{1 + b_B p_B} \tag{12-143}$$

式(12-141)至式(12-143)都被一些由固体催化的气体分解反应(例如脱氢反应)的实验结果所证实。由此可知,同一个反应历程,在吸附情况不同时可得到不同的动力学规律,这一点在处理实验数据时应特别注意;另外,实验测得的速率系数一般不等于表面反应的速率系数 k_2,而是包含吸附系数等其他常数,所以一般称 k 为表观速率系数,而测得的活化能也是表观活化能。

2. 反应物的吸附是决速步

当反应物的吸附很慢,而表面反应和产物 B 脱附相对很快时,则 A 的吸附过程不可能平衡,而其后边的快速步骤可近似保持平衡。此时,反应历程写作

$$\text{A} + \text{S} \xrightarrow{k_1} \begin{matrix}\text{A}\\|\\\text{S}\end{matrix} \qquad \text{决速步(慢)}$$

$$\begin{matrix}\text{A}\\|\\\text{S}\end{matrix} \underset{k_{-2}}{\overset{k_2}{\rightleftharpoons}} \begin{matrix}\text{B}\\|\\\text{S}\end{matrix}$$

$$\begin{matrix}\text{B}\\|\\\text{S}\end{matrix} \underset{k_{-3}}{\overset{k_3}{\rightleftharpoons}} \text{B} + \begin{matrix}\;\\|\\\text{S}\end{matrix}$$

则该催化反应的速率决定于 A 的吸附速率，即

$$r = k_1 p_\text{A}(1 - \theta_\text{A} - \theta_\text{B}) \tag{12-144}$$

其中 θ_A 和 θ_B 分别为 A 和 B 对催化剂表面的覆盖率，即表面化合物 A—S 和 B—S 的表面浓度，所以 $(1-\theta_\text{A}-\theta_\text{B})$ 是表面空白率。但由于 A 的吸附不呈平衡，所以上式中的 θ_A 与 p_A 不服从 Langmuir 方程。设与 θ_A 相对应的 A 的平衡分压为 p'_A，显然 p'_A 小于实际分压 p_A。Langmuir 方程中的压力必须用平衡压力，所以

$$\theta_\text{A} = \frac{b_\text{A} p'_\text{A}}{1 + b_\text{A} p'_\text{A} + b_\text{B} p_\text{B}} \tag{12-145}$$

$$\theta_\text{B} = \frac{b_\text{B} p_\text{B}}{1 + b_\text{A} p'_\text{A} + b_\text{B} p_\text{B}} \tag{12-146}$$

由于产物脱附近似保持平衡，所以实际分压 p_B 近似等于平衡分压。另外，由于表面反应步骤也近似保持平衡，所以

$$k_2 \theta_\text{A} = k_{-2} \theta_\text{B}$$

$$\frac{k_2}{k_{-2}} = \frac{\theta_\text{B}}{\theta_\text{A}} \tag{12-147}$$

将式(12-145)和式(12-146)代入上式，即得

$$\frac{k_2}{k_{-2}} = \frac{b_\text{B} p_\text{B}}{b_\text{A} p'_\text{A}}$$

所以

$$p'_\text{A} = \frac{b_\text{B} k_{-2}}{b_\text{A} k_2} p_\text{B} \tag{12-148}$$

此式表明，平衡分压 p'_A 虽然不能直接测量，但它与 p_B 有关，此外它还与 A，B 吸附程度的相对大小(即 b_B/b_A)有关。

若将式(12-145)和式(12-146)代入速率方程(12-144)，得

$$r = \frac{k_1 p_\text{A}}{1 + b_\text{A} p'_\text{A} + b_\text{B} p_\text{B}}$$

再将式(12-148)代入并整理得

$$r = \frac{k_1 p_\text{A}}{1 + \left(\dfrac{k_{-2}}{k_2} + 1\right) b_\text{B} p_\text{B}} \tag{12-149}$$

这就是反应物吸附为决速步时的速率方程。这个结果一方面反映出 A 吸附步骤的速率系数 k_1 对反应速率的决定作用，同时表明 B 的吸附程度会影响速率方程的形式。

若 B 的吸附程度很小，b_B 值很小，$1 + \left(\dfrac{k_{-2}}{k_2} + 1\right) b_\text{B} p_\text{B} \approx 1$，此时式(12-149)变为

$$r = k_1 p_A$$

即反应为一级。

若 B 的吸附程度很大，$1+\left(\dfrac{k_{-2}}{k_2}+1\right)b_B p_B \approx \left(\dfrac{k_{-2}}{k_2}+1\right)b_B p_B$，此时式(12-149)变为

$$r = \dfrac{k_1 p_A}{\left(\dfrac{k_{-2}}{k_2}+1\right)b_B p_B}$$

可简写成

$$r = k\dfrac{p_A}{p_B}$$

即反应对 A 为一级，对 B 为负一级。

3. 产物脱附是决速步

当产物 B 的脱附很慢，而反应物吸附和表面反应都很快时，除 B 的脱附之外其他步骤均近似保持平衡。反应历程写作

$$A + \underset{S}{|} \underset{k_{-1}}{\overset{k_1}{\rightleftharpoons}} \underset{S}{\overset{A}{|}}$$

$$\underset{S}{\overset{A}{|}} \underset{k_{-2}}{\overset{k_2}{\rightleftharpoons}} \underset{S}{\overset{B}{|}}$$

$$\underset{S}{\overset{B}{|}} \overset{k_3}{\longrightarrow} B + \underset{S}{|} \qquad 决速步(慢)$$

速率方程为

$$r = k_3 \theta_B \tag{12-150}$$

由于步骤 3 不处于平衡，所以上式中的 θ_B 与系统中的实际分压 p_B 不服从 Langmuir 方程。设与 θ_B 相对应的平衡分压为 p'_B，则

$$\theta_B = \dfrac{b_B p'_B}{1+b_A p_A + b_B p'_B} \tag{12-151}$$

$$\theta_A = \dfrac{b_A p_A}{1+b_A p_A + b_B p'_B} \tag{12-152}$$

因为表面反应步骤近似处于平衡，所以

$$\dfrac{k_2}{k_{-2}} = \dfrac{\theta_B}{\theta_A}$$

将前面两式代入此式，即得

$$\dfrac{k_2}{k_{-2}} = \dfrac{b_B p'_B}{b_A p_A}$$

解得平衡分压

$$p'_B = \dfrac{b_A k_2}{b_B k_{-2}} p_A \tag{12-153}$$

此式表明，p'_B 值虽不可直接测量，但它与反应物 A 的分压有关，同时还与 A，B 吸附程度的

相对大小有关。

将上式代入式(12-151),得

$$\theta_B = \frac{\frac{b_A k_2}{k_{-2}} p_A}{1 + \left(1 + \frac{k_2}{k_{-2}}\right) b_A p_A}$$

将此结果代入速率方程式(12-150),得

$$r = \frac{\frac{b_A k_2 k_3}{k_{-2}} p_A}{1 + \left(1 + \frac{k_2}{k_{-2}}\right) b_A p_A} \tag{12-154}$$

令 $K = \frac{k_2 k_3}{k_{-2}}$, $K' = 1 + \frac{k_2}{k_{-2}}$, 则上式为

$$r = \frac{K b_A p_A}{1 + K' b_A p_A}$$

若 A 的吸附程度很小, $1 + K' b_A p_A \approx 1$, 上式简化为

$$r = K b_A p_A$$

表明反应为一级;若 A 的吸附程度很大,前式简化为

$$r = \frac{K}{K'} = k$$

此时反应为零级。

4. 无决速步

当各步骤速率相差不多时,各步都不处于平衡,此时都不考虑逆过程,历程为

$$A + \overset{|}{\underset{S}{}} \xrightarrow{k_1} \overset{\overset{A}{|}}{\underset{S}{}}$$

$$\overset{\overset{A}{|}}{\underset{S}{}} \xrightarrow{k_2} \overset{\overset{B}{|}}{\underset{S}{}}$$

$$\overset{\overset{B}{|}}{\underset{S}{}} \xrightarrow{k_3} B + \overset{|}{\underset{S}{}}$$

由于步骤都不处于平衡,所以反应系统中的分压 p_A 和 p_B 都不是平衡压力。于是在处理这类反应时遇到的问题是不能用 Langmuir 方程表示 θ_A 和 θ_B。为此,动力学中借助于稳态假设,即认为当反应稳定后, θ_A 和 θ_B 都不随时间而变化:

$$\frac{d\theta_A}{dt} = \frac{d\theta_B}{dt} = 0 \tag{12-155}$$

由上面写出的催化步骤不难看出,这种无决速步的催化过程相当于一个典型的单向连续反应。因此式(12-155)的意义是:各步骤的速率完全相等。也就是说,吸附、表面反应和脱附,每一步的速率都等于反应速率。

由稳态假设

$$\frac{d\theta_A}{dt} = k_1 p_A (1 - \theta_A - \theta_B) - k_2 \theta_A = 0 \tag{12-156}$$

$$\frac{d\theta_B}{dt} = k_2\theta_A - k_3\theta_B = 0 \tag{12-157}$$

由式(12-157)知 $\theta_B = \frac{k_2}{k_3}\theta_A$，代入式(12-156)并整理得

$$\theta_A = \frac{k_1k_3p_A}{k_2k_3 + k_1(k_2+k_3)p_A}$$

所以反应速率为

$$r = k_2\theta_A = \frac{k_1k_2k_3p_A}{k_2k_3 + k_1(k_2+k_3)p_A} \tag{12-158}$$

此式表明，当反应压力很高或很低时这类反应的速率方程可表现为不同形式。这类问题已在前面讨论，此处不再赘述。

上面以反应 A $\xrightarrow{\text{催化剂}}$ B 为例讨论了在不同情况下如何对气-固催化反应进行动力学处理，同时讨论了吸附对催化反应过程的影响。这种处理方法本身尽管比较粗糙，步骤的拟定往往借助于近似或假定，但导出的结果已被一些实验事实所证实。反过来说，这种处理方法对于探讨反应机理是有帮助的。在动力学研究中，为了把建立的速率方程与实验数据相比较，常常要把得出的速率方程在特定条件下进行简化。若实验结果服从某一简化式，则可为研究反应机理和决速步提供有益的信息。

12.13 溶剂对反应速率的影响

溶液反应的机理一般比气相反应复杂。这是因为在处理气相反应时只需考虑反应物质分子间的相互作用，而对溶液反应还必须同时考虑溶剂与反应分子间的相互作用。这种作用经常会对反应速率产生影响，主要表现为改变速率系数，人们将溶剂对反应速率的这种影响叫做溶剂效应。

研究溶剂效应是溶液反应动力学的重要课题之一。研究溶剂效应时一般采用以下两种方法：①对于同一化学反应，将溶液反应与气相反应进行对比，但是既能在溶液中进行也能在气相中进行的反应为数不多；②将不同溶剂中的同一个化学反应进行对比。上述两种对比方法中，主要比较的参数是速率系数、活化能和指前因子。

根据溶剂在反应系统中发挥的不同作用，可将溶剂效应分为物理效应和化学效应。物理效应包括传能和传质作用、电离作用、介电作用、溶剂化作用，对于前者，溶剂对反应物分子无特殊作用，溶剂单纯作为介质，而对于后三者，溶剂与反应物分子有特殊作用。化学效应包括两种情况：一种是溶剂对反应具有催化作用，另一种是溶剂本身就是反应的反应物或产物。在通常情况下，所说的溶剂效应多指物理效应，以下予以讨论。

12.13.1 溶剂与反应物分子无特殊作用

大量研究结果表明，如果溶剂只起单纯的介质作用，即仅作为媒介传递反应物分子及其能量，则溶剂对反应速率影响很小。例如在 298K 时对 N_2O_5 分解反应

$$N_2O_5 \longrightarrow 2NO_2 + \frac{1}{2}O_2$$

进行了大量的动力学实验测定，结果如表 12-6 所示。由表可以看出，在大多数溶剂中，

N_2O_5 分解反应的速率系数、活化能和指前因子基本与气相中相同,即溶剂不影响反应速率。这个结果对许多既能在气相又能在溶液中进行的反应都是符合的。

表 12-6　298K 时 N_2O_5 分解反应的动力学参数

溶　剂	$k\times10^5/s^{-1}$	$\lg\{A\}$	$E/(kJ\cdot mol^{-1})$
气相	3.38	13.6	103.3
四氯化碳	4.09	13.8	106.7
氯仿	3.72	13.6	101.3
硝基甲烷	3.13	13.5	102.5
溴	4.27	13.3	100.4

在溶液反应中,通常反应物分子处于溶剂分子的包围之中,即每个反应物分子周围几乎都是溶剂分子。与气体相比,溶液中的分子是高度密集的,而且分子间存在很强的相互作用。平均而言,两个液体分子的间隙要小于分子的碰撞直径。也就是说,一个反应物分子 A 就好像处在一个由溶剂分子围成的"笼子"中,A 分子在热运动时与周围溶剂分子反复碰撞。只有在以下两种情况下 A 才有可能从笼子中"逃出":一是 A 撞击的能量非常大,足以将两个相邻的溶剂分子撞开而从它们的间隙中挤出;二是在 A 撞击的瞬间,撞击处的两个溶剂分子恰好分开一条通道。计算表明,对于正常溶剂(粘度约为 $10^{-3}kg\cdot m^{-1}\cdot s^{-1}$),A 分子在一个笼子中平均停留的时间可长达 $10^{-10}s$ 之久,在这段时间内它与笼子发生了数百次乃至上千次的碰撞。它一旦从一个笼子中逃出,经过扩散运动又掉落入另一个笼子中,又在那里停留同样数量级的时间。在动力学中,将溶液中分子碰撞行为的上述描述称为笼效应,实际上属于溶液反应动力学的基本理论。

笼效应理论成功解释了"当溶剂对反应物分子无特殊作用时,溶剂不影响反应速率"的实验结果。例如,设反应 $A+B\longrightarrow P$ 既能在气相又能在溶液中进行,且溶剂仅起介质作用。笼效应表明,在溶液中,虽然每一个 A(或 B)分子与远处的 B(或 A)分子相互碰撞的几率远低于气相中,但当一个 A 分子与一个 B 分子恰好落入同一个笼子时,它们将在这个笼子中发生频繁的反复碰撞多达数百次,使它们发生反应的几率很高。从而使得溶液反应的速率与气相反应相当。

12.13.2　溶剂与反应物分子有特殊作用

溶剂对反应物分子的作用包含丰富的内容,例如溶剂化作用、电离作用等,许多作用的内在原因非常复杂,有的至今还没完全搞清楚。这些特殊的相互作用,对许多溶液反应(特别是有离子参与的反应)的速率产生明显的影响。例如,产生季胺盐的反应

$$(C_2H_5)_3N + C_2H_5I \longrightarrow (C_2H_5)_4N^+I^-$$

在几种不同溶剂中进行时的动力学参数如表 12-7 所示。由表可以看出,不同溶剂中的速率系数差别很大,进而可知,速率系数的差别主要是由活化能不同引起的。

表 12-7　373K 时反应 $(C_2H_5)_3N+C_2H_5I\rightarrow(C_2H_5)_4N^+I^-$ 的动力学参数

溶　剂	$k\times10^5/(dm^3\cdot mol^{-1}\cdot s^{-1})$	$\lg\{A\}$	$E/(kJ\cdot mol^{-1})$
乙烷	0.5	4.0	66.9
甲苯	25.3	4.0	54.4
苯	39.8	3.3	47.7
硝基苯	138.3	4.9	48.5

有关溶剂效应的大量研究结果表明,溶液反应的速率主要受溶剂极性、溶剂化作用、溶剂介电常数和离子强度四个因素的影响。以下分别对具体影响予以扼要介绍。

1. 溶剂极性的影响

不同物质的极性是不同的。根据"相似相溶"原理,溶剂的极性越大,对强极性的物质越有利。所以,若产物的极性大于反应物,则反应随溶剂极性增大而加快;反之,若反应物的极性大于产物,则反应随溶剂极性增大而变慢。比如在上述合成季铵盐的反应中,由于季铵盐有较强的极性,所以溶剂的极性越大反应越快。

2. 溶剂化的影响

溶剂化是溶液中广泛存在的一种溶剂-溶质相互作用,例如水溶液中的离子多为水合离子。溶剂化是自发过程,会使能量降低,所以溶剂化程度越高,溶剂化产物的能量越低。可以预见,若过渡状态的溶剂化程度高于反应物,表明溶剂化以后过渡状态的能量比反应物降低得更多,结果使反应的活化能降低,反应速率加快;反之,若反应物的溶剂化程度高于过渡状态,则反应的活化能升高,反应速率变慢。总之,溶剂化作用是通过改变反应活化能来影响反应速率的。

3. 溶剂介电常数对离子反应的影响

不难理解,由于溶剂的介电作用能明显改变离子间的相互作用,所以必对离子间的反应产生影响。设 A 和 B 两种离子间的反应为

$$A^{z_A} + B^{z_B} \longrightarrow P \tag{12-159}$$

其中 P 代表反应的产物,z_A 和 z_B 分别代表离子 A 和 B 的价数,则该反应的速率系数 k 与溶剂介电常数 ε 之间的关系为

$$\boxed{\ln \frac{k}{k_0} = -\frac{Le^2}{\varepsilon RTa} z_A z_B} \tag{12-160}$$

式中 L 和 e 分别为 Avogadro 常数和单位电荷电量;a 为离子的直径;k_0 为参考态(即无限稀释溶液)时反应的速率系数,k_0 是一个只与温度有关的常数。为了更清楚地理解溶剂的介电作用对反应速率的影响,将式(12-160)两端对 ε 微分,得

$$\boxed{\left(\frac{\partial \ln\{k\}}{\partial \varepsilon}\right)_T = \frac{Le^2}{\varepsilon^2 RTa} z_A z_B} \tag{12-161}$$

此式表明,如果 z_A 和 z_B 同号(即两种反应离子同为正离子或者同为负离子时),反应随溶剂介电常数 ε 增大而加快;反之,若 z_A 和 z_B 异号,反应随溶剂介电常数 ε 增大而变慢。

4. 离子强度对离子反应的影响

溶液的离子强度明显影响离子间的相互作用,所以会影响离子间的反应。如果式(12-159)所表示的离子反应是在稀薄溶液中进行的,则该反应的速率系数 k 与离子强度 I 之间的关系为

$$\boxed{\ln \frac{k}{k_0} = C z_A z_B \sqrt{I}} \tag{12-162}$$

其中 k_0, z_A 和 z_B 的物理意义与式(12-160)中相同；C 是只与温度有关的常数。式(12-162)表明，若 z_A 和 z_B 同号，则反应速率随离子强度增大而加快；反之，若 z_A 和 z_B 异号，反应随离子强度增大而变慢。因为在工业生产和实验室里经常采用加盐的方法来调整溶液的离子强度，从而改变反应速率，因此将上述规律称为盐效应。显然，如果反应物中只要有一种不是离子，则反应速率与离子强度无关。

*12.14 光化学反应

一部分化学反应是在光的作用下进行的，称为光化学反应。研究光化学反应规律的学科称为光化学。自然界中的光化学反应是很多的，例如，植物在光的作用下进行的光合作用，使二氧化碳与水反应生成碳水化合物和氧气：

$$CO_2 + H_2O \xrightarrow[\text{叶绿素}]{\text{光子 } h\nu} \frac{1}{6}C_6H_{12}O_6 + O_2$$

老式照相机中胶片上发生的反应

$$AgBr \xrightarrow{h\nu} Ag + \frac{1}{2}Br_2$$

光的照射是光化学反应进行的主要条件，它有许多特殊的规律。为了便于讨论，人们将其他反应称为热化学反应，但是同一个化学反应，有可能既是光化学反应同时又是热化学反应。例如 HI 分解

$$2HI \longrightarrow H_2 + I_2$$

若在光的作用下进行，是光化学反应；若在加热条件下进行则为热化学反应。但在上述两种情况下，它们的机理不同，所遵循的规律也不相同。以前我们所讨论的都是热化学反应，本节主要介绍光化学反应与热化学反应的区别。

12.14.1 光化学基本定律

1. Grotthus-Draper 定律

只有被吸收的光才能引起光化学反应。意思是说，当一束光照射反应系统时，其中反射和透射的那部分光对反应来说是无效的，只有被反应物吸收的光才可能引起反应。该定律是 19 世纪提出来的，这个现在看来是理所当然的定律，在当时却需要很精密复杂的实验才能证明它的正确性。

2. Einstein 光化学当量定律

在光化学反应的初级过程中，一个反应物分子吸收一个光子而被活化。这个定律是 20 世纪初提出来的，是 Grotthus-Draper 定律的继续，它进一步指出，光化学反应由反应物分子吸收光子开始，而且一个反应物分子只吸收一个光子，结果是反应物分子被活化。

光是一种电磁辐射，设其振动频率为 ν，则一个光子的能量为 $h\nu$，其中 h 是 Planck 常数，通常人们习惯用 $h\nu$ 代表一个光子，于是 Einstein 定律可写作

$$A + h\nu \longrightarrow A^*$$

A* 代表活化的 A 分子。严格讲,一个反应物分子吸收一个光子后,其电子运动由基态跃迁至高能态,所以 A* 实际上是电子激发态分子。由于电子激发态分子是电子跃迁的结果,所以激发态中有未填满的电子轨道,这给发生化学反应提供了机会,因而电子激发态分子除了比基态分子富能以外,一般具有比基态分子较强的反应性能。

在光化学反应的初级过程中,每活化一个反应物分子需要吸收一个光子。因此,要活化 1mol 反应物,需要吸收 1mol 光子。若以 c 代表光速 $3\times10^8 \mathrm{m\cdot s^{-1}}$,以 λ 代表光的波长,则 1mol 光子的能量为

$$h\nu L = \frac{hcL}{\lambda}$$

$$= \frac{6.626\times10^{-34}\times 3\times10^8\times 6.023\times10^{23}}{\lambda/\mathrm{m}}\mathrm{J\cdot mol^{-1}}$$

$$= \frac{0.1196}{\lambda/\mathrm{m}}\mathrm{J\cdot mol^{-1}}$$

通常把 1mol 光子的能量称为 1Einstein(爱因斯坦),它的值与光的波长有关,表 12-8 列出了一些光的 Einstein 值。

表 12-8　一些光的 Einstein 值

光的种类	λ/m	$\dfrac{1\mathrm{Einstein}}{\mathrm{J\cdot mol^{-1}}}$	光的种类	λ/m	$\dfrac{1\mathrm{Einstein}}{\mathrm{J\cdot mol^{-1}}}$
红外	1.0×10^{-6}	11.96×10^4	蓝	4.7×10^{-7}	25.45×10^4
红	7.0×10^{-7}	17.08×10^4	紫	4.2×10^{-7}	28.48×10^4
橙	6.2×10^{-7}	19.29×10^4	紫外	3.0×10^{-7}	39.87×10^4
黄	5.8×10^{-7}	20.62×10^4	紫外	2.0×10^{-7}	59.80×10^4
青	5.3×10^{-7}	22.59×10^4	X 射线	1×10^{-10}	11.96×10^8

为了度量所吸收的光子对光化学反应所起的作用,引入量子产率的概念,量子产率 ϕ 的定义为

$$\phi = \frac{\text{起反应的反应物分子数}}{\text{吸收的光子数}} \tag{12-163}$$

在光化学反应的初级过程,即光的吸收过程中,一个光子只能被一个反应物分子吸收。所产生的活化分子有两种可能:一种可能是通过放射出光子或与其他分子碰撞时释放能量等方式而"失活";另一种可能是发生反应。因此,一个活化分子能否反应取决于以上两种可能中哪一个来得较快。在一个光化学反应中,如果初级过程之后的后继反应进行得很慢,这会使得许多已经活化的分子重新失活,这种反应的量子产率就小于 1。例如,HBr 的合成反应,在初级过程中 Br_2 吸收光子后活化为自由基 $Br\cdot$:

$$Br_2 + h\nu \longrightarrow 2Br\cdot$$

而后继反应

$$Br\cdot + H_2 \longrightarrow HBr + H\cdot$$

却是需要活化能较高的吸热反应,进行得较慢。在常温下该合成反应的量子产率只有 0.01。即平均来说,吸收 100 个光子可使 1 个溴分子起反应。反之,如果初级过程的后继反应进行得很快或发生一系列的链支化等,则吸收一个光子结果使许多个反应物分子发生反应,于是这种反应的量子产率就大于 1。例如,在光照下的碘化氢分解反应,在初级过程中 HI 吸收

光子：
$$HI + h\nu \longrightarrow H\cdot + I\cdot$$
而后继步骤
$$H\cdot + HI \longrightarrow H_2 + I\cdot$$
和
$$2I\cdot \longrightarrow I_2$$

是两个非常快的反应，使得每吸收一个光子会使两个 HI 分子分解，所以量子产率 $\phi=2$。又例如在光照射下 HCl 的合成反应是一个光化链反应，其量子产率竟高达 10^6 之多。表 12-9 列出了一些气相光化学反应的量子产率。研究光化学反应的量子产率，常对确定反应机理提供有益的启示。

表 12-9　一些气相光化学反应的量子产率

反应	$\lambda \times 10^7 /$m	ϕ	备注
$2NH_3 \longrightarrow N_2 + 3H_2$	2.1	0.25	与压力有关
$SO_2 + Cl_2 \longrightarrow SO_2Cl_2$	4.2	1	
$HCHO \longrightarrow H_2 + CO$	2.5～3.1	1～100	温度在 100～400℃
$2HI \longrightarrow H_2 + I_2$	2.07～2.8	2	
$2HBr \longrightarrow H_2 + Br_2$	2.07～2.53	2	
$CO + Cl_2 \longrightarrow COCl_2$	4.0～4.36	约 10^3	与温度和压力有关
$H_2 + Cl_2 \longrightarrow 2HCl$	4.0～4.36	直到 10^6	随 $p(H_2)$ 而变，且与杂质有关

3. Beer-Lambert 定律

该定律描述溶液中的某物质对光的吸收情况，设吸收光的物质在溶液中的浓度为 c，溶液厚度为 l，入射光强度为 I_0，透射光强度为 I，见图 12-35。则该定律可表示为

$$I = I_0 \exp(-\varepsilon l c) \quad (12\text{-}164a)$$

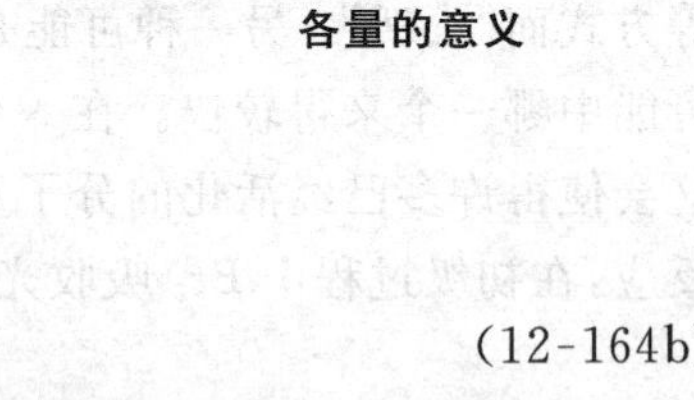

其中 I_0 代表 1s 入射到 $1m^3$ 溶液中光子的量，I 的意义可类推。I_0 和 I 的单位为 $mol \cdot m^{-3} \cdot s^{-1}$。$\varepsilon$ 称为吸光系数，单位为 $m^2 \cdot mol^{-1}$，ε 值与系统的种类、温度和入射光的波长有关。

图 12-35　式(12-164a)中各量的意义

设溶液所吸收的光为 I_a，则
$$I_a = I_0 - I$$
$$I_a = I_0[1 - \exp(-\varepsilon l c)] \quad (12\text{-}164b)$$

由此可以看出，若保持入射光强度及溶液厚度不变，则吸光物质的浓度 c 越大吸收的光就越多；若保持入射光强度及浓度 c 不变，则液层越厚吸收的光就越多。

12.14.2　光化学反应的特点

光化学反应是通过从环境中吸收光来进行的，从能量角度来说，系统吸收光时从环境中获得了能量。由热力学中关于功的定义，在光的作用下系统与环境之间传递的这部分能量

应该叫功,而且是非体积功,因此,光化学反应是在环境做非体积功的条件下进行的过程,这一点决定了光化学反应的如下特点。

1. 在等温等压下实际进行的光化学反应的 Gibbs 函数变不一定小于零

由热力学第二定律可知,在等温等压条件下

$$\Delta G \leqslant -W'$$

其中 < 代表不可逆过程,即实际有可能发生的过程,所以,对实际进行的光化学反应 $0 = \sum_B \nu_B B$,上式为

$$\Delta_r G_m \leqslant -W' \tag{12-165}$$

此处 W' 是系统吸收光时从外界获得的非体积功,据本书关于功符号的规定:

$$W' < 0$$

即

$$-W' > 0$$

所以 $-W'$ 具有正值,于是式(12-165)的意义是说:光化学反应的 $\Delta_r G_m$ 小于某个正数。所以光化学反应的 $\Delta_r G_m$ 可能小于零,也可能大于零或等于零。事实已经证明,有些 $\Delta_r G_m > 0$ 的反应,虽然在通常情况下不可能进行,但在有光照射的条件下却是可行的。例如植物中的光合作用就是 Gibbs 函数增加的反应。

2. 光化学反应的速率受温度的影响较小

这是由于光化学反应所需要的活化能来自于吸收光,而不依赖于分子间的激烈碰撞。例如,光化学反应

$$Cl_2 + CHCl_3 \longrightarrow CCl_4 + HCl$$

机理为

$$Cl_2 + h\nu \longrightarrow 2Cl \cdot \tag{1}$$

$$Cl \cdot + CHCl_3 \longrightarrow CCl_3 \cdot + HCl \tag{2}$$

$$CCl_3 \cdot + Cl_2 \longrightarrow CCl_4 + Cl \cdot \tag{3}$$

$$2CCl_3 \cdot + Cl_2 \longrightarrow 2CCl_4 \tag{4}$$

其中步骤(1)是真正的光化学步骤,它的活化能完全由 $h\nu$ 提供,所以该步骤与温度无关。步骤(2)~(4)实际上是三个热反应,但由于它们的活化能相对(1)而言要小得多,所以受温度的影响较小,因此整个反应受温度影响不大。由经验规则知,温度每升高 10K,一般热化学反应的速率系数增加 2~4 倍,而光化学反应的速率系数增加不超过 2 倍。

3. 光化学反应的动力学性质和平衡性质都对光有选择性

光化学反应的动力学性质和平衡性质都与光的波长和强度有关,因此,用于热化学反应的动力学和化学平衡的处理方法,不可简单套用在光化学反应上。下面我们分别介绍这方面的问题。

12.14.3　光化学反应的速率方程

光化学反应的速率方程同样靠实验进行测定。测定结果表明:光化学反应的速率与所

吸收光的波长和强度有关。在一次实验中，一般只用具有一定波长的光，此时速率方程中总是含有吸光强度 I_a。实际上，光化学反应的速率与光强度 I_a 有关主要是由于它的初级反应与光有关。所以要确定一个光化学反应的机理，其任务之一就是确定初级反应。通常，原子或分子光谱是确定初级反应的有力实验工具。在 12.8.6 节所介绍的推测反应机理的基本方法同样适用于光化学反应。

由光化学反应的机理推导速率方程，与前面几节所介绍的方法基本相同，所不同的是初级反应的速率只取决于光强度 I_a（当光的波长确定时）。例如，光化学反应

$$2HI \xrightarrow{h\nu} H_2 + I_2, \quad \lambda = 25.4 \times 10^{-10}\,m$$

的机理为

$$HI + h\nu \xrightarrow{k_1} H\cdot + I\cdot$$

$$H\cdot + HI \xrightarrow{k_2} H_2 + I\cdot$$

$$2I\cdot \xrightarrow{k_3} I_2$$

由于反应 1（初级反应）中消耗 HI 的速率为 $k_1 I_a$，其中速率系数 k_1 与光的波长有关；反应 2 中消耗 HI 的速率为 $k_2[H\cdot][HI]$，所以 HI 的消耗速率为

$$-\frac{d[HI]}{dt} = k_1 I_a + k_2 [H\cdot][HI] \tag{12-166}$$

为了用容易测量的量表示 $[H\cdot]$，利用稳态假设：

$$\frac{d[H\cdot]}{dt} = k_1 I_a - k_2[H\cdot][HI] = 0$$

解得

$$k_2[H\cdot][HI] = k_1 I_a$$

将此结果代入速率方程(12-166)，

$$-\frac{d[HI]}{dt} = 2k_1 I_a$$

所以 HI 的光化学分解反应 $2HI \longrightarrow H_2 + I_2$ 的速率为

$$-\frac{1}{2}\frac{d[HI]}{dt} = k_1 I_a$$

这就表明，该反应的速率只决定于吸收光的强度 I_a，且与 I_a 成正比。这与实验结果是一致的。对于其他的光化学反应，虽然反应速率与光强度不一定是正比关系，速率方程中也可能含有多种物质的浓度，但反应速率与光的波长和强度有关是一切光化学反应的共同特征之一。

12.14.4 光化学平衡

在对峙反应中，若反应的一方或双方是光化学反应，则该平衡就称为光化学平衡。在一定条件下反应达光化学平衡[①]时，系统的组成不再随时间而变化。例如，在苯溶液中光化学平衡

---

① 其实此时系统所处的状态并非平衡态，而叫做光稳定状态。为了方便本书不再区别它们。

$$2C_{14}H_{10} \overset{h\nu}{\rightleftharpoons} C_{28}H_{20}$$

其中正反应为光化学反应,其速率为

$$r_1 = k_1 I_a$$

逆反应为热化学反应,速率为

$$r_2 = k_2 [C_{28}H_{20}]$$

达平衡时,正、逆反应速率相等,即

$$k_1 I_a = k_2 [C_{28}H_{20}]^{eq}$$

$$[C_{28}H_{20}]^{eq} = \frac{k_1}{k_2} I_a \tag{12-167a}$$

其中$[C_{28}H_{20}]^{eq}$是平衡浓度。设反应由$C_{14}H_{10}$开始且其初始浓度为a,则

$$[C_{14}H_{10}]^{eq} = a - 2[C_{28}H_{20}]^{eq}$$

$$[C_{14}H_{10}]^{eq} = a - \frac{2k_1}{k_2} I_a \tag{12-167b}$$

根据平衡常数的物理意义①

$$K^{\ominus} = \frac{[C_{28}H_{20}]^{eq}/c^{\ominus}}{([C_{14}H_{10}]^{eq}/c^{\ominus})^2}$$

即

$$K^{\ominus} = \frac{[C_{28}H_{20}]^{eq} c^{\ominus}}{(a - 2[C_{28}H_{20}]^{eq})^2} \tag{12-168}$$

将式(12-167a)代入并整理,得

$$K^{\ominus} = \frac{k_1 k_2 c^{\ominus} I_a}{(k_2 a - 2 k_1 I_a)^2} \tag{12-169}$$

由以上推导结果,我们可以得出如下结论:

(1) 式(12-167a)和式(12-167b)表明,光化学反应的平衡浓度与光的波长和强度有关。进一步说,光的波长和强度影响平衡组成。若用一定波长的光照射某反应系统,改变光强度会使平衡移动。

(2) 式(12-169)表明,光化学反应的平衡常数与光的波长和强度有关。即使光的波长不变,光强度不同时$K^{\ominus}$也将发生变化,因此光化学反应的平衡常数不只是温度的函数。

(3) 由于反应的标准摩尔Gibbs函数变$\Delta_r G_m^{\ominus}$只与温度有关,而$K^{\ominus}$并非只与温度有关,因而对于光化学反应,

$$\Delta_r G_m^{\ominus} \neq -RT \ln K^{\ominus} \tag{12-170}$$

这就是说,在第7章中定义的平衡常数不能用于光化学平衡。这是由于公式$\Delta_r G_m^{\ominus} = -RT \ln K^{\ominus}$是从平衡时$\Delta_r G_m = 0$推出来的,而在光化学平衡时$\Delta_r G_m$不等于0而是$\Delta_r G_m = -W'$。

(4) 若将式(12-167a)代入式(12-168)的分母中,整理得

$$K^{\ominus}(c^{\ominus})^{-1} = \frac{[C_{28}H_{20}]^{eq}}{\left(a - \dfrac{2k_1}{k_2} I_a\right)^2}$$

---

① 严格说式中的$K^{\ominus}$不是平衡常数,而是光稳定状态时的相对浓度积,本书仍使用了"平衡常数"的名称。

而由式(12-167a)知

$$\frac{k_1}{k_2} = \frac{[\mathrm{C_{28}H_{20}}]^{eq}}{I_a}$$

若将以上两式进行比较，由于两式右端的分母不相等，所以对于光化学平衡

$$2\mathrm{C_{14}H_{10}} \underset{k_2}{\overset{k_1}{\rightleftharpoons}} \mathrm{C_{28}H_{20}}$$

$$\frac{k_1}{k_2} \neq K^{\ominus}(c^{\ominus})^{-1}$$

因此，对于任意的光化学平衡 $0 = \sum_B \nu_B B$，

$$\frac{k_1}{k_2} \neq K^{\ominus}(c^{\ominus})^{\sum_B \nu_B} \tag{12-171}$$

由以上讨论可以看出，光化学反应是一类特殊的化学反应，不论动力学还是热力学，热化学反应的许多处理方法都不适用于光化学反应。

12.14.5 激光化学简介

1. 激光的特点

通常的光化学反应所使用的是一般强度的紫外线和可见光。近些年来激光技术的发展，使人们发现了许多新鲜现象，其中之一就是若用高强度的脉冲红外激光照射，一个复杂分子（如 $\mathrm{SiF_6}$）可以同时吸收 20～40 个光子而分解。这就是说，经典的 Einstein 光化学当量定律只有在光强度不很高时才是正确的。这一发现，为光化学的发展开拓了广阔的前景。

激光器中工作物质的众多微观粒子获得能量后处于高能激发态，其中某些粒子自发地回到低能级时便产生光子，在光子的刺激之下，这些高能态的粒子便整齐划一地产生受激辐射，这就是激光。由于激光中的大量光子与原来刺激它们的光子是同频率、同方向、同位相、同偏振的，所以激光与普通的光不同，具有一系列宝贵的特点。其中有两个与光化学有关：

(1) 高单色性

激光中的光子具有几乎完全相同的频率，这就决定了它的高单色性。通常人们制造的各种单色光源中单色性最好的是氪灯，其波长变化小于 $5\times10^{-13}\mathrm{m}$，而激光的波长变化能小于 $10^{-25}\mathrm{m}$，其单色性比普通光源的提高了上亿万倍。

(2) 高强度性

由于激光的高单色性，能量集中在极窄的频率范围之内；由于光子的方向相同，使辐射能量集中在很小的空间范围之内；由于许多激光以脉冲形式释放能量，因而激光的能量在时间上高度集中。这些特点决定了激光的高强度性。例如，一台功率较大的红宝石超脉冲激光器所发生的激光相当于太阳表面亮度的 100 万倍。

2. 红外激光化学的发展

人们将紫外、可见和红外波段的激光用于化学反应之后，引起了光化学的空前大革命。其中尤其具有重大意义的是红外波段激光的应用为光化学展现了一个全新的境界。红外激光化学反应具有以下三个鲜明的特点：

(1) 激发化学键的高选择性

化学反应实际上是破坏旧化学键,形成新化学键的过程。分子中的原子不停地相对振动着,不同的化学键振动的频率不同。在热化学反应中,随温度升高,分子中各化学键的振动幅度都增大,而首先遭破坏的总是其中键能最弱的化学键,因此,人们难以按照自己的意志有选择地破坏某些键而保留另一些键,使选择性地进行化学反应受到限制。红外激光的问世,为改变这种状况提供了条件,这是因为红外波段的频率与分子中的振动频率大致相符。当用一定频率的红外激光照射系统时,则反应分子中只有与红外激光频率相同的那个化学键才被迫发生共振,同时吸收多个光子而被激发到高的振动能级,从而使该键被削弱,表现出化学活泼性;分子中的其他化学键,不论其键能大小,均因其振动频率与所用激光的频率不同而不发生共振,从而基本上不被触动。这样,人们就可利用激光的高单色性和高强度性,选用合适的红外激光,按照自己的意志来实现所需要的化学反应。目前,已经制成多种红外激光器,其频率与 N—F,S—F,Si—H,B—H,P—H,C—O,O—H 和 N—H 等键的振动频率相同或相近,功率可达数十 $W \cdot cm^{-2}$,足以引发化学反应,可能用来对上述各化学键进行选择性的激发。

(2) 输入能量的合理消耗

在热化学反应中,反应系统获得的能量,不可避免地同时用来增加分子的平动、转动和振动;就振动能量的增加而言,又不可避免地同时增加所有化学键的振动能量。这对于需破坏的那部分化学键来说,输入的能量中不少白白地浪费了。若利用合适频率的超脉冲红外激光,则将能量集中在那些所要破坏的化学键上。同时由于传能时间极短,可在 10^{-12} s 的间隔内完成,这就避免了经过分子碰撞而将键上的能量传走,因为在分子发生碰撞之前就已达到高度激发态而进行反应。

(3) 反应速率极快

实验证明,一般红外激光化学反应是以爆炸的速率进行,有些反应整个过程只需红外激光照射 10^{-5} s 就足够了。这是由于激光的高强度性所引起的。

基于上述特点,可以期望借助于红外激光技术多快好省地按照人的意志实现通常难于实现的化学反应,在常温常压下实现原在高温高压下才能实现或难于实现的化学变化以及实现极快的反应等。

另外,激光技术还可为化学动力学的研究工作提供崭新的手段和方法。例如在 12.8 节、12.9 节中提到的分子束实验技术和弛豫技术都与激光的应用有关。

由于激光本身具有许多宝贵的特点,随着技术的进一步发展,激光一定还会为微观动力学的研究提供新方法和新手段。可以预期,激光技术不仅将使化学反应机理等动力学微观过程的研究工作出现崭新面貌,还将为建立更具有科学性的反应速率理论奠定基础。这些将在化学动力学的发展中带来一个新的飞跃。

习题

12-1 反应 $C_2H_6 \longrightarrow C_2H_4 + H_2$ 开始阶段近似为 1.5 级,在 910℃时的速率系数为 $0.357 m^{3/2} \cdot mol^{-1/2} \cdot s^{-1}$,计算 $C_2H_6(g)$ 的压力为 13332Pa 时的起始分解速率 $-d[C_2H_6]/dt$。

12-2 氢氧化钠和乙酸甲酯在稀的水溶液中作用：
$$CH_3COOCH_3 + NaOH = CH_3OH + CH_3COONa$$
反应开始时,氢氧化钠和乙酸甲酯的浓度均为 $10.0\,mol\cdot m^{-3}$,温度保持在 25℃。经过一段时间以后,甲醇和醋酸钠的浓度如下：

t/min	0	2	5	10	20	40	∞
c/(mol·m^{-3})	0	1.910	3.700	5.410	7.020	8.250	10.000

(1) 以浓度为纵坐标。时间为横坐标,绘制浓度-时间曲线;

(2) 从曲线上,确定反应开始时,10min 后,30min 后的反应速率,并说明反应速率的单位;

(3) 用解析形式(公式)表示浓度随时间的变化规律(二级反应);

(4) 根据这个公式,计算 50% 乙酸甲酯反应所需要的时间。

12-3 若某反应进行完全需要的时间是有限的,且等于 c_0/k(c_0 为反应物的起始浓度),则此反应为几级反应?

12-4 某反应中,反应物消耗掉 3/4 所需要的时间是消耗掉 1/2 所需时间的 2 倍,反应的级数是多少? 若是 3 倍呢?

12-5 高温气相反应 $(CH_3)_2O \longrightarrow CH_4 + H_2 + CO$ 是一级反应。若将二甲醚 $(CH_3)_2O$ 引入一个 504℃ 的抽空容器内,并在不同时刻测定系统压力,得到如下数据：

t/s	390	777	1587	3155	∞
p/kPa	54.396	65.061	83.193	103.858	124.123

试用作图法求 504℃ 时反应的速率系数 k。

12-6 在偏远的地区,便于使用的一种能源是放射性物质,放射性物质产生热,它所产生的热量与核裂变的数量成正比。为了设计一种在北极利用的自动气象站,决定使用一种人造放射性物质 Pa^{210} 的燃料电池(Pa^{210} 的半衰期是 138.4d),如果燃料电池提供的功率不允许下降到它最初值的 85% 以下,那么多长时间就应该换一次这种燃料电池?

12-7 把一定量的 PH$_3$ 迅速引入 950K 的已抽空的容器中,待反应达到指定温度后(此时已有部分分解),测得下列数据：

t/s	0	58	108	∞
p/Pa	34997	36344	36677	36850

已知反应为一级反应。求 PH$_3$ 分解反应 $4PH_3(g) \longrightarrow P_4(g) + 6H_2(g)$ 的速率系数。

12-8 某物质 A 与等量的物质 B 混合,1h 后,A 作用了 75%,试问 2h 后 A 还剩余多少没有作用? 倘若反应 $A+B \longrightarrow P$ 的速率方程为 $-dc_A/dt = c_A^\alpha c_B^\beta$:

(1) $\alpha = 0.5, \beta = 0.5$;

(2) $\alpha = 1.5, \beta = 0.5$;

(3) $\alpha = 1, \beta = -1$。

12-9 硝基氨 NH_2NO_2 在有碱存在时分解为一氧化二氮和水。该反应是一级的。在 15℃时将 0.806×10^{-3} mol 的 NH_2NO_2 放入容器中,经 70min 后有 6.19mL 气体放出(已换算成 15℃和 103325Pa 下干燥气体的体积)。求 15℃时该反应的半衰期。

12-10 298K 时乙酸乙酯与 NaOH 的皂化反应,反应的速率系数为 6.36×10^{-3} $m^3\cdot mol^{-1}\cdot min^{-1}$:

(1) 若起始浓度均为 $20 mol\cdot m^{-3}$,试求 10min 后的转化率;

(2) 若 $CH_3COOC_2H_5$ 的起始浓度为 $10 mol\cdot m^{-3}$,而 NaOH 的起始浓度为 $20 mol\cdot m^{-3}$,试计算若有 50% 的酯分解,需多少时间?

12-11 (1) 某一级反应 $A \longrightarrow B$,1h 后 A 作用了 75%,试求 2h 后 A 还剩余多少没有作用?

(2) 某二级反应 $A \longrightarrow B$,1h 后 A 作用了 75%。试求 2h 后 A 还剩余多少没有作用?

12-12 气相反应 $2NO_2+F_2\longrightarrow 2NO_2F$,当 2.00mol 的 NO_2 与 3.00mol 的 F_2 在 $0.4m^3$ 的反应釜中混合,已知 27℃ 时 $k=0.038 m^3\cdot mol^{-1}\cdot s^{-1}$,反应的速率方程为 $r=k[NO_2][F_2]$,试计算反应 10s 后,NO_2,F_2,NO_2F 在反应器中的物质的量。

12-13 如反应物的起始浓度均为 a,反应级数为 $n(n\neq 1)$,证明其半衰期通式为

$$t_{1/2}=\frac{2^{n-1}-1}{a^{n-1}k(n-1)}$$

式中 k 为速率系数。

12-14 反应 $OCl^-+I^-\xrightarrow{OH^-}OI^-+Cl^-$ 在不同起始浓度时测得反应速率如下,试确定反应的速率方程。

$[OCl^-]/(mol\cdot m^{-3})$	$[I^-]/(mol\cdot m^{-3})$	$[OH^-]/(mol\cdot m^{-3})$	$\dfrac{d[OI^-]}{dt}/(mol\cdot m^{-3}\cdot s^{-1})$
1.7	1.7	1000	0.175
3.4	1.7	1000	0.350
1.7	3.4	1000	0.350
1.7	1.7	500	0.350

12-15 有人对反应 $2NO+2H_2\longrightarrow N_2+2H_2O$ 进行了研究,开始 NO 和 H_2 的物质的量相等。采用不同的起始压力相应地有不同的半衰期:

起始压力 p_0/Pa	47196	45396	38397	33464	32397	26931
半衰期 $t_{1/2}$/min	81	102	140	180	176	224

试求该反应的级数。

12-16 298K 时,反应 $2FeCl_3+SnCl_2\longrightarrow 2FeCl_2+SnCl_4$ 实验测得如下数据,其中 y 是 $FeCl_3$ 的作用量:

t/min	1	3	7	11	40
$y/(mol\cdot m^{-3})$	14.34	26.64	36.12	41.02	50.58

已知 $SnCl_2$ 和 $FeCl_3$ 的起始浓度分别为 $31.25 mol\cdot m^{-3}$ 和 $62.5 mol\cdot m^{-3}$,试求:

(1) 该反应的级数 n；

(2) 若 $SnCl_2$ 和 $FeCl_3$ 的起始浓度均为 $62.5 mol \cdot m^{-3}$，则起始反应速率为以上起始速率的 2 倍，试求该反应对 $FeCl_3$ 的级数 α 和对 $SnCl_2$ 的级数 β；

(3) 该反应的速率系数 k。

12-17 乙酸乙酯在碱性溶液中的反应如下：

$$CH_3COOC_2H_5 + OH^- \longrightarrow CH_3COO^- + C_2H_5OH$$

两种反应物的初始浓度均为 $64 mol \cdot m^{-3}$。在 25℃时，反应经不同时间后，每次取样 25mL，立即在样品中加入 $64 mol \cdot m^{-3}$ 的盐酸以使反应停止，多余的酸用 $100 mol \cdot m^{-3}$ 的 NaOH 溶液滴定，用去 NaOH 的体积列于下表：

t/min	0	5	15	25	35	55	∞
$V(NaOH)$/mL	0.00	5.76	9.87	11.68	12.59	13.69	16.00

试分别用下述方法求反应级数 n 和速率系数 k：

(1) 尝试法；

(2) 作图法；

(3) 半衰期法；

(4) 微分法。

12-18 有一个平行反应：

$$A + B \begin{array}{c} \xrightarrow{k_1} C \\ \xrightarrow{k_2} D \end{array}$$

在温度 T_1 时 $k_1 < k_2$，若指前因子 $A_1 < A_2$，活化能 $E_1 > E_2$，能否改变温度使 $k_1 > k_2$？若 $A_1 > A_2, E_1 > E_2$ 呢？

12-19 在不同温度时，丙酮二羧酸在水溶液中分解反应的速率系数如下：

t/℃	0	20	40	60
$k \times 10^7 /s^{-1}$	4.08	79.2	960	9133

(1) 以 $\ln\{k\}$ 对 $1/T$ 作图，求反应的活化能；

(2) 求指前因子 A；

(3) 求在 100℃时该反应的半衰期。

12-20 在 378.5℃时，$(CH_3)_2O$ 热分解为一级反应，其半衰期为 363min，活化能为 $217.570 kJ \cdot mol^{-1}$。根据上述数据，试估算在 450℃时如欲使 75% 的 $(CH_3)_2O$ 分解，需多少时间？

12-21 溴化乙烷的热分解反应是一级反应，已知其速率系数为

$$k/s^{-1} = 3.8 \times 10^{14} \exp\left(-\frac{229280 J \cdot mol^{-1}}{RT}\right)$$

试求：

(1) 其分解速率为每秒 1% 时的反应温度；

(2) 其分解率在 1h 内达 70% 时的温度。

12-22 对峙反应 D-$R_1R_2R_3$CBr $\rightleftharpoons$ L-$R_1R_2R_3$CBr，若其正、逆向反应均为一级反应且半衰期均为 10min。今从 1.000mol 的 D-溴化物开始，试问 10min 后可得到 L-溴化物若干？

12-23 某连续反应 A $\xrightarrow{k_1}$ B $\xrightarrow{k_2}$ C，其中 $k_1 = 0.450\text{min}^{-1}$，$k_2 = 0.750\text{min}^{-1}$。在 $t = 0$ 时，$c_B = c_C = 0$，$c_A = 1500\text{mol} \cdot \text{m}^{-3}$。

(1) 求算 B 的浓度达到最大所需要的时间 $t_{\max}$；

(2) 在 $t_{\max}$ 时刻，A，B，C 的浓度各为多少？

12-24 已知两个平行反应 A $\xrightarrow{k_1}$ B 与 A $\xrightarrow{k_2}$ C 的活化能分别为 E_1 和 E_2，试证明 A 消耗过程的活化能 E 为

$$E = \frac{k_1 E_1 + k_2 E_2}{k_1 + k_2}$$

12-25 有某平行反应：

$$A \begin{array}{c} \xrightarrow{k_1} B \\ \xrightarrow{k_2} C \end{array} \quad \begin{array}{c}(1)\\(2)\end{array}$$

反应(1)和(2)的指前因子分别为 $10^{13}\ \text{s}^{-1}$ 和 $10^{11}\ \text{s}^{-1}$，其活化能分别为 $120\text{kJ} \cdot \text{mol}^{-1}$ 和 $80\text{kJ} \cdot \text{mol}^{-1}$，今欲使反应(1)的速率大于反应(2)的速率，试求最低需控制温度为若干？

12-26 在 48℃时，d-烯酮-3-羧酸 $C_{10}H_{15}OCOOH$ 在无水乙醇中有平行反应：

$$C_{10}H_{15}OCOOH \longrightarrow C_{10}H_{16}O(\text{樟脑}) + CO_2 \quad (1)$$
$$C_{10}H_{15}OCOOH + C_2H_5OH \longrightarrow C_{10}H_{15}OCOOC_2H_5 + H_2O \quad (2)$$

每隔一定时间从反应系统中取出 20mL 样品，用 $0.0500\text{mol} \cdot \text{dm}^{-3}$ 的 $Ba(OH)_2$ 滴定。与此同时，在完全相同的条件下，另外用 200mL $C_{10}H_{15}OCOOH$ 的无水乙醇溶液进行平行实验，每隔一定时间测量放出的 CO_2 的质量，得到如下实验数据：

t/min	0	10	20	30	40	60	80
$V[Ba(OH)_2]$/mL	20.00	16.26	13.25	10.68	8.74	5.88	3.99
$m(CO_2)$/g	—	0.0841	0.1545	0.2095	0.2482	0.3045	0.3556

分别求算反应(1)和(2)的级数及速率系数。

12-27 光气的热分解反应 $COCl_2 \longrightarrow CO + Cl_2$ 的机理如下：

$$Cl_2 \underset{k_{-1}}{\overset{k_1}{\rightleftharpoons}} 2Cl\cdot \qquad 快$$

$$Cl\cdot + COCl_2 \xrightarrow{k_2} CO + Cl_3\cdot \qquad 慢$$

$$Cl_3\cdot \underset{k_{-3}}{\overset{k_3}{\rightleftharpoons}} Cl_2 + Cl\cdot \qquad 快$$

试证明反应的速率方程为 $d[Cl_2]/dt = k[COCl_2][Cl_2]^{1/2}$。

12-28 由下列各反应的机理，写出 dc_A/dt，dc_B/dt，dc_C/dt，dc_D/dt 的表示式：

(1) A $\underset{k_2}{\overset{k_1}{\rightleftharpoons}}$ 2B 　　(2) 2A $\underset{k_2}{\overset{k_1}{\rightleftharpoons}}$ B $\xrightarrow{k_3}$ C

(3) A $\xrightarrow{k_1}$ B $\underset{k_3}{\overset{k_2}{\rightleftharpoons}}$ 2C 　　(4) A $\underset{k_2}{\overset{k_1}{\rightleftharpoons}}$ B，B + C $\xrightarrow{k_3}$ D

　　　$\downarrow k_4$
　　　D

12-29 $C_2H_6 + H_2 \longrightarrow 2CH_4$ 的反应历程可能是：

$$C_2H_6 \underset{}{\overset{K_1^\ominus}{\rightleftharpoons}} 2CH_3 \cdot$$

$$CH_3 \cdot + H_2 \xrightarrow{k_2} CH_4 + H \cdot$$

$$H \cdot + C_2H_6 \xrightarrow{k_3} CH_4 + CH_3 \cdot$$

第一个反应服从平衡假设，且平衡常数为 $K_1^\ominus$，$H \cdot$ 可作稳态处理。试证明：

$$\frac{d[CH_4]}{dt} = 2k_2\left(\frac{K^\ominus p^\ominus}{RT}\right)^{1/2}[C_2H_6]^{1/2}[H_2]$$

12-30 $C_2H_2(g)$ 的热分解反应是二级反应，其活化能为 $19.04 \times 10^4 J \cdot mol^{-1}$，分子直径为 5×10^{-10} m。

(1) 计算 800K，101325Pa 时，单位时间(s)单位体积(L)中起作用的分子数；

(2) 计算该反应的 k(单位用 $m^3 \cdot mol^{-1} \cdot s^{-1}$)。

12-31 已知二级反应

$$2Fe(CN)_6^{-3} + 2I^- \longrightarrow 2Fe(CN)_6^{-4} + I_2$$

在 298K 时，活化 Gibbs 函数 $\Delta^{\neq} G_m = 75312 J \cdot mol^{-1}$；在 308K 时，$\Delta^{\neq} G_m = 76149 J \cdot mol^{-1}$。试计算 $\Delta^{\neq} H_m$，$\Delta^{\neq} S_m$ 及 298K 时的速率系数 k。

12-32 反应 $2HI \rightarrow H_2 + I_2$ 在无催化剂存在时，其活化能为 $184.1 kJ \cdot mol^{-1}$。在以 Au 作催化剂时，反应的活化能为 $104.6 kJ \cdot mol^{-1}$。若反应在 503K 时进行，如催化反应的指前因子比非催化反应的小 10^8 倍。试估算催化反应的速率系数是非催化反应速率系数的多少倍？

12-33 有两个反应物 A(g) 和 B(g) 在某种催化剂 K 上反应，如果 B 不吸附，而 A 在固体催化剂表面被吸附，并服从 Langmuir 吸附等温式。其反应机理可表示为

$$A + K \underset{脱附}{\overset{吸附}{\rightleftharpoons}} AK$$

$$AK + B \longrightarrow X(产物) + K$$

若表面反应为控制步骤：

(1) 试导出该反应的速率公式；

(2) 当 p_A 很大时，该反应为几级反应？

12-34 丁二烯与氟在某一催化剂上进行氟化反应，已知氟在该催化剂上的吸附遵守 Langmuir 吸附等温式；丁二烯在该催化剂上的吸附遵守 Freundlich 等温式(即 $\Gamma = kp^{1/n}$)，其中 $n=2$。假设氟和丁二烯在催化剂上的表面反应为控制步骤，试写出此反应的速率方程。

12-35 如用汞灯照射溶解在 CCl_4 中的氯气和正庚烷(C_7H_{16})，由于 Cl_2 吸收了 I_a 的辐射，引起的反应如下：

链引发 $\quad Cl_2 + h\nu \xrightarrow{k_1} 2Cl \cdot$

链传递 $\quad Cl \cdot + C_7H_{16} \xrightarrow{k_2} HCl + C_7H_{15} \cdot$

$\qquad\qquad C_7H_{15} \cdot + Cl_2 \xrightarrow{k_3} C_7H_{15}Cl + Cl \cdot$

链终止 $\quad C_7H_{15} \cdot \xrightarrow{k_4}$ 链中断

试写出 $-\mathrm{d}[\mathrm{Cl}_2]/\mathrm{d}t$。

12-36 在稀的水溶液中，叔戊烷基碘 $t\text{-}\mathrm{C}_5\mathrm{H}_{11}\mathrm{I}$ 的水解反应：
$$t\text{-}\mathrm{C}_5\mathrm{H}_{11}\mathrm{I} + \mathrm{H}_2\mathrm{O} \longrightarrow t\text{-}\mathrm{C}_5\mathrm{H}_{11}\mathrm{OH} + \mathrm{H}^+ + \mathrm{I}^-$$
为一级反应。现让此反应在一电导池中进行。

（1）证明该反应的动力学方程为
$$\ln\frac{G_\infty - G_0}{G_\infty - G} = kt$$

式中 G_0, G, G_∞ 分别为 $t=0, t, \infty$ 时溶液的电导。

（2）在一次实验中，测得不同时刻反应系统的电导数据如下：

t/min	0	1.5	4.5	9.0	16.0	22.0	∞
$G\times 10^3$/S	0.39	1.78	4.09	6.32	8.36	9.34	10.50

试求算反应的速率系数。

12-37 在 20℃ 时，$\mathrm{N}_2\mathrm{O}_5$ 的气相分解反应为
$$\mathrm{N}_2\mathrm{O}_5 \longrightarrow \mathrm{N}_2\mathrm{O}_4 + \frac{1}{2}\mathrm{O}_2$$

其分压降低速率为 $-\mathrm{d}\ln[p(\mathrm{N}_2\mathrm{O}_5)/\mathrm{Pa}]/\mathrm{d}t = 0.001\,\mathrm{min}^{-1}$；分解所得的 $\mathrm{N}_2\mathrm{O}_4$ 又继续分解：
$$\mathrm{N}_2\mathrm{O}_4 \rightleftharpoons 2\mathrm{NO}_2$$

此反应很快可建立平衡，其平衡常数 $K^\ominus = 0.09079$。如果在一密闭容器中盛 $\mathrm{N}_2\mathrm{O}_5$，在 20℃ 时起始压力为 133.3 kPa，在 350 min 以后，试问 $\mathrm{N}_2\mathrm{O}_5, \mathrm{N}_2\mathrm{O}_4, \mathrm{NO}_2$ 和 O_2 的分压各为多少？

12-38 已知每克陨石中含 U^{238} 为 $6.3\times 10^{-8}\,\mathrm{g}$，$\mathrm{He}^4$ 为 $20.77\times 10^{-6}\,\mathrm{cm}^3$（标准状况下），$\mathrm{U}^{238}$ 的衰变反应为一级反应：
$$\mathrm{U}^{238} \longrightarrow \mathrm{Pb}^{206} + 8\mathrm{He}^4$$

由实验测得 U^{238} 的半衰期为 $4.51\times 10^9\,\mathrm{a}$（年），试求该陨石的年龄。

12-39 三级反应 $2\mathrm{NO} + \mathrm{O}_2 \longrightarrow \mathrm{N}_2\mathrm{O}_4$ 的速率为
$$\frac{\mathrm{d}[\mathrm{N}_2\mathrm{O}_4]}{\mathrm{d}t} = k[\mathrm{NO}]^2[\mathrm{O}_2]$$

在 25℃ 时，$k = 7.1\times 10^{-3}\,\mathrm{m}^6\cdot\mathrm{mol}^{-2}\cdot\mathrm{s}^{-1}$。今以空气通过一热室再立即冷却到 25℃，101325 Pa，则其中含有 1%（体积分数）的 NO 和 20% 的 O_2。如果使此 NO 的 90% 变成 $\mathrm{N}_2\mathrm{O}_4$，需要多长时间？

12-40 已知某二级反应 $2\mathrm{A} + 3\mathrm{B} \longrightarrow \mathrm{P}$，25℃ 时 $k = 2.00\times 10^{-7}\,\mathrm{dm}^3\cdot\mathrm{mol}^{-1}\cdot\mathrm{s}^{-1}$，反应混合物中开始 A 占 20%，B 占 80% 且初压 $p_0 = 202650\,\mathrm{Pa}$。

（1）试导出速率系数的积分表达式；

（2）试计算 1h 后，A 和 B 各反应了多少？

12-41 对于某反应物 A 为 n 级的反应，其半衰期 $t_{1/2}$ 与 3/4 寿期 $t_{3/4}$（即反应完成 A 初始浓度的 3/4 所用的时间）之比仅是 n 的函数，并能用该式很快地求出反应级数。

（1）试求函数 $t_{1/2}/t_{3/4} = f(n)$ 的具体形式；

（2）对一、二、三级反应，试分别计算 $t_{1/2}/t_{3/4}$ 之值。

12-42 等容气相反应 A(g) $\underset{k_2}{\overset{k_1}{\rightleftharpoons}}$ B(g)+C(g)，在 298.2K 时 $k_1=0.20\text{s}^{-1}$，$k_2=4.9\times 10^{-9}\text{Pa}^{-1}\cdot\text{s}^{-1}$，当温度升高到 310.2K 时，$k_1$ 及 k_2 均增加 1 倍。试求：

(1) 298.2K 时的平衡常数；

(2) 正反应的活化能 E_1 和逆反应的活化能 E_2；

(3) 298.2K 时该反应的 $\Delta_r H_m^{\ominus}$；

(4) 在 298.2K 时，反应自压力为 $p^{\ominus}$ 的纯 A 开始，当容器压力升高到 $1.5p^{\ominus}$ 时所需要的时间。

12-43 在 A $\underset{k_2}{\overset{k_1}{\rightleftharpoons}}$ B 类型的对峙反应中，测得下列数据：

t/s	180	300	420	1440	∞
$c_B/(\text{mol}\cdot\text{dm}^{-3})$	0.20	0.233	0.43	1.05	1.58

若 A 的起始浓度为 $1.89\text{mol}\cdot\text{dm}^{-3}$，试计算正、逆反应的速率系数 k_1，k_2。

12-44 反应 A $\rightleftharpoons$ B 在正、逆两个方向上都是一级的，A,B 的初始浓度分别为 a 和 b。

(1) 求 c_A 随反应时间 t 变化之函数关系；

(2) 当 $t=\infty$ 时，求 c_B/c_A 的值。

12-45 已知平行反应

$$A\begin{cases} \xrightarrow{k_1} F & \text{零级反应} \quad k_1=1\text{mol}\cdot\text{dm}^{-3}\cdot\text{s}^{-1} \\ \xrightarrow{k_2} G & \text{一级反应} \quad k_2=2\text{s}^{-1} \\ \xrightarrow{k_3} H & \text{二级反应} \quad k_3=1\text{dm}^3\cdot\text{mol}^{-1}\cdot\text{s}^{-1} \end{cases}$$

反应物初始浓度 $a=2\text{mol}\cdot\text{dm}^{-3}$，设 G 为主产物，F 和 H 为副产物，在等容封闭系统中进行反应。

(1) 当反应物浓度降低到何值时，生成的产物中主产物分数达到最大值 φ_{max}？它是多少？

(2) 当反应终了时 $c_A=0$，此时在反应系统中主产物 G 的浓度是多少？

12-46 乙烷裂解反应由下面几个步骤构成：

$$C_2H_6 \xrightarrow{k_1} 2CH_3\cdot \qquad E_1=351.5\text{kJ}\cdot\text{mol}^{-1}$$
$$CH_3\cdot + C_2H_6 \xrightarrow{k_2} CH_4 + C_2H_5\cdot \qquad E_2=33.5\text{kJ}\cdot\text{mol}^{-1}$$
$$C_2H_5\cdot \xrightarrow{k_3} C_2H_4 + H\cdot \qquad E_3=167.4\text{kJ}\cdot\text{mol}^{-1}$$
$$H\cdot + C_2H_6 \xrightarrow{k_4} H_2 + C_2H_5\cdot \qquad E_4=29.3\text{kJ}\cdot\text{mol}^{-1}$$
$$H\cdot + C_2H_5\cdot \xrightarrow{k_5} C_2H_6 \qquad E_5=0$$

(1) 试导出：$-\dfrac{d[C_2H_6]}{dt}=\left(\dfrac{k_1k_3k_4}{k_5}\right)^{1/2}[C_2H_6]$；

(2) 试求乙烷裂解反应的活化能 E。

12-47 某液相反应 $A_2+B_2 \xrightarrow{k'} 2AB$ 的早期实验研究得到的速率方程为：$\dfrac{1}{2}\dfrac{d[AB]}{dt}=k'[A_2][B_2]$，$k'/(m^3 \cdot mol^{-1} \cdot s^{-1})=10^{12}\exp\left(-\dfrac{37000 J \cdot mol^{-1}}{RT}\right)$，于是认为它是一个简单的双分子反应。后来有人提出上述反应并非简单的双分子反应，而是

$$B_2 \xrightleftharpoons{K_1^{\ominus}} 2B$$

$$2B + A_2 \xrightarrow{k_2} 2AB$$

反应 2 是决速步，且实验测得 $E_2=22.217 kJ \cdot mol^{-1}$，从热力学数据知 $B_2 \longrightarrow 2B$ 的 $\Delta_r H_{m,1}^{\ominus}=14.85 kJ \cdot mol^{-1}$。试证明根据上述机理推算得到的速率方程及活化能与实验结果是相符的。

12-48 过氧化氢单独存在时，依下式分解的速率很慢：

$$2H_2O_2 \xrightarrow{k_1} 2H_2O + O_2$$

但当有适量的碘离子 I^- 存在时，I^- 可作为催化剂使反应迅速发生。其分解分以下两步进行：

$$H_2O_2 + I^- \xrightarrow{k_2} H_2O + IO^-$$

$$H_2O_2 + IO^- \xrightarrow{k_3} H_2O + O_2 + I^-$$

试按下列要求，分别列式表示 H_2O_2 在中性溶液中，当有 I^- 存在时的分解速率：
(1) 假定反应依催化机理进行，其中反应 3 极为迅速；
(2) 假定反应依催化机理进行，但由反应 2 所产生的 IO^- 在极短时间内即可使反应 2 和反应 3 以等速进行。

12-49 反应 $N_2O_5(A) + NO(B) \longrightarrow 3NO_2(C)$ 在 25℃ 进行。第一次实验：$p_0(A)=133 Pa$，$p_0(B)=13300 Pa$，$\lg\{p_A\}-t$ 图为一直线，由斜率得 $t_{1/2}=2h$；第二次实验：$p_0(A)=p_0(B)=6650 Pa$，得到下列总压数据：

p/kPa	1330	15.33	16.67
t/h	0	1	2

(1) 假设实验速率方程为 $r=kp_A^x p_B^y$，试求 x, y 并计算 k 值；
(2) 设想该反应的机理如下：

$$N_2O_5 \xrightleftharpoons[k_{-1}]{k_1} NO_2 + NO_3$$

$$NO + NO_3 \xrightarrow{k_2} 2NO_2$$

试用稳态假设推导速率方程及各元反应速率系数之间的关系。
(3) 当 $p_0(A)=13300 Pa$，$p_0(B)=133 Pa$ 时，NO 反应掉一半所需要的时间为多少？

12-50 双分子反应 $2A \xrightarrow{k_1} B$ 和 $2A \xrightarrow{k_2} C$，若 300K 在单位时间单位体积中的碰撞数相同，但二者的活化能之差为 $E_2-E_1=41840 J \cdot mol^{-1}$，试计算两个反应的速率之比 r_1/r_2。

12-51 实验测得 N_2O_5 分解反应在不同温度时的速率系数如下：

$t/℃$	25	35	45	55	65
$10^5 k/s^{-1}$	1.72	6.65	24.95	75.0	240

试计算：

(1) 公式 $k = A\exp(-E/RT)$ 中的 A 和 E 值；

(2) 在 50℃时的 $\Delta^{\neq} S_m$，$\Delta^{\neq} H_m$ 和 $\Delta^{\neq} G_m$。

12-52 丁二烯的气相二聚反应的活化能为 $100.249 kJ \cdot mol^{-1}$，其速率系数

$$k/(m^3 \cdot mol^{-1} \cdot s^{-1}) = 9.2 \times 10^3 \exp\left(-\frac{100249 J \cdot mol^{-1}}{RT}\right)$$

(1) 已知 $\Delta^{\neq} S_m = -60.79 J \cdot K^{-1} \cdot mol^{-1}$，用过渡状态理论计算 600K 时反应的指前因子，并与实验值进行比较；

(2) 假定有效碰撞直径 $d = 5 \times 10^{-10} m$，用碰撞理论计算 600K 时的指前因子。

12-53 臭氧的均相分解反应 $2O_3 = 3O_2$，以 CO_2 作催化剂。50℃下 CO_2 采用不同浓度时，混合物总压随时间变化的数据如下：

实验 I $[CO_2] = 10 mol \cdot m^{-3}$	t/min	0	30	60	∞
	p/Pa	53329	59995	63328	66661
实验 II $[CO_2] = 5 mol \cdot m^{-3}$	t/min	0	30	60	120	∞
	p/Pa	39997	43996	46663	49996	53329

(1) 由实验 II 求反应的表观反应级数，并计算表观速率系数（近似认为反应过程中 $[CO_2]$ 为常数）；

(2) 已知速率方程为：$-\frac{1}{2}\frac{d[O_3]}{dt} = k[O_3]^\alpha [CO_2]^\beta$，试由 I 和 II 求 β 和 k 值；

(3) 若温度升高 10K，k 值增加 4 倍，求活化能；

(4) 当无 CO_2 存在时，有人提出该反应的机理如下：

$$O_3 \underset{k_2}{\overset{k_1}{\rightleftharpoons}} O_2 + O$$

$$O_3 + O \xrightarrow{k_3} 2O_2$$

试证明：

$$-\frac{1}{2}\frac{d[O_3]}{dt} = k\frac{[O_3]^2}{O_2}$$

12-54 用波长为 $3.130 \times 10^{-7} m$ 的单色光照射气态丙酮，有下列分解反应：

$$(CH_3)_2 CO \xrightarrow{h\nu} C_2 H_6 + CO$$

若反应池的容量是 59mL，丙酮吸收入射光的 91.5%，在反应过程中得到下列数据：反应温度 = 840.2K，照射时间 = 7h，起始压力 = 102165Pa，入射能 = $48.1 \times 10^{-4} J \cdot s^{-1}$，终了压力 = 104418Pa，试计算此反应的量子产率。

习题参考答案

第8章

8-1 $m(\text{Ag})=10.78\text{g}$; $m(\text{Bi})=6.96\text{g}$; $m(\text{Hg})=20.06\text{g}$; $m(\text{Pb})=10.36\text{g}$

8-2 0.002 mol

8-4 0.487; 0.513

8-5 0.434; 0.566

8-6 $3.19\times10^{-7}\text{m}^2\cdot\text{s}^{-1}\cdot\text{V}^{-1}$

8-7 (1) $l(\text{Na}^+)=1.68\text{cm}, l(\text{Cl}^-)=2.60\text{cm}$;
(2) $n(\text{Na}^+)=5.28\times10^{-4}\text{mol}, n(\text{Cl}^-)=8.17\times10^{-4}\text{mol}$;
(3) $t(\text{Na}^+)=0.393, t(\text{Cl}^-)=0.607$

8-8 $v(\text{H}^+)=2.88\times10^{-4}\text{m}\cdot\text{s}^{-1}$; $v(\text{K}^+)=4.97\times10^{-5}\text{m}\cdot\text{s}^{-1}$;
$v(\text{Cl}^-)=5.08\times10^{-5}\text{m}\cdot\text{s}^{-1}$

8-9 $9.88\times10^{-3}\text{S}$; $0.943\text{S}\cdot\text{m}^{-1}$; $9.43\times10^{-3}\text{S}\cdot\text{m}^2\cdot\text{mol}^{-1}$

8-10 (1) $85.2\times10^{-4}\text{S}\cdot\text{m}^2\cdot\text{mol}^{-1}$; (2) $384.9\times10^{-4}\text{S}\cdot\text{m}^2\cdot\text{mol}^{-1}$

8-11 Λ_m^∞: $73.6\times10^{-4}\text{S}\cdot\text{m}^2\cdot\text{mol}^{-1}, 76.3\times10^{-4}\text{S}\cdot\text{m}^2\cdot\text{mol}^{-1}$;
u^∞: $7.63\times10^{-8}\text{m}^2\cdot\text{s}^{-1}\cdot\text{V}^{-1}, 7.91\times10^{-8}\text{m}^2\cdot\text{s}^{-1}\cdot\text{V}^{-1}$

8-12 $5.497\times10^{-6}\text{S}\cdot\text{m}^{-1}$

8-13 $\text{K}_3\text{Fe}(\text{CN})_6$: $0.0228\text{mol}\cdot\text{kg}^{-1}, 0.0130, 2.86\times10^{-8}$;
CdCl_2: $0.159\text{mol}\cdot\text{kg}^{-1}, 0.0348, 4.20\times10^{-5}$

8-14 $b^2\gamma_+\gamma_-/(b^\ominus)^2$; $4b^3\gamma_+\gamma_-^2/(b^\ominus)^3$; $b^2\gamma_+\gamma_-/(b^\ominus)^2$; $27b^4\gamma_+\gamma_-^3/(b^\ominus)^4$

8-15 0.762

8-16 $t(\text{Ag}^+)=0.471$; $t(\text{NO}_3^-)=0.529$

8-17 $[\text{Ag}(\text{CN})_2]^-$; 0.4

8-18 $107\times10^{-4}\text{S}\cdot\text{m}^2\cdot\text{mol}^{-1}$; $1.07\text{S}\cdot\text{m}^{-1}$

8-19 $1.477\times10^{-2}\text{S}\cdot\text{m}^2\cdot\text{mol}^{-1}$

8-20 $c(\text{PbF}_2)=2.117\text{mol}\cdot\text{m}^{-3}$; 3.80×10^{-8}

8-21 $0.189\text{mol}\cdot\text{m}^{-3}$

8-22 $6.937\times10^{-8}\text{mol}\cdot\text{dm}^{-3}$

8-23 1.702×10^{-5}; 1.696×10^{-5}

8-24 53%

8-25 3.12×10^{-3}; 3.37×10^{-3}

8-26 0.885; 0.702

8-27 (1) $9.0\times10^{-6}\text{mol}\cdot\text{dm}^{-3}$; (2) $0.689, 1.3\times10^{-5}\text{mol}\cdot\text{dm}^{-3}$; (3) 增大

8-28 (1) $c(\text{Ag}_2\text{CrO}_4)=1.85\times10^{-5}\text{mol}\cdot\text{dm}^{-3}$;

(2) $c(Ag_2CrO_4) = 1.06 \times 10^{-4}$ mol·dm^{-3}

8-29　6.68×10^{-5}

第9章

9-2　0.1509V；　自发

9-3　(1) 11.50kJ·mol^{-1}；　(2) -1.15kJ·mol^{-1}；　(3) -39.35kJ·mol^{-1}

9-4　-4.39kJ·mol^{-1}；　5.18kJ·mol^{-1}；　32.1J·K^{-1}·mol^{-1}

9-5　0.0193V；　3.41×10^{-4}V·K^{-1}

9-6　0.0789；　0.789；1.10

9-7　(1) 0.04205V；　(2) 8115J·mol^{-1}；　(3) 0；　(4) 3246J·mol^{-1}

9-8　近似 $\gamma_\pm = 1$　(1) -0.0121V；　(2) 0.0136V

9-9　0.502

9-11　1.04×10^{-10}

9-12　4.9×10^{-13}

9-13　(1) 0.072V；　(2) 0.82

9-14　(1) 8.64；　(2) 0.0233V

9-15　(1) $E = -\dfrac{RT}{2F}\ln\dfrac{f_2}{f_1}$；　(2) 0.02965V

9-16　0.1201；　0.3002

9-17　1.23V

9-18　0.31V

9-19　0.609V

9-20　3.39×10^{-16}Pa

9-21　(1) $96500c$ J·mol^{-1}，$\left(\dfrac{a}{2}+96500c\right)$J·mol^{-1}，$\dfrac{a}{2}$J·mol^{-1}，$\dfrac{b}{2}$J·K^{-1}·mol^{-1}，$\left(\dfrac{a}{2}-149b\right)$J·mol^{-1}，$(1.5 \times 10^{-3}b - 5.2 \times 10^{-6}a)$V，$(1.5 \times 10^{-3}b - 5.2 \times 10^{-6}a)$V；

(2) 0，$\dfrac{a}{2}$J·mol^{-1}，$\dfrac{a}{2}$J·mol^{-1}，$\dfrac{b}{2}$J·K^{-1}·mol^{-1}，$\left(\dfrac{a}{2}-149b\right)$J·mol^{-1}

9-23　1.335V

9-24　3.49×10^{-3}mol·dm^{-3}

9-25　Hg_2^{2+}

9-26　-0.0166V；　-6.4mV；　不能

9-27　(1) 5.95×10^{-7}；　(2) 2.44×10^{-4}mol·kg^{-1}；　(3) 氧化为 $Ag(CN)_2^-$

9-28　10^{-14}

9-29　(1) 6.0×10^{-7}；　(2) 当 $a(Cu^{2+})$ 和 $a(Cu^+)$ 同时大于 10^{-6} 时，Cu^{2+} 稳定，而小于 10^{-6} 时 Cu^+ 稳定

9-30　(1) 0.0713V；　(2) $\gamma_\pm = 0.959$，$\gamma_\pm(D-H) = 0.951$；　(3) 4.9×10^{-13}

9-31　(1) 77.03kJ·mol^{-1}；　(2) 1.017×10^{14}Pa

第 10 章

10-1　0.714V

10-2　2.05V

10-3　1.226V

10-4　Ag 析出 ⟶ Ni 析出 ⟶ Ag 上逸出 $H_2(g)$ ⟶ Ni 上逸出 $H_2(g)$ ⟶ Cd 析出同时逸出 $H_2(g)$ ⟶ Fe 析出同时逸出 $H_2(g)$

10-5　1.52×10^{-17} mol·dm^{-3}；　－0.196V

10-6　阴极析 $H_2(g)$，阳极生成 Ag_2O，$U_外 = 2.042$V

10-7　1.75×10^{-2} mol·kg^{-1}

10-8　(1) Cu 析出；　(2) 1.74V；　(3) $b(Cu^{2+}) = 5.4 \times 10^{-29}$ mol·kg^{-1}

10-9　(1) Cd 先析出；　(2) 6.8×10^{-15} mol·dm^{-3}

10-10　－1.64V

10-11　(1) 92%；　(2) 47%；　(3) 1.6V，0.6V

10-12　pH>2.73

10-13　电极材料用 Fe

10-14　0.741V

10-15　909kW·h

第 11 章

11-1　-9.14×10^{-4} J

11-2　9.36×10^{-6} J；　-1.439×10^{-5} J；　2.375×10^{-5} J；　1.439×10^{-5} J；　3.14×10^{-8} J·K^{-1}

11-3　14576Pa；　145760Pa；　1457600Pa

11-4　(1) 7.54×10^{-10} m；　(2) 1.91×10^{8} Pa；　(3) 60

11-5　1.388N·m^{-1}

11-6　68°

11-7　(1) 能铺展；　(2) 不能铺展

11-8　0.487N·m^{-1}

11-9　7.726×10^{-6} Pa^{-1}；　110.7cm^3；　36.63cm^3·g^{-1}

11-11　10.54m^2·g^{-1}

11-12　1g

11-13　22.2×10^{-20} m^2；　25×10^{-10} m

11-14　-1.05×10^{3} kJ·mol^{-1}

11-15　-7342J·mol^{-1}；　-11374J·mol^{-1}；　-13850J·mol^{-1}；　-13080J·mol^{-1}

11-16　-7.5kJ·mol^{-1}

11-17　3.1mol·cm^{-2}

11-18　6.05×10^{-8} mol·m^{-2}

11-19　0.0613N·m^{-1}

11-21 46Pa； $1.68\times10^{-10}\text{m}^2\cdot\text{s}^{-1}$

11-22 5785s

11-23 $7.58\times10^{-8}\text{m}$

11-24 $6.15\times10^{23}\text{mol}^{-1}$

11-25 4.38V

11-27 NaCl：$0.512\text{mol}\cdot\text{dm}^{-3}$，$\frac{1}{2}\text{Na}_2\text{SO}_4$：$8.62\times10^{-3}\text{mol}\cdot\text{dm}^{-3}$，$\frac{1}{3}\text{Na}_3\text{PO}_4$：$2.70\times10^{-3}\text{mol}\cdot\text{dm}^{-3}$； 带正电

第12章

12-1 $0.564\text{mol}\cdot\text{m}^{-3}\cdot\text{s}^{-1}$

12-2 (2) $1.4\text{mol}\cdot\text{m}^{-3}\cdot\text{min}^{-1}$，$0.25\text{mol}\cdot\text{m}^{-3}\cdot\text{min}^{-1}$，$0.052\text{mol}\cdot\text{m}^{-3}\cdot\text{min}^{-1}$；

(3) $\dfrac{1}{10\text{mol}\cdot\text{m}^{-3}-c}=kt+\dfrac{1}{10\text{mol}\cdot\text{m}^{-3}}$（注：其中 $k=0.01178\text{m}^3\cdot\text{mol}^{-1}\cdot\text{min}^{-1}$）；

(4) 8.49min

12-3 0

12-4 1； 2

12-5 $4.43\times10^{-4}\text{s}^{-1}$

12-6 32.45d

12-7 0.022s^{-1}

12-8 (1) 6.25%； (2) 14.3%； (3) 已反应完

12-9 $7.40\times10^3\text{s}$

12-10 (1) 56%； (2) 382.5s

12-11 (1) 6.25%； (2) 14.3%

12-12 0.04mol； 2.02mol； 1.96mol

12-14 $r=(6.55\text{s}^{-1})[\text{OCl}^-][\text{I}^-][\text{OH}^-]^{-1}$

12-15 3

12-16 (1) 3； (2) $\alpha=2,\beta=1$； (3) $8.62\times10^{-5}\text{m}^6\cdot\text{mol}^{-2}\cdot\text{min}^{-1}$

12-17 $n=2$；$k=2.8\times10^{-5}\text{m}^3\cdot\text{mol}^{-1}\cdot\text{s}^{-1}$

12-19 (1) $97\text{kJ}\cdot\text{mol}^{-1}$； (2) $1.012\times10^{12}\text{s}^{-1}$； (3) 19.06s

12-20 821.0s

12-21 (1) 722.5K； (2) 663.3K

12-22 0.375mol

12-23 (1) 102s； (2) $697.1\text{mol}\cdot\text{m}^{-3}$，$418.3\text{mol}\cdot\text{m}^{-3}$，$384.6\text{mol}\cdot\text{m}^{-3}$

12-25 $T>1045\text{K}$

12-26 均为一级； $1.04\times10^{-2}\text{min}^{-1}$； $1.02\times10^{-2}\text{min}^{-1}$

12-30 (1) $4.6\times10^{19}\text{dm}^{-3}\cdot\text{s}^{-1}$； (2) $1.6\times10^{-4}\text{m}^3\cdot\text{mol}^{-1}\cdot\text{s}^{-1}$

12-31 $50370\text{J}\cdot\text{mol}^{-1}$； $-83.7\text{J}\cdot\text{K}^{-1}\cdot\text{mol}^{-1}$； $3.91\times10^{-4}\text{m}^3\cdot\text{mol}^{-1}\cdot\text{s}^{-1}$

12-32 1.8倍

习题参考答案

12-35 $-d[Cl_2]/dt = I_a(1 + 2k_3 k_4^{-1}[Cl_2])$

12-36 (2) 0.09869min^{-1}

12-37 93.95kPa； 14.01kPa； 11.35kPa； 19.69kPa

12-38 2.36×10^9 a

12-39 196s

12-40 (1) $k = \dfrac{1}{(2b-3a)t} \ln \dfrac{ac_B}{bc_A}$； (2) A 反应掉 8.80%, B 反应掉 3.31%

12-41 (1) $t_{1/2}/t_{3/4} = \dfrac{2^{n-1}-1}{(4/3)^{n-1}-1}$； (2) 2.41, 3.00, 3.86

12-42 (1) 400； (2) $44.36 \text{kJ} \cdot \text{mol}^{-1}, 46.89 \text{kJ} \cdot \text{mol}^{-1}$； (3) 0； (4) 3.5s

12-43 $6.31 \times 10^{-4} \text{s}^{-1}, 1.24 \times 10^{-4} \text{s}^{-1}$

12-44 (1) $c_A = \dfrac{k_2(a+b)}{k_1+k_2} + \dfrac{(k_1 a - k_2 b) e^{-(k_1+k_2)t}}{k_1+k_2}$； (2) $c_B/c_A = k_1/k_2$

12-45 (1) $0.70 \text{mol} \cdot \text{dm}^{-3}, 48.17\%$； (2) $0.864 \text{mol} \cdot \text{dm}^{-3}$

12-46 (2) $274 \text{kJ} \cdot \text{mol}^{-1}$

12-47 由机理推得：$d[AB]/dt = 2k_2 K_1^{\ominus} c^{\ominus}[B_2][A_2], E = 37067 \text{J} \cdot \text{mol}^{-1}$

12-49 (1) $x=1, y=0, k=0.35 \text{h}^{-1}$； (2) $-\dfrac{dp_A}{dt} = kp_A, k = \dfrac{k_1 k_2 p_B}{k_{-1} p_C + k_2 p_B}$； (3) 51s

12-50 1.923×10^7

12-51 (1) $1.95 \times 10^{13} \text{s}, 103 \text{kJ} \cdot \text{mol}^{-1}$；
(2) $3.0 \text{J} \cdot \text{K}^{-1} \cdot \text{mol}^{-1}, 101 \text{kJ} \cdot \text{mol}^{-1}, 100 \text{kJ} \cdot \text{mol}^{-1}$

12-52 (1) $6.16 \times 10^7 \text{m}^3 \cdot \text{mol}^{-1} \cdot \text{s}^{-1}$； (2) $1.62 \times 10^8 \text{m}^3 \cdot \text{mol}^{-1} \cdot \text{s}^{-1}$

12-53 (1) $1, 0.25 \text{min}^{-1}$； (2) $-4.4, 297 \text{mol}^{4.4} \cdot \text{m}^{-13.2} \cdot \text{min}^{-1}$；
(3) $124.1 \text{kJ} \cdot \text{mol}^{-1}$

12-54 0.065

附　录

附录 A　本书中一些量的名称和符号

量的名称	符　号	单　位
表面积	A	m^2
指前因子	A	与速率系数单位相同
比表面	A_m	$m^2 \cdot kg^{-1}$
电解质的活度	a	1
离子平均活度	$a_\pm$	1
吸附系数	b	Pa^{-1}
离子平均浓度	$b_\pm$	$mol \cdot kg^{-1}$
临界胶束浓度	CMC	$mol \cdot m^{-3}$
扩散系数	D	$m^2 \cdot s^{-1}$
电池电动势	E	V
电场强度	E	$V \cdot m^{-1}$
液接电势	E_l	V
膜电势	E_m	V
实验活化能	E	$J \cdot mol^{-1}$
临界能	E_c	$J \cdot mol^{-1}$
力	f	N
电导	G	S
活化 Gibbs 函数	$\Delta^{\neq} G_m$	$J \cdot mol^{-1}$
活化焓	$\Delta^{\neq} H_m$	$J \cdot mol^{-1}$
电流强度	I	A
离子强度	I	$mol \cdot kg^{-1}$
光强度	$I(I_a)$	$mol \cdot m^{-3} \cdot s^{-1}$
电流密度	j	$A \cdot m^{-2}$
$R \rightleftharpoons M^{\neq}$ 的相对浓度积	$K^{\neq}$	1
反应速率系（常）数	k	随反应级数而变
长度	l	m
电导池常数	l/A	m^{-1}
约化摩尔质量	M^*	$kg \cdot mol^{-1}$
粒子（分子）浓度	$\overline{N}$	m^{-3}
光的折射率	n	1
反应级数	n	1
电量	Q	C
电阻	R	Ω
反应速率	r	$mol \cdot m^{-3} \cdot s^{-1}$
颗粒半径	r	m

续表

量 的 名 称	符 号	单 位
活化熵	$\Delta^{\neq} S_m$	$J \cdot K^{-1} \cdot mol^{-1}$
离子B的迁移数	t_B	1
电池的端电压	$U_{端}$	V
电解池的分解电压	$U_{分}$	V
电解池的外加电压	$U_{外}$	V
离子B的电迁移率	u_B	$m^2 \cdot s^{-1} \cdot V^{-1}$
电泳速度	v	$m \cdot s^{-1}$
沉降速度	v	$m \cdot s^{-1}$
电渗速度	v	$m \cdot s^{-1}$
离子B的迁移速度	v_B	$m \cdot s^{-1}$
单个胶粒的体积	V	m^3
电池反应的电荷数	z	1
离子B的价数	z_B	1
表面张力	γ	$N \cdot m^{-1}$
反应的分级数	$\alpha 、 \beta 、 \gamma$	1
离子平衡活度系数	$\gamma_{\pm}$	1
接触角	θ	rad 或 (°)
表面覆盖率	θ	1
电阻率	ρ	$\Omega \cdot m$
密度	ρ	$kg \cdot m^{-3}$
电导率	κ	$S \cdot m^{-1}$
超电势	η	V
粘度	η	$Pa \cdot s$
电解质的摩尔电导率	Λ_m	$S \cdot m^2 \cdot mol^{-1}$
离子B的摩尔电导率	λ_B	$S \cdot m^2 \cdot mol^{-1}$
光的波长	λ	m
介电常数	ε	1
电极电势	φ	V
量子产率	ϕ	1
外电位	ψ	V
表面电位	χ	V
表面相	σ	
离子B的电化学势	$\tilde{u}_B$	$J \cdot mol^{-1}$
超额化学势	$\Delta \mu^{\varepsilon}$	$J \cdot mol^{-1}$
溶液的表面吸附量	Γ	$mol \cdot m^{-2}$
吸附量(固-气吸附)	Γ	$mol \cdot kg^{-1}$ 或 $m^3 \cdot kg^{-1}$
电动电位	ζ	V
弛豫时间	τ	s

附录 B　本书中一些量的单位符号

量的名称	单位名称	单位符号
长度	米	m
质量	千克(公斤)	kg
	克	g
	吨	t
时间	秒	s
	分	min
	[小]时	h
	天	d
	年	a
电流	安	A
热力学温度	开[尔文]	K
物质的量	摩[尔]	mol
力	牛[顿]	N
压力	帕[斯卡]	Pa
能量；功；热	焦[耳]	J
功率	瓦	W
电量	库[仑]	C
电位；电压；电动势	伏[特]	V
电阻	欧[姆]	Ω
电导	西[门子]	S
摄氏温度	摄氏度	℃
旋转速度	转每分	$r \cdot min^{-1}$

附录 C　本书中所用的单位词头符号

所表示的因数	词头名称	词头符号
10^6	兆	M
10^3	千	k
10^{-1}	分	d
10^{-2}	厘	c
10^{-3}	毫	m
10^{-6}	微	μ
10^{-9}	纳	n

附录 D 298.15K 时水溶液中某些物质的标准热力学数据

[有效浓度为 $c=1000$ mol·m^{-3} 时,指定为单位活度,且将 H$^+$(aq) 的 $\Delta_f H_m^\ominus$, $\Delta_f G_m^\ominus$, $S_m^\ominus$ 指定为零]

物 质	$\Delta_f H_m^\ominus$/(kJ·mol^{-1})	$S_m^\ominus$/(J·K^{-1}·mol^{-1})	$\Delta_f G_m^\ominus$/(kJ·mol^{-1})
H$^+$(aq)	0.0	0.0	0.0
OH$^-$(aq)	−229.95	−10.54	−157.27
Na$^+$(aq)	−239.66	60.2	−261.88
K$^+$(aq)	−251.21	102.5	−282.25
Ca^{2+}(aq)	−542.96	−55.2	−553.04
CO$_3^{2-}$(aq)	−676.26	−53.1	−528.10
NH$_3$(aq)	−80.83	110.0	−26.61
HNO$_3$(aq)	−206.56	146.4	−110.58
NO$_3^-$(aq)	−206.56	146.4	−110.58
H$_2$SO$_4$(aq)	−907.51	17.1	−741.99
SO$_4^{2-}$(aq)	−907.51	17.1	−741.99
Cl$^-$(aq)	−167.44	55.2	131.17
Br$^-$(aq)	−120.92	80.71	−102.8
I$^-$(aq)	−55.94	109.36	−51.67
Cu^{2+}(aq)	64.39	−98.7	64.98
Zn^{2+}(aq)	−152.42	−106.48	−147.19
Ag$^+$(aq)	105.90	73.93	77.11

附录 E 298.15K 时一些电极的标准电极电势

电 极	电 极 反 应	$\varphi^\ominus$/V
Na$^+$|Na(s)	Na$^+$ + e$^-$ = Na	−2.714
Mg^{2+}|Mg	Mg^{2+} + 2e$^-$ = Mg	−2.37
Zn^{2+}|Zn	Zn^{2+} + 2e$^-$ = Zn	−0.763
Fe^{2+}|Fe	Fe^{2+} + 2e$^-$ = Fe	−0.440
Cd^{2+}|Cd	Cd^{2+} + 2e$^-$ = Cd	−0.403
I$^-$|PbI$_2$|Pb	PbI$_2$ + 2e$^-$ = Pb + 2I$^-$	−0.365
SO$_4^{2-}$|PbSO$_4$|Pt	PbSO$_4$ + 2e$^-$ = Pb + SO$_4^{2-}$	−0.356
Cl$^-$|PbCl$_2$|Pb	PbCl$_2$ + 2e$^-$ = Pb + 2Cl$^-$	−0.268
H$^+$, SO$_4^{2-}$, S$_2$O$_6^{2-}$|Pt	2SO$_4^{2-}$ + 4H$^+$ + 2e$^-$ = S$_2$O$_6^{2-}$ + 2H$_2$O	−0.22
I$^-$|AgI|Ag	AgI + e$^-$ = Ag + I$^-$	−0.151
Sn^{2+}|Sn	Sn^{2+} + 2e$^-$ = Sn	−0.136
Pb^{2+}|Pb	Pb^2 + 2e$^-$ = Pb	−0.126
H$^+$|H$_2$|Pt	2H$^+$ + 2e$^-$ = H$_2$	0.000
Sn^{4+}, Sn^{2+}|Pt	Sn^{4+} + 2e$^-$ = Sn^{2+}	0.15
Cu^{2+}, Cu$^+$|Pt	Cu^{2+} + e$^-$ = Cu$^+$	0.153

续表

电 极	电极反应	$\varphi^{\ominus}/V$
$Cl^-\mid AgCl\mid Ag$	$AgCl+e^-=Ag+Cl^-$	0.222
$Cl^-\mid Hg_2Cl_2\mid Hg$	$Hg_2Cl_2+2e^-=2Hg+2Cl^-$	0.268
$Cu^{2+}\mid Cu$	$Cu^{2+}+2e^-=Cu$	0.337
$Cu^+\mid Cu$	$Cu^++e^-=Cu$	0.521
$I_2(s)\mid I^-$	$I_2+2e^-=2I^-$	0.536
$Fe^{3+},Fe^{2+}\mid Pt$	$Fe^{3+}+e^-=Fe^{2+}$	0.771
$Hg_2^{2+}\mid Hg$	$Hg_2^{2+}+2e^-=2Hg$	0.789
$Ag^+\mid Ag$	$Ag^++e^-=Ag$	0.799
$Hg^{2+},Hg_2^{2+}\mid Pt$	$2Hg^{2+}+2e^-=Hg_2^{2+}$	0.920
$Pt\mid Br_2(l)\mid Br^-$	$Br_2+2e^-=2Br^-$	1.065
$Pt\mid O_2\mid H^+$	$O_2+4H^++4e^-=2H_2O$	1.229
$Cr_2O_7^{2-},H^+,Cr^{3+}\mid Pt$	$Cr_2O_7^{2-}+14H^++6e^-=2Cr^{3+}+7H_2O$	1.33
$Pt\mid Cl_2\mid Cl^-$	$Cl_2+2e^-=2Cl^-$	1.360
$S_2O_8^{2-},SO_4^{2-}\mid Pt$	$S_2O_8^{2-}+2e^-=2SO_4^{2-}$	2.01
$OH^-\mid Zn(OH)_2\mid Zn$	$Zn(OH)_2+2e^-=Zn+2OH^-$	−1.245
$SO_4^{2-},SO_3^{2-},OH^-\mid Pt$	$SO_4^{2-}+H_2O+2e^-=SO_3^{2-}+2OH^-$	−0.93
$OH^-\mid H_2\mid Pt$	$2H_2O+2e^-=H_2+2OH^-$	−0.8277
$OH^-\mid Ni(OH)_2\mid Ni$	$Ni(OH)_2+2e^-=Ni+2OH^-$	−0.72
$OH^-\mid Cu_2O\mid Cu$	$Cu_2O+H_2O+2e^-=2Cu+2OH^-$	−0.358
$OH^-\mid HgO\mid Hg$	$HgO+H_2O+2e^-=Hg+2OH^-$	0.0984
$OH^-\mid Hg_2O\mid Hg$	$Hg_2O+H_2O+2e^-=2Hg+2OH^-$	0.123
$OH^-\mid Ag_2O\mid Ag$	$Ag_2O+H_2O+2e^-=2Ag+2OH^-$	0.344
$OH^-\mid O_2\mid Pt$	$O_2+2H_2O+4e^-=4OH^-$	0.401
$OH^-\mid NiO_2\mid Ni(OH)_2$	$NiO_2+2H_2O+2e^-=Ni(OH)_2+2OH^-$	0.49